研究生创新教育系列丛书

资源昆虫学概论

An Introduction to Resource Entomology

陈晓鸣　冯　颖　著

科学出版社

北　京

内 容 简 介

本书以大量的第一手研究资料为主，结合国内外研究的最新进展，从昆虫的资源价值、生态价值和科学价值系统地论述了资源昆虫的定义，研究范围、对象、任务和目的，建立了资源昆虫学的理论框架。

本书分为16章，包括绪论、紫胶虫、白蜡虫、五倍子蚜虫、胭脂虫、产丝昆虫、产蜜昆虫、昆虫作为药物资源、昆虫作为蛋白质资源、天敌昆虫、授粉昆虫、观赏昆虫、昆虫与环境、昆虫细胞的科学价值及应用、昆虫生物反应器和昆虫的特殊能力与仿生学等内容。每一章节都有具体昆虫种类的生物学、生态学、利用价值、研究现状、发展趋势等丰富的国内外研究资料支撑，图文并茂，并附有大量的国内外参考文献。本书是国内外较系统、资料较丰富，反映最新研究进展的资源昆虫学专著。

本书可供从事资源昆虫学研究的科技人员参考，也可以作为农林院校资源昆虫学教学的教材和参考书。

图书在版编目（CIP）数据

资源昆虫学概论/陈晓鸣，冯颖著. —北京：科学出版社，2009
（研究生创新教育系列丛书）
ISBN 978-7-03-023283-0

Ⅰ. 资… Ⅱ. ①陈…②冯… Ⅲ. 经济昆虫-概论 Ⅳ. Q969.9

中国版本图书馆CIP数据核字（2008）第168851号

责任编辑：张会格 李 锋 席 慧 陈 利/责任校对：包志虹
责任印制：徐晓晨/封面设计：耕者设计工作室

科学出版社出版
北京东黄城根北街16号
邮政编码：100717
http://www.sciencep.com
北京厚诚则铭印刷科技有限公司 印刷
科学出版社发行 各地新华书店经销
*
2009年4月第 一 版 开本：787×1092 1/16
2020年7月第三次印刷 印张：18 1/2
字数：416 000

定价：120.00元

（如有印装质量问题，我社负责调换）

前　言

资源昆虫学是一门古老而崭新的学科，中国对资源昆虫的研究和利用可追溯到几千年前。例如，早期的蚕、蜂、紫胶虫、白蜡虫、五倍子蚜虫、食用昆虫、药用昆虫、天敌昆虫等的利用，但全面系统的研究始于20世纪50年代，直到90年代才初步形成一门新兴的学科。资源昆虫学的研究逐步完善，从传统资源昆虫研究逐步扩展到授粉昆虫、观赏昆虫、环境昆虫、昆虫仿生学、昆虫细胞利用等较完整的资源昆虫学体系，形成一门完整的学科。

国家对资源昆虫学的研究十分重视，中国林业科学研究院设有资源昆虫研究所，浙江大学、中山大学、西南农业大学、福建农业大学、中国科学院、中国农业科学研究院、西北农林科技大学、华中农业大学等单位设有相应的研究机构，从事蚕桑、养蜂、蝴蝶、天敌昆虫等研究和利用。中国林业科学研究院资源昆虫研究所从20世纪50年代开始系统地研究紫胶虫、白蜡虫、五倍子蚜虫、胭脂虫、食用昆虫、药用昆虫、观赏昆虫、天敌昆虫、授粉昆虫、昆虫细胞工程等，积累了丰富的研究资料。笔者在此基础上，结合国内外研究的最新成果，写成这部专著。笔者从2002年开始撰写，在繁忙的科研工作之余，较系统地总结了已有的成果，广泛地收集国内外资源昆虫学研究的资料，初稿于2005年3月完成于加拿大阿尔贝塔大学（University of Alberta），回国后又进行了补充和修改，最终完稿。

在资源昆虫学概论写作的过程中，主要的资料来自于笔者所进行的研究，笔者带领的研究团队进行紫胶虫、白蜡虫、五倍子蚜虫、胭脂虫、食用昆虫、药用昆虫、观赏昆虫、天敌昆虫、昆虫细胞工程等研究。学生陈又清博士（紫胶虫）、张忠和博士（胭脂虫）、杨子祥博士（五倍子蚜虫）、陈航博士（紫胶虫）、易传辉博士（蝴蝶）、周成理博士（蝴蝶）、石雷博士（森林昆虫）、王自力博士（白蜡虫）、赵杰军博士（白蜡虫天敌）、郑华博士后（胭脂虫利用）、马李一博士后（紫胶利用）、赵敏博士（药用昆虫）、郭宝华硕士（昆虫新材料）、宋德伟硕士（昆虫细胞工程）、张欣硕士（昆虫细胞工程）、丁伟峰硕士（昆虫细胞工程）、马艳硕士（昆虫细胞工程）、孙龙硕士（药用昆虫）、何钊硕士（药用昆虫）、王健敏博士（环境昆虫）、梁军生硕士（环境昆虫）等，还有本所的史军义研究员、陈勇副研究员、叶寿德高级实验师、王绍云高级实验师等和实验人员与我们一起度过了艰苦而愉快的研究岁月，经历了成功与失败。本书是笔者与学生和同事们长期研究成果的总结。

在研究和写作的过程中，笔者得到了国内外众多学者的支持和帮助。感谢日本昆虫学会原会长、著名昆虫学家梅谷献二博士，日本昆虫学会原会长、著名昆虫细胞工程学家三桥淳教授和日本东京农业大学河合省三教授，在笔者于日本东京农业大学研修时，给予了巨大的支持和帮助。感谢加拿大皇家科学院院士、阿尔贝塔大学王家璜（Larry Wang）教授、阿尔贝塔大学农林家政学院副院长叶祖豪（Francis Yeh）教授和Janusz

J. Zwiazek 教授为笔者在阿尔贝塔大学作高级研究学者时提供了优越的研究和实验条件，使得本书能顺利完成。

石雷博士、张忠和博士、杨子祥博士、陈航博士、易传辉博士、周成理博士提供部分图片，云南省摄影家协会张建林先生帮助拍摄和提供部分照片，中国林业科学研究院资源昆虫研究所王绍云高级实验师帮助绘制部分插图，在此一并感谢！

昆虫是地球上最大的未被充分开发利用的生物资源，是一座迷人的资源宝库，昆虫的许多资源价值、生态价值和科学价值尚未被发现，需要更多的科学家给予关注。资源昆虫学是一门博大精深的学科，笔者试图科学、系统地构建该学科的理论框架，但限于能力和水平，难以完整地反映资源昆虫学的精髓和内涵，希望资源昆虫学的同行给予批评指正。

作　者

2008 年 3 月

目　　录

第1章 绪　论

1.1 昆虫的资源价值、生态价值和科学意义

昆虫是地球上最大的生物类群，迄今为止，人类发现和定名的生物种类大概有180万～240万种，其中植物、除昆虫外的动物、微生物等大约有80万种，昆虫种类有100万～160万种，占已知地球上生物种类的2/3以上。据专家估计（Erwin，1982；1997），地球上的昆虫种类有3000万～5000万种。昆虫不仅种类多，而且种群数量大，生长繁殖迅速，生态适应性广，几乎在地球的每一个角落都能发现昆虫。

在传统的观念中，昆虫令人讨厌，给人类带来疫病，与人类争夺赖以生存的粮食，毁坏森林，破坏生态环境，在地球上扮演极不光彩的角色。人类一直在与昆虫作斗争，从消灭害虫、控制害虫、管理害虫到可持续控制，人类控制昆虫的理念虽然在不断地进步，但将昆虫视为有害生物的理念基本没有发生改变。人类绞尽脑汁地与昆虫较量。为了控制虫害，人类滥用化学农药，给环境带来了巨大的污染，严重地影响了人类的生存；抗病虫的转基因作物的安全性也备受关注和质疑。为了与昆虫作斗争，人类仍然在研制一代又一代的农药，防治的方法、观念层出不尽，花样翻新。但昆虫对人类的危害似乎是越来越严重，丝毫没有减弱的迹象。近乎残酷的事实在警醒人类，人类与昆虫的关系需要重新认识，对昆虫的观念和策略要进行反思和调整。

昆虫作为一类特殊的生物群体，具有种类多、种群数量大、繁衍十分迅速等特点，同时又具有十分复杂的生命表现形式，区别于植物和其他动物，形成了自己独特的分支。昆虫的许多种类具有社会性特征，称之为社会性昆虫，如蜜蜂、蚂蚁等。昆虫存在两性生殖，也存在孤雌生殖等特殊的无性生殖现象，通过对昆虫生殖方式的研究，可以揭示生物生殖繁育的规律。昆虫的拟态、保护色等可为生物进化和演替等研究提供有益的材料。昆虫的捕食和寄生等行为、昆虫细胞结构与功能的特殊性、昆虫细胞内的活性物质等都具有很高的科学意义和经济价值，在产业化方面具有广阔的应用前景。

昆虫是经过长期进化而演变来的一类特殊的生物资源，在进化的过程中，昆虫演化出许多奇妙的行为、结构和功能。昆虫的许多行为令人惊讶，如昆虫的飞翔和导航，昆虫的视觉、嗅觉，昆虫的力量、速度、弹跳等特征都与昆虫独特的结构和功能有着密切的关系，许多昆虫的自然属性超过了人类，具有很高的科学价值，值得人类学习和借鉴。研究和认识昆虫的结构和功能，利用昆虫的某些独特的结构和功能，创造出用于特殊目的的机器人和先进的设备，服务于人类是仿生学研究的一个重要方面。人类对昆虫的了解，还处于一个十分初级的阶段。昆虫的科学价值等待人类去发现、去认识、去创造，五彩缤纷的昆虫世界是一座神秘的知识和资源宝库。资源昆虫学的首要任务就是认识、学习和研究昆虫未知的资源价值、生态价值和科学意义，了解昆虫的基础生物学规律，为合理开发利用昆虫资源奠定基础。

其实，昆虫和人类生活、人类居住的生态环境密切相关。从人类的衣、食、住、行到高新技术领域，从人类的物质文明到精神文明，无处不彰显昆虫的踪影。蚕丝、蜂蜜、紫胶、白蜡、五倍子、药用昆虫、食用和饲料昆虫、天敌昆虫、环保昆虫、观赏昆虫等这些昆虫产物或昆虫本身作为资源已广泛地在多种行业上得到利用。这方面的例子不胜枚举：蚕给人类提供绢丝；蜜蜂给人类带来蜂蜜，提供营养。昆虫授粉，使异花授粉的植物得以在地球上生存，在生态系统中扮演十分重要的角色，在农业上，促进基因交流，使农作物和果树增产，为人类提供赖以生存的粮食。昆虫作为捕食者和寄生者，可以有效地控制农林业的主要虫害，维持生态平衡。昆虫的腐食习性，使之成为一类特殊的分解者，如粪金龟可以与微生物一道分解腐败食物和粪便，促进物质循环和流动，维护自然生态平衡。昆虫的产物，如紫胶、白蜡、五倍子、昆虫色素广泛地应用于工业领域。昆虫作为药物在中国传统的医药中有着悠久的历史，世界上许多古老的土著民族都有用昆虫作为药物的记载，许多至今仍然在有效地利用，而且已经显示出巨大的开发潜力。昆虫作为食品具有许多其他生物所不能替代的优点，昆虫的营养价值已经引起科学家的高度重视，联合国粮食与农业组织对昆虫的营养也给予较高的评价。昆虫细胞的科学价值和应用前景十分诱人，昆虫细胞杆状病毒表达系统已经成为基因表达的 4 大表达系统之一，昆虫细胞内活性物质（抗菌蛋白/肽等）已引起广泛关注，成为昆虫药物研究的热点，前景十分广阔。在航空航天、机器人的设计和制造等方面，利用昆虫的行为和机能的例子屡见不鲜。但昆虫的资源价值与它的利用状况相比较，利用的程度和水平还有相当大的差距，昆虫的巨大的资源潜力还没有被开发出来。

人类在发展进程中面临着人口、资源、环境等问题的严峻挑战，世界人口不断增长，带来了巨大的资源承载力和环境压力，粮食短缺、资源匮乏、环境污染将威胁到人类和地球的生存。开辟新的生物资源（如海洋生物、昆虫等），将是未来农业发展的一个重要组成部分。可以预见，昆虫作为地球上还未被充分开发利用的最大的生物资源将是一个充满活力、前景诱人的巨大的资源宝库。

资源昆虫学的研究目的就是充分认识昆虫的资源价值、生态价值和科学意义，从昆虫是一类宝贵资源的理念出发，研究、探索、了解昆虫的自然规律、资源价值、生态价值和科学意义，通过技术手段去达到资源合理利用的目的。随着人类对自然认识的深化，人类的观念越来越接近自然规律，人与自然和谐相处、可持续发展等重要理念被人类普遍接受，为资源昆虫学的确立和发展奠定了科学基础。科学技术的进步，特别是高新技术在农业上的应用，给昆虫资源利用带来前所未有的促进和发展，资源昆虫学和资源昆虫的开发利用及产业化已成为昆虫学研究的一个热点和关键领域，可以预见，昆虫作为资源的观念将越来越会被人类普遍认同。

1.2 资源昆虫的概念

资源昆虫是指昆虫虫体（食用、药用、观赏等）、昆虫产物（分泌物、排泄物等）、昆虫行为（授粉、寄生和捕食等）、昆虫细胞及其细胞内活性物质、昆虫的结构和功能（仿生学）等可作为资源直接或间接为人类所利用，具有重大经济价值、生态价值和科学价值的一类昆虫。狭义的资源昆虫概念主要指昆虫作为资源直接被利用的一类昆虫；广义的资源昆虫概念还包括昆虫的行为、结构、功能与仿生学的研究。

资源昆虫从广义上讲包括工业原料昆虫［产丝昆虫（蚕）、紫胶虫、白蜡虫、五倍子蚜虫、胭脂虫等］、产蜜昆虫（蜜蜂类）、药用昆虫、食用昆虫和饲料用昆虫、授粉昆虫、观赏昆虫（蝴蝶等）、天敌昆虫、有益于环境的昆虫（粪金龟等）、昆虫细胞工程和昆虫仿生学（昆虫的结构与机能）等。

资源昆虫的经济价值是指昆虫具有某种重大的直接或间接的经济价值，这类昆虫具有资源性和可培育（野外培育或工厂化生产）特征，一般种群数量和生物量巨大，能被作为资源开发利用，而且可以通过人类技术干预，培育为新的生物资源。

生态价值是指昆虫在生态系统中扮演的重要角色或对生态系统和环境有益的行为或功能。在这方面的研究有：利用粪金龟清除草原畜牧粪便；利用昆虫作为环境指示生物；利用天敌昆虫控制虫害、减少环境污染等；传粉昆虫促进植物之间基因交流、维护生态平衡等。但昆虫在森林生态系统中的作用和维护森林生态系统稳定等方面的研究尚属空白。

科学价值是指昆虫的遗传、行为、结构和功能中蕴含的科学原理，通过学习和借鉴，将昆虫具有某种重要的科学价值应用于科学技术领域，促进社会进步。如借鉴昆虫的结构和功能，进行仿生学研究，利用果蝇作为遗传学研究的模式材料等。

资源昆虫学是一门将昆虫作为资源研究、开发利用的学科，强调基础科学和应用技术研究相结合，特别重视应用技术和开发利用，昆虫产业化是资源昆虫研究的特色。资源昆虫学是一门新兴的学科，资源昆虫学的研究涉及生物学、生态学、生理学、遗传学、生物化学、分子生物学、细胞生物学、物理学、生物技术、医学、药学、造林学、林产化工等从基础研究、应用基础研究、应用研究到产品研制和开发等众多学科。

1.3 资源昆虫学的研究对象和任务

资源昆虫学的一个重要理念是万物皆资源，地球上的每一种物种都具有其独特的价值，只是人类对其资源价值没有充分认识。昆虫作为地球上一个重要的资源类群，具有许多独特的资源价值、生态价值和科学价值，是地球上尚未充分开发利用的、珍贵的、巨大的生物资源，人类应该重新审视和重视昆虫的价值，学习、借鉴、利用和开发昆虫的资源价值、生态价值和科学价值。

资源昆虫学的研究对象是具有重大经济价值、生态价值和科学价值，可作为资源利用（直接和间接利用）的一类昆虫。资源昆虫学是将昆虫作为资源来研究的一门学科，绝大多数昆虫学者研究昆虫都是从有害生物的概念出发，研究的目的在于千方百计控制昆虫种群数量，在人与昆虫争夺生存资源的斗争中，采用各种手段打败昆虫。这种与昆虫为敌的理念至今在人的思维中仍占统治地位。事实上，在地球上所发现和记载的100多万种昆虫中，在农林业、医学卫生上真正有害的只有几十种，与发现的昆虫物种相比较，“害虫”所占比例非常小，绝大多数昆虫对人类有益无害。昆虫能给人类提供丰富的物质资源，昆虫在维护生态平衡上具有重要的作用，昆虫为适应环境生存积累了许多奇妙的科学结构和功能，可供人类学习和借鉴。所以资源昆虫学的研究目的十分明确，以资源的观念出发去研究昆虫，开发利用其潜在的经济、生态和科学价值。

资源昆虫学的主要任务是：充分认识昆虫是重要的生物资源；学习、认识昆虫特殊的经济价值、生态价值和科学价值；研究和掌握昆虫的行为、生态、生理等基本规律；多学科交叉融合，采用不断涌现的高新技术，合理地研究、开发和利用昆虫资源的潜在经济价值；认识昆虫的生态价值，发现和利用昆虫的科学价值，服务于人类。

1.4　资源昆虫学研究的基本原则

资源昆虫学主要研究昆虫的资源价值、生态价值和科学价值，在研究资源昆虫的过程中，需要注意和遵循一些基本原则。

1.4.1　具有经济价值、生态价值和科学意义

资源昆虫学主要研究具有某种重要经济价值、生态价值和科学意义的昆虫类群。这些昆虫类群的开发利用，可以为人类生存提供丰富的物质基础，或可以保护生态环境，维护生态平衡，或满足人类的精神享受需求，或为科学技术的发展有所贡献和促进。

1.4.2　可以进行资源培育和利用

产业化是资源昆虫的一个显著特征，在众多的资源昆虫中，除用于科学价值以外的昆虫研究外，大多数的资源昆虫需要通过培育而形成可利用的资源。培育的手段可以是常规方法，也可以是高新技术，可以是野外规模饲养，也可以是工厂化生产。如果某种昆虫具有某种重要的经济价值，但不能规模培育，就不能形成资源，最终无法体现其价值。

1.4.3　生物安全性

绝大多数昆虫在生态系统中是消费者，需要有植物或其他生物资源支持其生存。众所周知，昆虫历来是农林业面临的一个巨大的挑战，农业上的蝗虫、林业上的松毛虫等害虫使人类在粮食和森林上遭受巨大的损失。资源昆虫的培育一般都需要规模化（或野外或工厂化培育），才能形成经济效益。因此，在资源昆虫培育的过程中，对农林业的安全，对人类健康的安全（昆虫可以传染疾病，如药用昆虫蟑螂具有很高的经济价值，但同时又是危险的卫生害虫），以及在利用生物技术开发昆虫细胞过程中的生物安全性等，都必须充分地考虑到，其中安全性评价和安全措施尤其重要。任何一种资源昆虫对其寄主来说，通常是有害的，对资源昆虫的判断主要是这种昆虫的经济价值远远大于其有害的方面。所以，在资源昆虫的研究中，一定要注意昆虫潜在的安全问题。

1.4.4　具有经济和生态双重效益，符合可持续发展

在昆虫产业培育中，有野外培育，如蜜蜂、紫胶虫、白蜡虫、五倍子蚜虫、胭脂虫等，也有半人工培育，如家蚕。无论采用哪种方式，都必须具备植物资源的条件。蜜蜂

需要有蜜源植物，紫胶虫、白蜡虫、五倍子蚜虫、胭脂虫等需要有寄主植物，家蚕需要有桑树。工业原料昆虫一般都要种植寄主植物，寄主植物对生态环境建设、保持水土有重要意义。所以，发展资源昆虫产业，可以与农林业协调发展，建立特殊的经济生态林，在取得经济效益的同时，又具有显著的生态效益。其实，在资源昆虫中，许多种类具有经济价值，同时又具有重大的生态价值。例如，蜜蜂是产蜜昆虫，给人类提供蜂蜜，同时又是重要的授粉昆虫，促进农作物增产。紫胶虫、白蜡虫等资源昆虫一方面为人类提供工业原料；另一方面，营造寄主植物林，绿化了荒山，促进了生态建设，一旦建立了这种特殊的生态经济林体系，可以长期经营，符合可持续发展战略的要求。

1.4.5 重视资源的保护和利用

在资源昆虫的开发利用中，要特别注意资源的保护，尤其是一些具有重大经济价值的资源昆虫，目前尚未有较成熟的规模培育技术，只能靠野外采集的种类。例如，蚂蚁、蜂类等不少昆虫不仅具有重大经济价值，同时在生态系统中扮演着很重要的角色，资源的过度开发，会迅速地减少野外的自然种群数量，严重地影响生态系统的稳定。蚂蚁作为药用昆虫，对治疗一些疾病有较好的疗效，同时在生态系统中扮演着重要的角色；野生蜂类、蜂的幼虫有很高的营养价值，通常作为食用昆虫出售，一些野生蜂的蜂毒具有十分珍贵的医药价值，同时，蜂又是授粉昆虫，有的蜂是天敌昆虫，过度地从野外采集这些昆虫将对生态系统带来不可估量的损失。所以在资源昆虫开发利用中，要切实遵循资源保护与利用并重，切不可竭泽而渔。

1.5 资源昆虫学主要研究内容

昆虫作为地球上的最大的、未被开发利用的生物资源，具有巨大的潜力，随着科学技术的发展，昆虫的资源价值、生态价值和科学价值将逐渐地为人类所认知，昆虫可以作为化工材料、药物资源、优质蛋白质资源；天敌昆虫是生物防治重要手段；昆虫授粉将大幅度地提高作物产量，有利于杂交育种；昆虫在细胞工程、基因工程等高新技术方面有巨大的发展潜力（陈晓鸣，1998，1999）。可以预见，昆虫作为一类重要的资源的研究将越来越被重视。

1.5.1 昆虫作为工业原料资源

在自然界中，昆虫在长期的进化历程中，形成了许多奇特的生存方式，昆虫为适应环境产生了一些分泌物，如紫胶、白蜡；形成虫瘿，如五倍子蚜虫；分泌蜂蜜，如蜜蜂；产生色素，如胭脂虫；吐丝，如蚕类昆虫，成为一类丰富的生物材料资源。昆虫的这些特殊的产物被人类利用，作为重要的工业原料、化工原料。昆虫体本身也是一座材料宝库，昆虫的表皮是由甲壳素（chitin）组成，昆虫体内含有丰富的蛋白质、氨基酸、脂肪、微量元素，具有很高的资源价值。

紫胶作为一种化工原材料广泛地应用于化工、军工、食品、化妆品等行业。紫胶可作为果蔬保鲜剂；紫胶中提取的紫胶蜡广泛地应用于日用化工和化妆品行业；在农业上，紫胶可以作为化肥的缓释包衣；紫胶中提取的紫胶桐酸等物质可以用于香料产业等。白蜡用于化工、医药、造纸等行业，白蜡中富含的二十六烷醇、二十七烷醇和二十八烷醇是重要的医药原材料。由五倍子可以提取单宁酸系列产品，广泛地应用于医药、化工、制革等行业。

甲壳素（chitin）及其衍生物壳聚糖（chitosan）是人类不可缺少的物质，与蛋白质、脂肪、糖类、维生素和矿物质并列誉为人体 6 大生命要素，具有很强的生理活性，有抗癌、抗菌等多种功效。甲壳素又称几丁质，在医学上可以作为人造皮肤，作为一种特殊的糖蛋白，甲壳素及其衍生物壳聚糖在医学上还有十分广阔的应用前景。昆虫的体表由甲壳素组成，表皮中甲壳素约占 95%以上，昆虫体的甲壳素在不同种类的昆虫中含量不一样，一般为 2%～15%，与其他海产品（虾、蟹等）相比，昆虫的甲壳素具有纯度高、杂质少、易提取等优点。

昆虫体内还含有丰富的脂肪，这些脂肪类物质可以作为高级化妆品、高级润滑油，甚至利用高新技术大规模地工厂化生产昆虫，提取特殊用途的工业油料已不是不可能实现的。昆虫体内含有的脂肪大量地以不饱和脂肪酸的形式存在，作为人类食用，具有很高的营养和保健价值。

1.5.2　昆虫作为药物资源

昆虫作为药物资源利用已有十分悠久的历史，据《中国中药大药典》等记载，我国大约有 250 多种昆虫可以入药，苗药、藏药等许多民族医药中昆虫药也十分普遍。美洲、非洲和亚洲的一些国家和地区用昆虫作药也十分普遍。昆虫体入药只是昆虫作为药物资源利用的初级阶段，随着高新技术，尤其是生物技术的应用，昆虫作为药物利用将会有重大突破。迄今为止，人类使用的药物绝大多数来自植物、动物和微生物，为了寻求新药资源，人类对植物药物的筛选做了非常大的努力，对微生物药的筛选几乎把地球上的土壤翻了一遍。昆虫种类占自然界中生物种类的 4/5 以上，物种种类远远超过植物和微生物。昆虫具有许多独特的性质可以用于医药，如昆虫抗菌物质、昆虫酶、昆虫毒素等，在医学上的应用十分广阔，可以预见，像 18 世纪发现青霉素一样，21 世纪药物学上的重大革命可能发生在昆虫中，昆虫将成为未来最具活力和潜力的药物资源。

昆虫体内能诱导和产生抗菌物质（抗菌蛋白、抗菌肽、溶菌酶、防御素等），这些抗菌物质具有较强的杀菌作用和较广的抗菌范围，而且分子质量小，理化性质稳定，还可以通过转基因工程导入植物培育抗病虫品种，也可以通过基因工程、细胞工程和发酵工程工厂化生产昆虫抗菌物质，制成基因药物。

昆虫毒素在药物上也具有很广阔的前景，据统计，已发现有毒素的昆虫种类有 700 多种，昆虫毒素具有 60 多种，昆虫毒素在医药上应用已有悠久的历史，医药巨著《本草纲目》等著作有较详细的记载。蜂毒用于治疗风湿、类风湿关节炎、红斑狼疮、脉管炎、高血压等疾病具有较好的效果；斑蝥素具有明显的抗癌作用；蚂蚁、蜚蠊等都有很高的药用价值。昆虫毒素将广泛应用于医学，利用生物化学技术，研究昆虫毒素的成分、结构、药理，进而提取、人工合成或通过生物技术来生产医药昆虫毒素，并应用于临床，将对一些医学上的疑难杂症的治疗提供有效的药物。

生物技术革命将对资源昆虫学的研究产生重大影响，基因工程、酶工程、细胞工程、发酵工程在昆虫学上的应用将对昆虫产业化产生极大的推动作用，昆虫体内的一些特殊性质的酶、激素、毒素、抗菌蛋白都可能通过生物技术（如细胞离体培育、克隆技术、基因导入及表达等方式工厂化生产），应用于医学等领域。利用生物技术研究和开发，利用昆虫体内活性物质将成为资源昆虫学中的研究热点，可能在与医药相关的昆虫细胞活性物质中取得较大的突破。

昆虫资源作为药物开发利用将成为药学研究中的一个重要组成部分，药用昆虫的研究和开发将可能导致新药研究的重大突破。昆虫种类和数量巨大，从资源潜力来看，昆虫药的开发利用比植物药和微生物药更具潜力与活力。

1.5.3 昆虫蛋白资源

昆虫作为一种重要的蛋白质资源，尚未被充分地开发利用。在人类进化过程中，食用昆虫利用有十分悠久的历史。分析研究表明：昆虫含有丰富的蛋白质（20%～70%）、氨基酸（30%～60%）、脂肪（10%～50%）及脂肪酸、一定量的糖类（2%～10%）、矿物元素、维生素，以及其他对人体有很好保健作用的活性物质。作为蛋白质资源，昆虫的营养价值可以与其他动植物资源相媲美，按联合国粮食与农业组织提供的人类营养蛋白标准，昆虫蛋白是优质蛋白源。世界上把昆虫作为食品的习俗十分普遍，据统计，全世界有食用昆虫 3000 余种，我国常见的有 100 多种食用昆虫（陈晓鸣和冯颖，1999a），其中不少为食疗兼用的营养珍品，如冬虫夏草。昆虫除可以供人类食用外，作为动物饲料也具有很高的价值，完全可以像鱼粉等饲料添加剂一样，作为饲料资源开发利用，广泛地应用于饲料业。昆虫具有物种丰富、种群数量大等特征，作为营养资源具有广阔的应用前景和巨大的开发潜力。

随着地球上人口的不断增加，资源匮乏将仍然是人类生存所面临的巨大挑战。人类对优质蛋白质的需求越来越高，昆虫蛋白与其他动物蛋白比较，具有许多不可替代的优点。昆虫蛋白的开发利用将成为资源昆虫学研究的一个热点，科学技术的进步将为食用和饲料昆虫产业化提供技术支撑，珍贵食用昆虫的培育将会以养殖场的形式出现，饲料昆虫产业化将以家畜（禽）养殖场为基础。例如，利用粪便生产蝇蛆，既能有效地利用粪便，又能产生较高的经济效益。饲料昆虫不仅可以作为饲料或饲料添加剂，而且在提取高蛋白的过程中，还可以提取甲壳素、抗菌肽等价值更高的昆虫产品。

1.5.4 天敌昆虫

昆虫在生态系统错综复杂的食物网中，既是捕食者又是被捕食者，扮演着十分重要的角色。害虫对农林业生产造成极大的危害，导致粮食等农作物减产、破坏森林、危害生态环境，给人类带来巨大的灾害。防治害虫成为粮食增产、保护森林的重要措施。化学农药防治虽然有较好的效果，但也有造成环境污染、食品残留农药等弊端，给人类健康带来危害。害虫还会产生抗药性，增加防治的难度。天敌昆虫能有效地控制害虫，而且不污染环境，不对害虫产生抗药性。天敌昆虫的研究与应用在农林业上已取得了较好的效果，天敌昆虫作为一种特殊的资源越来越受到重视，在农林业生产和环保中扮演着重要的角色。天敌昆虫从研究、探索阶段走向天敌培育和工厂化生产是未来天敌昆虫研究和开发的趋势。

利用现代化的设备和条件大批量地生产天敌昆虫正逐步发展成一种新兴产业。中国在赤眼蜂等天敌昆虫的研究、培育、生产和应用方面已取得了成功；日本在冲绳岛进行的果蝇寄生蜂的工厂化生产和应用取得了很大的成就；欧美等一些国家，通过对昆虫天敌的研究，饲养寄生蜂并形成商品化，通过公司卖给农户，在温室作物的生物防治中取得了很好的效果。随着人类环境意识和健康意识的增强，天敌昆虫的研究与利用将会对农林业生产产生更大的影响，工厂化生产天敌昆虫将会得到更广泛的应用和普及，天敌昆虫产业化将成为昆虫产业的一个重要的组成部分。

1.5.5　昆虫授粉

昆虫在生态系统中扮演着重要的角色。在自然界中，众多的异花授粉的植物靠昆虫授粉来完成其生育和繁衍的过程；在农业生产中，许多农作物和果树借助于昆虫授粉提高产量。科学家最近的研究发现，由于自然界中授粉昆虫的减少，对农业造成了严重的威胁。昆虫对植物授粉的效果远比人工授粉好，对于一些植物来说，昆虫授粉是必不可少的，如榕小蜂与榕树。由于农业上主要靠化肥和农药来增产，而且越来越依赖化肥和农药，农药的滥用，尤其是杀虫剂的大量使用，造成授粉昆虫数量的减少。随着人类的活动范围的逐渐扩展，生物多样性锐减，授粉昆虫的种类和种群数量受到严重威胁，直接影响人类的生存。授粉昆虫与农作物增产的关系的研究将成为一个重要的研究领域和热点，在农作物主产区，将授粉昆虫纳入农作物增产的重要因素，采用培育授粉昆虫等方法，人为地提高本地区的授粉昆虫数量，将会成为农业增产的一个重要手段。蜜蜂、熊蜂等授粉昆虫将会受到重视，形成一个产业。在欧洲、美洲，日本等发达国家与地区，已经出现出售授粉昆虫的公司，特别是以塑料大棚为代表的白色农业革命的兴起，传统农业生产模式被打破，集约化经营程度大大提高，农业小生态系统发生了很大的改变，授粉昆虫的种类和数量受到新农业生产模式的控制。针对新的农业生产模式，采用人工培育授粉昆虫、花期放养授粉的方式来提高作物产量将形成一个新的资源昆虫产业，应用前景十分广阔。

1.5.6　观赏昆虫培育及产业化

昆虫世界五彩缤纷，美不胜收，以蝴蝶为代表的观赏昆虫对人类的文化、艺术产生了巨大的影响。蝴蝶被赞誉为“会飞的花朵”，成千上万的蝴蝶种类具有很高的观赏价值和经济价值，于是人工繁育蝴蝶等观赏昆虫成为资源昆虫学研究和开发的一个重要的分支和研究热点。美国、日本、南美等国家与地区纷纷对蝴蝶进行人工繁育，我国不少单位也对蝴蝶的人工培育开展研究，取得了很大的进展。一座座蝴蝶生态园的建立，向人们展示蝴蝶的美丽，介绍昆虫的基本知识，得到了美的享受和科学知识传播的社会效益，同时也给投资者带来不菲的利润。除了蝴蝶活体观赏外，蝴蝶和许多美丽的甲虫标本作成各种各样的工艺品，销往世界各地。目前蝴蝶和其他观赏昆虫的培育还只局限于一些种类，众多种类的人工繁殖技术还不成熟，不少珍贵的种类是从自然界中非法捕捉的。蝴蝶是一类重要的授粉昆虫，这些昆虫在生态系统中扮演着十分重要的角色，大量的捕捉会对生态平衡造成不利的影响。世界各国为保护蝴蝶资源，纷纷制定了相关的法规严禁野外滥捕蝴蝶资源。由于蝴蝶等观赏昆虫特殊的艺术价值和经济价值，观赏昆虫的培育及产业化在近年来异军突起，备受瞩目，极大地推动了资源昆虫学的发展。随着人类物质生活水平的不断提高，观赏昆虫的市场会越来越大，研究观赏昆虫的生物学、生态学特征，开发珍稀观赏昆虫的规模繁育技术已经成为资源昆虫学的一个重要研究领域，观赏昆虫培育会成为一个特殊的昆虫产业，具有巨大的经济价值和广阔的市场前景。

1.5.7 有益于环保的昆虫

昆虫作为捕食者和寄生者，在生物防治中的作用研究得较多，但昆虫对环保的作用研究得很少。一般来讲，昆虫在食物网中是一类消费者，在生态系统中具有重要的作用，但许多昆虫的另一特性，以腐食或其他物质为食物的分解者的特征被忽略了。实际上，在自然界中有一类昆虫群体的某些特征，像微生物一样，可以分解腐败的物质，被用来清洁环境，这类昆虫被称为环境卫士。例如，粪金龟能将畜牧粪便埋入地下，不仅清洁了环境，而且肥沃了土壤；有的昆虫可以取食腐烂的植物和动物、纸张、塑料、木块等，可以帮助垃圾迅速分解为有机肥料；有的水生昆虫对污染十分敏感，可以利用其作为水体污染的指示昆虫。

在森林中，不少昆虫扮演着分解者的角色，在生态系统中具有重要的作用。对这一类与环境保护相关的昆虫的研究，目前还处于初级阶段，许多昆虫对环境的重要作用没有被认识和发掘，但值得庆幸的是，不少昆虫学家已经注意到昆虫对环境的作用，澳大利亚引入粪金龟防治草原畜牧粪便污染，便是一个十分成功的例证。

1.5.8 昆虫细胞工程、基因工程的研究

昆虫细胞工程研究起源于20世纪30年代。近年来，由于重组蛋白技术的发展，昆虫细胞的重要性已逐渐被人类所认识，昆虫细胞培养已经成为分子生物学、细胞生物学等多学科研究的重要手段，引起了广泛的关注。

在基础研究方面，昆虫细胞培养为生理学、遗传学、病理学和毒理学研究提供了很好的研究手段和实验材料。医学昆虫如蚊子的细胞系，用来研究以蚊子为媒介传播的人体病毒、原生动物等，通过在体外培养蚊虫的细胞，人为感染病毒、原生动物，研究其在昆虫细胞的发育、发展和侵染过程。昆虫细胞系还用来测定化学药物和生物杀虫剂的毒力，这种方法具有准确、方便、快速、灵敏等优点。有的昆虫细胞系由于来源于特定的已分化的组织，如肌肉、心脏等，在培养过程中，具有其分化的组织的特点，为昆虫组织研究提供了有价值的研究手段。在昆虫生理学和生物化学研究方面，研究发现，在一种麻蝇细胞系的培养中，细胞可分泌几乎在所有虫体中发现的抗菌肽。有研究表明，有的昆虫细胞系具有与动物细胞类似或更高的对抗癌物质的敏感性，可用于人类抗癌药物的筛选和研究。由此可见，昆虫细胞培养在基础研究方面将会起到越来越大的作用。

在利用昆虫细胞病毒表达系统高效表达外源基因方面，昆虫细胞培养用于外源基因、重组蛋白的表达研究，是昆虫细胞培养研究中最具活力和价值的部分。近年来，国

内外都开展了广泛而深入的研究。通过在昆虫杆状病毒的基因中插入外源基因构建重组病毒，感染昆虫细胞系后，外源基因可在昆虫细胞中高效表达。由于昆虫细胞是一种真核细胞，昆虫细胞杆状病毒表达系统与其他表达系统相比，具有安全、高效、容量大、表达产物具有生物活性等特点，被用来开展了多种外源基因的研究。在医学上，利用昆虫细胞表达系统可以表达人β-干扰素、乙肝病毒S基因、人α型肿瘤坏死基因、人胰岛素样生长因子、乙肝病毒E抗原、鸡马立克氏病病毒糖蛋白B抗原基因、小鼠金属硫蛋白基因、人干细胞因子、人乙酰胆碱酯酶、人胃脂肪酶、催乳素、促性腺素、人体免疫缺陷病毒（艾滋病病毒）、蛋白质水解酶等。在农业上，利用昆虫细胞表达系统表达了烟草天蛾的保幼激素环氧化水解酶；利用昆虫细胞表达系统开展了植物自交不亲和基因的研究；在昆虫细胞表达系统中获得了蛀酰胺酶的表达。随着昆虫细胞杆状病毒表达系统研究的不断深入，昆虫细胞培养在基因工程研究、人类疾病的发生和控制、基因工程疫苗和药物研究方面将会是大有作为的。

在培养昆虫细胞用于生物杀虫剂的研究方面，可利用昆虫细胞培养繁殖昆虫病毒，如棉铃虫核型多角体病毒、油桐尺蠖的核型多角体病毒、粉纹夜蛾的核型多角体病毒等；利用昆虫细胞可以培养昆虫病原微孢子虫等。尽管目前利用昆虫细胞培养增殖昆虫病毒和微孢子虫距商业化生产还有一定距离，但是，随着昆虫细胞培养技术研究的不断加强，特别是低成本培养基研究的深入和昆虫细胞大规模培养技术的改进，大规模培养系统的建立和生产工艺等研究的深入，可以预测，昆虫病毒、微孢子虫杀虫剂将会实现工厂化生产，应用于农林业害虫的防治。

1.5.9　奇妙的仿生学及遗传学材料

昆虫种类千差万别，结构与功能各异，精巧的昆虫结构为科学技术的发展起到了很大的促进作用，模仿昆虫的结构和功能而创造出奇妙的高科技产品已成为仿生学中的一个重要研究内容。目前世界上正研究昆虫信息的传递与接收，通过研究昆虫触角、眼、翅等结构与功能已研制出了机器人等产品。日本筑波大学神奇亮平博士通过对昆虫嗅觉的研究，已成功地研制出根据嗅觉寻找目标的机器人，可用嗅觉信息控制微型机器人。昆虫脑神经机能与工学应用等内容在近期可能取得重大突破，并应用于医学、军工等行业。

在遗传学研究方面，昆虫作为遗传材料，具有材料易得、种群数量大、易培养、世代周期短、染色体简单、易观察分析等特点，是作为研究遗传规律不可多得的材料，果蝇就是一个很好的例子。果蝇已成为遗传学研究的模式生物之一，以果蝇为材料解释了不少遗传现象和规律。以昆虫为材料的遗传学研究，将随着高新技术发展，对遗传学的研究做出更大的贡献。

自人类在地球上出现以来，人类发展的过程就是与自然相互适应和进化的过程。对于人类来说，万物皆资源，地球上的任何物质对人类都可能是财富，只是限于对许多物质的认识和了解，人类尚未发现它们的资源价值。资源的概念是相对的，是以人为中心的，对人类有益的一般都可以认为是资源，不同的阶段，不同的角度，资源的价值和意义是不完全一样的。有害和有益也是相对的。例如，砒霜（三氧化二砷）有毒，能毒死人，但砒霜同时又是药，可以治愈重症。在昆虫类群中，昆虫的利弊也是相对的，判断昆虫是害虫还是资源昆虫，关键在于这类昆虫对人类的具体影响程度，如果这类昆虫对人类的利大于弊，就可以作为资源昆虫利用，尽管这些昆虫需要取食大量的植物；如果弊大于利，则称为害虫。其实，很多资源昆虫，需要一个生命的支撑系统——寄主植物，如紫胶虫、白蜡虫、五倍子蚜虫等。对于植物来说，这些昆虫严重地影响植物的生长发育，是害虫，但这些昆虫所产生的特殊产品的价值远远大于这些植物本身的价值，所以作为资源昆虫来培育和利用。蝗虫是农作物的大害虫，但蝗虫同时又是营养丰富的食用昆虫和饲料昆虫，具有较高的经济价值，如果蝗虫的经济价值远远高于农作物本身，人类还会去防治蝗虫吗？也许利用农作物培育蝗虫会成为一项价值很高的产业。蟑螂是卫生害虫，但同时又是经济价值很高的药用昆虫。这样的例子比比皆是，举不胜举。

由于昆虫本身具有较高的经济价值，从资源的角度出发，通过利用昆虫的价值来控制昆虫的种群数量，使之不给农林业带来严重的危害，以利用促进昆虫的管理，应该是昆虫管理中值得注意的问题。例如，我们研究昆虫的行为学和生态学，不再是为了了解昆虫的生活规律后，找到杀死昆虫的薄弱环节。而是换一种思维，研究昆虫的行为学和生态学是为了设计昆虫喜爱的环境装置，引诱其进入装置，将这些昆虫用于饲料或其他资源利用的目的，岂不是一举两得？

随着科学技术的飞速发展，人类逐渐认识到，人类不是地球的主宰和主人，人类应该学会与自然和谐相处。昆虫作为地球上一类重要的生物资源，需要人类重新审视其价值，更辩证地看待昆虫的利与弊，接受昆虫是一类有特殊价值的生物资源的概念，相信以资源利用促进昆虫控制的概念会在不远的将来为农林业工作者所接受，并在害虫管理的实践中发展。

主要参考文献

陈晓鸣. 1998. 21世纪资源昆虫利用与展望. 见：中国林业科学研究院. 面向21世纪的林业. 北京：中国农业科学技术出版社. 563～568

陈晓鸣. 1999. 21世纪资源昆虫研究热点及关键领域. 见：陈晓鸣. 资源昆虫学研究进展. 昆明：云南科技出版社. 1～7

陈晓鸣，冯颖. 1999. 中国食用昆虫. 北京：中国科学技术出版社. 1～181

Erwin T L. 1982. Tropical forests：their richness in Coleoptera and other Arthropod species. Coleopt Bull，36（1）：74，75

Erwin T L. 1997. Biodiversity at Its Utmost：Tropical Forest Beetles. *In*：Reaka-Kudla M L，Wilson D E，Wilson E O. Biodiversity II：Understanding and Protecting Our Biological Resources. Washington，DC：Joseph Henry Press. 27～40

第2章　紫　胶　虫

昆虫有许多独特的性质，能产生多种对人类有用的物质，这些昆虫所生产的物质广泛地应用于化工等行业，通常将这类能产生特殊物质、可作为工业原料的昆虫称为工业原料昆虫。作为一种特殊的生物资源，昆虫体及昆虫的产物作为化工原料等资源具有重大的经济价值。昆虫的分泌物（如紫胶、白蜡），虫瘿（如五倍子），作为工业原料广泛地应用于化工、医药、食品、军工等行业；昆虫产丝，如家蚕，已经形成一项大的产业，在纺织工业中独树一帜；昆虫体内的红色素，如胭脂虫色素、紫胶虫色素等，广泛地应用于食品、化妆品行业；昆虫的表皮富含甲壳素，可以作为医药新材料，用于人造皮肤，同时甲壳素还广泛地应用于化工、食品、保健品、医药等行业；昆虫脂肪可以作为化妆品和化工原料等。由于昆虫的产品来于自然，对环境无污染、对人类健康无副作用，符合人类环保和健康发展的趋势，所以备受人们关注。

2.1　紫胶的经济价值

紫胶虫是一种重要的资源昆虫，生活在寄主植物上，吸取植物汁液，雌虫通过腺体分泌出一种纯天然的树脂——紫胶（图 2.1，彩图）。紫胶是一种重要的化工原料，广泛地应用于多种行业。据考证（周尧，1980；邹树文，1982），我国对紫胶的利用，有文献记载于唐朝以前。紫胶又名紫铆，在唐显庆四年（公元 659 年）苏敬的《新修本草》（通称唐本草）中就有所记载，在中国古代，紫胶主要用于中药、粘接宝石和制作皮革。紫胶作为一种纯天然的化工原材料，具有粘接、防潮、绝缘、涂膜光滑、防腐、耐酸、化学性质稳定、对人类无毒和无刺激性等优良性状，具有重要的经济价值，被广泛地应用于化工、电子、军工、医药和食品等行业。在日用化工行业，紫胶可用于家具、地板的抛光、粘接和防潮；在医药上，早在唐代李珣在《海药本草》中记载紫胶“……治湿痒疮疥，宜入膏用”，在《本草纲目》中记载紫胶主治五脏邪气、金疮、带下，能破积血，可治牙出血、产后血晕和月经不调等，除中医药利用外，还可以用于药片包衣，起到防潮和保存药片的作用；在军工上，紫胶可用于子弹、炮弹等武器的粘接和防潮；在电子工业上，可用于集成电路的粘接、防潮和绝缘；在印刷行业中，用于制作油墨，提高印刷质量；在食品工业上，可以用于糖果包衣。紫胶除作为天然树脂利用外，紫胶中提取的色素广泛地应用于食

图 2.1　生长在寄主植物上的紫胶

品和化妆品行业，如紫胶中提取的紫胶蜡被广泛地应用于日用化工和化妆品中，紫胶的深加工产品脱蜡漂白胶被广泛地用作果蔬保鲜剂。在农业上，紫胶可以作为化肥的缓释包衣；紫胶中提取的紫胶桐酸等物质可以用于香料产业等（中国农林科学院科技情报研究所，1974）。

紫胶作为一种天然的化工原料，曾一度被飞速发展的化学工业所替代。但是随着科技进步和人类对自然的认识逐步加深，人们发现化工产品污染环境和危害人类健康的弊端，从而环保意识逐渐增强，对天然产品的需求越来越多，要求越来越高。紫胶及其深加工产品主要由昆虫分泌的天然树脂组成，对人类健康和环境无副作用，适于现代人类对纯天然产品的追求，其重要的资源价值被人类重新认识和开发。紫胶生产需要营造大量的寄主植物，紫胶虫的寄主植物有200多种，不少寄主植物具有耐干旱、耐贫瘠、速生、萌发力强的特点，适合于多种困难地带的造林。紫胶生产已经形成了一项特殊的昆虫产业，紫胶生产系统由紫胶虫、寄主植物和生态环境三个部分组成，是一个相对稳定的人工生态经济林体系。在这个系统中，紫胶作为重要的工业原料可以产生较大的经济价值，由紫胶生产带来的枝条可以解决农村薪材，寄主植物造林可以绿化荒山，较好地保持水土。紫胶生态经济林体系发挥着重要的经济效益、生态效益和社会效益，不仅能带动地方经济发展，同时对改善生态环境有很大的促进作用（陈晓鸣，1994）。

2.2 紫胶的主要性质

2.2.1 紫胶树脂的组成

紫胶主要由紫胶树脂组成，还含有紫胶色素、蜡质等物质。紫胶树脂主要由羟基羟酸内酯和交酯构成，结构非常复杂，形成一个由羟基脂肪酸、倍半萜烯酸酯构成的弹性网，网格空隙中含有低分子脂肪酸的混合物，其中一些低分子脂肪酸有增塑剂作用。紫胶树脂的平均相对分子质量为1000，分子式为$C_{60}H_{90}O_5$。紫胶是一种酸性树脂，分子中至少含有1个游离羧基、5个羟基、3个酯基和1个醛基。

紫胶树脂中含有硬树脂和软树脂，溶于乙醚的称为软树脂，不溶于乙醚的称为硬树脂，一般在紫胶树脂中，硬树脂占70%左右，软树脂占30%左右。硬树脂和软树脂具有不同的物理和化学性质。

紫胶树脂含有多种紫胶酸，目前已分析出的有罂子桐酸（aleuritic acid）（又称为紫胶桐酸）、壳脑酸（shellolic acid）、紫铆醇酸（butolic acid）、开醇酸（kerrolic acid）等酸类。

紫胶中含有紫胶色素，从紫胶中提取的色素有两种，一种是溶于水的紫胶色素，称为紫胶色酸（laccaic acid），在紫胶中占2%～5%；另一种是不溶于水的紫胶色素，称为红紫胶素（erythrolaccin），含量很少，仅占0.1%左右。紫胶色酸主要存在于紫胶虫体内的红色体液中；红紫胶素存在于紫胶树脂中，使树脂成为紫色、黄色和橙色。

紫胶色酸是一种红色染料，可以从紫胶颗粒胶加工时，通过水洗从紫胶虫体内提取，紫胶色酸为酸性物质，主要以钠盐和钾盐的形式存在，紫胶色酸中至少含有两种以上的成分。红紫胶素的分子式为$C_{15}H_{10}O_6$，红紫胶素存在于紫胶树脂中，不溶于水，但溶于乙醇、乙醚、苯、甲苯、氯仿和乙酸。红紫胶素在碱液中可以用次氯酸盐和活性炭漂白和脱色。

紫胶中还含有6%～7%的紫胶蜡，紫胶蜡可以分为热乙醇溶解和不溶解两部分，热乙醇溶解的部分主要为蜂蜡醇及其脂类物质、蜂蜡酸、蜡酸、油酸和棕榈酸的混合物；热乙醇不溶解的部分，主要是紫胶蜡醇蜡酸酯（lacceryl lacceroate）、紫胶蜡酸（lacceric acid）等物质。在紫胶蜡中，蜡酸酯占80%～82%、游离蜡酸占10%～14%、游离蜡醇占1%、碳氢化合物占2.6%、紫胶树脂占2.4%。

紫胶还含有少量的糖、蛋白质、盐类和有气味物质等其他成分。

2.2.2 紫胶的物理性质

紫胶主要是一种由紫胶虫分泌的天然树脂，原胶呈紫红色、金黄色或黄色，紫胶片胶比重1.43～1.207，相对分子质量为964～1100，紫胶具有较好的抗张强度、耐磨性和硬度。紫胶是一种典型的热塑性树脂，紫胶的熔点在77～90℃，紫胶树脂在40℃以前比热变化的特征基本保持不变，40℃以后比热随温度增加而增加，紫胶树脂的导热系数在35℃时为2.42，在63℃时为2.09，与石蜡、石棉等的导热系数相似。紫胶树脂具有独特的电学性质：介电常数低，有一个异常的特点，在受电弧支配后，无导电性，所以紫胶可以作为绝缘材料。紫胶溶于多种有机溶液中，不溶于水，但把紫胶的醇溶液注入水中，在加压的条件下使乙醇挥发，或将紫胶的氨水溶液通过透析，能制成水溶液，紫胶在强碱液中加热也能制成紫胶树脂水溶液。紫胶常作为清漆来利用，紫胶液的黏度与溶液中紫胶的浓度和有机溶液的浓度正成比。紫胶溶液具有胶体的特征，但又不是胶体溶液，它可以很容易地通过过滤装置，只要浓度在20%以下，紫胶液不会呈胶体溶液，超过20%浓度，过滤速度十分缓慢，溶液黏度急剧上升，黏度随温度增高而增大。紫胶产品长期保存会老化和结块，在13～18℃温度下对防止紫胶老化和结块有一定的作用。

2.2.3 紫胶的化学性质

紫胶树脂是由多羟基羧酸组成，以内酯和交酯形式存在。平均相对分子质量约1000，平均分子中至少有1个游离羧基、5个羟基、3个酯基和1个醛基。酸值：紫胶片胶为65～75，漂白胶为73～118，硬树脂为55～60，软树脂为103～110；皂化值：紫胶片胶为220～230，漂白胶为176～276，硬树脂为218～225，软树脂为207～229；酯值：紫胶片胶为155～165，漂白胶为103～158，硬树脂为163～165，软树脂为104～119；羟值：紫胶片胶为250～280，硬树脂为235～240，软树脂为116～117。碘值：紫胶片胶为14～18，漂白胶为10～11，硬树脂为11～13，软树脂为50～55。

紫胶树脂可以进行各种化学反应，主要化学反应有酯化反应：由于紫胶树脂中含有羟基和羧基，通过两种方式进行酯化，一种是一元醇或多元醇酯化游离羧基，生成烷基酯；另一种是用羧酸或其他酸酯化羟基，生成酸酯。水解反应：紫胶树脂在苛性碱液中容易皂化，用适量的酸处理皂化液，生成一种不溶于水的黏性树脂——水解紫胶，水解紫胶用乙二醇酯化得到酯，是一种热塑性胶泥的一种组分，常用来粘结云母板。紫胶树脂还可以进行取代反应等（Bose et al.，1963；中国农林科学院科技情报研究所，1974；李金元等，1993，1994）。

2.3 紫胶虫的种类及其分布

2.3.1 紫胶虫的分类

紫胶虫是一种微小的昆虫，属同翅目 Homoptera 胶蚧科 Tachardiidae 紫胶蚧属 *Kerria*，是一类具有重大经济价值的资源昆虫。本书的紫胶虫分类主要依据印度紫胶虫分类专家 Varshney（1984）的分类体系。全世界紫胶虫种类在 20 种以上，鉴定到种名的有 19 种（表 2.1）（Varshney，1976，1984；王子清等，1982；欧炳荣和洪广基，1990；陈晓鸣，1998，2005），在生产上常用的紫胶虫种类有：紫胶蚧 *Kerria lacca*、中华紫胶虫 *K. chinensis*、云南紫胶虫 *K. yunanensis*、信德紫胶虫 *K. sindica* 和缅甸紫胶虫 *K.* spp. 等。

表 2.1 紫胶虫种类

序号	拉丁名	中文名
1	*Kerria albizziae* (Green) 1911	合欢紫胶虫
2	*K. brancheata* 1966	布拉清紫胶虫
3	*K. chamberlini* 1966	张氏紫胶虫
4	*K. chinensis* (Manhdiassan) 1923	中华紫胶虫
4a	*K. chinensis kydia* (Misra，1930)	桤紫胶虫亚种
5	*K. communis* (Manhdiassan) 1923	普通紫胶虫
6	*K. ebrachiata* (Manhdiassan，1923)	厄布拉清紫胶虫
7	*K. fici* (Green，1903)	榕树紫胶虫
7a	*K. fici jhansiensis* (Misra，1930)	汉西紫胶虫亚种
8	*K. greeni* (Chamberlin，1923)＝*Tachardia fici* Misra，1930	
9	*K. indicola* (Kapur) 1958＝*Laccifer indica* Misra	印度紫胶虫
10	*K. javana* (Chamberlin，1925)＝*Laccifer javana* Chamberlin，1925	爪哇紫胶虫
11	*K. lacca lacca* (Kerr) 1982＝*Coccus gummilaccae* Goeze，1787＝*Coccus ficus* Fabricius，1787＝*Lakshadia indica* Mahdihassan，1923	紫胶蚧
11a	*K. lacca ambigua* (Misra) 1903	拟紫胶虫亚种
11b	*K. lacca mysorensis* (Mahdihassan) 1923	迈索尔紫胶虫亚种
11c	*K. lacca takahashii* Varsheny 1977	塔卡哈西紫胶虫亚种
12	*K. meridionalis* (Chamberlin，1923)	南方紫胶虫
13	*K. nagoliensis* (Mahdhassan) 1923	那哥里紫胶虫
14	*K. nepalensis* Varshney，1977	尼泊尔紫胶虫
15	*K. pusana* (Misra) 1930	普萨紫胶虫
16	*K. rangonliensis* (Chamberlin，1925)＝*Lakshadia chinensis* Mahdhassan，1948a	仰光紫胶虫
17	*K. ruralis* Wang，1982	田紫胶虫
18	*K. sindica* (Mahdihassan) 1923	信德紫胶虫
19	*K. yunnanensis* Ou et Hong，1990	云南紫胶虫

2.3.2　紫胶虫的几个重要分类特征

紫胶虫分类主要依据雌成虫特征，常用的特征有膊背、肛突、背刺、前气门和后气门、触角、缘导管群、围阴孔群、腹导管群等（图 2.2；图 2.3，彩图）。

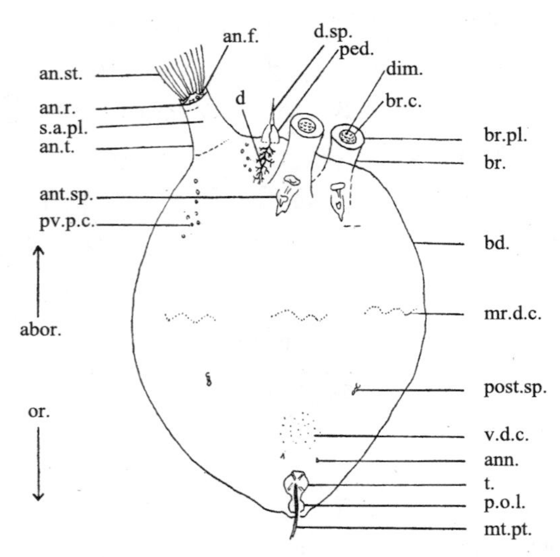

图 2.2　紫胶虫雌成虫模式图（Varshney，1976）

abor. ——aboral side 离口端；an. f. ——anal fringe 肛缘缨；an. r. ——anal ring 肛环；ann. ——antennae 触角；s. a. pl. ——supra-anal plate 肛上板；br. pl. ——branchial plate 膊板；dim. ——dimple 坑；bd. ——body membrane 体膜；d. ——duct of dorsal spine 背刺导管；t. ——tentorium 幕骨；post. sp. ——posterior spiracle 后气门；v. d. c. ——ventral duct cluster 腹导管群；an. st. ——anal setae 臀瓣肛毛；ant. sp. ——anterior spiracle 前气门；or. ——oral side 口端；br. ——branchia 膊背；br. c. ——branchial crater 膊陷；d. sp. ——dorsal spine 背刺；ped. ——pedicel 梗节（基节）；mr. d. c. ——marginal duct cluster 缘导管群；mt. pt. ——mouth part 口器；p. o. l. ——post oral lobe 后口突；pv. p. c. ——perivaginal pore cluster 围阴孔群

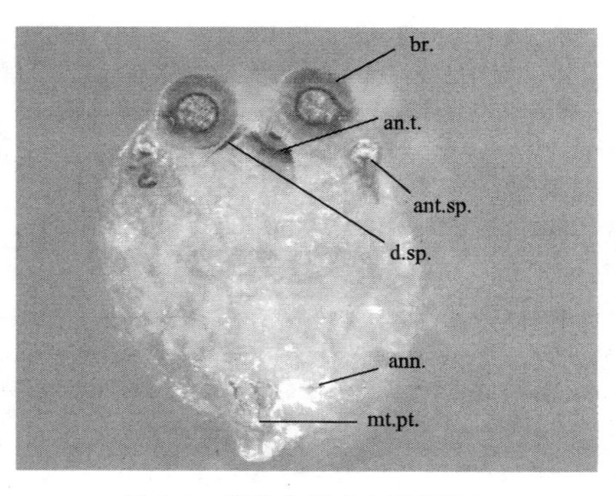

图 2.3　紫胶虫雌成虫玻片标本

ann. ——antennae 触角；an. t. ——anal tubercle 肛突；ant. sp. ——anterior spiracle 前气门；br. ——branchia 膊背；d. sp. ——dorsal spine 背刺；mt. pt. ——mouth part 口器

臀背（branchia）：位于虫体的离口端（aboral side，也称尾端），肛突和背刺前面，一般呈棒状或筒状，抬起或不抬起（有柄或无柄），臀背端部有一个扁平的、高度骨化的臀板（branchial plate），在臀板上有一个近圆形的凹陷，称为臀陷（branchial crater），臀陷内有大量的大小不一的小坑（dimple）。臀背的形状、大小、坑的数量是紫胶虫分类的重要指标。

肛突（anal tubercle）：是虫体后部延长部分，高度骨化。肛突由一个长管状的板所包被，称为肛上板（supra-anal plate）。肛上板平滑，多毛，管状。肛突顶端具有一个圈有小突起（lobe）构成的肛环，在肛环上有由多根臀瓣肛毛（anal setae）所组成的肛环缨（anal fringe）、肛突和肛上板的长和宽通常作为紫胶虫分类的重要特征。

背刺（dorsal spine）：位于两个臀背和肛突的三角形区域的一个小的刺状突起称为背刺，这是胶蚧科独一无二的特征。背刺由两个部分组成，包括一个多毛，高度骨化，长的锐刺和一个短胖的基部［或称梗节（pedicel）］，一个腺导管从基部通过背刺开口于顶端，背刺导管群树枝状或其他形状。

前气门（anterior spiracle）和后气门（posterior spiracle）：紫胶虫有一对前气门和一对后气门。两个前气门，位于或开口于两个臀背下方，一般较后气门大；两个后气门位于虫体的近口端中部，较前气门小。前气门形状大小和距臀背的距离是紫胶虫分类常用特征。

触角（antennae）：位于虫体近口端，分节或不分节，基部和顶端通常有数根刚毛。

缘导管群（marginal duct cluster）：位于虫体中部，通常有几十个导管群组成，呈“S”状（蛇形）或其他形状，每个导管群又由几十个导管组成，导管群的形状和数量是紫胶虫重要的分类特征。

围阴孔群（perivaginal pore cluster）：位于肛突基部两侧，一般呈带状密集排列分布，数量从每侧几个到数十个不等，大小和分布形状不一。围阴孔群的数量和分布形状是紫胶虫常用的分类特征。

腹导管群（ventral duct cluster）：位于虫体近口端（口后区），触角下方，一般呈不规则状分布，腹导管群的分布形状和数量可作为紫胶虫的分类特征。

2.3.3　紫胶蚧属常见种类和亚种检索表

紫胶蚧属常见种检索表（据 Varshney，1984 改编）

1. 肛突（前肛板）长，延长，长大于宽或长宽相似 ………………………………………… 2
   肛突（前肛板）收缩，宽大于长 ………………………………………………………… 10
2. 臀背明显抬起，臀板骨化 ………………………………………………………………… 3
   臀板无柄 ………………………………………………………… 厄布拉清紫胶虫 *ebrachiata*
3. 虫体长，背刺较虫体的其他部分小 ……………………………………………………… 4
   虫体中等，球状，背刺发育良好，基部较大 ……………………………………………… 5
4. 位于前气门下气门侧沟带或角质化痕迹很长；
   前气门远离臀板 ………………………………………………………… 中华紫胶虫 *chinensis*
   位于前气门下气门侧沟带或角质化痕迹较短；前气门距臀板相对较近 ……… 尼泊尔紫胶虫 *nepalensis*

5. 刺基部轻微骨化，肛缘缨突较长 …………………………………………………… 那哥里紫胶虫 *nagoliensis*

　刺基部发育良好，但没有轻微骨化，肛缘缨突较短 ………………………………………… 6

6. 膊背抬起较低，雌虫较小 ………………………………………………… 普通紫胶虫 *communis*

　膊背明显抬起，雌虫较大 ………………………………………………………………… 7

7. 膊板上坑的数量大于 9 个 ………………………………………………………………… 8

　膊板上坑的数量小于 9 个，通常 6 或 7 个 ………………………………………………… 9

8. 膊板上坑的数量为 9～12 个 ……………………………………………………… 紫胶蚧 *lacca*

　膊板上坑的数量大于 12 个 ………………………………………………………… 田紫胶虫 *ruralis*

9. 膊板凹陷直径为背刺的一半；触角末端有 4 根刚毛 ……………………… 印度紫胶虫 *indicola*

　膊板宽为背刺的 2/3；触角末端有 3 根刚毛 ……………………………… 张氏紫胶虫 *chamberlini*

10. 膊板凹陷近圆形，宽大于长，缘导管群大约 40 个 ……………………………………………… 11

　缘导管群 80～110 个，前气门离开膊板……………………………………… 云南紫胶虫 *yunnanesis*

　膊板凹陷近矩形，长大于宽，缘导管群 10～15 个，前气门与膊板相连 …………… 合欢紫胶虫 *albizziae*

11. 膊板和肛上板的面积相近，口部附近无星状孔 ………………………………………………… 12

　膊板的面积小于肛上板，口部附近有星状孔 …………………………………………………… 15

12. 膊板凹陷不在膊板中心，膊陷有开口，膊陷中的坑小而不明显 …………………… 信德紫胶虫 *sindica*

　膊板凹陷在大膊板中心，膊陷无开口，膊陷中的坑大而明显 ……………………………………… 13

13. 膊背很短（但膊板大而宽），刺的基部收缩 ……………………………………… 榕树紫胶虫 *fici*

　膊背明显抬起，刺的基部不收缩 ……………………………………………………………… 14

14. 膊背棒状，触角小……………………………………………………………… 布拉清紫胶虫 *brancheata*

　膊背圆柱形管状，膊陷中有 5 或 6 个坑，触角明显分为 3 或 4 节 ………………… 普萨紫胶虫 *pusana*

15. 膊背几乎无柄，膊板凹陷明显，但膊陷中的坑小而不明显 ……………………… 爪哇紫胶虫 *javana*

紫胶蚧亚种检索表（Varshney，1976）

1. 膊背抬起较低，口部附近有孔 …………………………………………………… 拟紫胶虫亚种 *ambigua*

　膊背抬起较明显，口部附近无孔 …………………………………………………………………… 2

2. 导管群排列紧密，围绕膊陷有较宽的角质化区域；前气门下有气门侧沟的痕迹

　……………………………………………………………………………… 塔卡哈西紫胶虫亚种 *takahashii*

　导管群排列紧密，有较宽的角质化区域；无气门侧沟的痕迹 ………………………………………… 3

3. 膊板上的坑 5～10 个；雌虫体小，13 个月完成 3 个世代 ……………………… 迈索尔紫胶虫亚种 *mysorensis*

　膊板上的坑 9～12 个；雌虫体大，12 个月完成 2 个世代 ……………………………… 紫胶蚧 *lacca*

2.3.4 紫胶虫的分布

记载的胶蚧科介壳虫大约有 64 种，其中胶蚧亚科有 37 种，角质蚧亚科有 27 种，主要分布于全世界的热带和南亚热带地区（表 2.2）。胶蚧科昆虫在生产上有利用价值的种类主要是胶蚧亚科、紫胶蚧属的几种紫胶虫。有生产价值的紫胶虫主要分布于印度、中国、巴基斯坦、孟加拉国、泰国、缅甸、印度尼西亚等国家的热带和南亚热带地区。

表 2.2 胶蚧科的地理分布（据 Varshney，1976 改编）

亚科	属	记录种	大洋洲	埃塞俄比亚	东方区	新北区	新热带区
Tachardiinae 胶蚧亚科	澳朱胶蚧属 *Austrotachardia*	5	5	—	—	—	—
	澳小朱胶蚧属 *Austrotachardiella*	7	—	—	—	—	7
	胶蚧属 *Kerria*	19	1	—	18	—	—
	翠胶蚧属 *Metatachardia*	2	—	—	2	—	—
	小朱胶蚧属 *Tachardiella*	14	—	—	—	6	8
Tachardininae 角质蚧亚科	非洲角胶蚧属 *Afrotachardina*	2	—	2	—	—	—
	亚角胶蚧属 *Paratachardina*	7	1	0	6	—	—
	角胶蚧属 *Tachardina*	18	—	17	1	—	—
	合计	74	7	19	27	6	15

2.4 紫胶虫的主要生物学特征

紫胶虫一般一年两代，不同种类的紫胶虫的世代交接时间不同。在中国传统的紫胶生产方式中，云南紫胶虫生活史从当年 10 月至次年 5 月的一代称为冬代紫胶，将生活史在 5～10 月的一代称为夏代紫胶，冬代紫胶主要为夏代紫胶生产提供种胶，夏代为紫胶生产的季节。紫胶蚧则是每年 2～3 月至 7～8 月为夏代，7～8 月至次年 2～3 月为冬代；信德紫胶虫的生活史是每年 7～11 月为夏代，11 月至次年 6～7 月为冬代。

2.4.1 紫胶虫的生活周期

紫胶虫雄虫为完全变态，一生通过卵、幼虫、蛹、成虫 4 个阶段；雌虫只经过卵、幼虫、成虫 3 个阶段，为不完全变态（图 2.4）。紫胶虫一生只移动一次，从卵孵化到在寄主植物上找到合适的枝条固定下来，口针刺入寄主植物表皮，终生不再移动。雄虫通过完全变态后，羽化成虫，成虫有翅或无翅，飞翔能力有限，一般就近交配，交配后死亡，雌虫和雄虫均可重复交配。紫胶虫雌虫固定在寄主植物上后，不再移动，随着雌虫生长发育，足、头、胸和腹退化，身体被所分泌的紫胶所包被，形成一层厚厚的胶被。雌虫成熟交配后，孕卵，卵胎产生子代。一般紫胶虫一年两代，世代交接时间不同，虫种在不同环境下有较大的差异（陈晓鸣等，1999）。

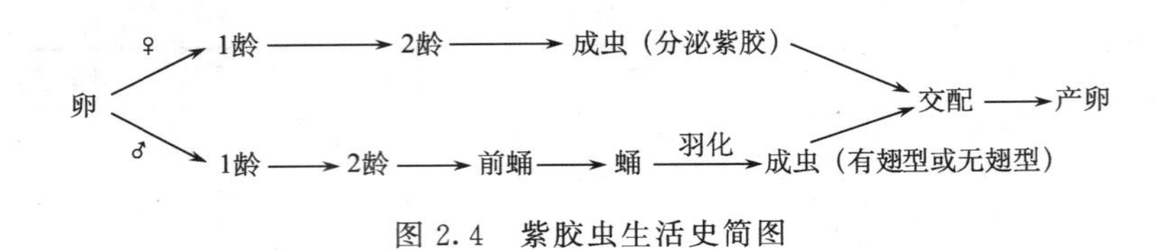

图 2.4　紫胶虫生活史简图

2.4.2　紫胶虫的主要生物学、生态学特征

1. 群体密度

紫胶虫在寄主植物枝条上固定后，以群居生活，连成一片，刚在枝条上固定时其种群密度为80～230头/cm²。虫种不同，群居密度不同。例如，中华紫胶虫的密度为180～230头/cm²，紫胶蚧和信德紫胶虫的密度为80～100头/cm²（图2.5，彩图；图2.6，彩图）。

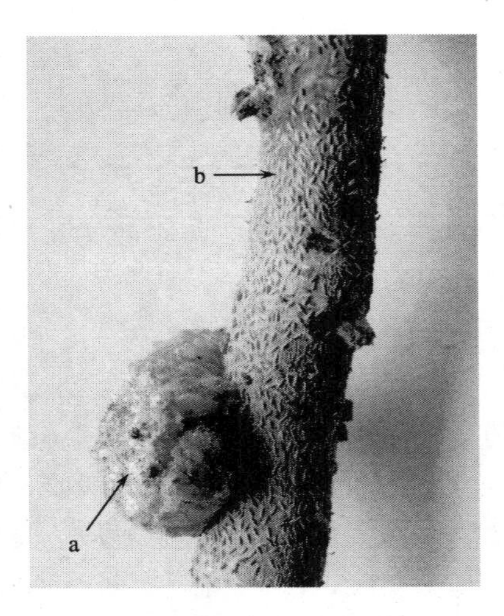

图 2.5　紫胶虫胶被和幼虫

a. 成熟紫胶虫雌成虫胶被；b. 1龄幼虫固定在植物枝条上

图 2.6　紫胶虫1龄幼虫固定在植物枝条上（35×）

2. 性比

紫胶虫的性比因虫种不同而异，一般雌雄比例为1∶2～1∶3。紫胶虫的性比可能与环境影响有关，有时紫胶虫会出现雄虫比例过高的现象。例如，在试验中观察到缅甸紫胶虫的雄性比例有时高达90%以上，造成这种现象的原因尚不清楚，可能有遗传和环境两方面的原因。

3. 死亡率

紫胶虫的死亡率较高，一般高达80%～90%，不同虫种的死亡率不同，云南紫胶虫的死亡率90%左右，信德紫胶虫和紫胶蚧的死亡率80%左右。在生产中紫胶虫死亡的原因有天敌和环境等因素，但自然死亡率高是紫胶虫的一个显著特征。因为紫胶虫为蚧壳虫，是昆虫中较为特殊的一类，在其一生中，除了幼虫孵化后有一段短暂的时间（约一周）在寄主植物上爬行，寻找适宜枝条和雄虫羽化交配（3～5天）外，在枝条上固定后终生不再移动。紫胶虫以群居的方式生活，固定时的群体密度为80～230头/cm^2，到孕卵和幼虫孵化时，紫胶虫的群体密度一般为15～25头/cm^2，死亡率高达80%～90%。死亡的主要原因为群体间对有限食物和空间资源的竞争，在这个竞争过程中，体弱和竞争能力较差的个体被淘汰，这是由紫胶虫的遗传特征所决定的。即便在最佳生存条件下，紫胶虫的自然死亡率都在80%～90%，在紫胶生产中，加上天敌危害和环境压力，紫胶虫的死亡率一般都在90%以上。高死亡率是紫胶虫种的显著特征，紫胶虫以高繁殖力来弥补高死亡率，从而使种群得以生存和延续（陈晓鸣和冯颖，1991）。

4. 怀卵量

紫胶虫的怀卵量较大，每头雌虫的怀卵量为200～1000粒。云南紫胶虫的怀卵量300～600粒，紫胶蚧和信德紫胶虫的怀卵量为200～500粒。紫胶虫幼虫为卵胎生，幼虫直接从母体中孵化后爬出。

5. 繁殖倍数

紫胶虫的繁殖受到天敌和环境条件等多方面的影响，从理论上讲，紫胶虫在最佳生态条件上，其存活率为10%～20%，按照昆虫种群世代倾向值来计算，其增殖倍数为10～15倍，在自然条件下加上天敌和环境的影响，紫胶虫的增殖倍数在正常的生产状况下为5～10倍，在紫胶生产上常称为放收比，即放1kg种胶收5～10kg种胶。紫胶虫夏代的繁殖倍数高于冬代的。所以，在生产上习惯将冬季放养的紫胶虫用于生产种胶，而利用夏季紫胶虫繁殖倍数较高的特点来生产紫胶。

2.4.3 紫胶生产的几种主要紫胶虫

中国原始分布的有记录的紫胶虫种类主要有云南紫胶虫、中华紫胶虫、田紫胶虫、榕树紫胶虫、格氏紫胶虫5种。通过国外引种、国内收集和保存，目前中国收集和保存有9种10个品系的紫胶虫。

1. 云南紫胶虫 *K. yunnanensis* Ou et Hong

分布：主要分布于中国云南南亚热带地区，引种至广西、广东、福建、贵州、四川、江西、湖南、海南8个省（自治区）。

云南紫胶虫是中国紫胶生产用紫胶虫，对这个紫胶虫种类有较大的争议，曾认为是紫胶蚧，经研究发现，中国生产用的紫胶虫不是紫胶蚧，曾作为中国紫胶虫处理，后又作为云南紫胶虫新种。笔者等通过与中国紫胶虫和紫胶蚧对比，采用杂交试验和分子标记证实，支持中国生产用的紫胶虫应为云南紫胶虫（刘崇乐，1957；欧炳荣和洪广基，1990，1993；陈晓鸣等，1992，2005；陈航等，2006a，b）。

主要生物学特征：云南紫胶虫在云南南亚热带地区一年两代，在景东彝族自治县，夏代从5月至10月，约150天；冬代从10月至翌年4月，约210天。夏代雌虫1龄幼虫约20天，2龄幼虫约15天，3龄幼虫约15天；雄虫1龄幼虫约20天，2龄幼虫约18天，前蛹及蛹期约12天，成虫约8天。冬代雌虫1龄幼虫约50天，2龄幼虫约45天，3龄幼虫约30天，成虫约90天；雄虫1龄幼虫约50天，2龄幼虫约60天，前蛹及蛹期约20天，成虫约15天。夏代泌胶量高于冬代（欧炳荣和洪广基，1984）。

主要寄主：云南紫胶虫的寄主植物约200多种，常用于生产的有10余种。

木豆（三叶豆）	*Cajanus cajan*（Linn.）
钝叶黄檀（牛肋巴）	*Dalbergia obtusifolia* Prain
思茅黄檀（秧青）	*Dalbergia szemaoensis* Prain
大叶千斤拔	*Moghania macrophylla*（Willd.）
火绳树（炮火绳）	*Eriopaena spectabilis*（DC.）
马鹿花（瓦氏葛藤）	*Pueraria wallichii* DC.
聚果榕（马椰树）	*Ficus racemosa* Linn.
偏叶榕（鸡嗉果）	*Ficus cunia* Ham.

2. 中华紫胶虫 *Kerria chinensis*（Mahdihassan）

分布：据记载，中华紫胶虫在国内主要分布于中国西南地区和西藏等省（自治区），国外分布于泰国北部。在国内西藏有记载（王子清，1981），采集地点不明，其他省（自治区）没有发现中华紫胶虫。主要寄主植物：使君子 *Quisqualis* sp.，黄檀属 *Dalberqia*、合欢属 *Albizzia*、榕属 *Ficus* 等植物。

主要生物学特征：中华紫胶虫是世界紫胶的主要生产种，目前主要在泰国用于紫胶生产。在泰国中华紫胶虫一年两代，第一世代5～6月放养，11月至12月采收，称为雨季世代；第二代在11月至12月放养，5～6月采收，称为旱季世代。

主要寄主：	雨树	*Samanea saman* Mer.
	亮叶合欢（光叶合欢）	*Albizzia lucida* Benth
	大叶千斤拔	
	滇刺枣	*Ziziphus mauritiana* Lamarch
	聚果榕（马椰树）	
	四角风车子	*Combretum quadruangulare*
	木豆（三叶豆）	

3. 紫胶蚧 *Kerria lacca*（Kerr）

分布：紫胶蚧主要分布于印度等国，引入我国后，经驯化，在云南元江等干热河谷区培育。我国保存的紫胶蚧有两种：Kusmi品系和Rangnee品系。

Kusmi品系的主要生物学特征：该虫种在我国干热河谷地区生活史基本稳定，在云南元江一年两代，世代交接时间随气候变化而改变，分化出不同的世代交接时间。从多数种群来看，一般夏代6～7月至11月，冬代11月至次年6～7月；夏代约120天，冬代约200天。夏代雌虫1龄幼虫约20天，2龄幼虫约15天，3龄幼虫约10天，成虫约70天；夏代雄虫1龄幼虫约20天，2龄幼虫约18天，前蛹及蛹期约10天，成虫约12天。冬代雌虫1龄幼虫约22天，2龄幼虫约16天，3龄幼虫约15天，成虫约140天；冬代雄虫1龄幼虫约22天，2龄幼虫约18天，前蛹及蛹期约10天，成虫期15天（高玉芝等，1995）。Kusmi品系分泌的紫胶色浅，呈黄色，紫胶质量为所有紫胶虫中最好的。

主要寄主：久树 *Schleichera oleasa*（Lour）
聚果榕（马榔树）
木豆（三叶豆）
大叶千斤拔

Rangnee品系的主要生物学特征：在云南元江一年两代，一般夏代为每年6月下旬或7月上旬至10月中下旬，历时120～140天；冬代为每年10月中下旬至第二年6月下旬或7月上旬，历时220～240天。其中，夏代雌虫1龄幼虫14～18天，2龄幼虫8～14天，3龄幼虫7～12天，成虫60～75天；雄虫1龄幼虫14～18天，2龄幼虫8～12天，前蛹5～7天，蛹4～8天，羽化期7～10天。冬代雌虫1龄幼虫40～45天，2龄幼虫35～40天，3龄幼虫20～35天，成虫140～150天；雄虫1龄幼虫40～45天，2龄幼虫30～35天，前蛹12～15天，蛹15～25天，羽化期12～15天（和菊等，2003）。

主要寄主：宝树（紫铆） *Butea monosperma*（Lam.）C. Ctze
苏门答腊金合欢 *Acacia glauca*（Linn.）Moench
大叶千斤拔
滇刺枣
亮叶合欢（光叶合欢）
木豆（三叶豆）

4. 信德紫胶虫 *Kerria sindica*（Mahdihassan）

分布：主要分布于孟加拉国等国，引入我国后，在云南元谋、元江等干热河谷区驯化和培育。

主要生物学特征：信德紫胶虫在云南元江和元谋干热河谷区一年两代，泌胶量良好，生活史稳定，夏代7～11月，约120天，冬代11月至翌年7月，约260天。夏代雌虫1龄幼虫约20天，2龄幼虫约12天，3龄幼虫约10天，成虫期约80天；夏代雄虫1龄幼虫约12天，2龄幼虫约14天，前蛹及蛹期约10天，成虫期约10天。冬代雌虫1龄幼虫约58天，2龄幼虫35天，3龄幼虫约35天，成虫约120天；冬代雄虫1龄幼虫约58天，2龄幼虫约55天，前蛹及蛹期约15天，成虫期12天（阎克显等，1992；杨星池，1993）。该虫种分泌的紫胶呈黄色，质量较好。

主要寄主：滇刺枣
聚果榕（马榔树）
木豆（三叶豆）
苏门答腊金合欢
光叶合欢 *Albizzia lucida* Benth

斜叶榕	*Ficus gibbosa* BL.

5. 田紫胶虫 *Kerria ruralis* Wang

分布：主要分布于云南普文等热带地区，是我国的特有种。

主要生物学特征：田紫胶虫在云南普文一年两代，夏代2～3月至7～8月，约150天，冬代7～8月至翌年2～3月，约220天。夏代雌虫1龄幼虫约40天，2龄幼虫约20天，3龄幼虫约15天，幼虫期约80天，成虫期约90天；雄虫1龄幼虫约40天，2龄幼虫约30天，幼虫期约70天，蛹期（包括前蛹期）约15天，整个夏代雌虫历时约170天，雄虫历时约110天。冬代雌虫1龄幼虫约20天，2龄幼虫15天，3龄幼虫约10天，幼虫期约50天，成虫期约170天；雄虫1龄幼虫约20天，2龄幼虫约20天，幼虫期约40天，蛹期（包括前蛹期）约15天，整个冬代雌虫历时约220天，雄虫历时70天。该虫种泌胶产量低，但泌胶色浅，幼虫具有红黄两种色型，是珍贵的遗传育种材料（王子清等，1982；洪广基，1986；王绍云等，1999；陈航等，2006）等。

主要寄主：		
	蝴蝶果	*Cleidiocarpon cavaleriei*（Levl.）
	铁藤	*Cyclea polypetala* Dunn
	龙眼	*Dimocarpus longan* Lam.
	荔枝	*Litchi chinensis* Sonn
	大叶千斤拔	
	木豆（三叶豆）	
	南岭黄檀	*Dalbergia balansae* Prain
	马鹿花	*Pueraria wallichii* DC.
	菲岛桐（粗糠柴）	*Mallotus philippensis* Muell. -Arg
	藤黄檀	*Dalbergia hancei* Benth
	高山榕	*Ficus altissima* Bl.
	多裂黄檀	*Dalbergia rimosa* Roxb.
	钝叶黄檀	*Dalbergia obtusifolia* Prain

6. 榕树紫胶虫 *Kerria fici*（Green）

分布：主要分布于巴基斯坦等南亚和东南亚地区，在文献中记载中国南部有分布（Varshney，1976）。榕树紫胶虫在云南元江等地有培育，该虫主要适应于干热河谷地区。

主要生物学特征：一年两代，夏代7～11月，约125天，冬代11月至翌年7月，约210天。夏代雌虫1龄幼虫约20天，2龄幼虫约20天，3龄幼虫约7天，成虫期约85天；雄虫1龄幼虫约20天，2龄幼虫约20天，前蛹及蛹期约10天，成虫期约11天。冬代雌虫1龄幼虫约40天，2龄幼虫20天，3龄幼虫约25天，成虫期约125天；雄虫1龄幼虫约40天，2龄幼虫约22天，前蛹及蛹期约20天，成虫期约10天。该虫种具有红、橘红和黄色三种色型，在遗传育种上有较高的价值（杨星池，1986；王绍云等，1999）。

主要寄主：滇刺枣
聚果榕（马榔树）
大叶千斤拔
木豆（三叶豆）
宝树（紫铆）
龙眼
蒙自合欢　　*Albizia bracteata* Dunn
亮叶合欢（光叶合欢）

7. 缅甸紫胶虫 *Kerria* spp.

分布：主要分布于缅甸北部东枝、腊戌和眉苗地区。

缅甸的紫胶虫生产种主要有两种，一种分布于海拔 1300m 左右；另一种分布于缅甸南部五个佛低海拔地区，海拔在 200m 左右。两种缅甸紫胶虫的分类地位待定。生活史一年两代，具体不详。

寄主植物：高海拔地区的缅甸紫胶虫的寄主植物以榕树植物为主；低海拔地区的缅甸紫胶虫的主要寄主植物有滇刺枣、雨树、菩提树 *Ficus religiosa* Linn.、铁刀木 *Cassia siamea* Lamarck 等。

在上述紫胶虫中，有 5 种紫胶虫做过较详细的生活史观察（表 2.3），这 5 种紫胶虫分布于我国热带、亚热带地区，生活史稳定，泌胶正常。其中，有云南紫胶虫、紫胶蚧、中华紫胶虫、信德紫胶虫、榕树紫胶虫 5 种紫胶虫可以直接应用于生产，具有很高的经济价值。

表 2.3　5 种紫胶虫的生活史（陈晓鸣等，1999）

虫种	世代	世代历时/天	♀/天				♂/天			
			1 龄幼虫	2 龄幼虫	3 龄幼虫	成虫	1 龄幼虫	2 龄幼虫	蛹	成虫
云南紫胶虫	夏代	130～140	18～12	13～16	12～16	85～90	18～22	16～20	10～15	6～10
	冬代	200～220	48～53	40～45	28～32	80～90	18～53	60～64	18～22	14～16
紫胶蚧	夏代	110～120	18～12	13～18	8～12	70～80	18～22	16～18	8～12	10～12
	冬代	190～210	20～24	15～17	15～17	140～150	20～24	17～20	8～12	12～16
信德紫胶虫	夏代	110～120	18～22	10～14	10～14	75～80	18～22	12～16	8～12	8～12
	冬代	250～260	55～60	32～36	32～36	120～130	55～60	52～56	12～16	10～14
田紫胶虫	夏代	150～170	40～45	18～22	14～17	80～90	40～45	28～32	10～14	16～20
	冬代	210～220	18～22	13～16	8～12	80～90	18～22	18～22	10～14	15～17
榕树紫胶虫	夏代	120～130	18～22	8～12	5～10	80～90	18～22	10～14	8～12	8～12
	冬代	210～220	38～42	18～22	23～26	120～130	38～42	20～24	18～22	8～12

2.5　主要紫胶的质量分析

在收集和保存的 9 种 10 个紫胶虫品系中，紫胶质量各异，产量也大不相同。除格氏紫胶虫外，大都可以直接应用于紫胶生产，除田紫胶虫泌胶产量稍低外，其他 4 种紫胶虫都可以形成较高的紫胶产量。为了评判收集所保存的紫胶虫分泌的紫胶质量，对主要 6 种紫胶虫分泌的质量进行了初步的常规分析（表 2.4）。

表 2.4　6 种紫胶虫的胶质分析（陈晓鸣等，1999）

虫种	树脂含量/%	蜡质含量/%	熔点/℃	颜色指数（号）	乙醇不溶物含量/%
云南紫胶虫	80～82	5～7	78.5	14～18	7～9
格氏紫胶虫	78～89	4～8	80.0	14～31	6～14
紫胶蚧	81～85	2～4	76.5	4～5	8～9
信德紫胶虫	77～82	2～3	77.0	5～7	6～10
田紫胶虫	78～89	4～8	—	4～7	6～14
榕树紫胶虫	78～89	4～8	—	6～15	11～13

分析表明，几种紫胶虫分泌的紫胶原胶的树脂含量均在 80%左右，区别不显著，原胶含蜡量以中华紫胶虫为最高，占 5%～7%；信德紫胶虫最低，占 2%～3%。除格氏紫胶虫分泌的紫胶溶点为 80℃，其余紫胶熔点均为 76～78℃。紫胶颜色指数以紫胶蚧、田紫胶虫和信德紫胶虫所产紫胶最低（分别为 4～5 号、4～7 号和 5～7 号），这三种紫胶颜色较浅，呈黄色。几种紫胶虫的杂质含量（乙醇不溶物）为 6%～14%，云南紫胶虫、紫胶蚧和信德紫胶虫的原胶杂质含量较少。

优质紫胶的一般的判别标准是树脂含量高、杂质少、颜色浅、流动性好、光泽均匀。从 6 种紫胶虫的紫胶质量来分析，紫胶蚧所产紫胶的质量最好，信德紫胶虫所产紫胶质量第二，田紫胶虫所产紫胶第三，云南紫胶虫所产紫胶质量较差。

2.6　紫胶虫的培育

紫胶生产系统是由紫胶虫、寄主植物和适宜的生态环境三个要素组成，紫胶生产需要丰富的寄主植物和紫胶虫种源，所以在适宜的生态环境中，紫胶生产一般包括寄主植物培育、种胶生产、放养、收胶及后处理等。

（1）寄主植物培育：要发展紫胶生产，首先要栽培寄主植物。从育苗、造林到紫胶生产的周期，根据寄主植物和紫胶虫种类不同而变化，利用灌木作为寄主造林，如大叶千斤拔、木豆、苏门答腊金合欢等树种，一般半年到 8 个月就能使用；选择乔木作为寄主植物造林，一般要 3 年左右才能使用。灌木造林通常采用 2m×3m 的株行距；乔木造林一般选择 3m×4m 或 4m×4m 的株行距。寄主植物的生长与土壤立地条件关系很大，水肥条件好的土地，寄主植物生长快，能利用的枝条多，产量高。

（2）种胶生产：培育好寄主植物后，需要大量的紫胶虫来生产紫胶。在紫胶生产上，先要培育紫胶种胶。紫胶种胶是指在寄主植物枝条上发育，孕卵，胚胎发育成熟，幼虫尚未爬出（涌澈）的紫胶虫雌虫与胶块的总称。因为这些包含着活虫的胶块用于繁殖和培育下一代紫胶虫，主要是为紫胶生产提供种源，所以称为种胶。在中国一般采用冬代（10 月至次年 5 月）培育紫胶虫种胶，因为冬代气温较低，紫胶虫的生理活动减少，分泌紫胶的数量较夏天的少，所以采用冬代来培育紫胶种胶、夏代（5 月～10 月）生产紫胶的生产方式。

（3）放养、收胶及后处理：紫胶虫的放养技术较为简单，将种胶分成 10～15cm 长的胶枝棒，胶枝棒枝条的两端剪成斜口（利于紫胶虫幼虫上树），然后将两头用线绑扎在寄主植物枝条上，种胶的位置一般要尽量靠近半年至一年生的嫩枝条，待幼虫出空后收回种胶。紫胶虫生长发育一般不需要特殊的管理。在云南紫胶产区，通常每年 5 月放养，10 月收胶。种胶培育与紫胶生产的技术一样，只是培育的目的不一样。

紫胶成熟后，收获时一般是将寄主植物的枝条连同紫胶一起砍下，然后再将紫胶从枝条上剥下晾干，去掉杂质，即获得紫胶的初级产品——原胶。

2.7　紫胶的主要产品

原胶：从寄主植物上剥下的胶块，经晾干、去杂质后的干胶成为原胶，主要成分是树脂和紫胶虫死的虫体，还含有部分植物枝条的碎杂质，是加工各种紫胶产品的原材料。

颗粒胶：紫胶原胶经粉碎、水洗、脱色、去虫尸体和杂质后的颗粒状紫胶树脂（主要成分是树脂），还含有色素和少量杂质。紫胶颗粒胶只是紫胶产品的中间产品，从颗粒胶可生产片胶、漂白胶和紫胶色素等紫胶产品。

片胶：紫胶颗粒胶通过加热或有机溶剂溶解，加工后压成片状的产品。主要用于军工、电子、医药等行业。

漂白胶：紫胶颗粒胶通过脱色、漂白、清洗后得到的黄色、白色的浅色片状或颗粒状紫胶产品。紫胶漂白胶主要用于水果和蔬菜保鲜，口香糖等糖果加工行业。

紫胶色素：紫胶红色素是由紫胶虫腺体所分泌的一类物质，存在于紫胶虫体内和紫胶树脂中，主要用于食品色素、化妆品等行业。

紫胶蜡：是紫胶虫蜡腺分泌的一种脂类物质，主要用于化妆品和化工行业。

主要参考文献

陈航，陈晓鸣，冯颖等．2006a．紫胶虫主要生产种的 RAPD 分子标记分析．林业科学研究，19（4）：423～430
陈航，陈晓鸣，冯颖等．2006b．田紫胶虫红黄两色染色体核型研究．林业科学研究，19（1）：32～38
陈晓鸣．1994．我国紫胶生产生态经济模式探讨．见：铁铮．青年林业科学家论丛．北京：中国林业出版社．66～69
陈晓鸣．1998．紫胶蚧属昆虫资源的保护及利用．生物多样性，6（4）：289～290
陈晓鸣．2005．紫胶虫生物多样性研究．昆明：云南科技出版社．1～109
陈晓鸣，冯颖．1991．紫胶虫自然死亡率探讨．林业科学研究，4（5）：582～584
陈晓鸣，王绍云，毛玉芬等．1992．四种紫胶虫雄性外生殖器观察及初步杂交试验．林业科学研究，5（2）：236～238

陈晓鸣，王绍云，毛玉芬等. 1999. 六种紫胶虫的主要生物学特征及胶质评价. 见：陈晓鸣. 资源昆虫学研究进展. 昆明：云南科技出版社. 51～58
高玉芝，毛玉芬. 1995. 元江干热河谷区紫胶虫生态适应性初探. 林业科学研究，8（专刊）：124～126
哈成勇，王定选. 1992. 国产紫胶树脂组成的研究Ⅰ. 林产化学与工业，12（1）：44～47
哈成勇，王定选. 1993. 国产紫胶树脂组成的研究Ⅱ. 林产化学与工业，13（3）：203～207
和菊，石雷，邓疆等. 2003. 紫胶蚧兰吉尼品系引种繁殖初步研究. 林业科学研究，16（5）：604～609
洪广基. 1986. 田紫胶虫（*Kerria ruralis* Wang）黄色分离培育初探. 资源昆虫，1（1）：44～46
李金元，赵玉兰，李义龙等. 1993. 信德紫胶虫片胶应用研究. 林产化学与工业，13（1）：71～76
李金元，赵玉兰，李义龙等. 1994. 三种紫胶虫胶质比较研究. 林业科学研究，7（4）：456～459
李金元，赵玉兰，李义龙等. 1995. 不同虫种紫胶的组成结构及其混合产品性能研究. 林业科学研究，8（专刊）：26～31
刘崇乐. 1957. 紫胶虫与紫胶. 生物学通报，（5）：4～11
欧炳荣，洪广基. 1984. 紫胶虫的生物学特性. 昆虫学报，27（1）：70～78
欧炳荣，洪广基. 1990. 云南紫胶蚧新种记述. 昆虫分类学报，7（1）：16～17
王绍云，陈勇，陈晓鸣等. 1999. 紫胶虫红黄多色型现象初步研究. 见：陈晓鸣. 资源昆虫学研究进展. 昆明：云南科学技术出版社. 138～140
王子清. 1981. 胶蚧科. 见：中国科学院青藏高原综合科学考察队. 西藏昆虫. 第1卷. 北京：科学出版社. 289
王子清，姚德富，崔士英等. 1982. 胶蚧属一新种及其生物学研究初报，林业科学，18（1）：53～57
阎克显，王绍云，谭大升等. 1992. 信德紫胶虫气候适应性研究. 林业科学研究，5（1）：71～77
杨星池. 1986. 巴基斯坦榕树胶虫（*Kerria fici* Green）的引种繁殖. 资源昆虫，1（1）：38～43
杨星池. 1993. 信德紫胶虫引种试验研究. 林业科学研究，6（5）：541～546
中国科学院青藏高原综合科学考察队. 1981. 西藏昆虫. 第1卷. 北京：科学出版社. 289
中国农林科学院科技情报研究所. 1974. 国外林业概况. 北京：科学出版社. 342～355
周尧. 1980. 中国昆虫学史. 西安：昆虫分类学报社. 50～51
邹树文. 1982. 中国昆虫学史. 北京：科学出版社. 180～186
Bose P K，Sankranarayanan Y，Sen et al. 1963. Chemistry of Lac. Indian Lac Research Institute，Ranchi，1～68
Varshney R K. 1976. Taxonomic studies on lac insects of India. Oriental Insect Supplement，（5）：1～97
Varshney R K. 1984. A review of family（*Kerridae*）in the Orient（Homoptena：Coccoidea）. Orient Insect，18：361～385

第3章 白 蜡 虫

3.1 白蜡的经济价值

白蜡虫 *Ericerus pela* Chavanness 是一种具有重要经济价值的资源昆虫，白蜡虫寄生在寄主植物上，雄虫泌蜡，雌虫繁衍后代，雄虫分泌的蜡称为白蜡。白蜡是一种天然高分子化合物，是由高级饱和一元酸和高级饱和一元醇所构成的脂类物质。由于白蜡具有熔点高、光泽好、理化性质稳定、防潮、润滑、着光等特点，被广泛应用于化工、机械、精密仪器、医药、食品、农业等行业。在飞机制造工业、机械工业和精密仪器生产中，白蜡是最好的铸造模型材料，具有质轻、光洁、不变形、不产生气泡、成型精度高等优点；在电子工业和国防工业上可用于绝缘、防湿、防锈和润滑等；在造纸工业上可作为着光剂，用于高级纸张的着光；在轻化工业中可作为家具蜡、汽车蜡和鞋油，可做发蜡和口红等高级化妆品；在食品工业上可作为食用蜡添加于巧克力中。中医认为“白蜡辛温无毒，可生机止血，定痛补虚，续筋接骨，入丸服可杀瘵虫，以白蜡频涂可治头上秃疮”，常用做伤口愈合剂、止血剂、医治跌打损伤及伤口、毒疮收口等，单独使用或配方使用可作为强壮剂、镇静剂。现代中医还用白蜡治疗子宫炎症、盆腔炎、子宫萎缩、慢性胃炎、风湿等，还可治红肿、裂口不愈等症。在农业上，常用白蜡作为果树等经济作物嫁接的涂敷剂，防止透风干燥和雨水浸入，以保证嫁接的成活率（吴次彬，1989）。由于白蜡为纯天然高分子化合物，无毒副作用，越来越受到人类的重视，其用途也在逐渐开拓。可以预料，白蜡将被应用于更广泛的领域。

除白蜡的工业用途外，白蜡虫雌虫也具有十分高的经济价值。据研究，白蜡虫雌虫是一种营养丰富的生物资源，成熟的白蜡虫雌虫体内含有大量的卵，通常每只雌虫可以孕卵 8000～12 000 粒。白蜡虫雌成虫含有丰富的蛋白质、氨基酸、不饱和脂肪酸、微量元素、维生素、卵磷脂、脑磷脂、多糖、甲壳素、黄酮类等物质，具有较高的营养和保健价值（冯颖等，2001，2006a，2006b）。

白蜡主要产于中国，中国古代约 1000 多年前就开始利用和生产白蜡，主要用做蜡烛、中药、蜡染和刻板模印（王辅，1963；周尧，1980；邹树文，1982）。在现代工业中，白蜡被广泛地应用于化工、机械、精密仪器、医药、食品、农业等行业，是一种用途广泛的纯自然原材料。石油蜡的出现和应用使传统的白蜡产业受到了严重的冲击和挑战，由于石油蜡价格低廉，在许多行业中，白蜡被石油蜡所取代，白蜡市场萎缩，严重地制约了白蜡产业的发展。

随着人类环境意识的逐渐增强，人们越来越重视自身生存的环境，保护环境、回归自然已成为当今世界的一大趋势。在这种趋势下，石油蜡对环境的副作用越来越被人们所认识。由于白蜡具有的熔点高、光泽好、理化性质稳定、对环境无污染等优良性状是石油蜡所无法替代的，所以其纯自然优良性状又被人们重新认识和重视，在现代办公用品、化妆品、食品、医药等方面应用前景广阔。

白蜡是纯自然产品，白蜡的广泛应用对保证人类健康、保护生态环境将起到积极作用；同时白蜡产区，尤其是白蜡种虫产区，大都分布于中国的贫困山区，白蜡产业的发展也将带动当地经济发展，对贫困地区富裕有着积极的推动作用，而且发展白蜡生产需要大量的寄主植物，由此可推动造林、绿化荒山，对改善生态环境具有重要的经济、生态和社会效益。

3.2 白蜡的理化性质

白蜡是一种天然高分子化合物，是由高级饱和一元酸和高级饱和一元醇所构成的脂类物质，包括二十六酸、二十七酸、二十八酸、三十酸和二十六醇、二十七醇、二十八醇、三十醇及微量的棕榈酸和硬脂酸等。白蜡质地坚硬，表面光滑，颜色白色或微黄，熔点高，化学性质稳定，不溶于水，溶于苯、异丙醚、甲苯、二甲苯、三氯乙烯、氯仿、石油醚，微溶于乙醇、醚等有机溶剂。白蜡在15℃时，比重为0.97，熔点82.9℃，酸值0.7，皂化值79.5，碘值4.1，水或挥发物0.09%，苯不溶物0.08%（屈红，1981；吴次彬，1989）。

3.3 白蜡虫的基本生物学特征

3.3.1 分类及分布

白蜡虫在分类上属于同翅目 Homoptera 蚧总科 Coccoidea 白蜡蚧属 *Ericerus*。白蜡虫分布较广，主要分布于北亚热带、中亚热带和温带地区，中国、日本、朝鲜半岛等地均有分布。在中国主要分布于西南地区的云南、贵州、四川、广西、湖南以及陕西等省（自治区）。最北分布在东北鞍山，在北纬41°10′的东北鞍山地区发现白蜡虫自然种群，在西南地区北纬24°以南的云南永德县也发现白蜡虫自然种群（张长海，1991）。

3.3.2 主要生物学特征

白蜡虫一年发生一代，雌虫为不完全变态，经1龄幼虫、2龄幼虫到成虫；雄虫为完全变态，经1龄幼虫、2龄幼虫、前蛹、蛹到成虫。白蜡虫一生中在寄主植物上有两次爬行游动和转移，第一次爬行游动是卵孵化出1龄幼虫，在寄主上爬行，寻找适宜的叶片固定下来，生活一段时间，这段时间在白蜡生产上称为定叶。由于雌雄幼虫对光照的不同生态需求，定叶时雌虫散生于叶片正面，多按叶脉固定，雄虫群居于叶片背面，呈聚集性固定（图3.1，彩图；图3.2，彩图）。第二次转移发生在定杆期，一龄幼虫蜕皮后进入2龄，2龄幼虫从叶片上转移到枝杆上生活，这段时间在白蜡生产上称为定杆。定杆后白蜡虫终生不再移动，直到产生新的下一代。白蜡虫发育整齐，无世代重叠。白蜡虫在去雄条件下存在孤雌生殖（陈晓鸣等，1997b；王自力等，2003）。

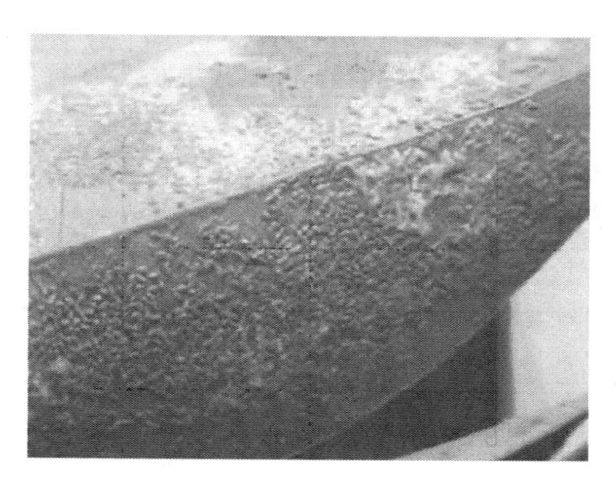

图 3.1 白蜡虫1龄雄幼虫分布在寄主植物叶背面

图 3.2 白蜡虫1龄雌幼虫分布在寄主植物叶正面

1. 卵和性比

白蜡虫的怀卵量很大，在云南适宜生长区，一般怀卵量为8000～12 000粒/♀；在四川、贵州等地怀卵量一般为5000～8000粒/♀。个别怀卵量最高可达20 000粒/♀以上，最低4000粒/♀。白蜡虫在卵成熟期就能从卵的颜色来判别雌雄，雌卵的颜色为深红色，雄卵颜色为黄色。白蜡虫的雌雄性比一般在1∶2左右，最高可达1∶4，最低在1∶1左右，雄虫比例高于雌虫。白蜡虫卵的正常孵化率一般为85%～95%，影响白蜡虫孵化的主要因素是温度（陈晓鸣等，1997a）。在白蜡虫雌成虫孕卵成熟期，除部分白蜡虫卵发育较差不孵化外，白蜡蚧长角象 *Anthribus lajievorus* Chao 取食和小蜂寄生是影响白蜡虫孵化率的主要因素。

2. 幼虫

白蜡虫孵化后，1龄幼虫在寄主植物枝条上爬行和游走，选择适合的叶片定叶。在定叶过程中，由于新孵幼虫自身的保护机制差，1龄幼虫数量从10 000头左右下降到2000头左右，死亡率为80%左右，占整个世代死亡率的70%左右。定叶过程是白蜡虫自然种群体数量损失最大的阶段，风和雨是幼虫死亡的主要影响因素，风和雨将白蜡虫幼虫中较弱的个体淘汰，尤其是大风和暴雨将幼虫吹走和冲刷，使白蜡虫种群数量受到很大的损失。

图 3.3 白蜡虫2龄雄幼虫群居在植物枝条上

白蜡虫定叶大约一周后蜕皮进入2龄幼虫，从叶片上迁移到寄主枝条上定杆，雌虫通常选择透光较好的寄主植物顶端细嫩枝条以散生的方式定杆，而雄虫一般选择避光、直径1～2cm的枝条以群居方式定杆（图3.3，彩图）。2龄幼虫死亡高峰在1龄幼虫蜕皮后，在定杆过程中（大约一周），种群数量从2000～3000头下降到1500～1700头，大约50%的2龄幼虫在迁移的过程中死亡，风、雨等气候因素是死亡的主要原因。

2龄雌幼虫定杆时的群体数为300～400头，雄幼虫定杆的群体数为1200～1400头；到成虫初期时，雌虫群体数为130～160头，雄虫群体数为400～500头。2龄雌幼虫死亡率为50%～60%，2龄雄幼虫死亡率为60%～70%。定杆后白蜡虫2龄雄幼虫开始分泌白蜡，覆盖和保护虫体（图3.4，彩图），白蜡虫2龄雄幼虫阶段2个月左右，在这个阶段，白蜡虫2龄雄幼虫分泌大量白蜡，直到进入蛹期为止，分泌的白蜡厚度一般为0.3～1.0cm，蜡被在寄主植物枝条上将2龄雄幼虫包被，形成“白蜡条”（图3.5，彩图）。雌虫体壁逐渐角质化，形成较完善的保护机制。寄生性和捕食性天敌成为2龄幼虫死亡的主要原因，2龄幼虫种群的死亡率占整个世代死亡率的10%～15%。

图3.4 白蜡虫2龄雄幼虫开始分泌白蜡

图3.5 白蜡虫分泌白蜡

3. 蛹及雄成虫

白蜡虫雄幼虫有700～800头化蛹，大约有一半的蛹可以羽化为成虫，影响羽化的主要原因是天敌寄生。雄成虫为有翅型，羽化后就近寻找雌成虫交配，交配后死亡。一头雄成虫可以与多头雌成虫交配，雄成虫可以存活8～10天。

图3.6 白蜡虫雌成虫的积聚性分布

4. 雌成虫

进入成虫后，雄成虫交配后自然死亡，雌成虫则要经历长达8～9个月（9月至翌年5月）的生长发育、孕卵、产生后代。白蜡虫成虫形态为球状，直径为0.5～1.5cm，在寄主植物枝条上呈积聚性分布（图3.6，彩图）。在成虫初期，种群数为400～500头，到成虫末期时只剩下10～80头雌成虫，雌成虫阶段的死亡率在95%左右，占整个世代死亡率的2%～5%。雌成虫初期死亡率较高，11月前的死亡率占整个雌成虫期的80%以上；11月后，雌成虫死亡较少，种群数量变动较为平稳，这与8～11月的天敌小蜂高发时期相吻合。白蜡虫雌成虫死亡的主要原因是小蜂寄生、蜡象和瓢虫取食等天敌危害。

5. 繁殖力

白蜡虫种群在整个世代中，死亡率高达99%以上，其中，卵孵化时的死亡率占总死亡率的5%～15%；幼虫死亡率在80%以上，1龄幼虫死亡率最高，可达整个世代的70%左右，2龄幼虫的死亡率占总死亡率的10%～15%；成虫死亡率占总死亡率的3%左右（包括雄虫的自然死亡率），高繁殖力和高死亡率是白蜡虫种的特征。

从白蜡虫自然种群存活曲线来分析（图3.7），按照Deevey（1947）提出的存活曲线类型来划分，白蜡虫自然种群的存活曲线属第三种类型，具有繁殖率高（怀卵量8000～12 000/雌虫）、死亡率高（达99%以上）、体型小等类似于r类有机体的特征，在生态适应性上，白蜡虫自然种群遵循r生存策略。白蜡虫种群一生中只有两次迁移，大多数时间固定在枝条上，不能移动，后代保护机制较弱，以高繁殖率来补偿高死亡率，使种群得以生存和繁衍。

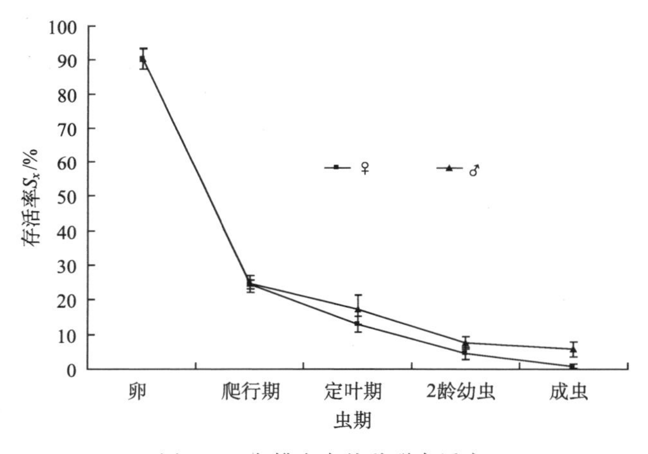

图3.7 白蜡虫自然种群存活率

从白蜡虫自然种群1999～2000年的存活率和种群趋势指数来分析，种群最低存活率为0.1%，最高存活率为0.63%，雌虫死亡率达99%以上，雄虫死亡率在96%左右（扣除交配后的自然死亡）。种群趋势指数平均为32，最高为73，最低为11，在每个世代调查的50个样本中，最高种群趋势指数可达100～200，最高繁殖倍数是最低繁殖倍数的10～15倍，甚至更高（陈晓鸣等，2007a，2008）。以上说明白蜡虫的种群增殖能力与环境因素密切相关，在适宜的环境条件下，白蜡虫种群具有较大的增殖空间。

3.3.3 白蜡虫泌蜡机制与生态适应性

白蜡虫泌蜡是在长期的进化过程中，为种群生存繁衍而适应自然界所产生的一种复杂的生理生态过程。白蜡虫自然种群孵化后，两性幼虫表现出不同的生态习性，1 龄雌幼虫喜光，在寄主植物叶片的正面固定；1 龄雄幼虫惧光，分布在寄主植物叶片的反面，并开始分泌蜡丝覆盖虫体遮光。1 龄幼虫蜕皮进入 2 龄幼虫后从叶面上转移到寄主植物枝条上，2 龄雌幼虫选择透光较好的上部枝条；2 龄雄幼虫则选择枝条的中下部分布，并很快地分泌白蜡将虫体覆盖。白蜡虫 2 龄幼虫将口针刺入树皮，固定在寄主植物枝条上，吸取植物汁液，足退化，雌虫终身不能再移动，雄虫固定在寄主植物上泌蜡、化蛹，只在成虫羽化后有 10 天左右短暂的交配活动。

从白蜡虫在寄主植物上的分布特征分析，白蜡虫雄虫从卵孵化后，幼虫一直是避光分布，可能是为了避免直射光对虫体的伤害。白蜡虫从 2 龄幼虫开始在寄主植物上固定，一生中只有雄虫羽化后有短暂的交配活动，不能像其他昆虫那样可以采用迁移等方式躲避不良环境。白蜡虫雄虫体壁的角质化程度低，通过泌蜡覆盖虫体，可以保护虫体不受阳光灼伤和保持体内水分不丧失，维持正常的生理代谢。而白蜡虫雌虫体表皮则发育形成了高度角质化的甲壳素，保护虫体正常的生理代谢。白蜡虫雌、雄群体在长期的进化中，采取不同的生态对策适应环境，保证种群的生存和繁衍（陈晓鸣等，2007b）。

综上所述，白蜡虫泌蜡是昆虫为适应环境的一种自身的保护性反应和生态对策，是对不良环境的一种抵御性反应，在不利环境胁迫下白蜡虫表现出高泌蜡量。

（1）传统白蜡生产方式。中国白蜡生产有上千年的历史，在传统的白蜡生产中，一直沿用“高山产虫，低山产蜡”的异地生产方式，即在云南、贵州海拔 1500～2000m 的山区生产白蜡虫，在这些地区只培育白蜡虫雌虫（生产上称为种虫），不生产白蜡。每年 4～5 月，在白蜡虫的雌虫卵发育成熟后，卵未孵化前，从树上采下，通过长途运输到四川、湖南等地几百米低海拔的丘陵地区，在女贞、白蜡树等寄主植物上放养，利用白蜡虫 2 龄雄幼虫分泌白蜡的特性生产白蜡。长期以来，这种在云贵高海拔地区只生产白蜡虫种虫，不生产白蜡，在四川、湖南等低海拔地区只生产白蜡，不能生产白蜡虫种虫的两地生产方式被归纳为“高山产虫不产蜡，低山产蜡不产虫”。

传统的种虫生产方式是在云南等省（自治区）的高海拔地区培育白蜡虫种虫（雌虫）。白蜡虫雌虫喜欢生长在靠近寄主植物枝条上部，通风透光的细嫩枝条上，产区蜡农一般采用玉米叶或其他树叶将白蜡虫雌成虫十几头或数十头包裹后绑在寄主植物枝条上，让孵化后的幼虫经过爬行，自由选择枝条定叶、定杆和生产种虫。

传统的白蜡生产方式是在云南等省（自治区）的高海拔地区培育白蜡虫种虫（雌虫），经过长途运输到四川、湖南等省（自治区）的低海拔地区产蜡。白蜡虫雄成虫有避光的特性，一般分布在寄主植物中部枝条上泌蜡。产区蜡农一般采用玉米叶或其他树叶将白蜡虫雄成虫十几头或数十头包裹后绑在寄主植物枝条上，让孵化后的幼虫经过爬行，自由选择枝条定叶、定杆和生产白蜡。

在种虫和白蜡生产中，大风大雨和天敌是影响种虫和白蜡产量的重要因素，在白蜡虫放养时，要避开大风大雨等恶劣天气条件，采用 50～80 目的尼龙纱袋装虫挂放，可以有效地抑制白蜡虫天敌危害。

（2）白蜡虫“高山产虫、低山产蜡”的原因。在中国传统的生产方式中，长期以来一直是产虫区和产蜡区分离，在高山地区育虫，低山地区产蜡，形成了“高山产虫不产蜡，低山产蜡不产虫”的奇特生产方式。这种传统的生产方式什么时候形成已无从考证，这种在高湿度和低光照的低山地区环境可以提高白蜡虫泌蜡量，而在高山地区生产种虫的生产方式显示了我们祖先对白蜡虫泌蜡和种群繁衍有较深刻的认识。

从白蜡虫的自然分布和白蜡虫的生态环境来分析，在自然界中，白蜡虫种虫生产一般都在日照长、相对干燥、通风、透气的高山区。在这类地区，白蜡虫雌雄虫生长都很好；白蜡虫雄虫能泌蜡和正常地完成生活史。传统产虫区并不是由于雄虫不适宜生长或雄虫死亡率过高，而是由于产虫区传统的生产方式目的是育虫而不是产蜡。为什么在产虫区不生产蜡？这有一系列十分复杂的因素（包括历史、习俗和经济等诸方面的原因）。由于生产的目的是产虫，产虫区在生产方式上就形成了自己独特的放养技术：由于白蜡虫雌雄两性的爬行能力不同，雌虫爬行能力强于雄虫，产虫区蜡农采用挂放虫包远离寄主植物有效枝条的方式培育种虫，使雄虫在爬行过程中损失种群中素质较差的个体，只有少部分个体健壮的雄虫经过爬行选择到达叶面定叶、转杆和完成生活史。由于雄虫数量不多，泌蜡较少，就表现出“不产蜡”的现象。实际上当把虫包靠近枝叶放养时，在产虫区也能产蜡。雌虫爬行能力较强，在长距离的爬行过程中淘汰了部分体弱的个体，健壮的雌虫到达叶面定叶、转杆和完成生活史。到达叶面定叶、转杆的雌雄虫，发育到成虫时交配，虽然雄虫数量比雌虫数量少，但雄虫有重复多次有效交配的特点，对种群的繁育一般不产生影响，所以种群得以正常的繁衍。白蜡虫在传统产虫区“不产蜡”，不是雄虫不适应环境的表现，而是特殊的生产习惯造成的。这种生产方式生产的种虫，经过爬行选择的个体一般都较健壮，质量较好。这就是为什么传统产虫区的种虫品质优良、深受欢迎的原因。

白蜡虫在低山高湿度、短日照产蜡区只产蜡不产虫，其主要原因是在高湿度、短日照产蜡区，白蜡虫雄虫泌蜡较高，但种群死亡率也较高。高湿度、短日照等生态因素刺激白蜡虫雄虫泌蜡，也造成白蜡虫种群大量死亡，不适于白蜡虫种群生长。白蜡虫2龄雄幼虫泌蜡的时期一般在60～70天，由于2龄雄幼虫被分泌的蜡所覆盖，环境影响相对较小，所以能够发育成为雄成虫，白蜡虫的雌成虫不能忍受高湿度、短日照的生态环境，无法完成生活周期，不能生产种虫，所以表现出“产蜡不产虫”的现象（陈晓鸣等，2007a，b）。

（3）同地产虫产蜡模式。传统的白蜡生产方式以高山产虫低山产蜡为特征，这种生产方式有两大弊端：首先，没有合理地利用白蜡虫资源，在高山培育种虫（雌虫）时，只利用白蜡虫雌虫，大量的雄虫被浪费；而在低山产蜡时只利用白蜡虫雄虫，大量的雌虫被浪费；其次，从高山产虫区通过长途运输种虫到低山产蜡区产蜡，生产成本大大提高，在运输过程中，如果掌握不好，还会造成大量的种虫死亡，影响种虫质量。可否在同一地方即能产虫又能产蜡？笔者研究发现采用同地产虫产蜡方式在生产实际中是可行的。

同地产虫产蜡生产方式的主要原理是利用白蜡虫孵化时，雄虫先孵化，雌虫后孵化的特征，在同一地区设置专门的产虫区和产蜡区，将先孵化的雄虫集中放养在产蜡区的寄主植物上，主要用于产蜡；大约一周，白蜡虫雄虫孵化高峰期过后，雌虫开始孵化时，将剩有白蜡虫雌虫的虫包转移到另一片专门用于产虫的寄主植物上放养，主要培育白蜡虫种虫（图3.8）。

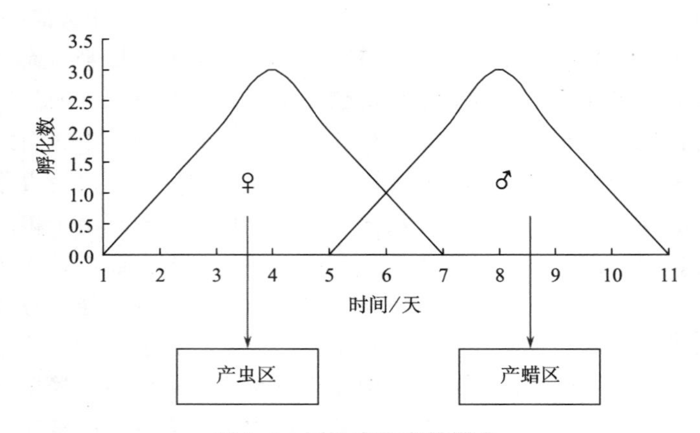

图 3.8　同地产虫产蜡模式

根据白蜡虫的泌蜡和生态适应性特征，白蜡虫同地产虫产蜡生产模式主要在白蜡虫适生区域实施。在造林设计上，由于低光照、高湿度环境对白蜡虫泌蜡有利，白蜡虫产蜡区设置要求选择背阴、潮湿的地方，以沟壑两旁和阴坡为好，寄主植物可以适当密植，以达到遮光的效果；由于白蜡虫雌虫喜光，在通风、透光的条件下发育较好，在产虫区的设置要求选择通风、透光、向阳的地方，寄主植物种植应该适当疏植。

在同地产虫产蜡生产模式中（图 3.9），在产虫区，以利用雌虫和生产种虫为目的，同地产虫产蜡生产模式的总产虫量的 70%左右在产虫区，20%左右的产蜡量在产虫区；在产蜡区，以利用雄虫和生产白蜡为目的，同地产虫产蜡生产模式的白蜡总产量的 80%左右在产蜡区，20%左右的产虫量在产蜡区。这种生产模式最大限度地利用了白蜡虫雌雄虫资源，避免了传统“高山产虫低山产蜡”的异地白蜡生产模式中，在产虫区，以利用雌虫和生产种虫为目的，只利用雌虫，浪费雄虫；在产蜡区，以利用雄虫和生产白蜡为目的，只利用雄虫，放弃雌虫的弊端。同地产虫产蜡生产模式还避免了长途运输种虫的弊端，在生产成本上大大低于传统的异地白蜡生产模式。

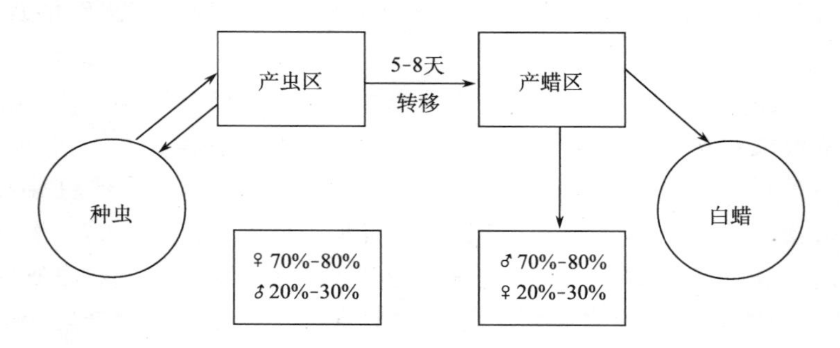

图 3.9　白蜡虫同地产虫产蜡生产模式示意图

3.3.4　白蜡虫自然种群适生区域

白蜡虫从引种到自然分布，大致分布在东经 85°08′～121°23′，北纬 18°～42°，垂直分布范围从海拔4.7m至3000m，从暖温带到北温带，从北亚热带到南亚热带，白蜡虫种群都可生存发展（张长海，1991）。白蜡虫的地理分布很广，但在这个区域内，不是所有的地区都适于白蜡虫生存。白蜡虫虽然有很强的生态适应性，但在分布上还是存在着相对适生的地区。按照白蜡虫雌雄虫都能生长发育、正常繁衍的标准来划分白蜡虫的适生区域，适生区域是指白蜡虫生长发育较好，种虫不退化，种虫怀卵量、繁殖力等方面不低于母本，种群能正常繁衍后代的地区。

从全国白蜡虫的主要产虫区、产蜡区的生态环境和白蜡虫产虫区、产蜡区自然种群的生长发育和种群繁衍特征来分析（表3.1），白蜡虫自然种群在云南昭通、昆明等海拔1500～2000m的产虫区生长发育良好，能正常地繁衍后代；而在低海拔地区，如四川峨眉、湖南芷江等地的产蜡区则难以正常生长发育和繁衍。在引种发展白蜡的陕西安康等地，虽然白蜡虫种群基本能够完成生活周期，但与云南昭通、昆明，四川喜德等地的产虫区相比，自然繁衍的能力较低，不是白蜡虫种群生存和繁衍的适生区域。分析这些地区的气候资料，白蜡虫适生区域应该在传统的产虫区，其主要生态指标为：年均温11～16℃，雨量800～1200mm/a，年相对湿度75%左右，年光照时数为1800～2500h/a，区域内少大风、少暴雨的地区对白蜡虫生长更为有利（陈晓鸣等，2007b）。

表3.1 不同地区的气候指标、泌蜡与种群生长状况

地区	年均温度/℃	海拔/m	5～8月温度/℃	年降雨量/mm	相对湿度/%	光照/(h/a)	泌蜡状况/(mg/种虫)	雌虫死亡率/%	种群繁衍状况
峨眉	17.20	460	23.08	1500～2000	85.00	1300～1400	4490	100.00	不适合
芷江	16.50	267	25.60	1300～1400	80.00	1500～1600	>3000	高	不适合
昆明	14.80	1800～1900	20.76	900～1100	73.00	2400～2500	1064	25.18	适合
昭通	11.70	1500～2000	19.79	800～1000	74.00	1900～2000	1198	41.95	适合
喜德	14.00	1800～2000	19.60	900～1000	67.00	2000～2100	低	正常	适合
安康	15.60	250～650	25.18	700～800	72.00	1700～1800	低	正常	不适合
贺县	19.90	270	27.20	>1500	78.00	1600～1700	<1000	高	不适合

3.3.5 环境对白蜡虫泌蜡的影响

昆虫的生长发育、繁衍等行为受到温度、湿度、光照等多种环境因素的影响。白蜡虫泌蜡与环境条件密切相关，白蜡虫泌蜡包括复杂的生态和生理问题。白蜡虫泌蜡受到温度、湿度、光照等多种环境因素的影响，白蜡虫在适应复杂的生态环境中产生泌蜡等生理现象。白蜡虫泌蜡主要受湿度、光照的影响，呈现出高湿度、低光照地区白蜡虫泌蜡量高的趋势。

(1) 温度：从白蜡虫试验种群和自然种群泌蜡与温度的研究表明，15～25℃属于白蜡虫正常泌蜡的温度，在此温度范围内温度不是白蜡虫泌蜡的关键因子。从白蜡生产的区域来分析，白蜡虫泌蜡在每年的5～9月，这段时间在白蜡虫产区的温度一般在18～25℃，正好在白蜡虫泌蜡的适宜温度范围内，满足白蜡虫的正常生长发育，不会对白蜡虫泌蜡产生较大的波动。实验种群的研究表明，白蜡虫泌蜡期的温度在恒温 30℃以上，白蜡虫种群不能正常生长发育，在自然界中，若白蜡虫泌蜡期温度长期持续超过 25℃，则不适于白蜡虫种群生存。

（2）湿度：研究表明，白蜡虫泌蜡量高的地区都具有高湿度的特征，一般白蜡产区的降雨量都较高，年降雨量在 1500mm 以上，年相对湿度在 80%以上，在白蜡虫泌蜡期间（5～8 月）的湿度高达 90%以上。例如，白蜡产区四川峨眉、湖南芷江，在这些地区，通常伴随着低光照环境。

（3）光照：低光照地区（光照时数＜1600h/a）对白蜡虫泌蜡有利，白蜡产蜡区大都在低光照地区。例如，传统产蜡区四川峨眉的光照时数为 1300～1400h/a，湖南芷江的光照时数为 1400～1600h/a。根据我国白蜡产蜡地区的光照条件分析，适于白蜡虫泌蜡的光照条件小于年光照时数 1600h。低光照有利于白蜡虫泌蜡，光照对白蜡虫泌蜡的影响可能是与其他因素（降雨量和相对湿度）一起通过抑制白蜡虫雄虫的生长发育，延长白蜡虫泌蜡期，刺激白蜡虫泌蜡，从而获得较高的白蜡产蜡。

根据白蜡虫试验种群研究结果和自然种群在不同生态环境中的泌蜡表现，结合白蜡虫产蜡区的气候资料进行综合分析，适于白蜡虫泌蜡的环境因子为：温度 15～25℃，年相对湿度＞80%，泌蜡期 5～8 月的相对湿度 85%～95%，光照＜1600h/a（陈晓鸣等，2007a）。

3.4　白蜡虫的培育

3.4.1　白蜡生产技术

1. 我国现行的白蜡生产格局

中国白蜡生产主要采用“高山产蜡低山产虫”的传统异地生产方式，一般在云南等海拔 1500～2000m 的高山地区生产白蜡虫种虫（雌虫），然后将高山地区生产的种虫长途运输到四川峨眉、南充，湖南芷江等地生产白蜡，生产种虫最为集中的地区在云南昭通炎山、永善万和、鲁甸梭山等地，在四川西昌、金口河也有部分种虫生产，但种虫质量低于云南。

2. 种虫培育

白蜡虫种虫生产基地一般在海拔 1500～2000m 的地区，年均温度 11～16℃，年降雨量 800～1200mm，年相对湿度 75%左右，年光照时数为 1800～2500h。这个区域内少大风、少暴雨的地区对白蜡虫生长更为有利。

寄主植物修剪：白蜡虫寄主植物有数十种，常用的寄主植物为女贞 *Ligustrum iucidum* Ait 和白蜡树 *Fraxinus chinensis* Roxb.。一般采用女贞生产白蜡虫种虫，女贞和白蜡树都可以生产白蜡。白蜡虫雌虫喜欢在较细嫩的女贞枝条上生活，通常选择当年生的嫩枝条定叶和定杆；雄虫喜欢在 1 年生枝条上生活。在新芽萌发前对寄主植物枝条进行修剪，剪去老枝条和衰弱枝条，使寄主植物萌发较多的嫩枝，可以提高寄主植物的有效枝条利用率；对于多年生的老树和衰弱木，可以采用截杆的方式，在1.5m左右截杆，女贞的萌发率较强，截杆后半年至1年就能长出较多的新枝条用于白蜡虫种虫和白蜡生产，而且寄主植物可以通过截杆培育成为矮化树型，方便蜡农放养和采收。

放养和采收：将采收的孕卵成熟的白蜡虫雌成虫（种虫）用农作物叶（玉米叶）、尼龙纱袋等包裹和装入，挂放在寄主植物枝条上，靠近有效嫩枝条挂放可以减少白蜡虫幼虫的爬行距离，提高白蜡虫种群的存活率。采用50～80目的尼龙纱袋放养白蜡虫，白蜡虫幼虫较小，可通过纱袋爬出，而种虫中的天敌较大，不能通过纱袋，因此可以将白蜡虫的捕食性天敌蜡象和寄生蜂隔绝在尼龙纱袋内，避免天敌在野外繁衍，以减少白蜡虫天敌的危害。放养白蜡虫时，最好选择近期无大风大雨的气象条件，因为放养白蜡虫后，若遇大风大雨天气，会对幼虫爬行和定叶不利，大风将幼虫吹走，大雨冲刷也会造成幼虫的大量死亡。挂放的虫包内的种虫数量可以是十几头，也可以装几十头，根据寄主植物的大小和有效枝条的多少而定。放虫量的大小对白蜡生产有很大的影响，过多会造成寄主植物死亡，较少会浪费寄主植物资源。在生产白蜡虫种虫时，由于白蜡虫要在寄主植物上完成生活周期需要1年，所以放虫量要小些，以利用有效枝条50%～60%为宜。在白蜡种虫生产上，蜡农通常采用原株留种的方法繁殖下一代种虫，这种方法是将较少的白蜡虫种虫留在原来的寄主植物上，由其自然放养，生产种虫，这种方法虽然省事，也有实用价值，但容易造成天敌危害，不宜多次重复利用。

白蜡虫种虫采收时，要注意尽可能地轻采轻放，因为白蜡虫种虫从树上采下后，一端有开口，容易将种虫内的卵损失。采收后的种虫要注意摊晾，种虫从树上采下后还要进行呼吸，不注意摊晾会使种虫发热，导致卵大量死亡。白蜡虫种虫在长途运输中，也要经常翻晾，以免造成白蜡虫卵大量死亡。

3. 生产技术

白蜡生产较为简单，蜡农通常采用农作物叶或尼龙纱袋装上白蜡虫种虫挂放在寄主植物枝条上，挂放前，可以将种虫摊晾，待幼虫孵化（雌虫先孵化）3～4天后，将种虫挂放在适宜的枝条上，这种方法可以减少雌虫与泌蜡的雄虫争夺寄主资源。挂放种虫后，要根据经验转移虫包，以免放养量过大，造成寄主植物死亡或过分寄生后白蜡减产。一般生产白蜡的放虫量要大些，由于白蜡虫雄虫泌蜡期在40～60天，对寄主植物危害的时间较短，利用有效枝条的80%左右为宜。

3.4.2 白蜡加工

1. 传统手工粗加工

在白蜡虫雄虫羽化前（蜡农俗称“放箭”前）采收白蜡。各地在白蜡加工方法上有所不同。在四川峨眉，将采收的蜡块用纱布袋装好扎紧，放到大锅中沸煮，蜡融化后，取出的上清液称为头蜡。取出头蜡后，再在沸水中对纱布袋进行多次挤压，经多次煮沸和挤压虫体所得到的蜡成为二蜡，反复挤压虫体得到的白蜡成为尽头蜡。头蜡颜色白色或浅黄色，杂质少、质量较好；二蜡黄色或灰色，含有部分杂质，质量次之；尽头蜡颜色灰白或偏暗色，含有白蜡虫体内的脂肪等，杂质较多，质量较差。在湖南芷江，白蜡加工不分蜡的等级，将多次煮沸和挤压的蜡液混合成为一种质量的白蜡。

2. 机械精加工

蜡农加工的粗白蜡中含有不少杂质，在工业上利用还需要进一步除去杂质和纯化。工业化加工白蜡，一般采用蒸汽法，通常是用蒸汽夹层反应釜在100℃的沸水中熔蜡、水洗，加活性炭去色，板式过滤机过滤，再水洗，最后用离心机分离水和蜡，分离出来的白蜡可根据需要注模成型，成为商品蜡。

主要参考文献

陈晓鸣，陈勇，王自力等. 1997a. 白蜡虫孵化行为研究. 林业科学研究，10（2）：149～153

陈晓鸣，陈勇，叶寿德等. 1997b. 白蜡虫在寄主植物上的分布特征研究. 林业科学研究，10（4）：415～419

陈晓鸣，王自力，陈勇等. 2007a. 环境因子对白蜡虫泌蜡的影响. 生态学报，27（1）：103～112

陈晓鸣，王自力，陈勇等. 2007b. 影响白蜡虫泌蜡主要气候因子及白蜡虫生态适应性分析. 昆虫学报，50（2）：136～143

陈晓鸣，王自力，陈勇等. 2008. 白蜡虫自然种群年龄特征生命表及主要死亡因素分析. 林业科学，44（9）：87～94

冯颖，陈晓鸣，陈勇等. 2001. 白蜡虫卵的营养价值与食用安全性研究. 林业科学研究，14（3）：322～327

冯颖，陈晓鸣，马艳等. 2006a. 白蜡虫免疫调节作用试验研究. 林业科学研究，19（2）：221～224

冯颖，陈晓鸣，何钊等. 2006b. 白蜡虫抗突变实验与主要功效成分分析. 林业科学研究，19（3）：284～288

屈红. 1981. 白蜡的理化性质的初步研究. 林产化学与工业，1（4）：44～48

王辅. 1963. 我国古代繁殖白蜡虫的记载. 昆虫知识，9（9）：178

王自力，陈晓鸣，王绍云等. 2003. 白蜡虫孤雌生殖的研究. 林业科学研究，16（4）：386～390

吴次彬. 1989. 白蜡虫及白蜡生产. 北京：中国林业出版社. 1～115

张长海. 1991. 白蜡虫在我国的地理分布. 林业科学研究，4（2）：192～195

周尧. 1980. 中国昆虫学史. 西安：昆虫分类学报社. 41～42

邹树文. 1982. 中国昆虫学史. 北京：科学出版社. 113～114

Chavannes M A. 1819. Notice Sur deux *Coccus ceriferes* du Bresil. Annuel Sociétér Entomologie France，6（2）：139～145

Deevey E S. 1947. Life tables for natural populations of animals. Q Rev Biol，22：238～314

第4章　五倍子蚜虫

五倍子是一种特殊的昆虫产物，是五倍子蚜虫（图4.1，彩图）寄生在盐肤木属 *Rhus* 的盐肤木 *Rhus chinensis* Mill.、红麸杨 *R. punjabensis* Stew. var. *sinica*（Diels）Rehd. et Wils. 和青麸杨 *R. potaninii* Maxim. 等植物的树叶上，刺激叶组织细胞增生膨大而形成的各种虫瘿，又称为文蛤、百虫仓、倍子。中国对五倍子的利用有2000多年的历史，历史上对五倍子的利用主要用于鞣革、染色和中药。现代对五倍子的利用，除传统利用方式外，广泛地应用于医药、食品、化工等行业。

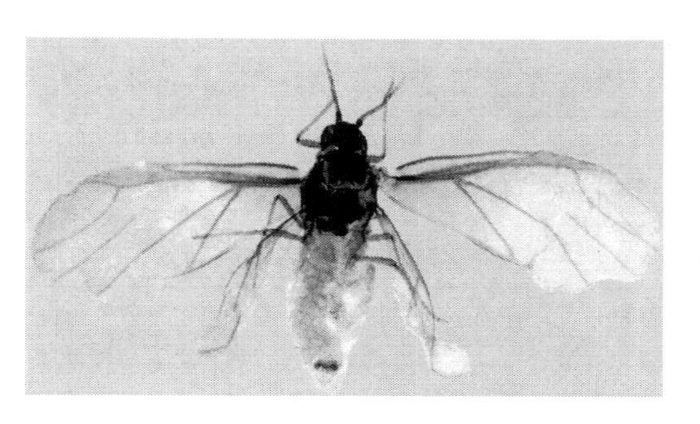

图4.1　五倍子蚜虫的一种——角倍蚜

4.1　五倍子蚜虫的分类和分布

4.1.1　分类

五倍子蚜虫在分类上属于同翅目 Homoptera 蚜总科 Aphidoidea 瘿绵蚜科 Pemphigidae 五节根蚜亚科 Fordinae 倍蚜族 Melaphidini。最早对五倍子记载和利用的是中国，五倍子蚜虫的科学分类则是由国外学者首先进行的，Bell（1843）定名了角倍蚜。陶家驹（1943）报道，我国有伏炎倍蚜、倍蛋蚜、角倍和倍花蚜4个种。P. H. Tsai 和 C. Tang（蔡邦华和唐觉，1946）；唐觉、蔡邦华（1957）发表了倍蚜的3个属6个新种，并对前人对倍蚜的描述进行了整理，此时记载的寄生于盐肤木及红麸杨上的倍蚜达到9个种。向和（1980）报道青麸杨上倍蚜3个新种。近年来，张广学等（1999）总结了前人的分类成果，将五倍子分为5个属，共包括14个种（含4个亚种），这14个种分别是：

倍蚜属 *Schlechtendalia* Lichtenstein，1883

（1）角倍蚜 *Schlechtendalia chinensis*（Bell，1848）

（2）倍蛋蚜 *S. peitan*（Tsai et Tang，1946）新组合

圆角倍蚜属 *Nurudea* Matsumura，1917

（3）圆角倍蚜 *Nurudea ibofushi* Matsumura，1917

（4）倍花蚜 *N. shiraii* Matsumura，1917

（5）红倍花蚜 *N. yanoniella*（Matsumura，1917）

小铁枣蚜属 *Meitanaphis* Tsai et Tang，1946

（6）红小铁枣蚜 *Meitanaphis elongallis* Tsai et Tang，1946

(7) 黄小铁枣蚜 *M. flavogallis* Tang，1978

(8) 米倍蚜 *M. microgallis* Xiang，1980

铁倍蚜属 *Kaburagia* Takagi，1937

(9) 肚倍蚜 *Kaburagia rhusicola rhusicola* Takagi，1937

(10) 肚倍蚜枣铁亚种 *K. rhusicola ensigallis* (Tsai et Tang，1945)

(11) 肚倍蚜蛋肚亚种 *K. rhusicola ovatirhusicola* Xiang，1980

(12) 肚倍蚜蛋铁亚种 *K. rhusicola ovogallis* (Tsai et Tang，1945)

铁倍花蚜属 *Floraphis* Tsai et Tang，1946

(13) 铁倍花蚜 *Floraphis meitanensis* Tsai et Tang，1946

(14) 周氏倍花蚜 *F. choui* Xiang，1980

五倍子蚜虫分属检索表（有翅孤雌蚜）（张广学等，1999）

1. 触角5节；在原生寄主盐肤木上营虫瘿 ……………… 2
   触角6节；在原生寄主红麸杨或青麸杨上营虫瘿或寄主未明 ……………… 3
2. 前翅翅痣延伸，呈镰刀形。有原生寄主盐肤木、滨盐肤木；有时在红麸杨叶柄的翅叶上营扁多角状或小叶基部侧脉营扁卵形虫瘿，次生开口；侨蚜在次生寄主提灯藓科或青藓科上 ……………… 倍蚜属 *Schlechtendalia*
   前翅翅痣短，端部斜截形。有原生寄主盐肤木、滨盐肤木小叶上营花状虫瘿；侨蚜寄生在次生寄主灰藓科、绢藓科及青藓科上 ……………… 圆角倍蚜属 *Nurudea*
3. 前翅翅痣延伸，呈镰刀形。有原生寄主红麸杨叶轴的基部第3或4小叶反面中脉中部营小长枣状虫瘿，基部有次生开口；侨蚜在次生寄主羽藓属上 ……………… 小铁枣蚜属 *Meitanaphis*
   前翅翅痣短，端部斜截形 ……………… 4
4. 触角节Ⅲ～Ⅵ各有一大椭圆形的感觉圈。在原生寄主红麸杨、青麸杨和盐肤木小叶基部营尖长枣形或长卵形虫瘿，次生开口在虫瘿基部；侨蚜在次生寄主青藓科上 ……………… 铁倍蚜属 *Kaburagia*
   触角节Ⅲ～Ⅵ有数个环状的感觉圈。在原生寄主红麸杨总轴上营虫瘿，该叶因而萎缩，从基部作不规则扁角状长分枝，略似蟹爪；次生寄主砂藓 ……………… 铁倍花蚜属 *Floraphis*

五倍子分种检索表（张广学等，1999）

倍蚜属 *Schlechtendalia*

1. 触角节Ⅲ～Ⅴ各感觉圈间分界明显；虫瘿有角状突起 ……………… 角倍蚜 *S. chinensis*
   触角节Ⅲ～Ⅴ各感觉圈间分界不明显；虫瘿椭圆形，无角状突起 ……………… 倍蛋蚜 *S. peitan*

圆角倍蚜属 *Nurudea*

1. 触角节Ⅲ、Ⅴ各感觉圈长条形或方块形 ……………… 2
   触角节Ⅲ、Ⅴ各有一卵形感觉圈，占该节的4/5 ……………… 圆角倍蚜 *N. ibofushi*
2. 触角节Ⅲ、Ⅳ、Ⅴ各感觉圈宽，方形，数目分别为：4，3，5个 ……………… 倍花蚜 *N. shiraii*
   触角节Ⅲ、Ⅳ、Ⅴ各感觉圈窄，数目分别为：11，7，9个 ……………… 红倍花蚜 *N. yanoniella*

小铁枣蚜属 *Meitanaphis*

1. 第一寄主为青麸杨 ……………… 米倍蚜 *M. microgallis*
   第一寄主为红麸杨 ……………… 2
2. 触角节Ⅲ～Ⅴ各感觉圈大，占该节的3/4；倍子光滑 ……………… 红小铁枣倍蚜 *M. elongallis*
   触角节Ⅲ～Ⅴ各感觉圈小，占该节的1/2；倍子密被黄棕色毛 ……………… 黄小铁枣倍蚜 *M. flavogallis*

铁倍蚜属 *Kaburagia* 肚倍蚜分亚种检索表

1. 头部有背蜡腺3或4对；胸部背蜡腺1或2对，腹部背片Ⅰ～Ⅶ节有蜡片2或3对，Ⅷ1～3个，Ⅷ背毛长大于16μm；触角节Ⅲ毛5～7根 ……………… 2
   头部有背蜡腺0或1对；胸部背蜡腺2或3对，Ⅷ0或1个，Ⅷ背毛长小于16μm；触角节Ⅲ毛1～3根 ……… 4

2. 背片Ⅶ有背蜡腺 3 个，背毛长 16μm。原寄主未明，误记载为臭椿。分布于印度，中国不产 …………………………………… 印度亚种 *K. r. ailanthi*

背片Ⅶ有背蜡腺 1 个，背毛长 18～22μm …… 3

3. 头部有背蜡腺 3 或 4 对；胸部背蜡片 2 对，腹部背片Ⅰ～Ⅶ节有蜡片 2 对，跗节Ⅰ有毛 2 根。原寄主红麸杨、盐肤木。分布：陕、鄂、湘、川、贵、云 …… 枣铁亚种 *K. r. ensigallis*

头部有背蜡腺 3 对；胸部背蜡片 1 对，腹部背片Ⅰ～Ⅶ节有蜡片 2 或 3 对，跗节Ⅰ有毛 3 根。原寄主红麸杨、盐肤木。分布：陕、鄂、湘、川、贵、云 …… 蛋铁亚种 *K. r. ovogallis*

4. 头部有背蜡腺 1 对；胸部 2 对，腹部背片Ⅷ 1 对；触角节Ⅲ毛 1 根；尾片毛 2 根。原寄主青麸杨。分布：陕、鄂、云 …… 蛋肚亚种 *K. r. ovatirhusicola*

头部背蜡腺缺；胸部 3 对，腹部背片Ⅷ缺蜡腺；触角节Ⅲ毛 3 根；尾片毛 2 或 3 根。原寄主青麸杨。分布：陕、鄂 …… 肚倍蚜指名亚种 *K. r. rhusicola*

铁倍花蚜属 *Floraphis*

1. 虫瘿各分枝锥形，顶端大而圆，有 3 个以上突起。寄主青麸杨 …… 周氏倍花蚜 *F. choui*

虫瘿各分枝扁角状，顶端尖，一般有 1 个突起，罕见 2 或 3 个。寄主红麸杨 …… 铁倍花蚜 *F. meitanensis*

4.1.2　分布

五倍子主要分布于中国、朝鲜、日本、美国和加拿大。中国五倍子主要分布于贵州、四川、陕西、湖南、湖北、云南 6 省，河南、广西、广东、福建、江西、山西、浙江、甘肃、西藏、台湾和江苏等省（自治区）也有分布，但产量较小。在自然分布中，五倍子主要产于武陵山、大娄山、巫山、武当山和大巴山，其次为秦岭、苗岭、乌蒙山、大凉山、邛崃山、伏牛山等。长江中上游地区是五倍子的主要产区，角倍类占五倍子产量 70%以上，主要分布在长江以南的遵义、铜仁、黔东南、黔南、乐山、宜宾、鄂西、宜昌、湘西等地区（州），肚倍类则集中于陕西汉中、安康和商洛三地区。

4.2　五倍子种类

五倍子种类较多，外观性状变化较大，生产上将五倍子分为角倍类、肚倍类、倍花类 3 大类（表 4.3）。

4.2.1　角倍类

角倍类倍子包括角倍、倍蛋和圆角倍 3 种，第一结倍寄主为盐肤木。

(1) 角倍（图 4.2，彩图）：致瘿蚜为角倍蚜，倍子表面有角状突起，角状突起的形状、大小、数量差异大，倍子主要生长在复叶总轴的叶翅背面，基部无明显的柄，颜色黄白、黄绿色至深绿色，9 月下旬至 10 月中旬成熟爆裂，这类五倍子产量较大，占五倍子总产量的 70%以上，是主要的生产种类。

图 4.2　角倍

（2）倍蛋：致瘿蚜为倍蛋蚜，倍子圆球形或倒卵形，端部稍大，基部略小，生长在复叶的小叶背面侧脉上，靠近小叶基部，颜色黄白至黄绿色，8 月下旬至 9 月上旬成熟爆裂。

（3）圆角倍：致瘿蚜为圆角倍蚜，在自然界中较少，着生于复叶总轴叶翅背面，倍子外观为钝圆角状突起，基部有明显的柄，颜色黄绿至青绿色，9 月中旬成熟爆裂。

4.2.2　肚倍类

肚倍类倍子有 7 种，结倍寄主为红麸杨的有枣铁倍、蛋铁倍、红小铁枣倍、黄小铁枣倍 4 种；结倍寄主为青麸杨的有肚倍、蛋肚倍、米倍 3 种。

（1）枣铁倍（图 4.3，彩图）：致瘿蚜为肚倍蚜枣铁亚种，倍子长枣形或桃形，基部和中部膨大，着生于小叶背面侧脉基部，成熟时黄绿色和青绿色，成熟期变化较大，6 月下旬至 7 月下旬都有倍子爆裂。

（2）蛋铁倍：致瘿蚜为肚倍蚜蛋铁亚种，倍子圆球形或倒卵形，顶端膨大，基部略小，倍表具纵条纹。寄主植物为红麸杨，7 月上旬至 8 月上旬成熟爆裂。

（3）红小铁枣倍（图 4.4，彩图）：致瘿蚜为红小铁枣倍蚜，倍子个体较小，着生于小叶背面中脉上，外观呈枣状，顶端圆滑，基部宽大直接与小叶中脉相连，雏倍为绿色，成熟时红色。9 月初至 10 月中旬成熟爆裂。

图 4.3　枣铁倍

图 4.4　红小铁枣倍

（4）黄小铁枣倍（图 4.5，彩图）：致瘿蚜为黄小铁枣倍蚜，倍子小型，外形如枣，与红小铁枣倍的区别在于黄毛小铁枣倍子表面密被黄色茸毛。6 月下旬至 7 月中旬成熟爆裂。

（5）肚倍（图 4.6a，彩图）：致瘿蚜为肚倍蚜指名亚种，倍子形状纺锤形，表面有网状脉纹，基部较小，淡黄色或绿色，成熟期 6 月下旬至 7 月中旬。肚倍和枣铁倍形状相似，很难区分，区别在于致瘿蚜虫不同，结倍寄主也不一样，枣铁倍为红麸杨，而肚倍为青麸杨。

（6）蛋肚倍（图 4.6b，彩图）：致瘿蚜为肚倍蚜蛋肚亚种，倍子倒卵形，基部有长短不一的颈，表面有网纹状突起，颜色为绿色，7 月中旬至 8 月中旬成熟爆裂。

图 4.5　黄小铁枣倍

图 4.6　肚倍（a）及蛋肚倍（b）

（7）米倍（图 4.7，彩图）：致瘿蚜为米倍蚜，倍子小型，乳头状，绿色或黄绿色，表面密被黄色绒毛，8 月下旬至 10 月上旬成熟爆裂。

图 4.7　米倍

4.2.3　倍花类

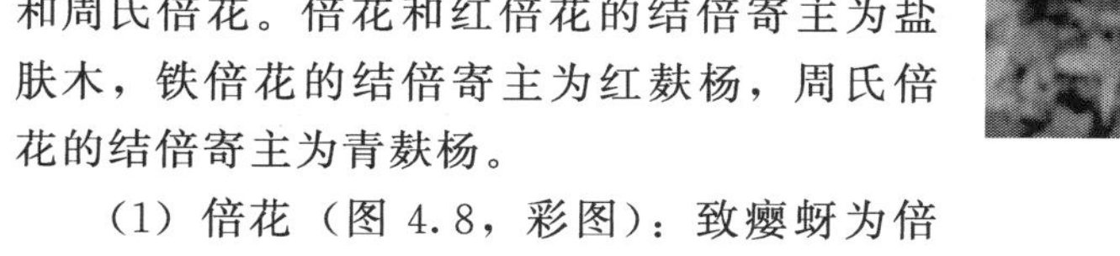

倍花类有 4 种：倍花、红倍花、铁倍花和周氏倍花。倍花和红倍花的结倍寄主为盐肤木，铁倍花的结倍寄主为红麸杨，周氏倍花的结倍寄主为青麸杨。

（1）倍花（图 4.8，彩图）：致瘿蚜为倍花蚜，着生于复叶总轴顶端，基部作树枝状分叉，一般 3 次分枝，最后一次分枝端部膨大为不规则的拳状，顶端有小突起，整个倍体呈花状。倍花成熟时呈浅黄绿色，阳光照射处红色。9 月以后成熟。

（2）红倍花：致瘿蚜为红倍花蚜，倍体花状，着生于复叶总轴小叶基部主脉上。基部作树枝状分枝，一般 2 次分枝，分枝末端膨大，端部具角状突起，颜色由绿色变红色，故名红倍花。8 月上旬至 9 月上旬成熟。

（3）铁倍花（图 4.9，彩图）：致瘿蚜为铁倍花蚜，倍体呈菊花状，着生复叶总轴顶端，自基部作辐射状分枝，分枝较长，膨大呈刀状，尖端少角状突起。雏倍绿色，成熟时为鲜红色。成熟期为 8 月下旬至 9 月上旬。

（4）周氏倍花：致瘿蚜为周氏倍花蚜，倍体呈菊花状，外观与铁倍花相似，每分枝顶端膨大，具多个圆角状突起。绿色，阳光照射面有暗红色斑纹。成熟期为 9 月上旬，为稀有种类。

图 4.8　倍花

图 4.9　铁倍花

五倍子检索表（赖永祺，1990）

1. 倍体多分枝，呈花状 …… 2
   倍体不呈花状 …… 5
2. 分枝由基部辐射状分出；生于红麸杨或青麸杨 …… 3
   分枝 1～3 回；生于盐肤木 …… 4
3. 倍表红色，每分枝呈刀状；生于红麸杨 …… 铁倍花
   倍表绿色，有时曝光面有淡红色纹，但不成片，每分柱呈锥状；生于青麸杨 …… 周氏倍花
4. 倍体大型，分枝 2 或 3 回，上部膨大呈拳状。顶端突角钝圆；生于复叶叶轴 …… 倍花
   倍体小型，分枝上部稍膨大，顶端突角较尖；生于小叶主脉上；玫瑰红色 …… 红倍花
5. 倍体为不规则圆形，无突起或端部渐小，先端渐尖 …… 6
   倍体具不规则突起；生于盐肤木 …… 13
6. 倍体长形或桃形 …… 7
   倍体卵圆形 …… 11
7. 倍体小型，先端圆滑无尖；生于小叶中脉上 …… 8
   倍体大型，先端渐尖；多生于小叶中脉两侧 …… 10
8. 倍体乳头状，鲜倍绿色；生于青麸杨 …… 米倍
   倍体枣形；生于红麸杨 …… 9
9. 倍表光滑。红色或大部分红色 …… 红小铁枣倍
   倍表密被黄色茸毛 …… 黄小铁枣倍
10. 倍体纺锤形，表面有网状脉纹；生于青麸杨 …… 肚倍
    倍体基部较大，一般尖端具钩 …… 枣铁倍
11. 生于盐肤木 …… 倍蛋
    生于红麸杨或青麸杨 …… 12
12. 倍表有网纹，曝光面褪为黄至乳白色；生于青麸杨 …… 蛋肚倍
    倍表光滑，曝光面红色 …… 蛋铁倍
13. 倍体具角状突起，多而尖 …… 角倍
    倍体上的突起少，大而钝圆 …… 圆角倍

4.3　五倍子的经济价值

五倍子是一种重要的化工和医药原料，广泛地应用于医药、食品和化工等行业。五倍子中含有五倍子鞣质（50%～80%）、没食子酸（2%～5%）、酸树脂等物质。在中国传统的中药中，五倍子入药具有敛肺止血、化痰、止渴收汗、散热解毒、败毒抗癌、医

疮消肿等功效。现代研究发现，五倍子鞣质能凝固并破坏癌细胞，具抗肿瘤作用，对小鼠肉瘤 S-180、人类宫颈癌细胞 JTC-26 的抑制率均达 90%以上。酸树脂对黏膜、皮肤等组织溃疡有显著收敛作用，并能加速血淤的凝固，起到止血作用。水提液对金黄色葡萄球菌、肺炎双球菌、链球菌、伤寒杆菌、痢疾杆菌、白喉杆菌、炭疽杆菌、绿脓杆菌等均有明显的抑菌或杀菌作用，对接种于鸡胚的流感甲型 PR 株病毒亦有抑制作用。由五倍子提取的甲氧苄氨嘧啶（TMP）是一种广谱高效低毒的抗菌剂，与磺胺类药物联合可以起到较好的增效作用。

在食品工业上从五倍子中提取的没食子酸烷基酯类是一类重要的食品抗氧化剂，没食子丙酯、没食子辛酯、没食子酸月桂酯等广泛地运用于食品工业中作为油脂抗氧化剂、食品防腐剂、蛋类冷藏保鲜剂。由五倍子单宁酸制取的固定化单宁可用于酒类澄清剂。五倍子单宁酸可以涂抹在钢铁、铜、铝、铅、锌、锡等金属上，有较好的抗腐蚀作用；在印染工业中，单宁酸可以作为多种染料的固色剂、媒染剂；在印刷油墨中加入单宁酸可以增加稳定性；在日化工业中单宁酸可以作为药物牙膏、染发剂和防晒霜的添加剂；在石油工业上，在泥浆中加入单宁酸可以作为稀释剂，提高泥浆流动性，降低黏度和剪切力，有利于石油钻井。

4.4　五倍子的主要成分及理化性质

4.4.1　五倍子的主要成分

经高效液相色谱（HPLC）和碳谱（CMR）分析（Makoto，1982），五倍子分离提纯物质是一些多倍酰葡萄糖的混合物质，角倍的主要成分为：单宁 56.0%，没食子酸 2.0%，鞣花酸及双没食子酸 2.0%，叶绿素 0.7%，褐色乙醇浸提物（树脂）2.5%，树胶 2.5%，淀粉 2.0%，纤维素 10.5%，木质素 9.0%，糖、蛋白质和无机盐等 1.3%，水分 10.5%。衡量五倍子质量的指标，主要是单宁含量，其次为单宁浸出液的颜色深浅和水分含量。不同种类的五倍子的单宁含量有较大的区别（表 4.1）。

表 4.1　12 种五倍子质量分析结果（张宗和，1986）

五倍子种类	水分含量/%	单宁含量/%	总色度
角倍	12.2	66.6	1.1
圆角倍	11.9	70.0	1.2
倍蛋	13.2	64.3	1.1
枣铁倍	12.4	71.1	1.3
蛋铁倍	11.8	69.0	1.0
肚倍	11.9	70.7	1.1
蛋肚倍	11.8	68.6	0.6
红小铁枣倍	11.8	72.5	1.3
黄小铁枣	12.5	60.3	—
倍花	12.0	36.2	10.3
红倍花	12.4	46.6	4.0
铁倍花	11.8	46.5	6.6

五倍子可以提取医用鞣酸、食品单宁酸、工业单宁酸、试剂鞣酸、工业没食子酸、试剂没食子酸、焦性没食子酸、试剂焦性没食子酸、甲氧苄氨嘧啶等。从没食子酸｛3，4，5-三羟基苯甲酸［$(HO)_3C_6H_2COOH \cdot H_2O$］｝可以提取和生产多种医药产品和食品添加剂，中间体类有没食子酸丙酯（PG：$C_{10}H_{12}O_5$）、没食子酸酰胺（$C_7H_7NO_4$）、没食子酸甲酯（$C_8H_8O_8$）、三甲基没食子酸［三氧甲基苯甲酸（$C_{10}H_{12}O_5$）］、三甲基肉桂酸（$C_{12}H_{14}O_5$）、三氧甲基苯甲酰氯（$C_{10}H_{11}O_4Cl$）等。常见的医药和食品添加剂产品有次没食子酸铋、克冠酸、美普地尔、吡啰扎洛、雷嗪地尔、三甲硫啉、三甲氧苄嗪、盐酸曲马唑嗪、联苯双酯、没食子酸乙酯、没食子酸烷基酯、没食子酸鲸蜡酯等。

4.4.2 五倍子的理化性质

（1）结构：五倍子的主要成分是五倍子单宁，化工上主要利用单宁系列产品。五倍子单宁是由一系列不同的多倍酰葡萄糖组成，其中包括了3个6倍酰葡萄糖和4个7倍酰葡萄糖（Makoto，1982）。五倍子单宁酸的分子式为$C_{12}H_{44}O_{38}$，相对分子质量为1396，五倍子单宁酸主要成分和结构式如图4.10所示。

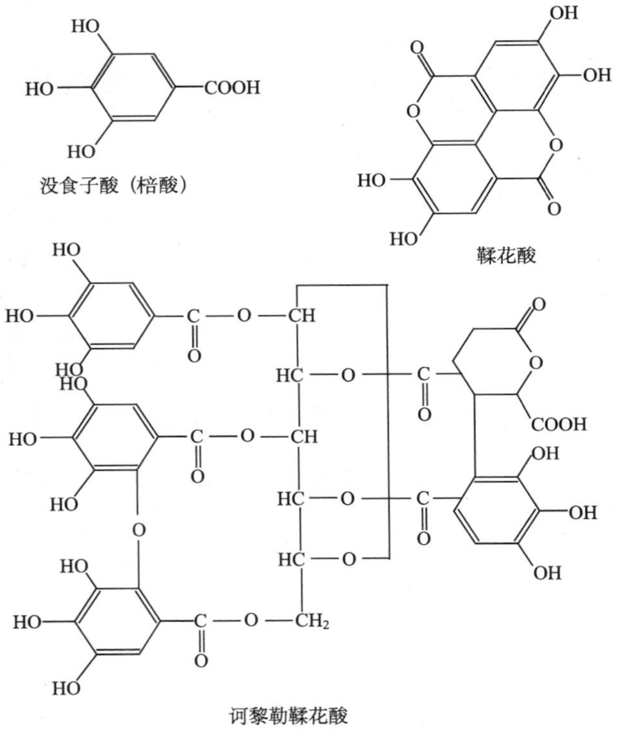

没食子酸（棓酸）

鞣花酸

诃黎勒鞣花酸

图 4.10 五倍子单宁酸的主要成分和结构式

（2）理化性质：五倍子单宁酸为一种粉末，颜色淡黄色至浅棕色，溶于水和乙醇、甲醇、丙酮、乙酸乙酯等多种有机溶剂，不溶于无水乙醚、氯仿、苯、石油醚。五倍子单宁酸溶于水中呈胶体溶液。粉状单宁酸的容积重0.4～0.6kg/L，单宁酸在浓度15%

以下时，随浓度增加，稳定性降低；浓度高于 15%时，液体呈胶体状，稳定性增加。温度对单宁酸的稳定性有明显的影响，温度高于 30℃时，液体澄清；温度低于 30℃时液体变混浊；温度在 10℃以下时，呈乳浊状；3～5℃时呈絮状；0℃以下液体分层，上层为澄清液，下层为絮状沉淀。pH 对单宁酸的稳定性有影响，pH 降低，单宁酸液体中的 H^+ 浓度增加，胶粒沉淀；pH 中性或碱性时，单宁酸液清亮而颜色较深。单宁酸在酸、碱或酶的作用下，可水解成葡萄糖和没食子酸。单宁酸易氧化，在 pH2 以下氧化较慢，随着 pH 的上升，氧化加快。单宁酸与蛋白质结合生成不溶于水的复合物。电解质能破坏单宁酸的稳定性并产生大量沉淀。单宁酸能与金属离子发生络合反应。

4.5　五倍子蚜虫的主要生物学特征

4.5.1　倍蚜虫的生物学特性

倍蚜虫的生物学特性较为复杂，倍蚜的生活周期具有孤雌和有性世代交替、多型现象、转主寄生等特征。多型现象，是指遗传上相同的个体之间有多种不同的表型或形态型。倍蚜具有 5 种虫型：干母、干雌、无翅侨蚜、性母和性蚜（分雌性蚜和雄性蚜）。5 种虫型在形态特征和生活习性上都存在着较大的差异，但它们的遗传物质都来源于干母。倍蚜需要经历 1 年（有的倍蚜需要 2 年或者更长）的时间，才能完成孤雌世代和有性世代的交替，完成一个生活周期，而且完成生活周期必须经历两类寄主（盐肤木属植物和藓类植物）的交替寄生。因两性蚜产生于盐肤木属 *Rhus* 植物上，称这类寄主为第一寄主，或称夏寄主；藓类植物是倍蚜越冬或过夏越冬的植物，称为第二寄主，或称冬寄主。因此倍蚜的生活史属异寄主全周期型［指在 1～2 年内有孤雌生殖和两性生殖世代交替的生活史类型（图 4.11）］，如果全年只有孤雌生殖，不出现有性世代的，称为不全周期。

（1）干母：由性蚜有性交配所产生的无翅倍蚜虫，在夏寄主植物嫩叶上取食汁液，刺激寄主植物组织增生，形成倍子；干母在倍子内生活，经过 4 次蜕皮后，以孤雌生殖方式产生干雌。

（2）干雌：干雌在夏寄主植物上的倍子内生活，孤雌生殖，一般为 3 代，1 或 2 代为无翅孤雌蚜，3 代产生有翅孤雌蚜，倍子成熟爆裂后，有翅孤雌蚜飞出，迁飞到冬寄主植物上生活，所以又称为秋（夏）迁蚜。角倍在 9 月下旬至 10 月下旬爆裂，有翅孤雌蚜飞出，称为秋迁蚜，肚倍枣铁倍和蛋铁倍蚜等倍蚜 6 月下旬至 7 月下旬爆裂，有翅孤雌蚜飞出，称为夏迁蚜。

（3）无翅侨蚜：在冬寄主植物上生活，无翅侨蚜在冬季孤雌生殖产下性母若蚜，无翅侨蚜和性母分泌蜡球包裹虫体，性母在春季羽化为春迁蚜。

（4）性母：无翅侨蚜孤雌生殖产下性母若蚜，羽化后发育成为性母，性母有翅，从冬寄主植物上迁飞到夏寄主植物上生活，孤雌生殖产下性蚜。

（5）性蚜：性蚜分为雌性蚜和雄性蚜，无翅，主要栖息在夏寄主植物树皮缝隙内，雌雄的形态差异较大，雌性蚜体色较浅，腹部大，附肢短；雄性蚜体色较深，虫体较小，附肢较长。雌雄性蚜交配后产生干母。

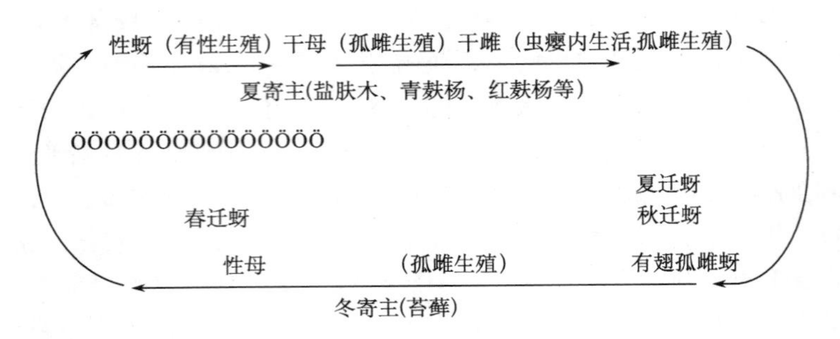

图 4.11　五倍子生活史图

4.5.2　几种五倍子蚜虫的主要生物学特征

（1）角倍蚜：角倍蚜的第一寄主为盐肤木，第二寄主为侧枝匐灯藓 *Plagiomnium maximoviczii*（Lindb.）T. Kop. 和钝叶匐灯藓 *Plagiomnium rhynchophorum*（Hook）T. Kop. 等。每年 9～10 月，秋迁蚜从虫瘿的裂口处爬出，向附近的匐灯藓上迁飞。在匐灯藓上营孤雌生殖，2～7 天产生幼蚜，平均每头产幼蚜 8～31 头。幼蚜在苔藓嫩茎或根际取食，并逐渐分泌蜡质包围虫体，形成蜡球，以幼蚜越冬。第二年 3～4 月，越冬幼蚜成长羽化为春迁蚜，即性母，向盐肤木迁飞。在枝干上营孤雌胎生，产生 2～6 头雌雄性蚜，经过 3～4 天后，雌雄性蚜交配，再经过 15～20 天后雌性蚜可产卵一粒，立即孵化为干母。干母在嫩叶上取食，一般一头干母形成一个虫瘿（倍子）。干母在虫瘿内生长，经过 25～30 天后开始产生第一代无翅胎生蚜，经过三代后可达到数千至上万头。9 月中旬后有翅蚜（秋迁蚜）在虫瘿内产生，并从虫瘿的裂口处飞出。

（2）肚倍蚜：肚倍干母 3 月在夏寄主植物青麸杨 *Rhus potaninii* Maxim. 嫩叶上取食并逐渐形成倍子，5 月上旬产第一代干雌，无翅型，5 月下旬产第二代干雌，大部分为有翅型，少部分为无翅型，6 月上旬产第三代干雌，有翅型。6 月下旬倍子成熟爆裂，夏迁蚜迁飞到美灰藓 *Eurohypnum leptothallum*（C. Muell.）Ando. 等冬寄主上生活，产下侨蚜。侨蚜在冬寄主上经 4 次蜕皮后进入成蚜，第四代侨蚜一部分分化为性母，春天羽化后迁飞到夏寄主上生产性蚜，雌蚜产干母形成倍子，1 年完成生活史。另一部分侨蚜在冬寄主上继续生长发育，第二年秋天部分分化为性母，第三年春天羽化，迁飞到夏寄主上产性蚜，雌蚜产干母，形成倍子，2 年完成生活史。第二年秋天部分侨蚜仍在冬寄主上生长发育，可能会进行多次的性母分化。

（3）枣铁倍蚜：4～5 月产下干母，大约 30 天干母产下干雌，6 月下旬至 7 月下旬倍子成熟爆裂，夏迁蚜迁移到密叶尖喙藓 *Oxyrrhynchium savatieri*（Bsech.）Broth. 等冬寄主上产过夏越冬蚜，第二年 2～3 月羽化为性母，性母迁飞到红麸杨 *Rhus punjabensis* var. *sinica*（Diels）Rehd. et Wils. 等夏寄主上产性蚜，4～5 月产下干母，逐步形成倍子，完成生活史。在枣铁倍蚜的生活史中，瘿内世代历时较短，一般为 70～90 天；瘿外世代较长，一般为 270～290 天。

（4）蛋铁倍蚜：4～5 月产下干母，5～7 天形成雏倍，5 月中旬产下干雌，7～8

月倍子成熟，夏迁蚜迁飞到羊角藓 *Herpetineuron toccoae*（Sull. et Lesq.）Card. 等冬寄主上产侨蚜，9月中旬至10月中旬产第二代侨蚜，10～11月产性母若蚜，第二年2～4月形成性母，迁飞到红麸杨等夏寄主上产性蚜、干母，逐步形成倍子，完成生活史。

（5）红小铁枣倍蚜：4月至5月产干母，9月至10月倍子成熟，有翅孤雌蚜迁飞到大羽藓 *Thuidium cymbifolium*（Doz. et Molk.）Doz. et Molk. 等冬寄主上产下无翅侨蚜，第二代侨蚜分化，一部分分化为性母若蚜，第二年春天羽化为性母，迁飞到红麸杨等夏寄主上产性蚜、干母，逐步形成倍子，完成生活史。另一部分继续在冬寄主上生长发育，次年春季羽化为性母，再迁飞回夏寄主（赖永琪，1990）。

4.5.3　五倍子的主要寄主植物

已报道的五倍子的寄主植物有38种（表4.2），其中夏寄主5种，冬寄主33种，分属于10科18属（赖永琪，1990；杨时宇和李志国，1995；张燕平和赖永琪，1995）。

表 4.2　五倍子主要寄主植物

夏寄主
盐肤木属 *Rhus*
盐肤木 *Rhus chinensis* Mill.
滨盐肤木 *Rhus chinensis* Mill. var. *roxburghii*（Dc）Rehd.
青麸杨 *Rhus potaninii* Maxim.
红麸杨 *Rhus punjabensis* var. *sinica*（Diels）Rehd. et Wils.
冬寄主
提灯藓科 Mniaceae
长叶立灯藓 *Mnium lycopodioides* Schwaegr.
偏叶匐灯藓 *Mnium thomsonii* Schimp.
展叶立灯藓 *Orthomnium dilatatum*（Mitt.）Chen
侧枝匐灯藓 *Plagiomnium maximoviczii*（Lindb.）T. Kop.
钝叶匐灯藓 *Plagiomnium rhynchophorum*（Hook）T. Kop.
圆叶匐灯藓 *Plagiomnium vesicatum*（Besch.）T. Kop.
大叶匐灯藓 *Plagiomnium succulentum*（Mitt.）T. Kop.
湿地匐灯藓 *Plagiomnium acutum*（Lindb.）T. Kop.
寒地匐灯藓 *Plagiomnium affine*（Blank et Funck）T. Kop.
全缘匐灯藓 *Plagiomnium integrum*（Besch. et Lac.）T. Kop.
日本匐灯藓 *Plagiomnium japanicum*（Lindb.）T. Kop.
疣灯藓 *Trachycystis microphylla*（Doz. et Molk）Lindb
灰藓科 Hypnaceae
美灰藓 *Eurohypnum leptothallum*（C. Muell.）Ando.
大灰藓 *Hypnum plumaeforme* Wils.
尖叶灰藓 *Hypnum callichroum* Brid.
东亚金灰藓 *Pylaisia brotheri* Besch.
鳞叶藓 *Taxiphyllum taxirameum*（Mitt.）Fleisch

续表

冬寄主

鳞叶藓属的一种 *Taxiphyllus* sp.

青藓科 Brachytheciaceae

短肋青藓 *Brachythecium wichurae* (Broth.) Par.

长肋青藓 *Brachythecium populeum* (Hedw.) B. S. G.

褶叶青藓 *Brachythecium buchananii* (Hook.) Jaeg.

青藓 *Brachythecium albicans* (Hedw.) B. S. G.

弯叶青藓 *Brachythecium reflexum* (Stark.) B. S. G.

卵叶青藓 *Brachythecium rutabulum* (Hedw.) B. S. G.

绒叶青藓 *Brachythecium velutium* (Hedw.) B. S. G.

褶叶藓 *Brachythecium nighenense* (Mont.) C. Muell.

林地青藓 *Brachythecium starkei* (Brid.) B. S. G.

东亚小锦藓 *Brachythecium fauriei* (Card.) Broth.

密叶尖喙藓 *Oxyrrhynchium savatieri* (Besch.) Broth.

绢藓科 Entodontaceae

狭叶绢藓 *Entodon angustifolius* (Mitt.) Jaeg.

密叶绢藓 *Entodon compressus* (Hedw) C. Muell.

细枝赤齿藓 *Erythrodontium leptothallum* (C. Muell.) Nog.

穗枝赤齿藓 *Erythrodontium julaceum* (Schwaege.) Par.

蔓藓科 Meteoriaceae

大灰气藓 *Aerobryopsis subdivergens* (Broth.) Broth.

塔藓科 Hylocomlaceae

船叶塔藓 *Hylocomiun cavifolium* (Lac.) Fleisch.

碎米藓科 Fabroniaceae

东亚附干藓 *Schwetschkea matsumurae* Besch.

薄罗藓科 Leskeaceae

短枝褶藓 *Okamurae brachydictyon* (Card.) Nog.

羽藓科 Thuidiaceae

大羽藓 *Thuidium cymbifolium* (Doz. et Molk.) Doz. et Molk.

灰羽藓 *Thuidium glaucinum* (Mitt.) Besch. et Lac

短肋羽藓 *Thuidium kanedae* Sak.

细枝羽藓 *Thuidium delicatulum* (Hedw.) Mitt

紫萼藓科 Grimmiaceae

砂藓 *Rhacomitrium canescens* (Hewd.) Brid.

垂藓 *Chrysocladium retrorsum* (Mitt.) Fleisch

羊角藓 *Herpetineuron toccoae* (Sull. et Lesq.) Card.

东亚毛灰藓 *Homomallium connexum* (Card.) Broth.

羽枝梳藓 *Ctenidium plumulosum* Herz.

密叶同萌藓 *Homalothecium perimbricatum* Broth.

黄叶细湿藓 *Campylium chrysophllum* (Brid.) J. Lang

细喙藓 *Rhynchostegiella leptonerva* Dix. et Ther.

粗枝藓属的一种 *Gollania* sp.

4.6　五倍子的培育

五倍子生产涉及五倍子蚜虫、冬寄主、夏寄主和适宜的生态环境等多种因素，冬寄主和夏寄主是五倍子生产的支撑条件，丰富的倍蚜虫种群数量是五倍子高产的前提，适宜的生态环境是倍蚜虫生存的基础，4 种主要因素相互配合，缺一不可。

4.6.1　基地选择

五倍子从中亚热带到暖温带都有分布，主要分布于中亚热带和北亚热带地区。倍蚜及其冬、夏寄主对温度的适应范围较广，对环境湿度要求较高，因为冬寄主藓类植物需要较高的湿度才能较好地生长。五倍子产区具有气候温和、雨量充沛、日照少、雨日多、湿度大、云雾多、全年无干季或干季不分明的气候特点，尤以角倍产区最为突出。五倍子产区多是重峦叠嶂、沟谷纵横、深度切割、地表多裸岩石的山区。倍蚜完成其种群的世代繁衍对倍林环境条件有严格的要求，即便在五倍子主产区，也只在那些较为阴湿，同时能满足倍蚜及其冬、夏寄主生长的小环境，才有自然结倍。

角倍产区年平均温度 15～17℃，极端温度为－10.4～44.1℃，≥10℃活动积温 4900～5000 日度，年平均降水量 1100～1300mm，全年≥0.1mm 雨日数超过 170 天，年均相对湿度大于 80%，年日照时数小于 1300h，日照百分率小于 28%（张燕平，2001），角倍生长的环境也适于铁倍等倍子的生长。肚倍的分布较角倍狭窄，主要分布于湖北郧阳地区、陕西汉中地区和安康市，环境湿度较角倍生长的环境湿度低。在选择五倍子人工培育基地时，需要根据不同倍蚜的生物学、生态学特征和对环境的适应范围来选择基地。

4.6.2　寄主植物栽培

夏寄主：五倍子蚜虫的夏寄主植物主要是盐肤木属的盐肤木、青麸杨和红麸杨等几种植物，培育苗木可以采用扦插育苗和种子育苗等方法。扦插育苗：盐肤木、青麸杨和红麸杨采用常规的枝条扦插育苗较困难，一般采用分蘖根扦插育苗效果较好，根扦插是在秋季盐肤木、青麸杨和红麸杨落叶后，挖开土壤切取树根，直径 0.5cm 以下的根可以剪成 10～15cm 的小段直接在整理好的苗床上扦插，较粗的根可以破成 2 或 3 块扦插。种子育苗：盐肤木、青麸杨和红麸杨的种子较坚硬，育苗时先将成熟的种子进行处理，一般采用 35～50℃的温水浸泡，或用 5%的碱液浸泡，然后用草木灰搓揉，沙藏 1 个月，种子萌芽后在苗圃播种，春秋季均可以播种，秋季播种较好。

冬寄主：五倍子蚜虫的冬寄主为藓类，藓类生长要求阴湿的环境，但过于阴湿的环境不利于倍蚜虫生长，所以，藓类养殖必须考虑到蚜虫的生长发育，一般选择八分阴湿二分阳光的环境（角倍类）或七分阴湿三分阳光的环境（肚倍类）。冬寄主藓类可以采用在倍林下种植，一般选择较阴湿的倍林，将林下的杂草和灌木除去，依照地形将地面平整，然后铺上藓类；在湿度不够高的环境下，采用棚内养殖的方法，营造阴湿环境养殖藓类，室内养殖可以采用搭架多层养殖。藓类养殖的关键是保持充足的水分和湿度。

4.6.3 人工养蚜

收集成熟倍子，待倍子爆裂后将倍蚜放养在藓类上。养殖倍蚜需要注意控制环境中的湿度和光照，虽然藓类喜阴，但倍蚜的生长发育需要适宜的散射光（尽量避免直射光），给藓类浇水时一般采用多次少量的原则，既能够保证藓类生长的湿度，又不至于水分过多，造成藓圃积水，影响倍蚜生长发育。倍蚜在藓类上羽化为春迁蚜时，收集春迁蚜，装入纸三角袋内，挂放在夏寄主植物上，春迁蚜从三角袋内迁移到夏寄主上生活并逐步形成倍子（赖永琪，1990）。

4.6.4 五倍子加工

五倍子的主要成分是单宁酸，从五倍子中提取单宁酸主要采用有机溶剂和水提取的方法，然后再进行精制，得到较纯的单宁系列产品。

有机溶剂和水提取：利用单宁酸溶于有机溶剂和水的性质，采用有机溶剂和水提取单宁酸。一般采用乙醚-乙醇混合液、含乙醇和水的乙醚、乙醇、乙酸乙酯等作为溶剂提取单宁酸，由于五倍子中含有色素、油脂等杂质，通常用苯、氯仿和乙醚依次提取，除去大部分杂质，然后用 4∶1 的乙醚-乙醇混合液提取单宁，将提取液加水混合振摇，单宁进入水层，放置分层，将水溶液分出，在此加入乙醚振摇多次除去杂质，将分层的水液减压蒸干，得到粗制单宁。用水提取单宁，一般将五倍子原料加入水中，采用不同的温度和浸提时间多次浸提后，用乙醚溶出杂质，用乙醇沉淀糖类，获得粗制单宁。

精制：一般采用溶剂萃取法、溶剂沉淀法、金属盐沉淀法、生物碱蛋白沉淀法和层析法。溶剂萃取法是将粗制单宁溶于少量的水中，调节 pH 到中性，加乙酸乙酯多次萃取，除去杂质，或用氯化钠盐及复盐析出的单宁溶于 1∶2 的氯化钠水溶液中，乙酸乙酯萃取，减压蒸干，获得较纯的单宁（张宗和，1986）。

主要参考文献

赖永祺. 1990. 五倍子丰产技术. 北京：中国林业出版社. 1～112

唐觉，蔡邦华. 1957. 贵州湄潭五倍子的研究. 昆虫学报，7（1）：131～140

陶家驹. 1943. 四川倍子蚜虫种类之鉴别. 新农林，2（3）：17～21

向和. 1980. 中国青麸杨五倍子蚜虫的研究. 昆虫分类学报，2（4）：302～313

杨时宇，李志国. 1995. 五倍子蚜虫及其寄主植物. 林业科学研究，8（增刊）：80～88

张广学，乔格侠，钟铁森等. 1999. 中国动物志（昆虫纲 14 卷，同翅目纩蚜科，瘿绵蚜科）. 北京：科学出版社. 256～274

张燕平，赖永祺. 1995. 角倍蚜的两种新冬寄主. 林业科学研究，8（增刊）：89～91

张宗和. 1986. 五倍子加工及利用. 北京：中国林业出版社. 1～303

Nishizawa Makoto，Takashi Yamagishi，Gen-ichiro Nonaka et al. 1982. Tannins and Related compounds Part 5：isolation and charac-terization of polygalloylalucoses from Chinese Gallotannin. Chem Soc Perkin Trans，（12）：2963～2968

Tsai P H，Tang C. 1946. The classification of the Chinese gall aphids with description of three genera and six species from Meitan，Kweichow. The Royal Entomological Society of London，97（16）：405～418

第5章 胭 脂 虫

5.1 胭脂虫与胭脂红

5.1.1 胭脂虫概述

胭脂虫是一类体内含有丰富红色素的介壳虫的总称，属同翅目 Homoptera 蚧总科 Coccidea 胭蚧科 Dactylopiidae 胭蚧属 *Dactylopius*，英文俗名为 cochineal。胭脂虫主要寄主植物为仙人掌。全世界已经定名的胭脂虫共有 9 种。胭脂虫主要分布于中美洲，加那利群岛，南非、秘鲁、墨西哥、智利等国也有分布。

胭脂虫体内含有丰富的昆虫红色素，称为胭脂红。胭脂红（$C_{22}H_{20}O_{13}$）为蒽醌类色素，广泛地用于食品、化妆品、染料、药品等多种行业，具有重要的经济价值。胭脂红是服装、化妆品、食品及药品着色的主要物质，在化妆品中主要用于制作口红，在食品工业中能与甜菜苷和花青苷相媲美，可用于饮料、酒、面包制品、乳制品、糖果等的着色。

胭脂虫的培育与利用起源于墨西哥的印第安人。在 15 世纪以前，土著印第安人在墨西哥利用胭脂虫作为染料已经有几百年历史。由于胭脂红具有重大的经济价值，胭脂虫被引入中南美洲，西班牙的部分地区，以及澳大利亚、印度、南非、斯里兰卡等国家。世界上生产胭脂虫的地区主要是秘鲁、墨西哥、玻利维亚和智利等国家及加那利群岛，胭脂虫干虫产量为 800～1200t。秘鲁是世界上胭脂虫和胭脂红色素的主要生产国，产量相当于世界总产量的 85%～90%，其他的生产地区为墨西哥、玻利维亚和智利等国及加那利群岛。

5.1.2 胭脂虫红色素的理化特征

1. 主要成分和结构

天然食用色素胭脂虫红的主要成分是胭脂虫红酸（carminic acid），亦有译为洋红酸、胭脂虫酸、胭脂红酸等。为与合成色素胭脂红区别，胭脂虫红通常称为胭脂虫红色素，其成分较复杂，主要为胭脂虫酸酯（coccinin）和胭脂虫酮（coccinone）。胭脂虫红酸的化学结构式（蒽醌型）如图 5.1 所示。

2. 主要理化特征

胭脂红酸（carminic acid）为蒽醌类中一种含蛋白质的糖苷，外观呈红色至暗红色粉末状微粒（粒径 0～500μm）或块状、糊状固体及膏体，相对密度 1.8～2.1，易溶于热水、稀碱液等，不溶于乙醚和油脂，颜色随 pH 而变化，在酸性介质中为橙色，pH＜4 为橙色至橙红色，pH5～6 为红至紫红色，pH＞7 为紫红至紫色，分解温度 250℃。

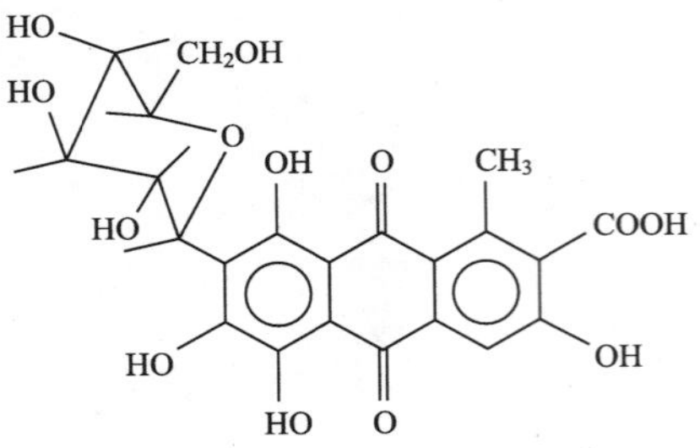

对热、光、微生物均较稳定，特别在酸性条件下稳定性更好。易与微量铁离子生成络合物而变成紫黑色，与钙、铅等金属离子易产生不溶性盐类沉淀。与铝的含水螯合物为带光泽的红色碎片或深红色粉末，属于胭脂虫红铝色淀产品。

HO　CH_2OH　HO　O　OH　O　CH_3　HO　COOH　HO　OH　HO　O

图 5.1　胭脂虫红酸的结构式

常规化学检测方法：

(1) 用 0.1mol/L 盐酸溶液配制 0.1%试样液，应呈橙色。

(2) 试样 1g 加水 50mL 混合后呈红至暗红褐色，再用 4%氢氧化钠溶液调至碱性，颜色变成紫至紫红色。

(3) 干燥后试样 1g 加硫酸 5ml，呈暗红色。

(4) 用 0.1mol/L 盐酸溶液配制成的试样溶液，在波长 494nm（或 495nm，不同文献略有出入）处有最大吸收峰。

5.2　胭脂虫的分类地位及形态特征

5.2.1　分类地位

胭脂虫属同翅目 Homoptera 蚧总科 Coccidea 胭蚧科（又称为洋红蚧科）Dactylopiidae 胭蚧属（又称为洋红蚧属）*Dactylopius*。林奈在 1758 年最早将商业用的胭脂虫种命名为 *Coccus cacti*。Costa 于 1835 年将它放入 *Dactylopius* 属中。Green 在 1912 年将胭蚧科的所有种都归到 *Coccus* 属中。De Lotto（1974）将胭脂虫归为胭蚧科胭蚧属。胭蚧科有胭蚧属 1 个属，9 个种，Moran 等（1981）对胭蚧属的 9 个种进行了形态描述。Macgregor 等（1983）对胭蚧科进行了编目，Guerra 和 Kosztarab（1992）对胭蚧属的 9 个种的雌成虫重新进行了描述，对形态上的亲缘关系进行了探讨，提出了胭蚧属的系统发育图谱。De Lotto（1974）的分类标准得到大多数专家的认同，按其分类系统，胭脂虫共分为 9 种：*Dactylopius tomentosus*（Lamarck），*D. coccus* Costa，*D. confuses*（Cockerell），*D. ceylonicus*（Green），*D. opuntiae*（Cockerell），*D. austrinus* De Lotto；*D. confertus* De Lotto，*D. salmianus* De Lotto，*D. zimmermanni* De Lotto。这 9 种胭脂虫中，*D. coccus* Costa 胭脂虫虫体最大，色素含量最高，可达 17%左右，最具有经济价值。

胭脂虫雌成虫分类检索表（De Lotto，1974）

1. 宽边孔群通常无管（除 *coccus* 偶有 1 管外）…… 2
　宽边孔群常与 1 个或多个管相连接 …… 3
2. 头、胸及第 1 腹节的腹部的亚侧面有单个的曲形管，气门孔边缘有小齿，窄边孔主要在最后 3 或 4 腹节的中部，绝大多数背面刚毛有秃的或圆形的顶，体小，0.8～2.5mm 长，体被脆弱蜡丝 …… *salmianus*
　最后腹节仅有极少数具 1 管的宽边孔群，气门孔具平滑边缘，无窄边孔，几乎无毛发状刚毛，体大，4～6mm 长，体被蜡粉 …… *coccus*
3. 中胸腹面具宽边孔群，窄边孔仅在腹节腹面，最后 4、5 腹节最多，刚毛不多，朝最后腹节越来越大 …… *confertus*

中胸腹面无宽边孔群 …………………………………………………………………………………… 4

4. 第 3 或第 4 腹节腹面中部宽边孔群成列，背面刚毛在腹节上大而密，朝头部越少且越小，零星分布 …………………………………………………………………………………………………… *austrinus*

第 3 或第 4 腹节腹面中部宽边孔群不成列 ……………………………………………………… 5

5. 腹面边缘有 2 或 3 组不同大小的秃顶或圆顶刚毛，胸腹部的中部或亚中部大刚毛形成 2 列纵向的列，肛环退化 …………………………………………………………………………………… *tomentosus*

秃顶或圆顶刚毛不成组或列，肛环发育良好 ……………………………………………………… 6

6. 除少数最后 3、4 腹节的刚毛较大外，所有背面的秃顶和圆顶刚毛的大小基本一致 ………………… 7

一些背面的秃顶和圆顶刚毛在最后 3、4 腹节比其他刚毛大得多 …………………………………… 8

7. 背面大的秃顶和圆顶刚毛长度比刚毛基部直径大得多，长 21.5～24.0μm，直径 14.0～16.5μm，最后 3 腹节腹面窄边孔很多 ……………………………………………………………………… *opuntiae*

背面大的秃顶和圆顶刚毛长度与刚毛基部直径几乎等长，长 37.5～42.5μm，直径 30.0～32.5μm，最后 4 腹节腹面窄边孔很多……………………………………………………………………… *ceylonicus*

8. 大的秃顶和圆顶刚毛遍布全身，气门孔具平滑边缘，雌虫体长 3mm，现仅存于阿根廷，仅寄生于 *Tephrocactus* 属仙人掌上 …………………………………………………………………… *zimmermanni*

大的秃顶和圆顶刚毛仅在最后 3（或 4）腹节上，气门孔边缘具微齿，雌虫体约 2mm 长，分布于很多国家及很多不同寄主上 ……………………………………………………………………… *confusus*

5.2.2 主要形态特征及分布

胭脂虫的分类主要依据胭脂虫雌成虫的特征（图 5.2）。

1. *D. austrinus* De Letto

寄主植物为仙人掌 *Opuntia aurantiaca*，胭脂虫 *D. austrinus* 虫体卵形，3.0～4.5mm 长，2.0～3.2mm 宽，呈明亮褐红色，全体被棉花状物质。宽边孔成群，头部 14～20 群，每群 3 或 4 孔，胸部 150～220 群，绝大多数群具 3、4 或 5 孔，腹部 110～220 群，每群多达 20 孔。全身刚毛不是很多，最后腹节最多也最大，越到头部刚毛越小、越稀。肛环椭圆形，240～418μm 宽，170～220μm 长，具 25～30 宽边孔群，每群多的达 12 孔。复眼直径 85～88μm，两复眼距 492～960μm。触角 6 节，极少 7 节，190～383μm 长，触角间距 121～332μm。下唇瓣 3 节，200～486μm 长，300～467μm 宽。足短而细，爪常无齿。刚毛同背面。主要分布于南非、阿根廷、澳大利亚昆士兰。

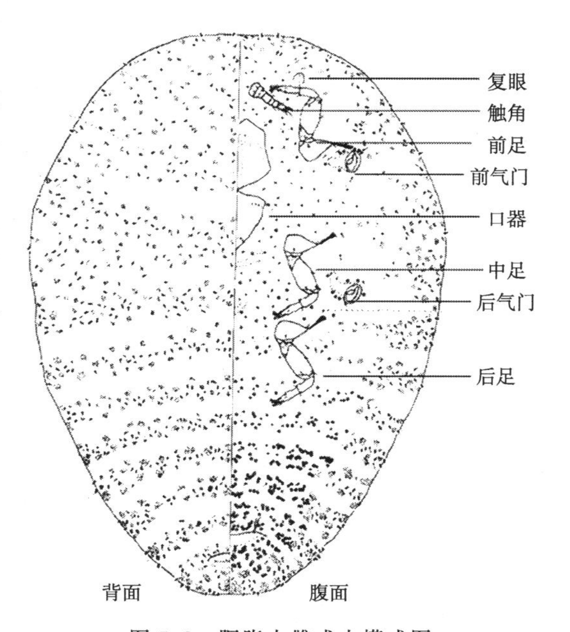

图 5.2 胭脂虫雌成虫模式图

2. *D. ceylonicus*（Green）

寄主植物为多种仙人掌：*O. stricta*、*O. monacantha*、*O. canina*、*O. dillenii*、*O. ficus-indica*、*O. retrosa*、*O. sulphurea* 等。胭脂虫 *D. ceylonicus* 虫体圆形，深紫褐色，2.3～4.0mm 长，1.5～3.5mm 宽，密被白色蜡丝。宽边孔单独或成群，头部 14～15 群，多数 2 或 3 孔，胸部中央 70～100 群，绝大多数群具 2、3 或 4 孔，腹部 120～150 群，每群多达 8 孔。全身刚毛很多，均匀分布，刚毛短，柱状，秃顶，基部膨大，头部刚毛比腹部小。肛环椭圆形，124～192μm 宽，83～116μm 长，周边有刚毛。复眼直径 37.5～59.5μm，两复眼距 380～533μm。触角 6 节，短，119～195μm 长，触角间距 85～175μm。下唇瓣三角形，99～180μm 长，119～170μm 宽。足短而粗，爪常无齿。刚毛同背面。主要分布于毛里求斯、斯里兰卡、阿根廷、澳大利亚昆士兰、玻利维亚、巴拉圭、南非、墨西哥、美国以及西孟加拉湾。

3. *D. coccus* Costa

寄主植物为多种仙人掌：*Nopalea cochenillifera*、*O. atropes*、*O. ficus-indica*、*O. hyptiacantha*、*O. jaliscana*、*O. megacantha*、*O. pilifera*、*O. sarca*、*O. streptacantha*、*O. tomentosa*、*O. vulgaris*。胭脂虫 *D. coccus* 虫体球形，暗紫红色，4.0～6.0mm 长，3.0～4.5mm 宽，3.8～4.2mm 高，重达 40～47mg，体密被白色蜡粉。宽边孔常成群，头部 30～37 群，每群多的达 15 孔，胸部 90～130 群，每群具 25 或 30 孔，腹部约 100 群，每群多达 30 孔。全身刚毛稀少，最后腹节较多，头胸部刚毛顶细，腹部刚毛秃。肛环宽椭圆形，180～270μm 宽，155～164μm 长，周边具 25～30 宽边孔群及少数刚毛。复眼直径 39.5～46.5μm，两复眼距 1.5～2.5mm。触角 7 节，242～330μm 长，有的个体 3、4 节，分节不明显，触角间距 283～290μm。下唇瓣三角形，3 节，256～302μm 长，147～189μm 宽。足短而粗，爪常无齿。刚毛同背面，稀少。主要分布于马达加斯加、阿根廷、秘鲁、南非、墨西哥、智利以及加那利群岛。

4. *D. confertus* De Lotto

寄主植物主要为仙人掌科管花柱属 *Cleistocactus*。胭脂虫 *D. confertus* 体卵形，1.5～2.5mm 长，1.1～1.8mm 宽。宽边孔单个或成群，头部 7～15 群，每群 2～11 孔，胸部 85～170 群，每群具 2～19 孔，腹部约 200 群，每群多达 20 孔。全身刚毛稀少，圆柱形或毛发形，最后腹节刚毛较大，头胸部刚毛较小。肛环椭圆形，104～123μm 宽，43～92.2μm 长，周边具 8～20 宽边孔群及极少数刚毛。复眼直径 42.8～49.9μm，两复眼距 154～565μm。触角 7 节，92.8～159μm 长，5、6 节分节不明显，触角间距 73.8～246μm。下唇瓣 3 节，135～159μm 长，104～209μm 宽。足短而粗，有的个体爪有小齿。刚毛同背面。分布于阿根廷。

5. *D. confuses*（Cockerell）

寄主植物为多种仙人掌：*O. monacantha*、*O. stricta*、*O. wetmorei*。胭脂虫 *D. confuses*

虫体卵形，2.5～3.0mm长，1.5～2.0mm宽，1.0～1.4mm高，体密被白色棉状蜡丝，多个虫的蜡丝常融合在一起，形成棉球状，虫体紫红色。宽边孔单个或成群，头部25～30群，每群4～6孔，胸部约125群，每群具4～6孔，腹部约200群，每群多达30孔。腹部刚毛多且大，头部少而短，最后腹节刚毛短，圆柱状，秃顶。肛环椭圆形，104～178μm宽，85～116μm长，周边具5～9宽边孔群及少数刚毛。复眼突出，直径49～51μm，两复眼距430～450μm。触角7节，119～175μm长，一些个体3、4节分节不明显，触角间距123～264μm。下唇瓣三角形，147～160μm长，166～209μm宽。足中等粗，爪无小齿。刚毛同背面。主要分布于毛里求斯、南非、澳大利亚、加拿大、墨西哥、美国、阿根廷、海地、秘鲁、阿尔及利亚。

6. *D. opuntiae*（Cockerell）

寄主植物为多种仙人掌：*O. tomentosa*、*O. inermis*、*O. streptacantha*、*O. megacantha*、*O. tardiospina*、*O. hernandezi*。胭脂虫*D. opuntiae*虫体卵形，2.1～2.3mm长，1.4～1.7mm宽，1.3～1.5mm高，体密被白色棉状蜡丝，虫体紫红色。宽边孔成群，头部15～20群，每群2～4孔，胸部约110群，每群具2～4孔，腹部约200群，每群多达20孔。全身密被刚毛，刚毛短，圆柱形，秃顶，全身刚毛大小和形状相似。肛环椭圆形，135～165μm宽，89～100μm长，周边具7～15宽边孔群及少数刚毛。复眼不太明显，直径36～41μm，两复眼距457～650μm。触角7节，102～126μm长，一些个体3、4节分节不明显，触角间距119～180μm。下唇瓣三角形，52～56μm长，46～52μm宽。足短而粗，爪无小齿。刚毛同背面，但稀少。主要分布于肯尼亚、马达加斯加、毛里求斯、南非、澳大利亚、墨西哥、美国、巴西、牙买加、印度、巴基斯坦、斯里兰卡、法国及夏威夷群岛。

7. *D. salmianus* De Lotto

寄主植物为仙人掌*O. salmiana*。胭脂虫*D. salmianus*虫体球形，稀被有细蜡丝，体长可达3mm。宽边孔群很少，头部4～8群，每群多数为2孔，极少为3孔，胸部15～30群，每群多具2孔，少数3孔，腹部50～75群，每群多达6孔。全身刚毛不很多，腹部末端比头部多，形状一样，除头发状刚毛外，所有刚毛均秃顶，头发状刚毛很少，多数在腹部末端。肛环椭圆形，117～185μm宽，50～119μm长，周边具8～15宽边孔群，每群2～10孔。复眼直径27.5～55.3μm，两复眼距162～644μm。触角7节，132～190μm长，一些个体3、4节分节不明显。下唇瓣三节，107～130μm长，100～172μm宽。足短而粗，爪无小齿。刚毛同背面。分布于阿根廷。

8. *D. tomentosus*（Lamarck）

寄主植物为多种仙人掌：*O. fulgida*、*O. imbricata*、*Nopalea cochenillifera*、*O. ficus-indica*、*O. hernandezi*、*O. megacantha*、*O. tomentosa*、*O. vulgaris*。胭脂虫*D. tomentosus*虫体长卵形，暗猩红色，密被棉状蜡丝，2.3～3.8mm长，1.5～2.5mm宽。宽边孔群头部15～20群，每群2～4孔，胸部约130群，每群多具2～5孔，腹部约180群，每群

多达 14 孔。全身刚毛很多，最后腹节最多，圆柱形或头发形，胸部及多数腹节的圆柱形刚毛呈两列排列。肛环退化，周边具 4～9 宽边孔群及一些头发形刚毛。复眼不太明显，直径 47～51μm，两复眼距 676～840μm。触角 7 节，121～158μm 长。下唇瓣三角形，123～153μm 长，93～125μm 宽。足短小，爪无小齿。刚毛不很多，不成列。主要分布于南非、澳大利亚、墨西哥、美国、阿根廷。

9. *D. zimmermanni* De Lotto

寄主植物为球形节仙人掌属 *Tephrocactus ovatus* 仙人掌。胭脂虫 *D. zimmermanni* 虫体卵形，2.2～3.4mm 长，1.3～2.6mm 宽。宽边孔群头部 10～20 群，每群 2～6 孔，胸部 180～200 群，每群多具 4～6 孔，腹部约 250 群，每群多达 21 孔。头部刚毛较少，胸部常为 2 或 3 组，最后腹节刚毛较大。肛环卵形，181～227μm 宽，129～166μm 长，周边具 22～27 宽边孔群及一些刚毛。复眼直径 26.1～47.6μm，两复眼距 400～787μm。触角 7 节，155～294μm 长。下唇瓣 187～190μm 长，153～187μm 宽。足发达，粗壮，爪无小齿。分布于阿根廷。

5.3 胭脂虫的主要生物学、生态学特征

5.3.1 主要生物学特征

胭脂虫雌虫为不完全变态，经卵、1 龄若虫、2 龄若虫、雌成虫等虫态；雄虫为完全变态昆虫，要历经卵、1 龄幼虫、2 龄幼虫、前蛹、蛹、雄成虫等虫态。不同种类的胭脂虫的生活周期、生态适应性、繁殖能力等有所区别。

卵：卵浅红色，卵形，光滑，约 0.7mm 长，0.3mm 宽。从形态上看，卵无差异，不能分辨出雌卵和雄卵。

1 龄若虫：1 龄若虫体形卵形，暗红色，约 1.0mm 长，0.5mm 宽，足发达。新孵化的 1 龄若虫，通过一段时间爬行寻找适宜部位固定的过程称为涌散。胭脂虫为卵胎生，孵化一般 4～20min，胭脂虫的孵化时间约持续半个月左右，爬行高峰期出现在开始出虫后的 3～4 天，以后开始逐渐减少。*D. coccus* 胭脂虫刚孵化的 1 龄若虫布满了白色的蜡丝，这些蜡丝有助于 1 龄若虫的扩散。1 龄若虫孵化后不久即开始爬行，爬行能力较强，能在整株仙人掌植株上往返爬行，一直到寻找到适宜的地方后才停止爬行，进行固定。胭脂虫 1 龄若虫的爬行速度每分钟约为 30cm，高温下爬行速度加快。微风有助于 1 龄若虫的扩散，在风较大时，1 龄若虫停止爬行，待风过后才继续爬行。

胭脂虫在仙人掌植株上寻找到适宜的部位（茎片及果实），将口器刺入寄主植物上生活，不再移动，称为固定。通常胭脂虫 1 龄若虫喜欢在两年生的茎片上固定，多选择在仙人掌刺的基部或凹的地方，以群居方式固定，在老茎片、果实及新发出的茎片上固定的比较少。1 龄若虫具有负趋光性，对光线较为敏感，通常选择茎片的背阴面固定，雄虫常固定在母虫附近，而雌虫则要远一些，固定后就不再移动。*D. coccus* 1 龄若虫在 24℃、65％的相对湿度下，35～38 天后蜕皮；在 26℃、60％的相对湿度下，25～27 天后蜕皮（Guerra，1992）。

2龄若虫：2龄若虫比1龄若虫稍大，约1.1mm长，0.6mm宽，蜡丝完全脱落，刚蜕皮而成的2龄虫为鲜红色，以后颜色逐渐变淡，并逐渐出现白色蜡粉。2龄雄幼虫外形与雌虫相似，但比雌虫略大，约1.3mm长，0.3mm宽。在24℃、65%的相对湿度下，*D. coccus* 2龄若虫20～23天后蜕皮；在26℃、60%的相对湿度下，11～15天后蜕皮。

前蛹和蛹：2龄雄幼虫用蜡丝形成一圆柱形茧，外端有开口，约3.0mm长。2龄若虫在茧内经蜕皮后发育成为前蛹，头、胸、腹开始分化。前蛹在茧内再一次蜕皮后即形成蛹，在蛹期身体分节更加明显，足、触角、翅基本形成。剥开茧后，蛹成红褐色。一般蛹18～22天后羽化。

雄成虫（图5.3，彩图）：雄成虫体暗红色，3.0～3.5mm长，1.3～1.5mm宽。触角发育良好，丝状。头、胸部间有一短颈。具一对前翅，后翅退化为平衡棒。腹部有两条白色的尾丝，约与身体等长。雄虫羽化后即寻找雌虫进行交配，1头雄虫可与多头雌虫进行交配，雄虫飞行能力较强，可从一植株直接飞行到另一植株上，交配后约1天即死亡。

雌成虫（图5.4，彩图）：雌成虫体卵形或球形，体密被白色棉状蜡丝，多个虫的蜡丝常融合在一起，形成棉球状，去蜡后，虫体呈紫红色。雌虫在交配后身体迅速增大，进行产卵，进入下一个生活周期。24℃、65%的相对湿度下，*D. confuses* 雌成虫35～37天后开始产卵，而在26℃、60%的相对湿度下，雌成虫32～35天后开始产卵。卵浅红色，卵形，表面光滑。个体间产卵量有很大的差异，高的近500粒，少的仅有100多粒。一般情况下，怀卵量与雌虫体的大小成正比，虫体越大，怀卵量越多，反之则少。整个产卵期可持续1个月左右，在离开寄主后能继续产卵。在25℃下，*D. coccus* 完成世代的时间为48～56天；在30℃下，41～46天即可完成一个世代。（Marin and Cisneros，1977；Gilreath et al.，1987；Guerra and Kosztarab，1992；张忠和，2003）。

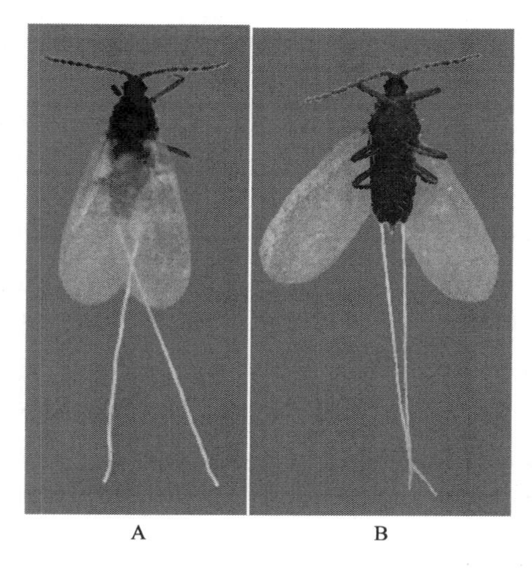

图5.3 胭脂虫雄成虫
A. 正面；B. 腹面

图5.4 胭脂虫雌成虫

5.3.2 主要生态学特征

昆虫生长发育受各种环境因素的影响，在温度、湿度和光照三个气候因子中，温度对胭脂虫的生长发育影响最大，是最重要的环境因子；湿度和光照对胭脂虫的生长发育影响较小，与湿度相关的降雨量对胭脂虫种群数量影响较大；光照主要影响胭脂虫的分布。

温度：温度是影响胭脂虫生长发育的重要因素，胭脂虫原分布于南美热带地区，对温度的要求较高，一般要求月平均最低温度在10℃以上，不同胭脂虫种类对温度有不同的需求。*D. austrinus* 雌虫发育的起点温度为15.6℃，在32℃时发育最快；在20～30℃期间，发育与温度成正比；在30℃时种群增长最快（Hosking，1984）。*D. ceylonicus* 在18～34℃温度范围内都能正常地生长发育和繁殖，该虫的发育起点温度在16.7℃，近30℃时发育最快，其发育、存活及繁殖的理想温度为26～30℃。*D. costa* 的总积温为2025.5日度。*D. confusus* 培育温度为19～25℃，但以22～24℃为最好，在25℃下的世代发育历期为52天，其发育起点温度为9℃，世代有效积温为822.9日度。*D. coccus* 胭脂虫在温度20℃时，培育平均世代历期为93天；在温度25℃时，世代历期缩短为80天左右，世代积温约为2000日度（Sullivan，1990；张忠和等，2003）。

湿度：胭脂虫对湿度的要求不高，一般生长在较干旱的地区，降雨量大对胭脂虫种群增殖不利，大雨会冲刷胭脂虫幼虫，对胭脂虫涌散和固定不利（Moran and Hoffmann，1987）。Hosking（1984）研究了模拟降雨和自然降雨对 *D. opuntiae* 种群分布及存活的影响，认为降雨极大地减少了胭脂虫的种群数量，培育的相对湿度范围可从50%到90%，以60%～70%为最适宜。*D. costa* 在80%的相对湿度下胭脂虫产卵量较60%的相对湿度多。

光照：光照对胭脂虫的影响不显著，可能只是影响胭脂虫在寄主植物仙人掌上的分布，胭脂虫幼虫有避光习性，一般在仙人掌的阴面分布。试验表明，光照强度980 lx较光照强度60 lx胭脂虫的产卵量多，光照强度60 lx较980 lx卵的孵化率高，湿度和光照对1龄若虫到成虫期的存活无显著影响（张忠和，2003）。

5.4 胭脂虫培育

胭脂虫的养殖技术分为两种方式：一种是采用野外放养技术，另一种是室内养殖技术。传统的养殖胭脂虫的方法是在野外培养。一般选择在干旱少雨的地区进行胭脂虫野外人工养殖，如秘鲁、加那利群岛和南非的干旱地区。在雨水多、暴雨频繁及季节性降雨的地区，由于雨水会冲刷胭脂虫，造成大量的胭脂虫被冲刷掉，导致胭脂虫产量大减，不适于胭脂虫规模化养殖和产业化。室内养殖是利用塑料大棚培养仙人掌养殖胭脂虫，这种方式可避免雨水冲刷等不利环境因素，胭脂虫产量较高。胭脂虫的养殖技术一般分为繁育基地选择、寄主植物栽培、胭脂虫放养和采收、色素加工4个部分。

5.4.1 繁育基地选择

胭脂虫的原分布地区为热带和南亚热带地区，发育起点温度较高，一般在10℃以上，所以选择全年适于胭脂虫生长发育的地区应该在温度较高的地区。试验表明，在中国最适于胭脂虫全年生长发育的地区有云南、广西等地的南亚热带气候类型的区域，在这个区域内 *D. confuse* 和 *D. cocus* 胭脂虫生长发育正常，虫体较大，质量较好，产量较高，一年可生产 3 或 4 代。干热河谷区域为适生区，在这个区域中，*D. confuse* 胭脂虫生长发育正常，繁育较快，虫体较小，质量较差，每年 6 或 7 代；*D. cocus* 在干热河谷区域夏代不能完成生活史。北亚热带区域 *D. confuse* 和 *D. cocus* 胭脂虫生长发育正常，繁育较慢，生活周期较长，虫体较大，质量较好，每年 3 代左右（表 5.1）（张忠和等，2003）。

表 5.1 胭脂虫在不同气候环境中的主要生长状况

气候类型	虫体质量评价	世代特征	野外培育可行性	寄主仙人掌的生长状况	适生性评价
干热河谷区	虫体小，怀卵量少，蜡被多，虫体质量差	世代期短，代数多，世代重叠，不整齐	不可行	生长快，生物量多，最为适宜	适生区
南亚热带	虫体较大，饱满，怀卵量多，虫体质量好	世代历期适中，世代相对整齐	旱季可行，雨季不可行	生长较热带慢，比温带快，较为适宜	最适生区
北亚热带	虫体较大，饱满，怀卵量多，虫体质量好	冬季世代历期较长，世代相对整齐	旱季可行，雨季不可行	生长较慢，适宜	次适生区

5.4.2 寄主植物栽培

胭脂虫的寄主植物主要是仙人掌，仙人掌属 *Opuntia* 大约有 300 种，主产于墨西哥，植株灌木或小乔木状，果实似梨，表面有小刺钩毛，俗称刺梨。其中印榕仙人掌 *O. ficus-indica* 及胭脂仙人掌 *Nopalea cochenillifera* 具有重要的经济价值。除作为寄主供饲养胭脂虫外，仙人掌还具有很多用途，其茎片可用作牲畜的干饲料，果用于鲜吃，或制成果酱及糖浆保存，幼嫩的茎片可作为蔬菜在市场上出售（Mizarah et al.，1997）。墨西哥、智利、南非、阿尔及利亚、阿根廷、巴西以及拉丁美洲和非洲的干旱和半干旱地区的约 20 多个国家，对仙人掌进行了商业性种植，并将其作为果品、蔬菜及饲料的来源。仙人掌还可以用于制药及其他工业，如治疗肺气肿和缓解肺部疼痛，治疗心血管疾病等。仙人掌的抗旱性较强，对土壤立地条件要求不高，在干旱贫瘠的地方种植，对防止水土流失及土壤侵蚀具有重要意义。胭脂虫的主要寄主植物仙人掌的自然分布见表 5.2。

表 5.2 胭脂虫的主要寄主植物仙人掌及其分布

胭脂虫	仙人掌	分布（国家或地区）
D. austrinus	*Opuntia aurantiaca*	南非、阿根廷、昆士兰（澳大利亚）
D. ceylonicus	*O. stricta* *O. monacantha* *O. canina* *O. dillenii* *O. ficus-indica* *O. retrosa* *O. sulphurea*	毛里求斯、斯里兰卡、阿根廷、昆士兰（澳大利亚）、玻利维亚、巴拉圭、南非、墨西哥、美国、西孟加拉湾

续表

胭脂虫	仙人掌	分布（国家或地区）
D. coccus	*Nopalea cochenillifera* *O. atropes* *O. ficus-indica* *O. hyptiacantha* *O. jaliscana* *O. megacantha* *O. pilifera* *O. sarca* *O. streptacantha* *O. tomentosa* *O. vulgaris*	马达加斯加、阿根廷、秘鲁、加那利群岛、南非、墨西哥、智利
D. confertus	*Cleistocactus*	阿根廷
D. confusus	*O. monacantha* *O. stricta* *O. wetmorei*	毛里求斯、南非、澳大利亚、加拿大、墨西哥、美国、阿根廷、海地、秘鲁、阿尔及利亚
D. opuntiae	*O. tomentosa* *O. inermis* *O. streptacantha* *O. megacantha* *O. tardiospina* *O. hernandezi*	肯尼亚、马达加斯加、毛里求斯、南非、澳大利亚、夏威夷群岛、墨西哥、美国、巴西、牙买加、印度、巴基斯坦、斯里兰卡、法国
D. salmianus	*O. salmiana*	阿根廷
D. tomentosus	*O. fulgida* *O. imbricata* *Nopalea cochenillifera* *O. ficus-indica* *O. hernandezi* *O. megacantha* *O. tomentosa* *O. vulgaris*	南非、澳大利亚、墨西哥、美国、阿根廷
D. zimmermanni	*Tephrocactus ovatus*	阿根廷

5.4.3 土壤条件

仙人掌能生长于各种土壤中，如变性土、淋溶土、石质土、冲积土等，土壤 pH 微酸性到微碱性对其生长最好，厚 60～70cm 的土壤层即能适合仙人掌浅根系统的发育，但疏水性不好、地下水位高、表面通透性不好或板结的土壤不适合种植仙人掌，一般来说，黏土的含量要低于 20%。Ca 和 K 的含量高有助于仙人掌的培育和果实的质量。但仙人掌不是一种耐盐的植物，50～70mol/m^3 的 NaCl 含量即成为其生长的临界值（Inglese，1995）。

5.4.4 仙人掌种植

种植前的准备工作包括土壤的翻耕和施肥。首先进行种植地的清理及平整。例如，地面平整，可采用台地种植，在山地和陡坡上则宜采取塘式种植，翻耕和挖塘的深度应达到20～30cm以上，以保证良好的疏水性。另需去除多年生杂草，这些杂草能与仙人掌进行强有力的竞争，特别是在种植后的早期阶段，能与仙人掌争光、争水、争肥，严重影响仙人掌的生长。在有条件的地方，种植前需施肥，以1.5～2t/亩（1亩＝666.6m^2）农家肥为宜，农家肥能改进土壤结构、增加养分以及增加水分的保持力，对促进仙人掌的生长极为重要。

（1）种植时间：冬天由于温度低，根系和树冠的发育迟缓，如果降雨，易造成茎片腐烂。如果在干季种植，又无水灌溉，仙人掌根生长很少，茎片容易萎蔫，最后由于高温低湿而死亡。基于以上考虑，在春季末种植仙人掌是最好的，春季末的土壤湿度可以使根系发育，同时夏季雨水对切片大有益处，另外，根和茎片的发育速度在春季末和夏季初最快。

（2）种植材料：现世界上广泛利用仙人掌茎片的切片进行扦插建立种植园，如果材料紧缺，宜采用单个茎片种植；如果材料较为丰富，用多个茎片的种植材料进行种植的效果更佳。切片在种植前需在半遮阴的条件下放置2～3个星期，待切口晒干后进行种植，以防止种植后切口腐烂。种植前可用波尔多液或马拉硫磷进行切口消毒。

（3）种植密度：梨果仙人掌的种植密度依不同的气候条件、土壤条件及培育目的而不一。在温湿及土壤条件好的地方，可适当稀疏，反之，则适当加密；以培育仙人掌果实为主要目的的种植园，要适当稀疏，以培育仙人掌嫩茎用做蔬菜和培育仙人掌茎片用做培育胭脂虫和作为药品开发为主要目的，可适当加密。但无论何种目的，都应留够足够的人为活动空间。一般情况下，稀疏种植的株行距为（1～1.5)m×(2～3)m；密植的株行距为（0.5～1)m×(1～2)m。

（4）茎片朝向及深度：种植时要使茎片面向东南，与正西成45°角，以使茎片两面在上、下午都能受到阳光的照射，增加茎片对光的截留。种植时采用直立放置方法，将切口面植入地中，植入的深度应为茎片2/5～1/2。如植得太浅，茎片易被风吹倒，而且根系比较浅；如植入70%以上的茎片，则地上部分进行的光合作用不足以供应抽芽和根系发育。如土壤相当干旱，种植后不久即浇水有利于切片的发育。

5.4.5 抚育管理

修剪：仙人掌长到一定阶段后要进行修剪，修剪的目的在于培育良好的树形、促进生长、减少病虫害的发生。修剪应在春季进行，空气干燥、阳光充足，切口容易变干。在雨季和冬季进行修剪，容易造成茎片腐烂和结疤。仙人掌的高度应控制在2～2.5m，以避免仙人掌过高而造成人为操作上的困难。修剪时的剪除对象为：①树冠内部的、朝下生长以及水平生长的、离地面很近的仙人掌茎片；②病虫害严重的茎片；③在老茎片上最多保留2片茎片，将其余的茎片剪除，以促进新茎片的生长。为增进修剪效果，修剪后不久要用尿素进行施肥。

施肥：施肥的目的在于促进仙人掌的生长，施肥一般选在仙人掌萌芽前进行，冬季休眠期则不宜进行施肥。肥种可单独使用农家肥或化肥（如尿素、过磷酸钙、硫酸钾等），也可将农家肥和化肥配在一起使用。用量依具体情况而定。

除草：杂草会严重影响到仙人掌的生长，如果杂草太多，需进行除草。除草的方法可以人工拔除或铲除，也可用百草枯、草甘膦等除草剂除草，但使用除草剂需十分小心，以避免将仙人掌杀死。

5.4.6 胭脂虫养殖

胭脂虫培育一般采用野外培育和室内培育两种方式，野外培育是在干旱少雨的适于胭脂虫生长的地区，大规模地种植胭脂虫寄主植物，直接在仙人掌上放养胭脂虫，胭脂虫发育成熟后采收，这种方法在秘鲁胭脂虫等产区有较大规模的生产基地。这种方法的优点是省工省时，缺点是受自然环境影响较大，大风和大雨会对胭脂虫种群造成大量死亡，尤其是在幼虫涌散时间，大风和大雨会冲刷掉幼虫，严重地影响胭脂虫产量。室内培育胭脂虫，是将寄主植物仙人掌采下，用钩子和线穿挂成排，集中放养胭脂虫（图5.5，彩图）。室内培育的优点是可以充分合理地利用空间资源，不受环境中大风暴雨的影响，容易控制环境因子，产量较高。

图 5.5　胭脂虫养殖

胭脂虫的培育技术分为放虫、管理和采收三个环节，放养胭脂虫时，采用纸袋装入发育成熟的胭脂虫50～100头，可以用仙人掌的刺或细木签将纸袋挂在掌片上，要掌握好放养虫量，根据仙人掌的大小，一般一片仙人掌上可以放养1000～1500头胭脂虫幼虫，观察掌片上胭脂虫的数量，适时转移虫袋到其他未放虫的仙人掌上。在寄主植物上均匀地放养胭脂虫是获得高产的重要环节，室内放养较容易控制胭脂虫在掌片上的数量，在野外放养，由于胭脂虫有避光的习性，通常在直射光直接照射的掌片上分布胭脂虫较少，所以野外放养胭脂虫基地最好能够有其他植物配置，以达到减少直射光、遮阴的作用，有利于胭脂虫的分布和固定。

胭脂虫的管理较为简单，一般不需要特殊的管理，主要是对仙人掌进行适当的抚育管理，使仙人掌能够提供胭脂虫的营养需求，完成生活史。影响胭脂虫产量的重要因素是胭脂虫的天敌。常见的胭脂虫 *D. coccus* 的天敌有七星瓢虫 *Coccinella septempunctata* (L.)、隐唇瓢虫 *Cryptolaemus montrouzieri* Mulsant、黄足光瓢虫 *Exochomus flavipes* Thunb、小毛瓢虫 *Scymnus* sp.、显盾瓢虫 *Hyperaspis trifurcata* Schaeffer、巴食蚜蝇 *Baccha* sp.、潜蝇 *Leucopis bellula* Williston、褐蛉 *Hemerobius amiculus* Fitch、异食蚜蝇 *Allograpta* sp. 等（Gema Pérez Guerra，1992）。对天敌的控制可以采用野外培育与室内培育交替生产，也可以采用轮换野外生产基地等方法，还可以针对不同的天敌采用低残留的农药控制天敌。

胭脂虫的采收：在胭脂虫发育成熟，未产卵前，用毛刷将胭脂虫从仙人掌上刷下，或采用压缩气体喷气器械将胭脂虫吹入容器内，装入塑料袋，扎紧袋口，在太阳下曝晒几小时，胭脂虫死亡后，将其在地上摊晒，晒干后收藏，保存，或在60℃下干燥2天后保存。

5.5　胭脂虫红色素加工

胭脂虫红色素主要从胭脂虫干体中提取，胭脂虫体内的主要成分有蛋白质、脂肪、色素、蜡质、灰分等物质（表5.3）。胭脂虫红色素提取及分离、精制技术主要包括原料的预处理、溶剂（含物理技术辅助手段）萃取、分离除杂、色素提取液浓缩及干燥等工艺流程。

表5.3　*D. coccus* Costa和*D. confuses*（Cockerell）的主要成分

胭脂虫	水分/%	蜡/%	脂肪/%	色素/%	蛋白质/%	灰分及总糖/%
D. coccus	6.69	4.70	3.81	22.61	12.23	32.22
D. confuses	6.96	6.71	3.98	10.47	8.98	44.96

（1）原料预处理：称取适量胭脂虫自然风干虫体原料，置于加热恒温回流-冷凝装置内，以适当的固液比（$m:V$）加入相关的有机溶剂，保持微沸状态一段时间后，用滤布趁热迅速保温过滤。滤后的剩余固体物料经风干处理，继续置于加热恒温回流-冷凝装置内，再以一定的固液比（$m:V$）加入有机溶剂（沸程60～90℃），保持微沸状态一段时间，用滤布趁热迅速保温过滤。滤后的剩余固体物料经风干处理，可再次进行二次回收利用。

（2）溶剂（去离子水）萃取：原料经预处理并风干后，置于普通密闭式加热恒温装置（或微波萃取装置）内，以一定的固液比（$m:V$）加入去离子水，连续多次浸提（或间歇萃取），趁热迅速保温过滤，收集滤液，剩余固体物料继续置于上述同样装置内，并加入同量去离子水，重复进行浸提并分别收集滤液，如此重复多次（依实验及生产需求而定）。

（3）分离除杂：将含有色素的各次滤液中分别加入一定量的助剂和添加剂，静置冷却一段时间后，将滤液进行常温真空抽滤处理，以除去色素液中的杂质。

（4）色素提取液浓缩及干燥：经分离除杂的色素滤液，采用旋转蒸发设备浓缩（根据不同设备设定真空度），浓缩后液体体积约为浓缩前液体体积的1/3较适宜，浓缩液经喷雾干燥设备加工制成粉末状胭脂虫红色素产品。

主要参考文献

杨时宇，杨文云，李志国等．2001．印榕仙人掌利用现状及其发展前景．林业科学研究，14（1）：85～89

张忠和．2003．胭脂虫培育的生态学基础．中国林业科学研究博士论文

张忠和，陈晓鸣，石雷等．2004a．基于生命表技术的胭脂虫适生性研究．林业科学研究，17（4）：484～489

张忠和，石雷，徐涛等．2004b．胭脂虫与寄主仙人掌的关系．林业科学研究，17（3）：321～326

张忠和，杨勋章，王自力等．2003．胭脂虫实验种群研究．林业科学研究，16（3）：254～261

郑华．2004．天然胭脂虫红色素提取技术研究．中国林业科学研究博士后报告

郑华，张弘，张忠和等．2003．天然动植物色素的特性及其提取技术概况．林业科学研究，16（5）：628～635

Brutsch M O，Zimmermann H G．1993．The prickly pear (*Opuntia ficus-indica* [Cactaceae]) in South Africa：utilization of the naturalized weed, and of the cultivated plants. Economic Botany, 47 (2): 154～162

De Lotto. 1974. On the status and identity of the cochineal insects (Homoptera: Coccoidea: Dactylopiidae). J Ent Soc Sth Afr, 7 (1): 167～193

Gilreath M E, Smith J W. 1987. Bionomics of *Dactylopius confusus* (Homoptera: Dactylopiidae). Annals of the Entomological Society of America, 80 (6): 768～774

Guerra G P, Kosztarab M. 1992. Biosystematics of the family Dactylopiidae (Homoptera: Coccinea) with emphasis on the life cycle of *Dactylopius coccus* Costa Blacksburg, Va: Virginia Agriculture Experimental station, Virginia, Docytechnic Inst: ture and state university. Vi, 90p: ill

Hosking J R T. 1984. The effect of temperature on the population growth potential of *Dactylopius austrinus* De Lotto (Homoptera: Dactylopiidae), on *Opuntia aurantiaca* Lindley. Journal of the Australian Entomological Society, 23 (2): 133～139

Inglese P. 1995. Research strategies for the improvement of cactus pear (*Opuntia ficus-indica*) fruit quality and production. Journal of Arid Environments, 29 (4): 455～468

MacGregor L R, Sampedro R G. 1983. Catalogue of Mexican scale insects I. Family dactylopiidae (Homoptera: Coccoidea). Analesdel Instituto de Biologia, Universidad Nacional Autonoma de Mexico, Zoologia, (54) 1: 217～223

Marin L R, Cisneros V F. 1977. Biology and morphology of the cochineal insect, *Dactylopius coccus* Costa (Homopt.: Dactylopiidae). Revista Peruana de Entomologia, 20 (1): 115～120

Mizrahi Y, Neral A, Nobel P S. 1997. Cacti as crops. Horticulture Review, 18: 291～319

Moran V C, Hoffmann J H. 1987. The effects of simulated and natural rainfall on cochineal insects (Homoptera: Dactylopiidae): colony distribution and survival on cactus cladodes. Ecological Entomology, 12 (1): 61～68

Sullivan P R. 1990. Population growth potential of *Dactylopius ceylonicus* Green (Hemiptera: Dactylopiidae) on Opuntia vulgaris Miller. Journal of the Australian Entomological Society, 29 (2): 123～129

第6章　产 丝 昆 虫

在自然界中，昆虫纲鳞翅目中有许多昆虫有吐丝结茧的习性。据估计，有400～500种能产丝的昆虫，但昆虫所产丝的种类和质量差异较大，真正在工业上利用的产丝昆虫不多，有8或9种有商业价值，主要有家蚕、柞蚕和蓖麻蚕等，这些昆虫所产的蚕丝服务于人类，具有重大的经济价值。中国是世界上最早利用蚕丝的国家，据考证（邹树文，1981；周尧，1980），早在4700多年前中国就开始养蚕利用。常见的绢丝昆虫在分类学上属于蚕类的主要有家蚕蛾科 Bombycidae 家蚕属 *Bombyx* 的家蚕；天蚕科 Saturniidae 的柞蚕属 *Antheraea*、樗蚕属 *Philosamia*、尾蚕蛾属 *Actias*、樟蚕属 *Eriogyna*、栗蚕属 *Diclyoplota*、透目天蚕属 *Rhodinia*、黄目天蚕属 *Caligula*、日本锈斑天蚕属 *Aglia*、鹿纹天蚕蛾属 *Hemileuca*、惜古比天蚕属 *Hyalophora*、山蚕蛾属 *Attacus* 等。舟蛾科 Notodontidae、枯叶蛾科 Lasiocampidae 等一些昆虫也有吐丝习性（张传溪和许文华，1990；陶战等，1995）。由于蚕丝昆虫具有重大的经济价值，是目前资源昆虫中产业化程度最高的资源昆虫，鉴于蚕丝的重要性，产丝昆虫已经形成一个重要的学科——蚕桑学。本章只是对蚕丝昆虫做简单的叙述。

6.1　主要产丝昆虫

我国的产丝昆虫主要是家蚕，家蚕分布广，在全国大多数地区都能饲养，家蚕所产的蚕茧大约占茧丝的85%以上，是传统绢丝生产的主要蚕种；除家蚕外，柞蚕是中国第二大蚕种，主要在东北地区、河南等省（自治区）养殖，所生产的蚕茧占10%左右；其他一些产丝昆虫所产的蚕丝具有不同的特点，具有开发利用价值，但是在国内尚未形成生产规模，主要的绢丝昆虫如下。

6.1.1　家蚕

家蚕 *Bombyx mori* L. 在分类上属于家蚕蛾科 Bombycidae 蚕属 *Bombyx*，国内家蚕分布较广，除西藏、青海没有分布外，全国各省市均有分布。家蚕在产丝昆虫中是利用最早、数量最大、绢丝产量最高、利用最普遍的蚕类昆虫。中国的蚕丝生产主要集中在四川、浙江、江苏、广东等省。

家蚕起源于中国，通过丝绸之路传到了日本和欧洲。家蚕通过引种驯化后，在对不同自然条件的适应过程中形成了不同的蚕品种。一般把家蚕划分为中国种、日本种、欧洲种和热带种四大地理品种。

家蚕属于完全变态的昆虫，一生经卵、幼虫、蛹和成虫。家蚕在长期的饲养和进化中形成了多化性，一般将一年一代的称为一化性品种，一年两代的称为二化性品种，一年三代及以上的称为多化性品种。一化性蚕品种茧丝质量较好，茧丝长。该品种幼虫期较长，不适宜高温多湿的夏秋期饲养；二化性蚕的茧丝质量较一化性品种略差，幼虫期较短，适宜温暖地区夏秋期饲养；多化性蚕品种的茧形较小，茧丝短，出丝率低，但丝质良好，该品种的幼虫期短，适宜热带气较高温的地区饲养（胡萃，1996）。

家蚕还具有休眠性，一般可分为三眠蚕、四眠蚕和五眠蚕。眠性是家蚕的一种重要生理现象，家蚕的眠性受遗传特性和环境的影响。家蚕的眠性及其变化，主要通过脑激素、保幼激素和蜕皮激素这三种激素分泌来实现（贺伟强等，2003）。家蚕的胚胎滞育是由环境条件和遗传性支配的，在特定的环境条件信息下，神经分泌细胞产生和分泌滞育激素，滞育激素进入卵内，调节和建立滞育卵专一的内部环境。其特征是，滞育卵中发生有关糖原和山梨醇转换的一系列酶促反应，从而实现进入滞育、解除滞育等生理过程（黄君霆，2003）。

家蚕卵较小，椭圆形，扁平状，幼虫 5 龄，刚孵化的幼虫较小，体黑色，如蚂蚁状，故称为蚁蚕。幼虫生长较快，1～3 龄称为稚蚕，4～5 龄成为大蚕，通常幼虫期在 20～30 天。老熟幼虫吐丝结茧。

通常饲养的家蚕品种多为四眠性蚕品种，在幼虫期休眠 4 次，每眠蜕皮一次，也有幼虫期入眠 3 次、蜕 3 次皮的三眠性品种和幼虫期入眠 5 次、蜕 5 次皮的五眠性品种。不同眠性的品种具有不同质量的茧丝，三眠性品种和四眠性品种的茧丝细，适宜于织制高级丝绸面料。

家蚕的主要取食桑科 Moraceae 桑属 *Morus* 的桑树 *Morus alba* L.，菊科 Compositae 的莴苣 *Lactuca sativa* L.、蒲公英 *Taraxacum mongolicum* Hand.，榆科 Ulmaceae 的榆树 *Ulmus pumila* L. 等植物的叶片。

6.1.2 柞蚕

柞蚕 *Antheraea pernyi* Guerin-Meneville 在分类上属于大蚕蛾科 Saturniidae 柞蚕属 *Antheraea*，国内主要分布于辽宁、山东、吉林、黑龙江、贵州，四川、陕西、河南、湖北、河北、浙江、江苏、福建、云南、安徽等省（自治区）也有分布，国外主要分布于朝鲜、俄罗斯和日本等国。柞蚕最早见于《尔雅》（公元前 1200 年），2700 年前柞蚕丝已作为给皇帝的贡物，在汉代曾经由官方推广，经宋、元、明、清几代引种推广，分布到了全国很多省份。现盛产于辽宁、河南等省，是中国养殖规模第二的绢丝昆虫。柞蚕丝黄色，色泽柔和，具有耐酸、耐碱、耐热、绝缘性好等特征，除日常服装业外，还可以用于化工、军工等特殊行业。

柞蚕在东北地区一年两代（二化性），一般春茧用作种茧，秋茧用作生产柞蚕丝。在东北地区，二化性柞蚕 4～5 月羽化、交配和产卵，5 月中旬孵化，幼虫 5 龄（4 次休眠）后，7 月上旬结茧化蛹，成为春茧。春茧 8 月上旬孵化，9 月下旬至 10 月上旬结茧。在河南、湖北、四川、贵州等省（自治区），柞蚕一年一代（一化性），一般在 3～4 月成虫羽化、交配和产卵，4 月孵化幼虫，幼虫 5 龄，5 月中下旬结茧化蛹，以蛹滞育，第二年 3～4 月成虫羽化。

柞蚕幼虫主要取食山毛榉科 Fagaceae 栎属 *Quercus* 的辽东栎 *Quercus liaotungensis* Koidz、麻栎 *Quercus acutissima* Carruth、青冈栎 *Cyclobalanopsis glauca*（Thunb.）Oerst、

锐齿槲栎 *Q. aliena* Var. *acuteserrata* Max 等植物叶片。

6.1.3 天蚕

天蚕 *Antheraea yamamai* Guerin-Meneville 属于大蚕蛾科柞蚕属的一种蚕。国内主要分布于东北，贵州、广西、四川、云南等省（自治区）。国外在日本、朝鲜、俄罗斯等有分布。食山毛榉科，栎属树叶上的野蚕，它适于生长在气温较温暖而半湿润的地区，但也能适应寒冷气候，能在北纬44°以北寒冷地带自然生息。天蚕丝颜色为绿色，光泽好，纤维较粗，伸长率大。由天蚕丝制成的丝绸质量较好，色泽亮丽，具有很高的经济价值，被称为“丝中钻石”。

天蚕一年一代，以卵越冬，幼虫5龄。在黑龙江省，天蚕通常在7月下旬至8月底产卵。卵一般产于柞叶背面，产卵量为每一雌天蚕产100粒左右，卵随柞树落叶进入林下枯枝落叶层，卵滞育越冬，卵期一般260～270天。卵一般在4月下旬至5月上旬孵化，幼虫一般经过4眠5龄后结茧，幼虫期经过50～70天。天蚕一般在7月上中旬结茧化蛹，蛹期30～35天。成虫羽化一般从7月下旬至8月底，成虫期7～15天，羽化通常在夜间19：00～23：00；蛾羽化后，很快择偶交尾。成虫产卵一般3～4天，产卵后3～8天成虫自然死亡（陶战等，1995；刘忠云等，2006）。

天蚕幼虫主要取食栎 *Quercus* spp.、栗 *Castanea* spp.、栲 *Castanopsis* spp. 和樱 *Prunus* spp. 等10多种树叶，以麻栎 *Q. acutissima* 和白栎 *Q. fabri* 饲养天蚕为最好。天蚕的主要病虫害有核多角体病毒NPV、微粒子病、白僵病菌、黄僵病菌、蚂蚁和多种寄生蜂。

6.1.4 蓖麻蚕

蓖麻蚕 *Philosamia cynthia ricina* Donovan 在分类上属于大蚕蛾科蓖麻蚕属 *Philosamia*，是樗蚕 *Philosamia cynthia* Walker et Felder 的一个亚种。蓖麻蚕原产于印度阿萨姆邦，原是一种栖生于野外的吐丝昆虫。当地人利用它已经有300多年历史，并形成了以家庭手工业为主的蓖麻蚕绢纺工艺产业。我国在1951年引进试养并获得成功。国外主要分布于印度、朝鲜、越南、日本、波兰等国，国内在广东、广西、安徽、山东、江苏、河南、河北、湖南、陕西等省（自治区）有饲养。蓖麻蚕丝具有耐酸碱、耐磨损、弹性强、吸湿性好等特点。

蓖麻蚕具有多化性、无滞育、每年可培育4～7代。卵椭圆形，淡黄色或淡绿色，幼虫有黑褐色转黄色，4龄幼虫后，不同的品种呈现出黄、蓝、绿等不同的颜色。幼虫4眠5龄，幼虫期大约20天，5龄蚕5～6天。在22～28℃的适温条件下，蓖麻蚕完成一个世代大约需要50天。蛹深褐色，茧淡褐色或近白色。

蓖麻蚕食性较杂，主要取食蓖麻 *Ricinus communis* L.、木薯 *Manihot esculenta*、幌伞枫 *Heteropanax fragrans* Seem、番木瓜 *Carica papaya* L. 等植物的叶片。

6.1.5 樗蚕

樗蚕 *Philosamia cynthia* Walker et Felder 在分类上属于大蚕蛾科蓖麻蚕属。国内

主要分布于河北、山东、江苏、浙江、江西、四川等省（自治区），国外主要分布于朝鲜、日本。

樗蚕在河北沧州一年发生2或3代，成虫5月初开始羽化，5月上中旬为羽化盛期和产卵期。卵产于寄主叶背，呈块状，弧形排列，一般为2层，少数可多至5层，底层的卵数较多，向上逐渐减少。卵多在白天孵化，孵化高峰在上午6：00～8：00（占总孵化量的86%）。第1代卵孵化始见期在5月中旬，第2代卵孵化盛期在7月下旬至8月上旬。樗蚕幼虫5龄，初孵化的幼虫破茧后，静止3～4h后开始取食，第一代幼虫期大约30天，第二代幼虫期大约40天，第三代幼虫期60～70天。5龄幼虫老熟后停止取食，在叶柄或小枝上结茧，老熟幼虫吐丝时间多在18：00时以后，吐丝结茧持续2～3天。第1代蛹始见期为6月上旬，化蛹盛期为6月中下旬，第2代蛹始见期为8月上中旬，盛期在8月中下旬至9月上旬。越冬代成虫始见期一般为5月上旬，5月中旬出现第1代幼虫，6月上旬开始结茧化蛹。一般7月上旬出现第1代成虫，中旬为成虫羽化和产卵盛期，7月中旬出现第2代幼虫，9月上旬出现第3代幼虫。成虫具有较强的趋光性，雄蛾飞翔能力较强，飞翔距离可达3m以上。成虫从15：00时开始羽化，以2：00～24：00羽化量最大（占总羽化数量的75%）。羽化后的成虫在夜间择偶交尾，时间多在22：00～4：00，交尾持续时间14～16h，平均15h，有2次交尾现象。交尾结束后2～4h雌蛾开始产卵，产卵时间通常在凌晨2：00～4：00，每次产卵时间一般2～4h，每只雌虫产卵持续时间2～4天，成虫产卵量一般在350粒左右，雌雄比为1：1.17～1：1.32（姜秀华等，2002）。

樗蚕主要取食乌桕 *Sapium sebiferum*（L.）Roxb.、臭椿 *Ailanthus altissima* Swingle、冬青 *Ilex purpurea* Hassk、花椒 *Zanthoxylum bungeanum* Maxim.、盐肤木 *Rhus chinensis* Mill.、梧桐 *Firmiana platanifolia*（Linn. f.）Marsili、蓖麻等植物的叶片。

6.1.6 樟蚕

樟蚕 *Eriogyna pyretorum* Westwood 在分类上属于大蚕蛾科樟蚕属 *Eriogyna*，原产广东、广西一带，以樟叶、枫叶为食，它的丝被人们利用已有上千年的历史，大约在公元885年前后已有记载，其丝为纺织上等原料。古时用樟蚕丝经醋浸泡后拉丝作为弓弦，强度极大，现作为钓鱼线和医用缝线出口。国内主要分布于广东、广西、山东、浙江、福建、台湾、江西等省（自治区），国外主要分布于俄罗斯、印度、越南和澳大利亚等国家和地区。

幼虫主要取食樟树 *Cinnamomum camphora*（L.）Presl、枫杨 *Pterocarya stenoptera* C. DC.、枫香 *Liquidambar formosana*（Formosangum）、麻栎、乌桕、冬青等植物的叶片。

6.1.7 乌桕蚕

乌桕蚕 *Attacus atlas* L. 属鳞翅目大蚕蛾科，又名大山蚕、大乌桕蚕。国外分布于印度、日本、缅甸、越南、新加坡和印度尼西亚等国。中国主要分布于华南，以广东、广西、福建等省（自治区）的山区为多，江西、四川、云南、台湾等地也有发现。乌桕蚕丝质量优良，强伸力均好，织成的绢绸，称“水绌”，非常耐用。

乌桕蚕二化或三化，蛹态越冬。从4～11月为饲养季节。成虫翅展达25～30cm，是蛾类中最大型的一种，有“蛾王”之称。翅顶呈镰状弯曲，头、胸、腹均为赤褐色。前、后翅的中央有三角形透明斑纹，斑纹外缘为黑色，黑色线的外缘为淡红色至紫褐色。前、后翅的外缘为褐色并带有波状黑线，前翅翅面有一眼状纹。产卵两夜，约200粒。各代卵期7～10天。幼虫期6龄或7龄，春蚕、夏蚕全龄期35天左右，秋蚕40天左右。春茧较大，秋茧较小，茧长约8cm，宽约3cm，全茧重6.5～10g，茧层重0.9～1.1g，茧层率约10%。

乌桕蚕幼虫食数十种植物的叶子，最主要的是珊瑚树 *Viburnum odoratissimum*，也食乌桕、牛耳枫 *Daphniphyllum calycinum* Benth、冬青、樟、枫、杨 *Populus* spp. 等植物的叶片。

6.1.8 栗蚕

栗蚕 *Dictyopoea japonica* Moore. 属鳞翅目大蚕蛾科。主要分布于日本和中国。日本各地均有分布，我国主要分布于辽宁、黑龙江、吉林、江西、广西等省（自治区）。粟蚕主要取食野生核桃树，故称核桃蚕或楸蚕。栗蚕茧可以抽丝，丝质优良，可作绢纺原料，能织造各种美丽、坚固、耐用的织物。

栗蚕一年一个世代，以卵越冬。雌蛾产卵于树皮隙缝中，卵成块，每块卵从数十粒到百余粒不等。初产卵灰白色，几小时后变灰褐色，并出现栗色斑纹。卵间有胶质物相黏结，不易剥下，卵呈尖长椭圆形，长径2.2～2.5mm，短径1.0～1.3mm，顶端有一灰黑色小点。幼虫约5月中下旬卵化，4眠或5眠。4龄前体黑色，群集于叶背面，4龄起体色黄绿色，开始分散于枝梢上。6月下旬成熟，经50天左右老熟结茧，茧外观呈灯笼状，有大小不等的网眼。结成茧需2天左右，经3～5天后化蛹。在东北地区，成虫8月下旬开始羽化，9月上中旬大批羽化，下午5～8时为羽化最盛时刻。成虫翅展10～13cm，体长约3.5cm，翅褐色、灰黄褐色、紫褐色、橙黄褐色等。成虫白天不动，夜间开始活动，凌晨3：00～7：00时为交配盛期。

栗蚕主要食核桃、板栗、杏 *Prunus armeniaca* L.、枫杨、枥、樟、榆等树叶。食核桃叶的茧重，茧层厚。

6.1.9 琥珀蚕

琥珀蚕 *Antheraea assama* Westwood 属鳞翅目大蚕蛾科，又称阿萨姆蚕或姆珈蚕。原产印度东北部和阿萨姆邦的雨林里。属多化性，一年可收获4或5次，其中以秋蚕的产量为最高，质量最好，适于缫丝。茧色呈金黄色，能缫丝。丝质坚韧带琥珀光泽，因此称之为“琥珀蚕”，其织品供制作贵重服饰。

幼虫4眠5龄，一年可收获4或5次。幼虫期一般从孵化到结茧需要25～35天，结茧需2～3天，产卵需3～4天，卵期夏季为7～8天，冬季为14～15天。家养或野外放养，饲养最适温度为24～25℃，相对湿度为75%～80%。成虫在傍晚羽化，喜在夜间交配，交配后雌蛾在草把上产卵，每蛾产卵150～250粒，卵呈褐色。产卵期3～4天，第一天产下卵20%～25%，第二天产卵60%～70%，第三天产卵5%～10%。卵期夏季7～8天，冬季14～15天。

琥珀蚕能食数种植物的叶子，主食楠木叶 *Phoebe zhennan* S. Lee et F. N. Wei，也取食茜草科 Rubiaceae 的虎刺 *Damnacanthus indicus* Gaertn、含笑属 *Michelia*、樟属 *Cinnamomum* 等植物的叶子。

6.2 蚕的综合利用

蚕除了利用蚕茧外，蚕还有许多价值可以利用。在我国传统的中药中，蚕卵、幼虫、成虫均可以入药。《本草纲目》中记载，僵蚕（蚕与北僵菌的结合体）“味鲜咸、辛、平、无毒；主治小儿惊痫夜啼；风痰喘咳；女子崩中赤白，产后余痛；灭诸疮瘢痕”等，蚕蜕“味甘、平、无毒；主治妇人血风病；目中翳障；疳疮”等；蚕蛹主治“风及劳瘦；恶疮；小儿疳瘦；长肌退热，除蛔虫”等；蚕茧，巢丝汤“味甘、温、无毒；主治痈肿，疳疮血崩，除蛔虫”等；雄蚕蛾“味咸、温、有小毒；益精气，强阴道，壮阳事、止泄精；暖水脏，治暴风，金疮、冻疮”等；蚕砂是家蚕取食桑叶后所排泄的虫粪，《本草纲目》中记载，蚕砂入药“味辛、温、无毒；治肠鸣；风痹瘾疹；腰脚冷疼；血崩；头风；跌打损伤”等。

除在中药上传统利用外，随着现代科学的发展，全蚕粉降血糖、降血脂、治糖尿病的研究，蚕的营养价值（蚕蛹等）和保健价值（蚕蛾等）的研究，叶绿素、叶绿素铜钠盐、胡萝卜素、果胶、茄呢醇（solanesol）的研究和蚕的综合利用取得了较大的进展。

6.2.1 全蚕粉降血糖、降血脂等药用价值

韩国科学家（Ryu et al.，1997）首次报道了家蚕中含有1-脱氧野尻霉素（1-deoxynojirimycin，DNJ）等多种生理活性成分，具有降血糖、降血脂等作用，由此开始了对家蚕幼虫的药用价值的研究和开发。临床试验表明，患者服用经家蚕制成的全蚕粉4周后血糖值降低达20%，全蚕粉降血糖药效显著，而且安全、无毒副作用，优于胰岛素、阿片保新等现行的治疗高血糖药剂。

国内研究表明，全蚕粉具有显著降血糖的效果。添加0.1%的全蚕粉饲喂高血糖实验鼠4周，摄食后1h和2h的血糖值分别降低了13.81%（$p<0.05$）和11.07%。T淋巴细胞转化率提高35%（$p<0.01$）。临床试验表明，患者服用全蚕粉2个月，餐前（空腹）和餐后2h血糖值分别降低了10.4%～28.3%和27.8%～40.2%，血清甘油三酯和胆固醇分别降低了27.84%和8.44%，对患者的肝肾功能无不良影响，不增加患者胰岛细胞的负担，并有改善胰岛素抵抗作用，对II型糖尿病患者具有显著的疗效。全蚕粉中存在三碘甲腺原氨酸（T3），全蚕粉可能是通过抑制动物体内α-糖苷酶活性，抑制糖的合成，降低饮食后体内的血糖水平，达到控制病情的目的，对非胰岛素依赖型（II型）糖尿病患者具有显著的疗效，长期服用不会导致低血糖并发症，且无毒副作用，具有很好的安全性。全蚕粉还具有丰富营养价值，有免疫调节和保健功能（桂仲争等，2001；2002；2004；陈智毅等，2002；肖辉等，2004；2005）。

6.2.2 蚕蛹的营养保健价值

在我国民间，蚕蛹作为一种高蛋白食品被广泛地食用。蚕蛹含有丰富的蛋白质、氨基酸、多种维生素和微量元素，具有较高的营养价值（表 6.1～表 6.5）。利用蚕蛹提取蛋白质，可以作为饲料用高蛋白添加剂，也可以制成营养蛋白健康食品；利用蚕蛹提取氨基酸，水解制备复合氨基酸可达 60%～70%，可制成医用氨基酸液，也可制成氨基酸口服液。蚕蛾的利用在我国中药中具有很长的历史，分析结果表明，雄蚕蛾内含有大量性激素、细胞色素 c、拟胰岛素、前列腺素及环腺苷酸（cAMP）。用蚕蛾制成的药酒中含有丰富的氨基酸（表 6.6）、维生素（表 6.7）和矿物质（表 6.8）。药理实验证实，蚕蛾对内分泌功能有很显著的调节作用，治疗前列腺肥大、壮阳补肾、治疗风湿痹症具有较好的效果（桂仲争，2002）。

表 6.1 家蚕蛹和柞蚕的主要氨基酸分析（mg/ml）（周丛熙等，1993；朱珠等 1995）

氨基酸	家蚕	柞蚕	氨基酸	家蚕	柞蚕	氨基酸	家蚕	柞蚕
天冬氨酸	2.70	4.76	胱氨酸	—	0.63	苯丙氨酸	2.70	2.73
苏氨酸	—	2.43	缬氨酸	1.70	3.29	赖氨酸	—	3.41
丝氨酸	—	2.36	蛋氨酸	—	0.90	组氨酸	—	1.45
谷氨酸	5.70	5.30	异亮氨酸	—	3.09	精氨酸	—	2.57
甘氨酸	3.50	2.03	亮氨酸	8.50	3.51	色氨酸	—	0.47
丙氨酸	3.20	3.10	酪氨酸	1.60	3.50	脯氨酸	4.00	2.91

表 6.2 家蚕蛹的主要成分分析（%）（周丛照等，1993）

	水分	粗蛋白	粗脂肪	糖分	甲壳素	灰分	其他
干蛹	7.18	48.98	29.57	4.65	3.73	2.19	3.70
鲜蛹	77.00	14.00	7.00	1.00	—	1.00	—
脱脂蛹	5.49	72.82	0.47	6.92	5.55	3.27	5.43

表 6.3 柞蚕鲜蛹的主要成分分析（%）（朱珠，1995）

水分	干物质	粗灰分	盐分	粗蛋白	粗脂肪	粗纤维
71.95	25.06	1.03	0.30	55.01	26.63	3.97

表 6.4 柞蚕鲜蛹的维生素分析（朱珠，1995）

维生素 B_1/(μg/g)	维生素 B_2/(μg/g)	胡萝卜素/IU	维生素 A/(μg/g)	维生素 E/(μg/g)
1.05	63.90	3.28	7.50	53.42

表 6.5 柞蚕鲜蛹的矿物质分析（朱珠，1995）

K/%	Na/%	Ca/%	Mg/%	Fe/%	P/(μg/g)	Cu/(μg/g)	Mn/(μg/g)	Zn/(μg/g)	Si/(μg/g)
1.336	0.062	0.079	0.380	0.010	0.069	19.010	8.730	141.810	0.070

表 6.6　柞蚕蛾酒的氨基酸分析（mg/ml）（赵锐和何德硕，1991）

氨基酸	含量	氨基酸	含量	氨基酸	含量
天冬氨酸	0.013	胱氨酸	0.010	苯丙氨酸	0.005
苏氨酸	0.008	缬氨酸	0.009	赖氨酸	0.014
丝氨酸	0.011	蛋氨酸	0.009	组氨酸	0.012
谷氨酸	0.041	异亮氨酸	0.006	精氨酸	0.017
甘氨酸	0.017	亮氨酸	0.010	色氨酸	0.040
丙氨酸	0.019	酪氨酸	0.014	脯氨酸	0.018

表 6.7　柞蚕蛾酒的维生素分析（赵锐和何德硕，1991）

维生素 A/(IU/g)	维生素 B_1/(mg/kg)	维生素 B_2/(mg/kg)	维生素 E/(mg/L)
0.63	0.08	0.12	0.28

表 6.8　柞蚕蛾酒的矿物质分析（赵锐和何德硕，1991）

K/%	Na/%	Mg/%	Fe/%	P/(μg/g)	Cu/(μg/g)	Mn/(μg/g)	Zn/(μg/g)	Si/(μg/g)
0.025	5.3	19.8	0.088	0.085	0.059	0.038	0.068	1.40

蚕蛹中含有25%～30%的脂肪，主要成分为亚油酸类（表6.9），对高胆固醇和慢性肝炎患者、糖尿病患者及营养不良者，均有较好的疗效，脂肪经硫酸化后得到的硫酸化蛹油，在工业生产中有广泛的应用价值，与甘油配合是非常好的美容化妆品原料，另外还可作为皮革光亮剂及机械润滑剂。此外，蚕蛹中含有3.7%的甲壳素，可以作为外科手术线、固定化酶载体、人造皮肤等的重要原料。从蚕中提取的丝素蛋白具有很高的营养价值，由于具有营养性、较好的保湿性和增白性，是化妆品很好的原料（桂仲争等，2002）。

表 6.9　蚕蛹的脂肪酸分析（%）（赵锐，1991）

软脂酸	硬脂酸	棕榈油酸	油酸	亚油酸	亚麻酸
14.82	2.66	2.36	27.81	24.74	24.87

6.2.3　蚕砂利用

蚕砂是家蚕取食桑叶后所排泄的虫粪，据分析，干蚕粪中粗蛋白占13.47%～14.45%，粗脂肪占2.18%～2.29%，粗纤维占15.79%～16.24%，粗灰分占9.85%～9.95%，可溶物占56.59%～57.44%，果胶占10%～12%，叶绿素占0.8%～1.0%，植物醇占0.14%～0.16%，β-胡萝卜素占0.14%～0.28%。从蚕砂中可提取叶绿素及其衍生物，植物体内含有丰富的叶绿素，鲜桑叶含有0.2%～0.3%，家蚕食后基本上未予吸收，而残留在粪中。从蚕砂中提取叶绿素，然后通过叶绿素皂化、抽提、铜代、酸析、精制、成盐、烘干制得叶绿素铜钠盐成品。叶绿素铜钠盐在医药上可治疗缺铁性贫血、胃十二指肠溃疡、传染性肝炎等疾病，在外科上可治疗灼伤、慢性溃疡、痔疮及子宫疾患等。从蚕砂中可以提取茄呢醇，茄呢醇是一种重要的医药中间体，是合成原料药辅酶Q和维生素K的重要原料，具有很高的经济价值。从蚕砂中还可以提取胡萝卜素、果胶等（徐辉德，1989；胡军华等，2005；许金木，2005）。

主要参考文献

陈智毅，廖森泰，李清兵．2002．家蚕对高血脂模型小鼠血脂水平的影响试验初报．广东农业科学，(3)：41～42

桂仲争，陈杰，陈伟华等．2001，全蚕粉（SP）降血糖的作用效果及其机理的研究．蚕业科学，27（2）：114～118

桂仲争，戴建一，陈军建等．2004．全蚕粉的食用价值及其降血糖的临床试验效果．蚕业科学，30（1）：107～110

贺伟强，刘淑梅，时连根．2003．家蚕的眠性及其调控．生物学通报，38（6）：20～21

胡萃．1996．资源昆虫及其利用．北京：中国农业出版社．54～103

胡军华，张袁松，李鸿筠等．2005．蚕粪中提取叶绿素铜钠盐的稳定性研究．蚕业科学，31（3）：370～373

黄君霆．2003．家蚕滞育分子机制研究．蚕业科学，29（1）：1～6

姜秀华，张治海，王金红等．2002．樗蚕生物学特性研究．河北林业科技，(2)：1～3

李时珍．1982．本草纲目．北京：人民卫生出版社．2246～2254

刘忠云．2006．天蚕形态及生物学初探．北方蚕业，27（108）：3，15

陶战，蔡罗保，周健生．1995．论我国天蚕资源的保护．见：中国科学院生物多样性委员会，林业部野生动物和森林植物保护司．生物多样性研究进展．北京：中国科学技术出版社

肖辉，施新琴，罗存敏等．2004．蚕粉复合物对小鼠若干生理指标的影响．蚕业科学，30（1）：111～114

肖辉，施新琴，罗存敏等．2005．全蚕粉复合物降血糖及降血脂效果的比较．蚕业科学，32（1）：171～174

徐辉德．1989．蚕沙提取叶绿酸铜钠盐．药学情报通讯，7（3）：70～71

许金木，吴朝军，李桂兰．2005．蚕沙中茄呢醇的提取及应用．蚕业通报，36（4）：12～13

张传溪，许文华．1990．资源昆虫．上海：上海科学技术出版社．31～69

周丛熙，杨铁．1993．蚕蛹的综合开发利用．生物学通报，24（2）：71～72

周尧．1980．中国昆虫学史．西安：昆虫分类出版社．5～29

朱珠，包雁梅．1995．利用柞蚕鲜蛹制高蛋白营养液．食品科学，16（7）：45～47

邹树文．1981．中国昆虫学史．北京：科学出版社．82～85

Ryu K S，Lee H S，Chung S H et al. 1997. An activity of lowering blood-glucose levels accroding to preparative condition of silkworm powder. Korean J Sere Sci，39（1）：79～85

第7章　产 蜜 昆 虫

产蜜昆虫是指能分泌蜜的一类昆虫，主要集中在蜜蜂总科，种类繁多，人类最熟悉的是蜜蜂。蜜蜂产蜜具有重要的经济价值，已形成了一个巨大的产业。蜜蜂除了生产蜂蜜外，在采蜜的同时还为农作物授粉，是重要的授粉昆虫（详见第11章授粉昆虫），在农林业和生态系统中扮演着十分重要的角色。我国利用蜜蜂有着悠久的历史，据考证（周尧，1980；邹树文，1981），我国利用蜜蜂的历史有3000多年，2000万年前我国东部温带区即有蜜蜂存在。据考证殷商甲骨文中就有“蜜”字记载，也证明了早在3000年前我国人们已开始取食蜂蜜。中华蜜蜂最早的饲养记载是在3世纪的书籍中，晋·皇甫谧《高士传》中记载东汉人姜岐（公元158～167年）“隐居以畜蜂豕为事，教授者满于天下，营业者三百余人”。而有关养蜂较详细的记载在公元3世纪以后的书籍中，例如，晋·张华的《博物志》（公元300年前），详细记载了蜜蜂收集方法；宋代罗愿的《尔雅翼》（1184年前）记载了蜜蜂的种类及蜜的色、味与蜜源植物的关系；清代郝懿行的《蜂衙小记》（1819年），全面地记载了蜜蜂形态、生活习性、社会组织、饲养技术、分蜂方法、蜂蜜的收取与提炼、冬粮的补充、蜂巢的清洁卫生以及天敌的驱除等。人类对蜜蜂的认识，目前发现最早的记载可以追溯到西班牙7000年前山崖上的取蜜壁画。

蜜蜂和蜂蜜与人类生活息息相关，具有重要的经济价值、生态价值和社会效益。蜜蜂的研究较为成熟，已经形成了一门专门的学科——养蜂学，从蜂群培养到病虫害防治，到产品加工利用都形成了一整套的技术。本章只对用于养殖和产蜜的蜜蜂做一个简单的介绍。

7.1　蜜蜂的主要种类及分布

7.1.1　主要种类

蜜蜂在分类上属于膜翅目蜜蜂总科蜜蜂科蜜蜂属。蜜蜂总科种类丰富，全世界的蜜蜂种类共有2.5万～3.0万种，其中已记载和定名的大约1.2万种，几乎占膜翅目昆虫的20%左右。中国蜜蜂总科有7个科，3000多种（吴燕如，2002）。

关于蜜蜂的原产地存在争议，一般认为，蜜蜂起源于欧洲、亚洲及非洲，包括太平洋的岛国，如日本、中国台湾、菲律宾等国家或地区，美洲、大洋洲没有分布，现有蜜蜂是从外地引进的。但大蜜蜂、小蜜蜂及东方蜜蜂起源于东南亚地区则是十分清楚，没有异议。蜂总科Apoidea约有一半种类分布于古北区（欧、亚），另一半分布于新北区（北美）。新热带区（南美）大约有1500种，大洋洲区大约有5000种。热带和亚热带蜜蜂总科的种类和数量较丰富，向北数量逐渐减少。

蜜蜂主要以花粉和花蜜为食，大多数蜜蜂总科的昆虫为独栖性昆虫，只有蜜蜂科的昆虫为社会性昆虫，包括蜜蜂属、熊蜂属和无蜇蜂属。用于养殖和生产蜂蜜的蜜蜂是指蜜蜂科、蜜蜂属的蜜蜂。蜜蜂属的蜜蜂在分类上有9个种（陈盛禄，2001）。

（1）大蜜蜂 *Apis dorsata* Fabricius，又称为巨形印度蜜蜂、印度大蜂（giant honey bee; large honey bee）或岩壁蜂、岩蜂（rock bee）。国内主要分布于云南南部、海南、广西南部、西藏南部和东南部、台湾；国外主要分布于印度、巴基斯坦、尼泊尔、越南、泰国、日本、印度尼西亚等国。

（2）小蜜蜂 *Apis florea*（Fabricius），又称为矮蜜蜂、印度小蜂（dwarf honey bee; little honey bee）。国内主要分布于云南南部、西部和中部地区、广西南部、海南岛、四川西昌，攀枝花等地；国外主要分布于巴基斯坦、印度、斯里兰卡、泰国、马来西亚、印度尼西亚等国。

（3）东方蜜蜂 *Apis cerana* Fabricius，又称为中华蜜蜂（中蜂）、东方蜂、东洋蜂、印度蜂等。在中国广泛分布，国外主要分布于南亚、东南亚地区。

（4）西方蜜蜂 *Apis mellifera* L.，又称为西蜂、意大利蜂等 。主要起源于欧洲、非洲和中东地区。现广泛地分布于世界各地。

（5）黑大蜜蜂 *Apis laboriosa* Smith，又称岩蜂、喜马排蜂、大排蜂等。国内主要分布于云南、四川、广西、西藏等地；国外主要分布于尼泊尔、印度、不丹、缅甸等国。

（6）黑小蜜蜂 *Apis andreniformis* Smith，又称小排蜂、黑色小蜜蜂。国内分布于云南南部和西南部；国外主要分布于泰国、斯里兰卡、印度尼西亚、马来西亚、伊朗等国。

（7）绿努蜂 *Apis nuluensis* Tingek and Koeniger，主要分布于马来西亚。

（8）印尼蜂 *Apis nigrocincta* Smith，主要分布于印度尼西亚的苏拉威西岛和桑吉群岛。

（9）沙巴蜂 *Apis koschevnikovi* Buttel-Reepen，主要分布于马来西亚、印度尼西亚和斯里兰卡。

7.1.2 分布

1. 大蜜蜂和小蜜蜂的分布

大蜜蜂和小蜜蜂起源于南亚地区，一般认为，原分布于斯里兰卡、菲律宾和印度东部的岛屿等。大蜜蜂主要分布于南亚、东南亚中国南方广东、广西及云南等地，东至大洋洲和亚洲的华莱士线（Wallace line），西至阿富汗及巴基斯坦，不超过巴基斯坦境内的印度河。垂直分布自海拔1000m到1500m和1700m之间。小蜜蜂分布的东方界限在印度尼西亚，最西到伊朗东部及阿拉伯半岛南方的阿曼。菲律宾的大多数岛屿及喜马拉雅山区都没有蜜蜂。小蜜蜂的垂直分布最高可达1500m。菲律宾的大多数岛屿遍布东方蜜蜂及大蜜蜂。阿曼的北方及伊朗的南方只有小蜜蜂，没有东方蜜蜂及大蜜蜂分布。

2. 东方蜜蜂的分布

东方蜜蜂的适应温度范围较大，分布地区较广。原产地东方的界限起自于日本，西方到伊朗的东部。也有学者认为到伊朗、阿富汗及巴基斯坦的交界。南方起于热带的印度尼西亚，北方至中国内地的乌苏里。蒙古地区、亚洲北部、阿富汗及喜马拉雅山区的也有东方蜜蜂分布。

3. 西方蜜蜂的分布

西方蜜蜂分布于欧洲、非洲及西亚。一般认为西方蜜蜂原产于欧洲、亚洲西部及非洲地区（不含沙漠地区）。向东的分布可达伊朗的西部及波斯湾。伊朗境内的沙漠及山脉是天然的界线，使西方蜜蜂无法越界。阿富汗、中国北方及蒙古的山脉可能是阻止蜜蜂向东方及南方分布的屏障。但是在俄罗斯发现西方蜜蜂使许多学者无法解释。地中海东岸与高加索之间地带的西方蜜蜂，体型较大，因而推论西方蜜蜂可能源自于喜马拉雅山区的东方蜜蜂。虽然东方蜜蜂及西方蜜蜂两种之间有许多相似之处，但是无法杂交，确实是两个分离的种。

7.2　蜜蜂的主要生物学特征

7.2.1　蜂群的结构及分工

蜜蜂是一类高度进化、具有社会性结构和习性的昆虫，在蜜蜂的种群中有严密的组织结构和分工，蜜蜂的蜂群由蜂王、雄蜂和工蜂组成。蜂群的大小受环境的影响，一般由数千只或上万只蜜蜂组成。每一个蜂群中只有一个蜂王，少量雄蜂（几百只），工蜂在蜂群中的数量最大（上万只）。

（1）蜂王：蜂王是蜂群中个体最大的雌蜂，在一个蜂群中只有一个蜂王。蜂王为受精卵发育、生殖器发育完全的雌蜂，一般认为，产生蜂王的主要原因是激素，蜂王的职责是产卵繁殖后代。蜂王与雄蜂交配后，产下两种卵，一种是受精卵，发育成为工蜂，为双倍染色体，数目为 $2n=32$；另一种是未受精卵，通过孤雌生殖发育成为雄蜂，为单倍染色体，$n=16$。从卵到下一代蜂历时约 16 天。在一个蜂群中，如果出现新的蜂王，老蜂王会杀死新蜂王，如果蜂群较大，有分群的趋势，工蜂会保护新的蜂王，蜂群则将分群。

（2）雄蜂：雄蜂由未受精卵发育而成，具有单倍染色体（$n=16$），体较粗壮，专司交尾功能，其他功能退化，口器及足皆未特化，不能采集花粉，雄蜂从卵发育至成虫需 24 天左右。雄蜂一般不出巢，只有在食物充足、温度适宜的繁殖季节才出现。

（3）工蜂：由受精卵发育成的雌成蜂称为工蜂，工蜂具有双倍体染色体（$2n=32$），但卵巢管的发育不健全，不能生殖和繁衍后代，产卵管演变成为螫针，只有极小的概率发育成为蜂王。工蜂的主要职责是筑巢、采集花粉、帮助蜂王哺育后代。通常工蜂的寿命较短，一般在 40 天左右。

7.2.2　生活周期

蜜蜂是属于完全变态的昆虫，一生要经历卵、幼虫、蛹和成蜂 4 个发育阶段。

（1）卵：蜜蜂的卵为香蕉形状，卵呈白色或乳白色，一头较粗，一头较细，较粗的一头是蜜蜂幼虫的头，较细的一头是尾部，蜂王产卵时细的一端向下，在巢的底部，粗的一端向上，向巢房口。一般卵3天可以发育为幼虫。

（2）幼虫：幼虫5龄，白色，虫体弯曲，初期呈C形状，孵化后前4龄每天蜕一次皮，随着虫体的长大，虫体伸直，头朝向巢房。幼虫孵化后5～6天，工蜂将巢房封盖，停止喂养，幼虫继续食剩余食物，3天后停止取食，吐丝结茧，幼虫在茧中蜕第5次皮。

（3）蛹：蜜蜂幼虫吐丝结茧后，又经1天的预蛹期，在茧中蜕皮后进入蛹期，蛹期基本形成成蜂的各种器官，头、胸、腹、附肢在蛹期明显分化出来，体色由乳白色逐步变深。蛹发育成熟后，咬破巢房封盖，羽化为成蜂。

（4）成蜂：蛹羽化后产生成蜂，刚羽化的成蜂较软，体色较浅，很快骨骼硬化，各种器官逐渐发育成熟。通常在温度适宜条件下，蜜蜂从卵到成虫的发育历时约20天。一般中蜂的发育期较西蜂稍短（张中印，2003）。

7.2.3 环境因子

（1）温度：蜜蜂在13～40℃温度范围能进行正常地采集活动，20～25℃对蜜蜂采集最为适合，蜜蜂巢内的温度在34～35℃，温度过高或过低都不利于蜜蜂的生长发育。50℃以上为致死高温区，40～50℃为亚致死高温区，0～13℃为亚致死低温区，－6～0℃为致死低温区。温度在10℃以下蜂王停止产卵。当温度过高时，蜜蜂通常集结到巢门口散发热量；当温度过低时，蜜蜂聚集和缩团，蜜蜂以取食、散团等行为来调节温度，增强新陈代谢，影响蜜蜂寿命和消耗花粉和花蜜。

（2）湿度：蜂巢内中央正常的空气相对湿度在75％～85％，巢内各个部位的湿度有较大的变化，不同的部位、不同的发育阶段有所不同。在流蜜期，蜂巢中央湿度为55％～65％；如果自然界没有流蜜，巢脾之间的相对湿度为75％～90％；越冬期最适宜的相对湿度为75％～80％。在生产上一般采用喷水来提高巢内湿度，降雨对蜜蜂外出访花采蜜不利。

（3）光照：光照主要影响蜜蜂的活动，日照能刺激蜜蜂活动，蜜蜂喜欢在晴天出巢采集花粉。蜜蜂有趋光性，在夜间不能将蜂巢放在有灯光处，以免蜜蜂趋光出巢，扑灯造成死亡。白天蜂箱宜放阴凉处，巢门朝南。

（4）风：大风天气不利于蜜蜂出巢访花采蜜，3级以上风力时，会影响蜜蜂采蜜活动，对蜜蜂造成较大的损失，同时还对花的流蜜有影响。

7.3 主要蜂产品

7.3.1 蜂蜜

蜂蜜是从植物上采集的植物的花粉、花蜜或分泌物（蜜露），经过蜜蜂的特殊物质加工、酿制、混合并储存于蜂巢中的一种糖类物质。蜂蜜中主要成分是蔗糖、葡萄糖和果糖，占蜂蜜总量的65％～80％，水分占16％～25％，蔗糖含量约占5％。此外，还含有少量的麦芽糖与其他二糖、多糖、粗蛋白、矿物质、维生素、酸类、酶、色素和芳香物质。

1. 蜂蜜的物理性质

新鲜蜂蜜呈透明或半透明状液体，经过一段时间储存，或在低温下储存，有的蜂蜜呈半固体的结晶状态，有的呈液态状。蜂蜜的相对密度为1.401～1.443，相对密度的大小与蜂蜜的成熟度和含水量有关：相对密度越大，含水量越低，蜂蜜成熟度越高。蜂蜜的色泽因蜜源植物种类不同而产生较大差异，蜂蜜一般分为水白色、特白色、白色、特浅琥珀色、浅琥珀色、琥珀色和深琥珀色。蜂蜜的颜色与矿物质含量、加工过程和长期储存有关。一般矿物质含量高，颜色较深；加工不当，颜色加深；长期储存颜色加深。蜂蜜的香气比较复杂，一般说来，蜜香和花香是一致的，这种香气来源于蜂蜜中所含的酶类、醇类、酚类和酸类等100多种化合物，主要来源于花蜜中的挥发油，其他是酿造蜂蜜的过程中产生的。

2. 蜂蜜的化学成分

蜂蜜主要成分是糖类饱和溶液，糖类占70%～80%，水分占10%～30%，还含有蛋白质、氨基酸、维生素、矿物质、有机酸、色素、高级醇、胶质、醇类、蜂花粉、激素等（陈盛禄，2001；曹炜，2002）。

（1）糖类：通常蜂蜜中水分含量为12%～27%，平均含量为18%。蜂蜜中糖类占70%～80%，以果糖和葡萄糖等单糖为主，单糖占65%以上。双糖以蔗糖占绝对优势，含量在8%以内，其余还有麦芽糖、曲二糖、异麦芽糖和少量的低聚糖。

（2）酸类化合物：包括有机酸、无机酸等。有机酸含量约0.1%，主要是柠檬酸和葡萄糖酸，还含有乙酸、丁酸、苹果酸、琥珀酸等；无机酸主要有磷酸、硼酸、碳酸和盐酸等。

（3）酶类：蜂蜜中的酶主要是蔗糖酶、淀粉酶等，还含有葡萄糖氧化酶、过氧化氢酶、磷酸酶等。

（4）维生素：蜂蜜中的维生素以维生素B最为丰富，其次是维生素C。主要有维生素B_1、维生素B_2、维生素B_5、维生素B_6、维生素C、维生素E、维生素K、烟酸（PP）、叶酸（Bc）。

（5）矿物质：蜂蜜中的矿物质主要有镁、磷、锰、铁、钙、铜、钠、钾、铝、硼、销、镍等，蜂蜜中的矿物质与蜜源植物生长环境有关。

（6）氨基酸：蜂蜜中的氢基酸大约有17种，含量为0.1%～0.78%。主要的氨基酸有脯氨酸，其次是天冬氨酸和赖氨酸，此外还有组氨酸、精氨酸、苏氨酸、丝氨酸、谷氨酸、甘氨酸、胱氨酸、缬氨酸、蛋氨酸、亮氨酸、异亮氨酸等。

（7）芳香类物质：蜂蜜中含有的芳香类物质主要是醇和醛的衍生物及其相应的酯类化合物，还有酯、醛、酮、游离酸等。

（8）胶体物质：蜂蜜中的胶体物质主要是由蛋白质、蜡、戊聚糖及无机物质组成，与蜂蜜的混浊度和颜色相关，一般胶体含量高，蜂蜜颜色深。

（9）其他物质：蜂蜜中还含有微量的乙酰胆碱、活性较强的抗菌物质。

3. 蜂蜜的保健价值

蜂蜜具有很好的保健作用，在李时珍的《本草纲目》中记载，蜂蜜具有“主治心腹邪气，安内脏诸不足；益气补中，止痛解毒；久服，强志轻身，不饥不老，延年神仙；养脾气；润脏腑，同三焦，调脾胃”等作用。现代科学研究证明，蜂蜜营养丰富，含有多种活性物质，具有抗菌作用，能够提高人体免疫力、保护肝脏、降低血糖、促进组织再生和修复、改善心肌功能，具有降低血压、抗疲劳、抗氧化、助消化、改善睡眠、润肺止咳、美容护肤等功效（曹炜，2002；Nagai et al.，2001）。

（1）提高人体免疫能力：蜂蜜中含有的多种酶和矿物质，发生协同作用后，可以提高人体免疫力。科学研究证实，蜂蜜可以刺激B淋巴细胞和T淋巴细胞增殖，激活中性白细胞，刺激单核白细胞释放细胞分离素，增加血中免疫球蛋白A（IgA）的水平。起到增强人体机体免疫能力，调节平衡免疫水平的功效。

（2）抗菌消炎作用：蜂蜜对大肠杆菌、流感杆菌、链球菌、葡萄球菌、霍乱弧菌、白喉杆菌、沙门氏菌、黄曲霉、黑曲霉等有较强的抑制作用。

（3）预防心血管疾病：蜂蜜有扩张冠状动脉和营养心肌的作用，能改善心肌功能，调节血压。蜂蜜等蜂产品中的不饱和脂肪酸、黄酮类物质、磷脂、超氧化物歧化酶类等多种物质，能扩张血管、增强血管弹性，有净化血液、阻止过氧化脂质的形成、清除过剩自由基、排除素的作用。蜂蜜中含有丰富的维生素、B族维生素和K、Ca 、Mg 、Zn 、Se等矿物质，这些维生素和矿物质物质具有软化血管、扩张血管、增强血管弹性的功能。蜂蜜含有丰富的糖类、多种氨基酸、乙酰胆碱等物质，具有健脑、润肺、补肾等作用，能够营养心肌和改善心肌的代谢过程。

（4）肝脏的保护作用：蜂蜜中的果糖和葡萄糖能促进肝糖原的合成、储存和利用，促进肝细胞的再生和修复能力，增强肝脏的解毒功能，能为肝脏的代谢活动提供能量准备，对肝脏具有保护作用。

（5）促进消化：蜂蜜对胃肠功能有调节作用，可使胃酸分泌正常。蜂蜜中含有的葡萄糖和果糖都可以不经过消化作用而直接被人体所吸收利用。蜂蜜中含有淀粉酶、脂肪酶、转化酶等，可以帮助人体消化、吸收。

（6）护肤美容：新鲜蜂蜜涂抹于皮肤上，能起到滋润和营养作用，使皮肤细腻、光滑、富有弹性。人体皮肤细胞吸收蜂蜜的单糖、维生素、酶类等生物活性物质，能有效地改善皮肤表面的营养状态，使皮肤细腻，保持自然红润，有利于延缓皮肤细胞的衰老，从而起到延缓或减轻皱纹等作用。蜂蜜中还含有抗菌物质，可以有效地抑制皮肤表面细菌感染，有保护皮肤、清洁皮肤的功效，可以使皮肤保持光洁、亮泽和旺盛的活性。

（7）改善睡眠：蜂蜜可缓解神经紧张，促进睡眠，并有一定的止痛作用。蜂蜜中的葡萄糖、维生素、镁、磷、钙等能够调节神经系统，促进睡眠。

（8）抗疲劳：蜂蜜中含有丰富的果糖和葡萄糖，服用蜂蜜后，人体疲劳会明显消除。乳酸是造成肌肉酸痛及倦怠的主要原因，而果糖在体内的代谢过程中不会产生乳酸，不会造成肌肉酸痛与疲倦感。果糖不仅能迅速消除疲劳，还能强化人体的耐力及代谢效果，果糖在体内吸收缓慢，能在极稳定状态下逐步释放热能，提高人体耐力。

7.3.2　蜂王浆

蜂王浆是5～15日龄的工蜂从咽下腺和上颚腺分泌的一种乳白色至淡黄色物质，是哺育蜜蜂幼虫的食物，又称蜂乳、蜂皇浆和王浆。蜂王浆味酸涩，略带辛辣。蜂王浆颜色的深浅，主要取决于生产期间的蜜源植物的花粉颜色。蜂王浆主要成分为水分65%～68%，蛋白质11%～14%，碳水化合物14%～17%，脂类6%，矿物质0.7%～0.82%，其他物质2.84%～3.00%（曹炜，2002；宋卫中等，2006）。

1. 蜂王浆的理化性质

新鲜蜂王浆为半透明的糊浆状，为半流体，有光泽，手感细腻，微黏，无气泡，无杂质。具有独特的芳香气味，微香甜，较酸、涩，有股较浓重的辛辣味。新鲜蜂王浆呈乳白色或淡黄色，偶见微红色。蜂王浆部分溶于水，与水可形成悬浊液，不溶于氯仿，部分溶解于乙醇，产生白色沉淀，放置一段时间后产生分层，在浓盐酸或氢氧化钠中全部溶解。蜂王浆的密度略大于水，比重约为1.08，pH3.5～4.5，酸度在53ml/100g以下。蜂王浆对热非常敏感，在常温下蛋白质部分被破坏，很容易变质；在高温下，蜂王浆很快失效；蜂王浆在冷冻条件下比较稳定，在0℃条件下贮存10个月，其色、香、味等不会发生多大的变化，对质量影响较小；在－2℃的冰箱中可保存一年，－18℃保持几年仍可正常食用。空气对蜂王浆能起氧化作用，水蒸气对其起水解作用，光线对蜂王浆起催化作用，可使醛基、酮基发生还原。蜂王浆应避光、密闭、冷存。

2. 蜂王浆的主要成分

（1）蛋白质：蜂王浆中含有丰富的蛋白质，占干物质的50%左右，2/3为清蛋白，1/3为球蛋白。王浆中的蛋白质有多种高活性蛋白质类物质，大约分为3类：类胰岛素肽、活性多肽和Y球蛋白。蜂王浆中有18种氨基酸，氨基酸占干物质的0.8%，其中有人体所必需的8种氨基酸。

（2）脂肪酸：蜂王浆中含有丰富的脂肪酸，占干重的8%～12%，最主要的是10-羟基-2-葵烯酸（10HDA），由于只在王浆中发现，故又称为王浆酸。蜂王浆中还含有10-羟基癸酸、水溶性葡萄糖酸、己二酸、庚二酸、辛烯-2-酸、3-羟基辛酸、3-羧基癸酸、十一烷酸至十八烷酸等。

（3）维生素和矿物质：蜂王浆中丰富的维生素，主要为B族维生素，维生素B_1、维生素B_2、维生素B_6、维生素B_{12}、维生素A、维生素D、维生素E等。蜂王浆每100g干物质中含有矿物质0.9g，其中钾650mg、钠130mg、镁85mg、钙30mg、铁7mg、锌6mg、铜2mg。

（4）类固醇化合物：蜂王浆中含有一类有生物活性的类醇酪激素，主要为17-酮固醇、17-羟固醇、去甲肾上腺素和肾上腺素等。蜂王浆还含有微量的性激素：雌二醇的平均值为416.7μg/100g，睾丸酮的平均值为108.2μg/100g，孕酮的平均值为116.7μg/100g。

（5）糖类：蜂王浆的干物质中含有20%～30%的糖类物质，其中果糖52%、葡萄糖45%、蔗糖1%、麦芽糖1%、龙胆二糖1%等。

3. 蜂王浆的药用保健价值

蜂王浆中具有MRJP3活性蛋白、57kDa蛋白质（MRJP1）、多肽类物质、10-HAD、胰岛素样物质等多种活性物质，具有抗菌、抗疲劳、提高人体免疫能力、降低血脂和血胆固醇、降血压、抑制肿瘤、促进细胞生长、抗辐射等多种药用保健价值（Fujii，1995；陆莉等，2004；苏松坤等，2005；宋卫中等，2006）。

（1）抗菌作用：蜂王浆中含广谱抗菌作用的蛋白质和活性肽。实验表明，蜂王浆对金黄色葡萄球菌、链球菌、变形杆菌、大肠杆菌、枯草杆菌、结核杆菌等多种致病菌等有抗菌作用（Fujiwara et al.，1990；肖静伟等，1996；Kamakura et al.，2001）。

（2）提高人体免疫能力：蜂王浆可提高小鼠单核巨噬细胞系统和NK细胞的功能，能提高小鼠血清溶血素抗体水平，明显增加抗体生成细胞数，增加小鼠腹腔巨噬细胞对鸡红细胞的吞噬百分率、吞噬指数，提高小鼠NK细胞活性率，具有增强小鼠免疫功能的作用（Sver et al.，1996；张敬等，2000；石根勇等，2001；周爱萍等，2006）。

（3）抗肿瘤作用：蜂王浆对小鼠肿瘤有抑制作用。据报道，蜂王浆具有抑制小鼠白血病和腹水癌的作用，而且这种肿瘤抑制作用与王浆中的10-HDA有关（Townsend and Morgan，1959）。主要是10-羟基-2-癸烯酸（10-HDA）能增强巨噬细胞吞噬活力，生成肿瘤坏死因子，对肿瘤的抑制作用可能与提高免疫能力相关（Wang and Lin，1997；张敬等，2001）。

（4）降低血脂和血胆固醇：蜂王浆能降低大鼠血清胆固醇含量，提高高密度脂蛋白胆固醇含量，具有防治高脂血症和改善血液高凝状态的作用（沈新南等，1995），可显著降低大鼠和家兔血清及肝总脂和胆固醇水平，可延缓家兔大动脉动脉粥样变性，可降低人血脂和血胆固醇（Vittek，1995）。

（5）降压作用：蜂王浆具有扩张血管和降压作用（Schmitzova et al.，1998；Albert et al.，1999）。一般认为，蜂王浆中含有的10-HDA能抑制血管紧张肽转换酶（ACE）的活性（Okuda et al.，1998），但作用极弱。也有认为，体内降压活性成分可能是来源于蜂王浆中的蛋白质（MRJP1），MRJP1通过胃肠道消化酶水解生成具有抑制ACE活性的肽链，使自发性高血压大鼠（SHR）的舒张压下降（Matsu et al.，2002）。蜂王浆蛋白经酶解可获得抗高血压的多种小肽，王浆经胃蛋白酶、胰蛋白酶和胰凝乳蛋白酶水解形成的产物具有抑制血管紧张肽的能力。Tokunga等（2004）报道经蛋白酶处理的王浆（ProRJ）中的多肽具有抑制血管紧张肽I-转化酶的活性，给自发性高血压大鼠（SHR）口服ProRJ或多肽有抗高血压的作用。

（6）降血糖作用：研究表明，蜂王浆冻干粉可使高糖状态下HepG2细胞的葡萄糖消耗量增加，对胰岛素刺激的HepG2细胞的葡萄糖消耗量增加协同作用；能降低四氧嘧啶所致病小鼠的血糖（汪宁等，2006）。用实验性糖尿病模型，以高（800mg/kg）、中（500mg/kg）、低（300mg/kg）3个剂量组对试验动物进行灌胃试验，结果显示，蜂王浆复方降糖制剂可显著拮抗四氧嘧啶、肾上腺素引起的血糖升高，对正常小鼠的血糖值无明显影响，且不会影响正常的糖代谢过程（吴珍红等，2006）。

（7）促进细胞生长：Watanabe 和 Shinmoto（1996）发现蜂王浆中的 DIII 蛋白具有促进淋巴细胞系生长的作用。Kazuhiko（1998）采用离子交换层析对王浆进行分离，获得一个能促进人骨髓细胞系 U-937 生长的蛋白质（DIII），分子质量为 57kDa，DIII 蛋白的生长刺激活力对热和 pH 表现稳定。Kamakura 等（2001a，2001b）发现 57kDa 蛋白质能显著刺激肝细胞的 DNA 合成，证明了王浆中的 57kDa 蛋白质是一个促细胞分裂因子，57kDa 蛋白质的促分裂活力表现出浓度越高活力越强的特点。

（8）抗疲劳作用：鲜王浆对雄性小鼠的抗疲劳研究表明，服用鲜王浆组与其他组相比，游泳时间显著延长；服用王浆组小鼠游泳后的血清乳酸、氨聚集显著减少，肌肉糖原丧失显著减少。王浆在小鼠运动后能改善生理疲劳，王浆对小鼠的抗疲劳作用与王浆的新鲜度，即 57kDa 蛋白质的含量有关（Kamakura，2001）。

7.3.3 蜂蜡

蜂蜡是由蜜蜂工蜂蜡腺所分泌的一种天然脂类植物，颜色为黄色、棕黄色，精加工产品颜色可以为白色。主要成分是高级脂肪酸和高级一元醇，其中单酯类和羟基酯类 71%，脂肪酸胆固醇酯 1%，W-肉豆蔻内酯 0.6%，游离脂肪醇 1%～1.25%，游离脂肪酸 10%～14.5%，饱和脂肪酸 9.1%～10.9%，碳氢化合物 10.5%～13.5%，水和矿物质 1%～2%，还含有类胡萝卜素、维生素 A、芳香物质等。

蜂蜡的理化性质：在 20℃时，蜂蜡的相对密度为 0.954～0.956，熔点为 62～67℃，沸点为 300℃，在沸腾时蜂蜡成烟，随即分解成二氧化碳、乙酸等挥发性物质。折射率为 1.44～1.46，碘值为 6～13，皂化值为 75～110，不溶于水，微溶于乙醇，易溶于四氯化碳、氯仿、乙醚、苯（30℃）、二硫化碳（30℃）、松节油等有机溶剂（曹炜，2002）。

蜂蜡作为一种生物蜡，用途广泛，由于具有较好的环保价值，在日用化工中，蜂蜡可用于地板蜡、汽车蜡、皮具上光蜡、蜡烛等；在化妆品上可作为护肤品、口红等；在医药工业上，可作为药片的包衣（防潮），蜂蜡还可作为蜡疗治疗多种疾病；在食品工业上，可用作食品的涂料、包装和外衣等；在农业及畜牧业上，可用作制造果树接木蜡和害虫黏着剂等。

7.3.4 蜂胶

蜂胶是工蜂从植物体上采集的树脂，上额腺分泌物和蜂蜡等混合形成的具有黏性的天然胶状物质。蜂胶的主要化学成分有蜂蜡、树脂、香脂、芳香油、脂溶性油、花粉和其他有机物。蜂胶含有 50%树脂和 4%～10%的芳香油，30%～40%的蜂蜡，5%～10%的花粉等。蜂胶成分极为复杂，其中有黄酮类化合物、酸、醇、酚、醛、酯、醚以及烯、萜类化合物和多种氨基酸、脂肪酸、酶类、维生素、矿物质等。已经从蜂胶中分离出 71 种黄酮类化合物，59 种芳香酸与芳香酸酯类化合物，24 种酚类、醇类化合物，17 种醛类和酮类化合物，25 种氨基酸，50 种脂肪酸和脂肪酸酯，6 种甾体混合物，9 种糖类化合物，25 种烃类化合物（Ghisalberti，1979；Marcucci，1995；郭枷等，

2000a，b，c；曹炜，2002)。

1. 蜂胶的理化性质

蜂胶为不透明的固体物，有芳香味，味微苦，略辛辣。蜂胶呈黄褐色、灰褐色、灰绿色或暗绿色等多种颜色。蜂胶熔点温度为60～70℃，当温度低于15℃，蜂胶变硬，易脆。蜂胶不溶于水，极易溶于乙醚和氯仿，部分溶于乙醇，在95％乙醇中呈透明的栗色，微溶于松节油。蜂胶溶后有颗粒状沉淀。

2. 蜂胶的主要化学成分

（1）黄酮类化合物：其中包括黄酮类、黄酮醇类和双氰黄酮类等。蜂胶中的黄酮类化合物约占4.13％，多者可达40％。从蜂胶中分离出来的黄酮类化合物，主要有柚木树可因、山柰黄素-7,4-二烃基、白杨黄素、高良姜素-3-甲酯、高良姜素、山柰黄素-4′-甲酯、山柰黄素-7-甲酯、芹黄素、栎精-3,7-二甲酯、山柰黄素、非瑟酮、槲皮素、生松素、鼠李素、刺槐素、金合欢素、柳穿色素等。二氢黄酮类化合物有乔松东、生松素-3-乙酸酯、生松素-3-丁酸酯、生松素-3-已酸酯、生松素-3-甲酯、生松素-3-戊酸酯、樱花素、短叶松素、柚皮素、5-羟基-4,7-二甲氧基二氢黄酮等。

（2）酚酸类：蜂胶中含有丁酸、2-甲基丁酸、琥珀酸、棕榈酸、异丁酸、肉豆蔻醚酸、二十四烷酸等大量的有机酸类化合物。其中具有生物活性的有芳香酸、安息香酸、原儿茶酸、对羧基本甲酸、香草酸、茴香酸、羟基肉桂酸、咖啡酸、桂皮酸、豆香酸、异阿魏酸、阿魏酸、3-甲基-3-丁烯基阿魏酸以及4-羟基桂酸等，有强烈的抗病原微生物和保护肝脏的作用。

（3）黄烷醇类：蜂胶中含有的醇类化合物有羟基-7-甲基黄烷醇、5,7-二羟基黄烷醇、苯甲基3,5-二甲氧基苯甲醇、桂油醇、2-SH甲氧基苯甲醇、松柏醇、愈疮木醇等。

（4）芳香挥发油与烯萜类化合物：蜂胶中芳香挥发油占4％～10％，其种类很多，主要有β-蒎烯、异长叶烯、鲨烯、γ-依兰油烯、十竹烯等。这些成分均有一定的杀菌、抑菌作用。

（5）酚、醛、酮、酯、醚类化合物：蜂胶中含有丁香酚、香美兰醛、异香兰醛、苯甲醛、环柠檬醛、4,5-二甲基四苯二环己烯酮、对香豆香脂、咖啡酸酯、环乙醇苯甲酸酯、松柏醇苯甲酸酯、对香豆醇苯甲酸酯、苯甲酸阿魏酸酯、苯乙烯醚、对甲氧基苯乙烯酸等。

（6）多糖类：蜂胶中多糖类占总量的2％～3％。

（7）蛋白质和氨基酸：蜂胶中分离出的蛋白质成分有酶类和氨基酸。蜂胶中有多种活性蛋白组分的酶。例如，淀粉酶、脂肪酶、组织蛋白酶和胰蛋白酶等，在预防和治疗血栓症、血瘀症、癌症等疾病方面有一定的功效。蜂胶中含有多种氨基酸，精氨酸对组织有刺激再生作用，占游离氨基酸总量的34.3％，脯氨酸占游离氨基酸总量的19.5％。

（8）维生素和矿物质：蜂胶中含有多种维生素，维生素A、维生素PP（尼古丁酸）、维生素C、维生素A原和维生素D含量比较丰富。蜂胶中含有34种矿物质，其中常量元素有氧、氢、碳、氮、钙、磷，蜂胶中含有 6 种生命必需元素：锰、铝、铜、钙、锌、氟，还有其他微量元素：铁、钾、钠、硫、氯、镁、铝、铬、锡、锡、硅、钛、锑、锗、钡、砷、镍、硒、钒、锦、银、铅等。

(9) 花粉：蜂胶中含有 5%～10%的花粉。

3. 蜂胶的功效

蜂胶具有丰富的活性物质，蜂胶的一些特殊作用，特别是在医药、保健等方面的功效受到广泛的注意。大量研究证明，蜂胶具有降血糖、降血脂、抗菌、抗病毒、抗肿瘤、免疫调剂等作用（Ghisalberti，1979；Marcucci，1995；王宗伟和黄兆胜，1997；胡福良，1998；胡福良和李英华，2002；李沅庭等，2005；华启云等，2004；2005a，b)，广泛地用于医药、保健、食品工业和日用化妆品。

(1) 抗菌消炎作用：蜂胶对金黄色葡萄球菌、枯革杆菌、鼠伤寒沙门氏菌、上呼吸道感染菌等 20 余种致病性细菌具有抑制作用。对由细菌、病毒、真菌所引起的各种感染类疾病，如结核、胃炎、脚气、皮肤病等炎症都有较好的疗效。蜂胶的醇提取液和单体均能起到抑菌的作用，尤其对食品致病菌的抑制作用最为明显，其最小抑菌浓度分别为鼠伤寒沙门氏菌 0.8%、志贺氏菌 0.8%、魏氏检菌 0.8%、肉毒梭菌 0.4%、蜡样芽孢杆苗 0.1%、小肠结肠炎尔森氏菌 0.4%、金黄色葡萄球菌 1.4%。蜂胶醇提取液对致病菌，如变形链球菌和乳酸杆菌均有抑制作用。蜂胶醇提取液可以抑制乳酸链球菌的葡萄糖基转移酶的活性，阻止齿斑葡聚糖的形成，从而抑制口腔微生物。蜂胶水提取物的主要成分咖啡酸能抑制细菌二氢叶酸还原酶活性，蜂胶还能破坏细胞膜和胞浆的有序状态，引起部分溶菌和细菌蛋白质合成受阻，对口腔溃疡、牙周炎、支气管炎、咽炎、扁桃体炎、鼻炎等有很好的消炎作用。蜂胶还能在胃溃疡、十二指肠溃疡等溃疡面上形成保护膜，同时发挥杀菌、促进组织再生的作用，能达到有效抗溃疡的目的（乔智胜和陈瑞华，1991；王南舟等，1993；王银龙等，1996；杨更生等，1998)。

(2) 抗病毒作用：蜂胶中的黄酮醇、黄酮、黄烷酮、咖啡酸衍生物等成分均具有抗病毒的作用，对流感病毒、牛痘病毒、乙肝病毒、疱疹病毒、骨髓灰质炎病毒、小泡性口腔炎病毒等均有较好的效果。蜂胶中的黄酮类化合物和 3-甲基-丁烯-2-咖啡酸酯对单纯型疱疹病毒（HSV1)、腺病毒-5、流感病毒、轮状病毒、门腔炎病毒等均有灭活作用，3-甲基-丁烯-2-咖啡酸酯能使 HSV1 病毒效价降低，病毒 DNA 的合成能力降为原来的 1/32。抗病毒的活性黄酮醇最强，黄酮类次之，高良姜素、山柰酚、树皮素对病毒的灭活作用依次渐弱。黄酮酚和黄酮并用时的作用比单用时作用更强。蜂胶中的阿魏酸异戊酪能显著抑制流感病毒 H_3N_3 的感染性。蜂胶还可以通过提高人体免疫力来抑制 HIV1 病毒的表达（曹炜，2002)。

(3) 蜂胶抗肿瘤作用：蜂胶中含有多种抗肿瘤的物质，如黄酮类化合物、萜烯类化合物。黄酮类化合物中的槲皮素、山柰素、高良姜素、芹菜素等，萜烯类化合物中的多种倍萜类、二萜类、三萜类等，多糖物质中的甙类物质，萘醌类化合物中的木脂素，脂类化合物中的咖啡酸苯乙酯、异戊二烯酯等成分，对肿瘤都有抑制作用。实验证明，蜂胶能分解癌细胞周围的纤维蛋白，防止细胞癌变和癌细胞转移（胡福良和李英华，

2002；李沅庭等，2005；华启云等，2005a）。

（4）蜂胶镇静、麻醉及其他神经系统作用：蜂胶的这三种功能使它具备治疗失眠、止痛及各种神经系统疾病的功效。

（5）蜂胶对心脑血管系统作用：蜂胶能增强心肌收缩力、扩张血管、降低血中甘油三酯的含量、抑制血胆固醇的升高，可清除体内自由基，有效净化血液，对血小板聚集及血栓形成有很好的抑制作用，对于预防和治疗高血压、心脏病、动脉粥样硬化有较好的效果。

（6）蜂胶的保肝作用：蜂胶可以降低丙谷转氨酶，以解肝毒，保护肝细胞，因此蜂胶对乙型肝炎、肝硬化、丙型肝炎有极好的治疗作用。

（7）抗氧化作用：蜂胶中的黄酮类化合物、甙类、酚类、萜烯类化合物等成分，能阻止脂质过氧化物的产生，具有很好的抗氧化作用。

7.3.5　蜂花粉

蜂花粉是蜜蜂从植物上采集的花粉、花蜜和蜜蜂的唾液形成的花粉团。蜂花粉的主要成分为蛋白质、游离氨基酸、糖类物质以及维生素、脂类物质、微量元素、酶类、激素等多种物质（刘克武等，2000；曹炜，2002；张雨等，2006a，b）。

1. 蜂花粉的理化性质

蜂花粉为花粉团，花粉粒直径为2.5～3.5cm，每粒干重10～17mg，含水量在8%以下。蜂花粉的颜色因所采的蜜源植物的花粉颜色不同而异，有红色、黄色、白色等多种颜色。花粉外壁坚硬，抗酸、耐碱、抗微生物分解。新鲜蜂花粉具有特殊的辛香气味，所采集不同植物花粉的味道不同，有的味道稍甜，有的略苦涩。

2. 蜂花粉主要成分

（1）蛋白质：蜂花粉中含有10%～35%的蛋白质，含有多种氨基酸。例如，油菜蜂花粉中含有15种氨基酸，其中苏氨酸、缬氨酸、蛋氨酸、异亮氨酸、亮氨酸、苯丙氨酸、赖氨酸为必需氨基酸，组氨酸、精氨酸为半必需氨基酸。不同的蜂花粉中含有氨基酸的种类各异。

（2）糖类：蜂花粉中含有丰富的糖类，总糖含量20%～40%，根据蜜蜂所采植物花粉不同，总糖含量有一定变化。组成总糖的单糖主要有葡萄糖、果糖，双糖主要有麦芽糖和蔗糖，蜂花粉还含有淀粉、糊精、果胶等多糖类物质。

（3）脂类物质：花粉中含有1%～20%的脂类物质。花粉脂质含有1%～2%的脂肪、磷脂、甾醇等。花粉的脂肪有月桂酸、十四烷酸、棕榈脂酸、十八烷酸、花生酸、油酸、十七酸、亚油酸、亚麻酸和其他脂肪酸，不饱和脂肪酸——亚油酸和亚麻酸数量占一半。花粉的磷脂有胆碱磷酸甘油酯、肌醇磷酸甘油酯、氨基乙醇磷酸甘油酯（脑磷脂）、磷脂酰基氯氨酸等。花粉的脂质中发现有烷烃碳氢化物——二十三烷、二十五烷、二十七烷和二十九烷。

（4）维生素：花粉含有大量维生素。维生素E 21～170mg/100g干花粉、维生素C

7.08～205.25mg/100g 干花粉、维生素 B 0.55～1.50mg/100g 干花粉、维生素 B_2 0.50～2.20mg/100g 干花粉、烟酸 1.30～21.00mg/100g 干花粉、泛酸 0.32～5.00mg/100g 干花粉、维生素 H 0.06～0.60mg/100g 干花粉、维生素 M 0.30～0.68mg/100g 干花粉、肌醇 188.00～228.00mg/100g 干花粉等。

（5）矿物质：花粉含丰富的矿物质。钾 0.6%～1.0%（400mg/100g）、钙 0.29%（170～410mg/100g）、磷 0.43%（190～580mg/100g）、镁 0.25%（90～270mg/100g）、铜 1.7%、铁 0.55%。此外还含有硅、硫、氯、钛、锰、钡、银、金、钯、钒、钨、铌、钴、锌、砷、锡、铂、钼、铬、镉、锶、铀、铝、氡、铅、铍 26 种元素。

（6）类黄酮和酚酸：花粉酚类化合物的组成大部分是氧化形态，主要有黄酮醇、白花色素、邻苯二酚和氯原酸。

（7）酶：花粉细胞中含有丰富的酶类物质，主要是转化酶、淀粉酶、氧化还原酶、催化酶、氧化酶、乳酸脱氢酶等。

3. 蜂花粉的保健价值

蜂花粉具有提高机体免疫力、抗衰老、防治心脑血管疾病、防治前列腺疾病、防治贫血、防治糖尿病、调节内分泌、促进脑细胞发育，增强中枢神经功能，对于改善记忆力、促进消化系统等也有较好效果（黄汉清等，1987；蔡华芳等，1997；吴国土，1994；张荣标等，2005；张雨等，2006a，b；杨晓萍和吴谋成，2006；杨新跃等，2006）。

（1）增强人体综合免疫功能：花粉多糖能激活巨噬细胞的吞噬活动，提高人体抗病能力。油菜蜂花粉喂养小鼠实验结果表明，油菜蜂花粉能增强脾淋巴细胞增殖能力，能明显提高迟发型变态反应水平、促进抗体生成、提高小鼠血清溶血素抗体水平，并能明显增强小鼠腹腔巨噬细胞的吞噬能力，增强小鼠 NK 细胞活力，因此油菜蜂花粉具有增强小鼠免疫功能的作用。核酸花粉合剂可增加胸腺、脾脏重量，促进血清溶血素形成，并能降低抗环磷酰胺诱发的血清溶血素，而对单核吞噬细胞系统、细胞免疫功能及环磷酰胺诱发的白细胞下降则无明显影响。

（2）抗衰老作用：蜂花粉可以提高人体中的超氧化物歧化酶（SOD）的活性，蜂花粉中的维生素 E、硒等成分能滋润营养肌肤，恢复皮肤的弹性和光洁，花粉中的肌醇有护发的功效。实验证明，食用花粉的老鼠可明显增加老年鼠内红细胞中 ATP 的含量，中老年鼠食用花粉后心肌自由基减少，肝、肺组织中 SOD 明显增加 1 倍，肺部尤其显著，肌肉及大脑皮层的脂褐质（老年色素）也明显减少，另外，花粉也可使家蝇的自由基化学发光强度减少，SOD 的活性显著增强。

（3）防治心脑血管疾病：花粉中的黄酮类化合物能有效清除血管壁上脂肪的沉积，从而起软化血管和降血脂的作用。实验表明，油菜、玉米、向日葵的蜂花粉能降低高血脂动物的血清总胆固醇、甘油三酯水平，血清总胆固醇可降低 25%以上，甘油三酯可降低 35%以上，可以升高高密度脂蛋白，对预防和治疗冠心病有较好的疗效。

（4）调节内分泌系统：花粉能促进内分泌腺体的发育，并提高内分泌腺的分泌功能。花粉对妇女更年期症状有明显改善作用，对妊娠期的孕吐有良好的作用。此外，对于男性性功能障碍，当连续服用花粉时，性功能可得到恢复，这可能与花粉中含精氯酸、核酸较多有关。

（5）防治前列腺疾病：蜂花粉对治疗前列腺炎有一定的疗效。研究表明，花粉和花粉醇提取物对抑制小鼠前列腺增生和抗前列腺炎有较好的效果；花粉及醇提物对正常幼年小鼠前列腺生长及对丙酸睾丸素所致小鼠前列腺增生有较好的抑制作用，尤以花粉醇提物作用更强。

（6）抗肿瘤：蜂花粉多糖具有抑制肿瘤作用，通过对小鼠腋下移植肿瘤 S180 后给荷瘤小鼠灌胃花粉多糖液，发现花粉多糖液具有抑制肿瘤和提高小鼠腹腔巨噬细胞的吞噬作用，可明显降低瘤体重量，抑瘤率明显提高，达 43.63％。油菜蜂花粉多糖能明显抑制肿瘤细胞生长，抑瘤率可高达 51.26％；花粉多糖与拮抗环磷酰胺（Cy）合用有一定协同作用，同时可缓解环磷酰胺对机体免疫器官的损害；高剂量的油菜蜂花粉多糖抑瘤效果较环磷酰胺的好，对荷瘤鼠肝、肾、脾、胸腺组织无明显毒副作用。

7.3.6 蜂毒

蜂毒是工蜂毒腺和副腺分泌出的一种透明液体，储存在蜜蜂的毒囊中，螫刺时通过螫针射出。蜂毒是一种成分复杂的混合物，它除了含有大量水分外，还含有若干种蛋白质、多肽类、酶类、生物胺和其他酸类物质及微量元素。蜂毒的干物质中，蛋白质占 75％，灰分占 3.67％，含有钙、镁、铜、钾、钠、硫、磷、氯等元素。蜂毒的生物活性物质主要是蛋白质、多肽类、酶类、生物胺，还有蚁酸、盐酸、磷酸镁、氨基酸、胆碱、甘油、类脂质和毒素（主要为密里酊，占毒素 50％），其中 90％以上为磷脂酶 A、蜂毒多肽和蜂毒明肽，微量的生物胺、酶等物质。在多肽类物质中，蜂毒肽约占干蜂毒的 50％；蜂毒神经肽占干蜂毒的 3％ 。蜂毒中的酶类多达 55 种以上，其中磷脂酶 A 含量占干蜂毒的 12％，透明质酸酶含量占干蜂毒的 2％～3％（曹炜，2002）。

1. 蜂毒的理化性质

蜂毒具芳香气味，微黄色，味苦，酸性（pH5.0～5.5），在强酸和强碱下稳定，比重 1∶1.313。蜂毒在常温下容易挥发，干燥后的固体物质为黄色，占原液重量 30％～40％，易溶于水、甘油和酸，不溶于乙醇。

2. 蜂毒的主要成分

（1）多肽类物质：蜂毒中的多肽类物质占蜂毒干重的 70％～80％，包括蜂毒肽、蜂毒明肽、溶肥大细胞颗粒肽、托肽品、蜂毒素 F、卡狄派品，以及微量的普鲁卡胺、咪尼敏、多肽-M、安度半拉等。这些物质是蜂毒抗炎症、抗细菌、抗辐射和抗风湿性关节炎作用的有效成分。

（2）酶类物质：蜂毒中的酶类物质有 50 多种，其中透明质酸酶的含量最大，它不具有直接毒性，有很强生物流活性，能促进蜂毒成分在局部组织渗透和扩散。此外，还有磷酯酶 A_2、酸性磷酸酶、碱性磷酸酶、C4 脂肪酶、甘氨酰-脯氨酸芳香基酰胺酶、C6 脂肪酶、B-氨基葡萄糖苷酶等。

（3）非肽类物质：主要有组胺、多巴胺、多种氨基酸、果糖、葡萄糖、脂类、胆碱、甘油、磷酸、蚁酸，以及腐胺、精脒、精胺、变应原B和C等。

3. 蜂毒的应用

蜂毒中含有多种酶、肽、生物胺等活性物质，能刺激人体淋巴、内分泌系统释放肾上腺皮质激素，具有抗炎、镇痛、提高免疫能力、抑制肿瘤等功效。蜂毒在医疗上，主要用于治疗风湿症、类风湿性关节炎、神经炎、神经痛、高血压、支气管哮喘等疾病（卫应等，2000；曹炜，2002；罗卉等，2006；王伟煜和曹利民，2006；王秋波等，2006）。

（1）蜂毒对神经系统的作用：蜂毒中的蜂毒肽具有神经节阻断作用，主要作用在神经突触上，使神经节的*N*-胆碱结构对乙酰胆碱的敏感性降低，阻滞神经传导肌肉的冲动。

（2）对呼吸和心血管系统的影响：蜂毒可使人和动物的呼吸加快，大剂量的蜂毒可使呼吸中枢神经麻痹，导致人和动物死亡。小剂量的蜂毒可使心肌收缩力增加，左心室压力升高，具有抗心律失常作用，能消除动物因电刺激和毒毛旋花苷中毒所致的心律失常。蜂毒中的磷脂酶A_2可明显增加血浆组胺浓度，通过组胺的释放改变外周阻力，故具降压作用。小剂量能使实验动物离体心脏产生兴奋，大剂量则抑制心脏功能，对出血性或内毒素休克的实验动物，能改善其减弱的心功能。

（3）溶血和抗血凝作用：蜂毒具有很强的溶血作用，蜂毒的溶血是使红细胞壁透过性增强，使细胞中胶体大量渗出，细胞内部渗透压变化导致红细胞破裂。蜂毒中溶血成分为磷脂酶A_2（PLA_2）和蜂毒肽，蜂毒肽的溶血作用更强。PLA_2和蜂毒肽主要是作用于磷脂，磷脂通常是与血液因子结合形成复合物而促进血凝，PLA_2和蜂毒肽通过使磷脂的失活而达到抗凝血作用。

（4）对内分泌系统的影响：蜂毒可刺激大鼠胰岛细胞分泌胰岛素、蜂毒和PLA_2，可刺激牛垂体分泌催乳素。蜂毒对垂体-肾上腺皮质系统有明显的兴奋作用，能使肾上腺皮质激素和促肾上腺皮质激素ACTH释放增加，起到抗风湿、类风湿关节炎作用。

（5）消炎作用：蜂毒具有镇痛消炎的作用，蜂毒中的多肽、MCD-多肽和蜂毒明肽是消炎的主要成分，MCD-多肽对关节炎有较好的疗效，其抗炎作用可能与其降低毛细血管通透性、阻止白细胞游走、抑制前列腺素合成等作用有关。蜂毒能减少滑膜中炎性细胞浸润，减少血管翳生成，降低血清中TNF-α及IL-1β水平，减轻骨质破坏，对大鼠佐剂性关节炎有效。蜂毒明肽对注射5-羟基色胺和右旋糖苷引起的大鼠足胀有明显消炎作用，对巴豆油引起的渗出性炎症也有抑制作用。由于蜂毒中的多肽具有抗炎作用，而且能促进血液中肾上腺皮质激素的增加，对治疗风湿性关节炎、类风湿性关节炎和神经炎有很好的疗效。

（6）抗肿瘤作用：蜂毒对肿瘤均有一定的抑制作用，抑制肿瘤的作用原理可能与其普遍抑制生长旺盛组织的代谢有关，蜂毒对小鼠肉瘤组织的三磷酸腺苷生成有抑制作用，但对正常肝组织的氧化磷酸化过程也有明显的抑制作用。实验证明，由于蜂毒肽和PLA_2使细胞微粒体膜溶解，从而使其呼吸受到抑制，因而瘤组织的氧化磷酸化过程受到抑制，氧化供能过程遭到破坏，导致肿瘤组织生长的抑制。蜂毒溶血肽（MLT）抗肿瘤机制：MLT 通过激活内源性磷脂酶 D 裂解人单核细胞性白血病细胞 U937，激活磷脂酶 A_2（PLA_2），解除肝癌细胞对缺氧的抵抗，也可以通过插入细胞的胞膜而形成孔道，引起 Ca^{2+} 内流，使胞内 Ca^{2+} 浓度升高而致 K562 和 HL-60 细胞裂解；通过增加 Ca^{2+} 内流高度激活 Ras 转化细胞的 PLA_2，选择抑制其 Ras 蛋白表达水平和 Ras 基因的拷贝数，同时使其向正常形态逆转。也有研究认为，MLT 优先激活 Ras 癌基因转化细胞的 PLA_2，致其选择性破坏。MLT 可诱导大鼠神经胶质瘤 C6 细胞 HSP27 和 HSP70 的表达，HSP 是 CD8 T 细胞应答诱导辅助分子，参与抗肿瘤 T 细胞应答，有望成为抗肿瘤 T 细胞免疫疗法的靶分子。MLT 用于抗肝癌研究，发现 8.0μg/ml 以上剂量的 MLT 对 SMMC-7721、BEL-7402、Hep-3B3 肿瘤细胞在很短时间内即出现明显的细胞毒作用，而作用时间对于其抑瘤率的影响并不显著。考察 MLT 抑瘤作用的量效关系时发现，在 8.0～64.0μg/ml 剂量，MLT 的抑瘤率直线上升。缺氧是实质性肿瘤微环境的基本特征之一，同时也是肿瘤发生恶性转化甚至转移的启动因子，因此，缺氧状态是肿瘤预后不良的指标，缺氧致肿瘤恶性转化的分子机制主要是通过诱发肿瘤细胞的遗传不稳定性、筛选丧失凋亡潜力的肿瘤细胞以及与诱导多种参与肿瘤细胞恶性转化的基因和蛋白质的表达有关。并且这些已经发生恶性转化的肿瘤细胞极易通过缺氧诱生的肿瘤新生血管而发生远处转移。蜂毒溶血肽可以通过阻断肿瘤的缺氧信号转导通路来达到治疗恶性肿瘤的目的。

（7）提高免疫能力：蜂疗后机体血浆及 PBMC 的 IL-2 含量明显增高，导致 Th1 细胞功能升高，说明蜂毒对机体免疫系统的作用。蜂毒对机体的免疫作用主要是通过增强机体细胞的免疫功能。研究证明，辅助性 T 细胞（Th）对机体体液免疫和细胞免疫有重要的调节作用，CIM 细胞具有两种功能不同的亚群，分别为 Th1 和 Th2 细胞。Th1 细胞分泌 IL-2、IFN-γ、INF-8 等，促进细胞免疫应答；Th2 细胞分泌 IL-4、IL-5、IL-6、IL-10、IL-13 等，主要介导体液免疫应答。蜂毒中的多肽类物质可调节 Th1 和 Th2 细胞在机体免疫应答过程中的比例，提高机体免疫能力。

7.3.7　蜜蜂幼虫和蛹的营养价值

中国、日本、韩国、墨西哥等许多国家都有食用蜜蜂幼虫的习惯。在中国古代蜜蜂幼虫和蛹作为佳肴，《本草纲目》中记载“蜂子味甘、平、微寒、无毒，补虚羸伤中。久服令人光泽，好颜色，不老”，具有较好的滋补保健价值。在民间，尤其是在云南省等少数民族地区，蜜蜂幼虫和蛹一直是十分名贵的佳肴。有数十种蜂类的幼虫和蛹可以食用，最常见的食用幼虫和蛹有东方蜜蜂、西方蜜蜂、排蜂 *Apis dorsata* Fabricius、小蜜蜂 *Apis florea* Fabricus 等多种蜜蜂。蜜蜂幼虫体内含有丰富的蛋白质和氨基酸，据分析（沈平锐和罗光华，1991），蜜蜂幼虫含有 18 种氨基酸（表 7.1），其中含有 8 种人体必需氨基酸，幼虫干物质中蛋白质含量占 50%～60%，含有多种维生素及丰富的矿物质，蜂蛹中含 20.3%的蛋白质，7.5%的脂肪（表 7.2，表 7.3）。蜜蜂幼虫作为一种健康食品，具有较高的蛋白质，较低的脂肪，而且还含有丰富的维生素和微量元素，其营养价值可以与鸡、鸭、鱼、肉等传统的蛋白质资源媲美，是值得深度开发的保健食品。

表 7.1　蜂幼虫的氨基酸分析（g/kg）(沈平锐和罗光华，1991)

氨基酸	含量	氨基酸	含量	氨基酸	含量
天冬氨酸	5.71	半胱氨酸	0.32	苯丙氨酸	2.67
苏氨酸	2.36	缬氨酸	3.85	赖氨酸	2.17
丝氨酸	2.55	蛋氨酸	1.26	组氨酸	1.44
谷氨酸	6.83	异亮氨酸	2.70	精氨酸	3.02
甘氨酸	2.32	亮氨酸	4.15	色氨酸	0.58
丙氨酸	2.60	酪氨酸	2.69	脯氨酸	2.87

表 7.2　蜜蜂幼虫体内的矿物质分析（沈平锐和罗光华，1991)

元素	含量	元素	含量
铅（Pb）	<0.10mg/100g	砷（As）	0.26μg/g
铜（Cu）	2.41mg/100g	锌（Zn）	11.50mg/100g
铁（Fe）	4.20mg/100g	钾（K）	1489.30mg/100g
钼（Mo）	2.60mg/100g	镁（Mg）	152.50mg/100g
锰（Mn）	0.27mg/100g	铝（Al）	78.30mg/100g
钙（Ca）	84.6mg/100g	硒（Se）	18.1μg/100g
镉（Cd）	<0.01mg/100g	磷（P）	1102.00mg/100g

表 7.3　蜜蜂幼虫和蛹的主要成分及维生素分析（沈平锐和罗光华，1991)

	主要营养成分/(g/kg)				维生素/(mg/100g)				
	蛋白质	碳水化合物	脂肪	灰分	维生素 A	维生素 B_1	维生素 B_2	维生素 C	维生素 E
幼虫	50～60	20～30	16	5.3	<0.083	2.5	3.4	18.8	0.20
蛹	20.3	19.5	7.5	9.5					

主要参考文献

蔡华芳，陈凯，李兰妹等．1997. 花粉及醇提物抗前列腺增生与炎症的比较研究．中国养蜂，(4)：4～5
曹炜．2002. 蜂产品保健原理与加工技术．北京：化学工业出版社．1～358
陈盛禄．2001. 中国蜜蜂学．北京：中国农业出版社．1～777
郭伽，周立东．2000a. 蜂胶的化学成分研究进展（综述）．中国养蜂，51 (2)：17～18
郭伽，周立东，2000b. 蜂胶的化学成分研究进展（综述）．中国养蜂，51 (3)：21～22，32
郭伽，周立东．2000c. 蜂胶的化学成分研究进展（综述）．中国养蜂，51 (4)：18～21
胡福良．1998. 蜂胶的抗菌作用及其在医药上的应用．养蜂科技，3：23～25
胡福良，李英华，2002，蜂胶抗肿瘤机理研究进展，中国养蜂，53 (4) 12～14
华启云，李英华，胡福良．2004. 蜂胶抗氧化作用的研究进展．养蜂科技，5：4～5
华启云，李英华，胡福良．2005a. 蜂胶抗肿瘤作用的研究进展．养蜂科技，1：4～5
华启云，李英华，胡福良，2005b. 蜂胶护肝作用的研究进展．蜜蜂杂志，2：7～8
黄汉清，郑庄安，王琳．1987. 花粉提取物对小鼠前列腺增生药理作用的研究．中国养蜂，(1)：18～19

李沅庭，周长林，楼基伟等. 2005. 蜂胶抗肿瘤活性成分的研究. 药物生物技术，12 (2)：110～113
刘克武，赵欣平，刘晓雯等. 2000. 花粉的生物化学与营养保健. 蜜蜂杂志，2：11～13
陆莉，林志彬. 2004. 蜂王浆的药理作用及相关活性成分的研究进展. 医药导报，23 (12)：887～889
罗卉，左晓霞，李通等. 2006. 蜂毒对大鼠佐剂性关节炎的影响. 中南大学学报 (医学版)，3 (6)：948～951
乔智胜，陈瑞华. 1991. 河南蜂胶抗菌活性成分的研究. 中国中药杂志，6 (8)：481
沈平锐，罗光华. 1991. 蜂王胚食用开发价值的研究. 食品科技，2：21～26
石根勇，吕中明，陈新霞等. 2001. RJ 冻干粉免疫调节作用的研究. 中国卫生检验杂志，11 (3)：306～307
宋卫中，周伟，许启泰. 2006. 蜂王浆的研究和应用综述. 亚太传统医药，11：51～54
苏松坤，沈飞英，戎映君等. 2005. 蜂王浆中活性组分的研究. 中国养蜂，56 (8)：4～6
汪宁，朱苓，周义维等. 2006. 蜂王浆冻干粉对 HepG2 细胞葡萄糖消耗作用及对糖尿病小鼠降糖作用的实验研究. 食品斛学，27 (9)：233～235
王南舟，薄菊坤，陈光虹. 1993. 蜂腔抗菌活性物质的提取及 MIC 鉴定. 蜜蜂杂志，(11)：5
王秋波，鲁迎年，臧云娟等. 2006. 蜂毒的免疫调节机制研究. 中国免疫学杂志，16 (10)：542～544
王炜煜，曹利民. 2006. 蜂毒溶血肽在肿瘤生物治疗中的研究. 国际肿瘤学杂志，33 (10)：743～746
王银龙. 张丽敬，程文星等. 1996. 蜂胶对牙周致病菌的抑制作用. 安徽中医学院学报，15 (4)：58
王宗伟，黄兆胜. 1997. 蜂胶的药理作用. 国外医药·植物药分册，12 (4)：151～153
卫应，杨申，江明华. 2000. 蜂毒的药理研究、临床应用及开发现状. 中国医院药学杂志，20 (11)：682～683
吴国土，许建华，黄自强. 1994. 核酸花粉合剂对小鼠免疫功能的影响. 福建医学院学报，28 (2)：137～140
吴燕如. 1965. 中国经济昆虫志 (9) 膜翅目：蜜蜂总科. 北京：科学出版社. 1～81
吴燕如. 2002. 中国动物志、昆虫纲第 22 卷膜翅目准、蜜蜂科. 北京：科学出版社. 1～442
吴珍红，刘文娟，缪晓青等. 2006. 蜂王浆复方降血糖作用的初步研究. 中国蜂业，57 (12)：8～10
肖静伟，王戎疆，李绍文等. 1996. RJ 中一种有抗菌活性的小肽. 昆虫学报，39 (2)：133～140
杨更森，侯晓薇，冯玲淑等. 1998. 蜂胶对主要致龋菌体外抑菌实验报告. 现代口腔医学杂志，12 (3)：176
杨晓萍，吴谋成. 2006. 油菜蜂花粉多糖抗肿瘤作用的研究. 营养学报，28 (2)：160～162
杨新跃，刘志勇，汪礼国等. 2006. 蜂花粉多糖液抑制肿瘤作用的实验研究. 江西农业大学学报，28 (2)：293～294，303
张敬，戴秋萍，刘艺敏等. 2000. 砌冻干粉对小鼠免疫功能的影响. 上海铁道大学学报 (医学版)，21 (9)：16～17
张敬，戴秋萍，刘艺敏等. 2001. RJ 冻干粉对小鼠肿瘤的抑制作用. 同济大学学报医学版，22 (5)：13～14
张中印. 2003. 中国实用养蜂学. 郑州：河南科学技术出版社. 1～876
张荣标，何聆，陈润等. 2005. 油菜蜂花粉对正常小鼠免疫功能的影响. 实用预防医学，12 (1)：44～46
张雨，李艳芳，周才琼. 2006a. 花粉主要营养成分与保健功能 (1). 中国蜂业，57 (7)：26～27
张雨，李艳芳，周才琼. 2006b. 花粉主要营养成分与保健功能 (2). 中国蜂业，57 (8)：31～32
周爱萍，余倩，裴晓方等. 2006. 蜂王浆对小鼠免疫功能增强作用的研究. 现代预防医学，33 (1)：23～24，38
周树文. 1981. 中国昆虫学史. 北京：科学出版社. 141～144
周尧. 1980. 中国昆虫学史. 西安：昆虫分类出版社. 37～41
Albert S，Bhanacharya D，Klaudiny J et al. 1999. The family of major royal jely proteins and its evolution. J Mol Evol，49 (2)：290～297
Fujii A. 1995. Pharmacological effect of royal jelly. Honeybee Sci，16 (1)：97～104
Fujiwara S，Imai J，Yaeshima T et al. 1990. A potent antibacterial protein in royal jely. Purification and determination of the primary structure of royalisin. J Biol Chem，265 (19)：11333～11337
Ghisalberti E L. 1979. Propolis：a review. Bee World，60 (2)：59～84
Kamakura M，Fukuda T，Fukushima M et al. 2001. Storage-dependent degradation of 57kDa protein in royal jelly：a possible marker for freshness. Biosci Biotechnol Bioehem，65 (2)：277～284
Kanmkura M，Mitant N，Fukuda T et al. 2001. Antifatigue effect of fresh royal jelly in mice. J Nutr Sci Vitaminol (Tokyo)，47 (6)：394～401

Kanmkura M, Suenobu N, Fukushima M. 2001. Fifry-seven-kDa protein in royal jelly enhances proliferation of primary cultured rat hepatocytes and increases albumin production in the absence of serum. Biochem Biophy, Res Commun, 282 (4): 865～874

Kazuhiko W, Kazuhiko W, Kanaeda J et al. 1998. Stimulation of cell growth in the U-937 human myeloid cell line by honey royal jelly protein. Cytotechnology, 26 (1): 23～27

Marcucci M C. 1995. Propolis: chemical composition. biological properties therapeutic activity. Apidolodie, 26: 83～99

Matsui T, Yukiyoshi A, Doi S et al. 2002. Gastrointestinal enzyme production of bioactive peptides from royal jelly protein and their antihypertensive ability in SHRl . J Nuhr Bioch, 13 (2): 80～86

Nagai T, Sakai M, Inoue R et al. 2001. Antioxidative activities of some commercially honeys, royal jelly and propolis. Food Chemistry, 75 (2): 237～240

Okuda H, Kenji K, Morimoto C et al. 1998. Studies on insulin-like substances and inhibitory substances toward angiotensin converting enzyme in royal jelly. Honeybee Sci, 19 (1): 9～14

Schmitzova J, Albert S, Schroder W et al. 1998. A family of major royal jelly proteins of the honeybee *Apis mellifera* L. Cell Mol Sci, 54 (9): 1020～1030

Sver L, Orsolic N, Tadic Z et al. 1996. A royal jelly as a new potential immunomodulator in rats and mice. Comp lnmmun Microbio Infect Dis, 19 (1): 31～38

Tokunaga K H, Yoshida C, Suzuki K M et al. Antihypertensive effect of peptides from Royal Jelly in spontaneously hypertensive rats. Biological & Pharmaceutical Bulletin, 27 (2): 189～192

Townsend G F, Morgan J F. 1959. Activity of 10-hydroxy dechenoic acid from royal jelly a gainst experimental leuk aemia and attic tumours. Nature, 183: 1270～1271

Vittek J. 1995. Effect of royal jelly on serum lipids in experimental animals and humans with atherosclerosis. Experientia, 51 (9, 10): 927～935

Wang G Y, Lin Z B. 1997. Effects of 10-hydroxy-2-decenoie acid on phagocytosis and cytokines production of peritoneal macrophages *in vitro*. Acta Pharmacol Sin, 18 (2): 180～182

Watanabe K, Shinmoto H. 1996. Growth stimulation with honey royal jelly DIII protein of human lymphocytic cell lines in a serum-free medium. Biotechnology Techniques, 10, 959～962

第 8 章 昆虫作为药物资源

8.1 昆虫作为药物资源的价值和意义

人类在生存与发展的过程中，一直在与疾病作斗争。人类的祖先发现了植物和昆虫都可以治病，通过长期的实践，形成了经验性的治病方法，积淀成了独特的民族医药学，不少国家和民族迄今还保留着传统医学治病方法。在古代文明中，世界上有很多国家和民族都有利用昆虫作为药物的传统，中国、印度、埃及、墨西哥等国都有昆虫作为药物的记载。中国的中医中药就是民族医药中的瑰宝，中医中的昆虫药有着十分奇妙的疗效。据考证，中国对昆虫药的利用有十分悠久的历史，中国医药巨著《神农本草》记载了 21 种药用昆虫，《本草纲目》记载了 73 种药用昆虫，《中国中药大辞典》、《药用动物志》等记载的中国药用昆虫的种类有 250 多种（周尧，1980；邹树文，1982）。这还不是所有的记载，中国民间传统中药中还有许多药用昆虫没有得到系统的总结和记载。在这些著作中，对昆虫的记载大多数缺乏科学定名，同名异种、同种异名现象十分严重，迄今尚无权威的科学定名。除已有记载的药用昆虫外，在民间还有大量的昆虫药的偏方和验方，尚待整理。传统的昆虫药的利用较为原始，通常是利用昆虫体直接入药或虫的衍生物（分泌物、排泄物及其他物质）入药，在中药中常常是复方制剂。

昆虫入药主要有以下几种形式：昆虫体（幼虫和成虫）、虫卵和卵壳、昆虫表皮（蝉蜕）、昆虫分泌物（紫胶、白蜡、蜂乳、蜂胶等）、昆虫排泄物（蚕砂、虫茶等）、虫菌结合体（冬虫夏草、僵蚕等）等。在民间的传统的医药中，用昆虫药可以治愈许多疑难病症。昆虫药开发利用的主要问题在于对昆虫药的有效成分和作用机制不是很了解，影响了昆虫药物的迅速发展。随着现代科学技术的发展，药用昆虫的利用和研究逐渐从经验型走向现代医学科学，人类开始对一些昆虫的有效成分和药理进行研究。

目前人类主要从植物和微生物中寻找有效的药物资源，植物药和微生物药是人类药物研究的主要对象和来源。在对天然药物的筛选中，几乎将地球上能收集到的植物种类都进行了大规模的筛选和研究；为了研究微生物药，几乎将地球表面翻了个遍。不幸的是，人类对昆虫药物的研究和开发的注意不够。实际上，在地球上，昆虫是最大的生物资源库，也是最大的药物资源库。

昆虫是地球上种类最多、数量最大的生物类群。昆虫体内含有丰富的抗菌活性物质——抗菌肽、酶、糖蛋白等，这类物质有很强的活性，活性作用范围较广，具有抗细菌和抗病毒、抗肿瘤、脑血栓等功效，如蜂毒用于溶血栓、治疗风湿和类风湿病。昆虫体内含有丰富的甾体类化合物，生物活性范围广泛，化学结构多样，这类物质具有抗菌、抗癌、降低血脂和血糖、抗辐射、增强白细胞吞噬等功效。昆虫分泌的萜类物质具抗癌、抗病毒、抗真菌、免疫调节等作用，可以提高白细胞数量，修复肝损伤。昆虫体内含有丰富的酚、酮、酸类物质，这类物质具有很强的活性，芳香酮有强心、抗炎、兴奋呼吸和中枢神经的作用，蜂王浆中的王浆酸有抗菌、抗肿瘤作用，昆虫多糖类物质是一类具有较强活性的物质，具有提高人体免疫机能、抑制肿瘤等作用。昆虫有独特的后天免疫系统，昆虫的免疫系统是在受到病原微生物侵染后，诱导出抗菌活性物质，如抗菌肽、防御素等。

昆虫体内丰富的活性物质和一些特殊的功效逐渐引起药学家和昆虫学家的注意，巨大的昆虫药物资源库中有很多植物和微生物所没有和无法替代的特点，与植物和微生物相比，昆虫具有种类多、资源巨大、体内活性物质丰富等特点，昆虫还易规模培养，生活周期较短。许多昆虫可以通过人工培育的方法来实现规模化、标准化培育。从昆虫的生物多样性分析，巨大的昆虫物种资源库中有非常丰富的活性物质，作为药物资源研发有巨大的潜力，为药物的研制提供了广阔的研究和开发平台。近年来，昆虫作为药物资源的观念逐渐被接受，作为地球上最大的药物资源库，昆虫药的研究和开发越来越受到重视。可以预见，昆虫药物的研究将会脱颖而出，成为人类医药中的主要组成部分，扮演着十分重要的角色，成为最具潜力与活力的药物资源。

8.2　昆虫的主要药用活性成分

昆虫入药主要是用昆虫体或其他衍生物质，对于昆虫体内的有效药用成分的研究还不十分充分，根据已有的研究结果，昆虫活性物质主要有蛋白多肽类、多糖类、生物碱类、醌（苯醌、蒽醌）类、甾类、萜类、脂质、无机元素和其他有机物类。

8.2.1　氨基酸、多肽、蛋白质类

蛋白质是昆虫物药中的一个重要成分。例如，昆虫抗菌肽、酶、糖蛋白等，这类物质有很强的活性，活性作用范围较广，具有抗细菌、抗病毒、抗肿瘤、溶脑血栓等功效，广泛地应用于治疗肿瘤、心血管疾病、神经痛、风湿性关节痛、偏头痛、高血压、胃肠疾病、糖尿病等疾病。此外，还含有细胞生长因子、神经生长因子、表皮生长因子等，在医学上都具有较好的应用前景。例如，蜂毒用于溶血栓、治疗风湿和类风湿病，蟑螂中提取的细胞生长因子用于伤口愈合等。

1. 氨基酸

生物体内发现的氨基酸有180多种，分为蛋白质氨基酸和非蛋白质氨基酸。蛋白质氨基酸主要有20种，是构成蛋白质的基本单位，也是合成抗体、酶和激素的原料，在人体内具有特殊的功能，是维持生命现象的重要物质。非蛋白质氨基酸不能直接用于蛋白质的合成，大多是蛋白质中的L型α-氨基酸的衍生物，该类氨基酸的结构多变，分布较广，其中部分是生物体重要的代谢前体或中间物，可作为维生素、抗生素等药物。

在天然蛋白质中只发现了L型的氨基酸，但自然界也有D型氨基酸。长椿象 *Spilostethus* sp. 能自体合成D-丙氨酸；家蚕血液中含有D-丝氨酸，蛹中的丝氨酸也可转变为D-丝氨酸；萤火虫中含有游离的D-半胱氨酸，其尾部的发光物质——萤光素中也含有D-半胱氨酸；在鳞翅类幼虫中含游离的D-2,3-二氨基丙酸。

2. 多肽

目前对生物活性多肽的研究主要集中在动物，植物来源的活性肽还少见，微生物与真菌中都富含肽类物质。例如，青霉素和头孢霉素可视为含环内酰胺结构的三肽。肽按其结构特征可以分为直链肽和环肽，从功能上可以分成多肽激素类、多肽毒素类、抗菌肽类等。

1）多肽激素类

激素是一类动物体内的化学信息分子，蛋白多肽类激素包括由脑、胰腺、甲状腺、肾等多个组织所分泌的多种激素，如促黄体激素释放激素（LHRH）是直链十肽。在昆虫中也发现多种多肽类激素，主要有影响心率的肽、作用于肠管的肽、利尿激素（diuretic hormone）、促前胸腺激素（prothoracotropic hormone，PTTH）、滞育激素（diapause hormone，DH）、作用于神经自发活动的肽、硬壳激素（bursicon）及其他鞣化因子、高血糖激素（hyperglycemic hormone，HCTH）、脂解激素（adipokinetic hormone，AKH）、休眠激素（diapuse hormone，DH）、性肽等。

Cameron（1953）证明昆虫心侧体的水溶性提取物能引起同种昆虫半游离心脏的心率增加。Kubista（1957）从蟑螂脑、食管下神经节或腹索的水提物中分离得到两种心脏加速因子（神经激素 C 及 D）。除脑和心侧体外，在美洲大蠊 *Periplaneta americana* 的交感神经周围器官、心脏神经、心脏和其他昆虫（包括蝗虫和蜜蜂）的神经或神经分泌组织中发现心脏加速的活性物质。Brown（1967）从蜚蠊后肠匀浆分离出耐热可透析因子，定名为后肠肽（H-Arg-Tyr-Leu-Pro-Thr-OH）。Brown（1975）从 125kg 的美洲蜚蠊成虫中纯化出 180μg 的后肠肽，是相对分子质量为 648 的五肽，存在于 6 个不同目的几种昆虫中。从蟑螂腹部终末神经节，食虫椿象科昆虫的中胸神经节团，竹节虫的心侧体、脑和食管下神经节，蝗虫心侧体、脑、食管下神经节和腹神经链等组织提取物中发现有利尿活性物质。Goldbard 等（1970）从蜚蠊第 6 对腹神经节水提物中分出利尿激素（相对分子质量超过 30 000）和抗利尿激素（相对分子质量 8000）。Aston 和 White（1974）从长红猎蝽 *Rhodnius prolixus* 中胸神经节团或头、胸水提取物中分离出利尿激素，相对分子质量分别为 60 000 和 2000。Ishizaki（1967）从蚕脑中提取得到诱导成虫发育的激素，相对分子质量分别为 31 000（BH I）、12 000（BH II）及 9000（BH III）。Gersch 等（1970）从蜚蠊或柞蚕 *Antheraea pernyi* 脑水提物中分离得到活性因子 I 和 II，前者相对分子质量 50 000，能诱导前胸细胞 RNA 合成；后者相对分子质量 10 000～20 000，这类促前胸腺激素能增加前胸细胞的适应性。滞育激素在昆虫中普遍存在，如蚕的食管下神经节产生滞育激素，它作用于卵巢，引起滞育作用，是一类由 10 个氨基酸组成的肽激素，称为 DH-A（相对分子质量 3300）和 DH-B（相对分子质量 2000）。作用于神经自发活动的肽，从蜚蠊昆虫心侧体得到的提取物在蟑螂神经索的电生理试验标本上具有活性。Mills 和 Lake（1966）从腹部神经索或整个蜕皮的蜚蠊中得到相对分子质量40 000的多肽激素，从蝇类和蟑螂的脑、血淋巴和神经节得到类似激素，控制蜕皮的昆虫角质层鞣酸化和黑化蜕皮后的内表皮沉寂。从绿头苍蝇和蝗虫的心侧体得到高血糖活性的物质，从蝗虫储存叶中分离的为 18 肽，含芳香族氨基酸小肽。

Stone 等（1978）从非洲飞蝗 *Locusta migratoria migrator-ioides*、沙漠蝗 *Schistocerca gregaria* 的喉前腺里得到该激素。它刺激脂肪体甘油三酯释放到血淋巴中，形成甘油二酯，以维持长时间的飞翔活动。Astone 和 White（1974）从昆虫神经内分泌器官中分出一个 19 肽的蝗虫脂肪酸释放肽（LAH）。从雄果蝇副性腺得到副性腺物质 PS1 和 PS2，具有外激素活性，其中 PS1 具有减少雌果蝇交配次数的活性。从埃及伊蚊 *Aedes aegypti* 雄蚊中得到伊蚊单配肽。

2）多肽毒素类

蛋白质、多肽类毒素由于它们的特殊生理活性，在药物的应用及生理学的研究上有重大的价值。在蛇毒、腔肠动物毒素、水蛭毒素、节肢动物毒素（如蝎毒、蜂毒）等蛋白质类毒素中有分布。在昆虫中多肽毒素研究较多、较彻底的主要是蜂毒，蜂毒中至少含有 14 种生物活性肽，蜂毒肽（melittin）是毒液的主要成分，占干燥蜂毒重量的 40%～50%，其次是蜂毒明肽（apamine），此外还有肥大细胞脱颗粒肽（mast celldegranulating peptide）等。

蜂毒肽：是由 26 个氨基酸残基组成的多肽，相对分子质量 2840。从不同种蜜蜂毒中获得的蜂毒肽，氨基酸总数相同但排列序列不同。在中性水溶液中，蜂毒肽作为单体是以随机的卷曲结构存在的，而随着 pH 以及离子强度的增高，蜂毒肽自我交联，形成 α 螺旋的四聚体结构。α 螺旋结构中前 21 个氨基酸是极性的，位于螺旋的表面，而非极性氨基酸在螺旋的另一面。这个两亲性（amphiphilic）是膜结合肽和膜蛋白跨膜螺旋的特征。这个特性决定蜂毒肽既可以溶于水中，又可以与膜自然结合，进而溶解细胞，因此蜂毒肽发挥其众多功能的主要机制是其使细胞膜的透性增加，细胞内容物泄露，细胞裂解。另外的作用机制是作用于一些酶和蛋白质，与一些蛋白质进行结合。蜂毒肽具有抗菌、抗病毒、消炎及抗辐射的作用，是所知抗炎作用最强的物质之一，可以抑制 20 多种革兰氏阴性和革兰氏阳性细菌的生长繁殖，可以抑制对青霉素具有耐药性的金黄色葡萄球菌。

蜂毒明肽：占干燥蜂毒的 2%～3%，由 18 个氨基酸组成，具有两对二硫键。作用和特点与蛇毒和蝎毒类似，属于神经毒素。

肥大细胞脱颗粒肽：有降血压作用。由 22 个氨基酸组成，相对分子质量 2595，分子中有两对二硫键。与海蛇毒、蝎毒、眼镜蛇毒类似。占干燥蜂毒的 3%左右。

此外，胡蜂蜂毒中含有使豚鼠离体肠管收缩、大鼠肌肉收缩及家兔血压下降的黄蜂激肽，马蜂蜂毒中也含有类似的马蜂激肽。

3）抗菌肽类

抗菌肽（ antibacterial peptide）广义上是指广泛存在于生物体内具有抵御外界微生物侵害，清除体内突变细胞的一类小分子多肽，在动物的免疫细胞、空腔脏器黏膜、皮肤及植物中都广泛存在。

昆虫抗菌肽是昆虫免疫系统的重要成分，是昆虫在诱导或非诱导情况下产生的具有体液免疫功能的小分子物质，它一般由几十个氨基酸残基构成，分子质量小，热稳定性高，水溶性好。Boman 等（1972）首先从金星柠叶槭大蚕蛾（惜古比天蚕）*Hyalophora cecropia* 蛹中发现。目前已发现的 400 余种昆虫抗菌肽，根据其结构与功能可大致分为4类：天蚕素类（cecropins）、昆虫防御素（insect defensins）、富含脯氨酸的抗菌肽（proline-rich peptide）及富含甘氨酸的抗菌肽（glycine-rich peptide）。

天蚕素类：天蚕素是最早发现的抗菌肽，它对革兰氏阳性菌和阴性菌都有较高的抗性。Hultmark等（1980）和Steiner等（1981）首次分离到纯的天蚕素A和B。随后在柞蚕肉蝇—烟草天蛾中都发现了天蚕素或类似天蚕素的抗菌肽。这些抗菌肽的分子结构相似：都有31～39个氨基酸残基组成；分子质量为4kDa左右；半胱氨酸（Cys）含量少，不能形成分子内二硫键；有强碱性的N端和疏水性强的C端；在肽的许多特定位置有较保守的残基，如2位具有色氨酸（Try），5、8、9位具有1个或1对赖氨酸(Lys)，11位具有天冬氨酸（Asn），12位具有精氨酸（Arg）；有些位置尽管残基不同，但仍是保守替换。

昆虫防御素：第1种昆虫防御素由Matsuyama和Natori（1988）在双翅目的一种肉蝇——棕尾别麻蝇*Sarcophaga peregrina*中发现。至今，昆虫纲中已有15大类30多种防御素被报道。发现有防御素的昆虫包括双翅目5种、鞘翅目2种、膜翅目1种、毛翅目1种、半翅目1种、蜻蜓目1种，但在鳞翅目昆虫尚未发现防御素。

绝大多数昆虫防御素的分子质量为4kDa左右，由38～43个氨基酸残基组成。仅有两个例外：一种是肉蝇肽（sapecin B），由34个氨基酸残基组成；另一种是从膜翅目昆虫意大利蜂*Apis mellifera*中得到具有抗菌作用的蛋白质（royalisin），由51个氨基酸残基组成。昆虫防御素都有1个静电荷，且氨基酸序列中都含6个位置很保守的Cys，能形成3个分子内二硫键。昆虫防御素可以抗革兰氏阴性菌，而对革兰氏阳性菌几乎无作用。与哺乳动物防御素不同，昆虫防御素对真菌及真核细胞不起作用。

富含脯氨酸的抗菌肽：Casteels等（1989）首先从膜翅目的意大利蜂中发现这类抗菌肽。这类抗菌肽都由15～34个氨基酸残基组成它们除小分子肽类外，还包括一些分子质量较大的肽。例如，在绿蝇、果蝇中的双翅肽（diptericin），是由83个氨基酸残基组成的。富含脯氨酸的抗菌肽可分为两类：一类是不具取代基的，如蜜蜂抗菌肽(apidaecins）和红尾碧蝽抗菌肽（metalnikawins）等；另一类是*O*-糖基化的，如果蝇抗菌肽（drosocin）和无翅红蝽抗菌肽（pyrrhocioricin），它们都带有1个*N*-乙酰半乳糖-半乳糖，与其中的苏氨酸（Thr）相连。

富含甘氨酸的抗菌肽：此类抗菌肽分子质量为8～27kDa，其共同特点是一级结构富含甘氨酸。有些是全序列中富含甘氨酸，如鞘翅肽（coleoptericin)、半翅肽(hemipterician)；有些是某一结构域中富含甘氨酸，如双翅目肉蝇毒素II（sarcotoxin II)、凝集素等，它们都含有1个G结构域。这类抗菌肽有两种分子质量较大：一种是从天蚕中分离的凝集素，由188个氨基酸残基组成；另一种是从肉蝇中分离的肉蝇素，这几种肽的抗菌谱相对较广。Casteels（1989，1993）从意大利蜂的血淋巴中分离到一种富含甘氨酸（质量分数为19%）的抗菌肽，由93个氨基酸残基组成，对革兰氏阳性菌和阴性菌都有良好的抗性，而且对包括人类在内的哺乳动物的许多病原菌都有抗性。

3. 蛋白质类

根据生物活性可以将蛋白质分成活性蛋白、酶、激素蛋白、蛋白毒素、膜蛋白、防御蛋白等各种类型。

酶：在蜂毒、蜂蜜、蚜虫体内含有溶菌酶。蚜虫的组织、体液及分泌液对细菌感染有抵抗性。在蜂毒中含有透明质酸酶，是一种糖蛋白，能水解细胞和纤维间的透明质酸，降低组织间的粘连，破坏透明质酸屏障，使蜂毒或蛇毒的其他组分渗透，使其他致毒因子快速扩散。

蛋白毒素：动物蛋白毒素有蛇毒、海绵毒素、腔肠动物毒素、水蛭素、纽形动物蛋白毒素、软体动物毒素、节肢动物毒素及棘皮动物蛋白毒素等。

昆虫蛋白毒素有蜂毒和鳞翅目昆虫毒。蜂毒中除小分子肽类外还有一些酶，如透明质酸酶、磷脂酶、磷酸酶等，此外含有卵磷脂、胆碱、甘油、磷酸、蚁酸等成分。毒蛾类如 *Artaxa intense*、茶毒蛾 *A. conspersa* 以及松毛虫类具刺毛，它与皮肤接触引起发红、发泡、剧痒。其毒液中含有酯酶、磷脂酶、激肽原酶。激肽原酶作用于人血浆，游离舒缓激肽。黄刺蛾 *Monema flavescens* 刺棘中的致疼物质中包括相对分子质量为1000左右的多肽，其药理学与蝎毒相似。从绒蛾科 Megalopygidae 幼虫中所得毒素具有溶血、分解蛋白质等活性。鳞翅目幼虫的刺毛及毒棘中的活性物质产生于分泌腺。

8.2.2　多糖类

昆虫多糖类物质是一类具有较强活性的物质，在昆虫体内广泛分布，昆虫的体壁、蛹、鞘翅等都含有丰富的多糖物质，多糖物质具有明显的抗癌、消炎、抗菌等作用，是一类十分有希望的新抗癌药物资源。昆虫体内的多糖物质一般为1%～6%。

多糖类物质包括同多糖（或称均聚多糖）、杂多糖（或称杂聚多糖）及糖复合物(glycoconjugate)。同多糖是指该多糖由一种单糖组成，如淀粉、纤维素、甲壳素；杂多糖由多种单糖组成，大多主要含两三种单糖，如琼脂糖；糖复合物是指多糖或寡糖共价结合脂、肽或蛋白质的复合物，糖与肽共价结合而成的复合物为糖蛋白（glycoprotein）、蛋白聚糖（proteoglycan）及糖脂化合物。

糖蛋白是指其中的蛋白质（或多肽）上连接有一个或多个的寡糖链，这些糖链或是连接到L-天门冬氨酸的氨基上（*N*-连接），或是连接到L-丝氨酸或L-苏氨酸的羟基上(*O*-连接)，如卵白蛋白就是*N*-连接的糖蛋白。

蛋白聚糖是一类具有一条或多条共价结合的糖胺聚糖（GAG）链的多糖复合物，它与糖蛋白的区别是人为定义的，蛋白聚糖由一个核心蛋白与一条或多条共价连接的糖胺聚糖链组成。糖胺聚糖是指存在聚合体形式的氨基糖和其他糖类，是一个直链多糖，重复单元为一个氨基糖和一个糖醛酸，主要有透明质酸（HA）、硫酸软骨素（CS）、硫酸皮肤素（DS）、肝素（HS）及硫酸角质素（KS）。因此，蛋白聚糖可以专指那些含有糖胺聚糖的糖蛋白（蛋白聚糖旧称黏蛋白，糖胺聚糖旧称黏多糖或酸性黏多糖）。几乎所有的哺乳动物都产生蛋白聚糖，或将它们分泌到胞外基质或者插入细胞膜，或将它们储存在分泌粒中。蛋白聚糖具有细胞黏附和信息传导的功能及许多其他生物活性。

糖脂类化合物是指糖以共价键与甘油酯及其他疏水物质相连的糖复合物，包括糖鞘脂（glycosphingolipid）及脂多糖（lipopolysaccharide）等。所有的糖脂类化合物都是两亲的，既具有亲水的糖链，又具有连接在糖上的疏水非糖体部分，如长链的醇、长链的氨、甘油酯、甾醇或萜烯等。糖鞘脂（也有称鞘糖脂、神经鞘糖脂）是动物中的主要糖脂类化合物，是除磷脂及胆固醇外细胞质膜中的重要组成部分。

昆虫的体壁中所含有的甲壳素是由乙酰氨基葡萄糖为基本单元形成的。昆虫体内应该也含有一些糖胺聚糖，但目前还未见报道。其他昆虫中的多糖报道有：金伟和王亚成（2000）从牛虻中提取分离得到了抗凝血物质，经分析认为是多糖类物质，相对分子质量15 000，基本单糖为葡萄糖，但没有报道具体结构；藏其中和万淑莹（1992）从蚕蛹中分离得到一种多糖，认为具有增强机体免疫功能；冯颖等（2006a，b）从白蜡虫中提取多糖，该多糖主要由葡萄糖、甘露糖、果糖组成，相对分子质量在100 000以下，摩尔比为5∶21∶1。白蜡虫多糖具有提高免疫力、抗肿瘤等功效。

8.2.3　醌类

昆虫中的醌类化合物主要作为昆虫防御素的苯醌类化合物和昆虫色素的蒽醌类化合物。天然蒽醌类化合物大多存在于高等植物、霉菌和地衣中，从动物中发现少量的蒽醌类化合物。昆虫中该类化合物主要存在于蚧科 Coccidae 昆虫中。紫胶虫中的紫色色素虫胶红酸以及胭脂虫中的色素胭脂红酸、胭脂酮酸均为蒽醌类化合物。苯醌类化合物具有较强的活性，该类化合物在昆虫的防御性分泌物中有较多的存在，用于防御和攻击。刘勇等（2000）从琵琶甲的防御性分泌液中检测到苯醌、2-甲基苯醌及2-乙基苯醌；强承魁等（2006）从黄粉虫的成虫的防御性分泌物中检测到2-甲基苯醌。

8.2.4　甾类化合物

昆虫体内含有丰富的甾体类化合物，生物活性范围广泛、化学结构多样，这类物质具有抗菌、抗癌、降低血脂和血糖、抗辐射、增强白细胞吞噬等功效，在医学上常用于治疗癌症、降血脂、提高人体性功能等疾病。常见的有昆虫性激素、保幼和蜕皮激素等，其中昆虫性激素研究和开发利用较多，如冬虫夏草、蚂蚁、柞蚕、家蚕等。昆虫的蜕皮激素（蜕皮甾酮）有促进人体蛋白质合成，排除体内胆甾醇，降低血脂和抑制血糖上升等作用。

这类物质的化学结构中均含有甾体母核，几乎存在所有的生物体中，是生物膜的重要组成部分，是一类生理活动中十分重要的物质。胆甾醇是细胞膜上的一种脂类，是一种平面的不溶于水的分子，能够影响膜的流动性。

昆虫的蜕皮激素也是一种甾类化合物，是一类具有促进蜕皮活性的物质，能促进细胞生长，刺激真皮细胞分裂，产生新的表皮并使昆虫蜕皮。这类激素最早在蚕蛹中分离得到，为α-蜕皮素、β-蜕皮素。昆虫的蜕皮激素在昆虫中普遍存在。

8.2.5　萜类化合物

萜类物质在斑蝥类昆虫中较丰富，由这类昆虫分泌的斑蝥素为单萜类防御物质，主要成分含有斑蝥素、蚁酸、蜡质、脂类物质等，具抗癌、抗病毒、抗真菌作用、免疫调节等作用，可以提高白细胞，修复肝损伤。在临床上斑蝥及其制剂用于治疗肝癌、乳腺癌、食道癌、直肠癌等，均获得一定的疗效。外用可治恶疮、牛皮癣等。

萜类化合物的基本结构是由不同个数的异戊二烯首位连接构成，是具有 C_5H_8 通式的化合物及其衍生物的总称。根据分子中所含异戊二烯的单位数，将萜类化合物分成一萜（2个异戊二烯分子）、倍半萜（3个异戊二烯）、二萜（4个异戊二烯）等。这类化合物广泛分布在生物体内，昆虫中的信息素和防御也有一些属于此类化合物。

（1）一萜：昆虫激素中有部分属于一萜类化合物。例如，小黄蚁 *Acanthomyops claviger* 大腮腺分泌的告警信息素中所的含香茅醛；意大利蜜蜂 *Apis mellifera* 蜂后大颚腺分泌的后蜂物质，所含的癸烯酸，有催情作用，能诱使雄蜂并有稳定蜂群的作用。西松大小蠹 *Dendroctonus brevicomis* 雌虫后肠的乙醚提取物中分离出三种环状的一萜类化合物。从斑蝥虫中提取的斑蝥素是一类单萜类防御物质，具有防御物质，同时也是告警信息素。目前一些斑蝥素的衍生物已在临床上用于癌症的治疗（Happ and Meinwald，1965；Tilden and Bedard，1988；张豁中和温玉麟，1995）。

（2）倍半萜：倍半萜是由三个异戊二烯单元组成的含15个碳的一类化合物。昆虫分泌的信息素和防御素中含有这类物质。同翅目蚜亚科内9个属20几种的角状管，分泌非专一性告警激素——发呢烯，从美洲蜚蠊肠中分离得到的蜚蠊酮为性信息素，昆虫所含有的保幼激素也可认为是倍半萜的衍生物。

（3）二萜类：类胡萝卜素分子中含有4个异戊二烯单元，可以看做是二萜类化合物，昆虫中普遍含有二萜化合物。一些昆虫的信息素中也含有二萜化合物。例如，吉普蛾及杨松丛虫的信息素中含有直链二萜物质；东非白蚁 *Cubitermes umbratus* 前额腺分泌的油状物质 cibitene 为十二元单环二萜；澳桉象白蚁 *Nasutitermes exitiosus* 分泌的示踪信息素是十四元单环二萜；东非产的一种白蚁 *Nasutitermes kempae* 的工蚁头部分泌物中含有两种罕见的四环二萜类化合物；从白线蜡蚧 *Ceroplastes albolineatus* 的蜡中分离得到二倍半萜类衍生物（Prestwich et al.，1978；Moore，1968；张豁中和温玉麟，1995）。

8.2.6 生物碱类（或称非肽含氮化合物）

这类物质主要分布在昆虫的毒素中，有的昆虫毒素毒性极强，可以用于治疗癌症和其他疾病。生物碱一般指植物中的含氮有机化合物（除蛋白质、多肽、氨基酸及维生素B），现在从广义上讲生物界所有含氮的有机化合物（除蛋白质、多肽、氨基酸及维生素B）均可称为生物碱。本节将引用广义上的生物碱定义，也可称为非肽含氮化合物。这类物质多为蛋白质代谢的次生产物，在动物中分布较广，结构较为复杂。

1. 胺类

隐翅虫素（pederin）类：属于酰胺类化合物，存在于隐翅虫科血淋巴中，属该类昆虫的防御物质。隐翅虫素基本上只能由成年雌虫产生，幼虫和雄性成虫不具备产生的能力，通过卵摄入获得。隐翅虫素可引发人及动物皮肤发疱及坏死、能够抗毛滴虫、抑制鸡胚心细胞（体外培养）及成纤细胞发育，刺激肝细胞已癌化的小鼠肝组织生长，微量创面涂敷有促进组织再生愈合的功能。

生体胺类（biogenic amine）：Ostlund（1954）在5种昆虫中发现了肾上腺素、去甲肾上腺素等生体胺，它们与皮的软化或硬化相关，也是神经传导物质，或具有类激素作用。在昆虫体内一般多巴胺含量高，去甲肾上腺素、5-羟色胺的分布较广。例如，在蜂毒中就含有这类物质：蜜蜂蜂毒中含多巴胺、去甲肾上腺素；马蜂毒中含多巴胺、去甲肾上腺素、5-羟色胺；胡蜂毒中含5-羟色胺。在昆虫及甲壳类神经系统还广泛分布一种生物胺——真蛸胺，起神经递质、神经激素和神经调节作用，调节昆虫的几个生理过程，包括进食、运动、繁殖，真蛸胺的受体可以成为设计杀虫剂的有效靶标。

蝶色素类：昆虫中一些色素是胺类化合物，如柑桔凤蝶 *Papilio xuthus* 的翅中含13种色素，其中有4种胺类的蝶色素。

2. 腈（nitrile）

在某些昆虫，如一种蚧虫中储存有氰醇，在某些情况下，可以在酶的催化下，生成氰化氢喷出体外。

3. 硝基化合物

从红珠凤蝶 *Pachlioptera aristolochiae* 中分离得到的一种有毒物质马兜铃酸（aristolochic acid），是中药关木通的有效成分之一。从简单原鼻白蚁 *Prorhinotermes simplex* 体内得到的1-硝基-反-1-十五碳烯，是白蚁的防御物质之一（图8.1）。

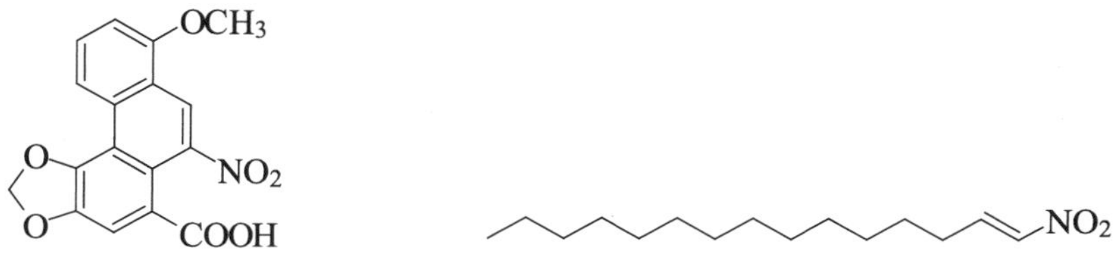

OCH_3　NO_2　COOH　O　O

马兜铃酸分泌囊中的储存形式

NO_2

1-硝基-反-1-十五碳烯分泌物

图8.1　硝基化合物

4. 咪唑类（imidazole）

组胺（histamine）：是由组氨酸脱羧基组成，在哺乳动物的几乎所有组织中均含有，特别是在皮肤、肠黏膜及肺中含量较多，在昆虫中也广泛分布。在红铃麦蛾（棉红铃虫）*Pectinophora gossypiella* 全虫，萤火虫 *Luciola italica* 的头、胸及腹均含有组胺（Berraccini，1965）。昆虫毒（如蜂毒）中大多含有组胺类物质。组胺能够扩张毛细血管，使毛细血管的通透性增加，血液成分渗出血管外，引起浮肿；可以引起平滑肌收缩；小剂量的组胺能使腺体分泌亢进，胃液、唾液胰腺的分泌增加，临床上用于检查胃液的分泌机能。

尿囊素（allantoin）：该类物质在哺乳动物中均含有，人尿中微量含有。在豆粉碟黄云斑蝶 *Colias croceus* 虫体、翅、胎粪中含尿囊素、尿囊酸（allantoic acid）。锯粉蝶 *Prioneris thestylis* 中含有的尿刊酸（urocanic acid），具有抗癌的作用（Pettit，1972）。

5. 吡啶类

吡啶类的派生物哌啶类。

哌啶类：南美火蚁（fire ant）*Solenopsis invicta* 的刺腺中含有哌啶类衍生物，由其尾部喷出，与皮肤接触引起皮炎，产生灼热感，对皮肤的浸透性极高，是火蚁的防御物质。

6. 蝶啶（pteridine）

蝶啶的衍生物是多种蝴蝶翅上的色素，如黄蝴蝶的色素、红蝴蝶的色素。自然界存在的蝶啶，以含有氨基和羟基的取代衍生物最重要。目前，某些蝶啶类化合物已成为临床上使用的抗癌药物。

蝶呤：蝶呤分布于整个生物界，种类较多，但含量较少，是构成昆虫具有色泽条纹的物质。水青粉蝶 *Catopsilia crocale*、菜粉蝶日本亚种 *Pieris rapae crucivora* 及粉蝶中含有的异黄蝶呤，具有抑制某些癌症的功效；在黄云斑蝶及其同科多种蝶翅中含有白蝶呤、异黄蝶呤、黄蝶呤等多种蝶呤。在其他昆虫中也含有多种蝶呤，分布广泛。例如，红林蚁 *Formica rufa* 中含有异黄蝶呤、源氏萤 *Luciola cruciata* 的发光器中含有萤蝶呤（luciopterin）（Kishi，1968；Schmidt Viscontini，1964；Pettit et al.，1972）。

8.2.7 脂质及其他有机化合物

脂质指生物体内合成含有脂肪烃长链分子的物质，一般主要有脂肪酸（四碳以上）和醇（包括甘油醇、高级醇、甾醇等）等所组成的酯类及衍生物（张豁中和温玉麟，1995）。

（1）醇类：包括一元醇类和二元醇类。

一元醇类：该类物质为长链醇和含苯环的芳香醇，分布较广。有的游离存在，大多是以酯的形式存在。游离的一元醇是昆虫信息素的成员，Karlson 和 Butenandt 等（1959）首次从 50 万头雌性处女家蚕蛾 *Bombyx mori* 中分离和发现了昆虫性信息素——蚕蛾醇（bombykol），其化学结构式为反-10-顺-12-十六碳烯酸，10～12μg 就能使雄蚕蛾兴奋；褐新西兰肋翅鳃角金龟子 *Costelytra zealandica* 雌虫分泌的性信息素含苯酚。

二元醇类：该类物质在动物蜡及角质层中广泛分布，昆虫信息素中也有一些是二元醇。例如，某些蝶类雄虫分泌的胶样物质中含有十二碳的二元醇；鼠褐衫夜蛾 *Phlogophora meticulodina* 腹部末端挥发油中含有一种十六碳的二元醇。

（2）醛类：在动物中广泛分布，昆虫的信息素中有很多也是醛类物质，如蚕蛾的性信息素就是蚕蛾醇与蚕蛾醛（bombykal）的 11.6∶0.9 的混合物；小蜡螟 *Achroia grisella* 的性信息素由十一碳醛与十八碳醛混合组成。

（3）醚类：昆虫的分泌物中含有这类物质。穴胸钩白蚁 *Ancistrotermes cavithorax* 的工蚁分泌的防御物质中含有一种醚类；西松大小蠹 *Dendroctonus brevicomis* 雌虫分泌的聚集信息素含有两种环状醚类；飞蝗 *Locusta migratoria* 的排泄物中所含的醚类物质——蝗酚，也是一种聚集信息素；家蝇 *Musca domestica* 分泌的一种信息素为二十三碳的醚类物质。

（4）酮类：昆虫的一些信息素也中含有酮类物质。例如，小黄蚁 *Acanthomyops claviger* 的分泌物中含有两种长链分子的酮类物质，作为告警信息素；有些蚂蚁的告警信息素为4-甲基-4-庚酮；从黄杉大小蠹 *Dendroctonus pseudotsugae* 后肠中分离的信息素复合成分中含有3-甲基-2-环己烯酮（Moeck，1991）；此外中药蚕砂中含有四十三碳的蚕砂酮（bombiprenone）。

（5）烃类：包括饱和烃类和不饱和烃类，广泛分布于生物界，根据其不饱和度、链长度等结构的不同，参与水分的调节、成形及信息传递等作用。昆虫的信息素及防御性物质中有部分属于烃类物质。绿豆象 *Callosobruchus chinensis* 交尾诱因物质中含有8种以上的烃类物质；穴胸钩白蚁工蚁分泌的防御性物质中含有两种烯烃类物质；秋家蝇 *Musca autumnalis* 雌性成虫表皮及排泄物中含有一种二十三碳烯，被称为家蝇引诱剂。

（6）酸类：包括长链的脂肪酸、含苯环的芳香族酸类物质及其他有机酸类。脂肪酸在自然界有游离的存在，但大多是以甘油酯的形式存在。天然脂肪酸除部分例外，均为直链的偶数碳，特殊的脂肪酸有奇数碳的酸、支链酸、环式酸及酮基酸等。高等动植物中直链脂肪酸居多，微生物界中存在一定量的支链及环丙烷环的脂肪酸。

昆虫的体脂中一般含有棕榈酸（十六碳饱和酸）、硬脂酸（十八碳饱和酸）、棕榈油酸（十六碳一烯酸）、油酸（十八碳一烯酸）、亚油酸（十八碳二烯酸）等。黑翅红娘子 *Huechys sanguinea* 的醚浸出含有油酸（70%）、棕榈酸、硬脂酸肉豆蔻酸、月桂酸、花生酸等；蚕蛹油中含油酸、亚油酸及亚麻酸；一种黄胡蜂 *Vespula pensylvanica* 的醇提取物中含油酸、棕榈酸及硬脂酸。

蜂蜡中含有咖啡酸（*trans*-caffeic acid）、香豆酸（*trans*-*p*-cumaric acid）及阿魏酸（ferulic acid）等肉桂酸衍生物，它们均为含苯环的芳香酸类物质，具有抗菌的作用。蜂皇浆中所特有的10-羟基癸烯酸，是其重要成分，具有多种生物活性且作为蜂皇浆鲜度的标志。昆虫的信息素中也有较多种类的有机酸：绿豆象雌虫分泌引诱交尾物质中含有二十碳的二酸；甜菜磕头虫 *Limonius californicus* 雌虫腹部分泌的性信息素为戊酸；蚂蚁分泌的甲酸属警报信息素。

（7）酯类：包括甘油酯、蜡及其他酯类化合物。

甘油酯：包括甘油三酯、甘油二酯及甘油一酯等，甘油三酯就是通常所说的油脂。昆虫中的油脂含量十分丰富，昆虫干体的油脂含量一般在10%以上，许多昆虫油脂的含量达30%以上，有的甚至高达77.16%。昆虫油脂的脂肪酸组成受食物、发育、种类等条件影响，但总的说来，昆虫油脂中不饱和脂肪酸含量较高，大部分昆虫中不饱和脂肪酸总量是饱和脂肪酸总量的2.5倍以上。部分昆虫含有较多的不饱和脂肪酸，其中以亚油酸和α-亚麻酸较为突出，大部分鞘翅目类昆虫的亚油酸含量较高，有40%的鞘翅目昆虫中亚油酸组成超过25%，而鳞翅目昆虫则多富含α-亚麻酸，有50%的鳞翅目昆

虫的 α-亚麻酸比例超过 25%。

蜡：蜡是高级脂肪酸与高级一元醇所生成的酯。一般为固体，不易水解。蜂巢、昆虫卵壳及昆虫体表均含有蜡。蜂蜡、虫蜡、虫胶蜡均是昆虫的分泌物，既是具有一定经济价值的农副产品，也是具有一定疗效的药材。

蜂蜡来源于蜂巢，主要成分是十六酸与三十醇所形成的酯；虫蜡的主要成分是二十六醇与二十六酸、二十八酸的酯；虫胶蜡（即紫胶蜡）主要由 C_{28}～C_{34} 的偶数碳原子脂肪醇和脂肪酸组成酯。

其他酯类化合物：昆虫的保幼激素也是一种甲酯类化合物。主要是抑制变态以维持幼虫形态。目前已发现多种结构的保幼激素，在昆虫的信息素中具有酯类结构的化合物也较多，其中有一些是高分子醇或高分子酸的酯，最具代表性的化合物是顺-11-十四碳烯乙酸酯，它是 50 多种昆虫的性信息素，可吸引 100 多种雄性个体。粉红螟蛉蛾 *Pectinophora gossypiella* 中的性信息激素是十六碳的乙酸酯；蜜蜂告警信息素是乙酸异戊酯（isoamyl acetate）；玉米螟 *Ostrinia nubilalis* 性信息素中即含有三种十四碳的乙酸酯。紫胶虫所产生的紫胶树脂也是酯类的混合物。由羟基脂肪酸和羟基倍半萜烯酸构成的酯和聚酯混合物，平均相对分子质量为 1000 左右。

（8）无机元素：昆虫体内含有数十种无机元素。例如，蚂蚁中含有 28 种微量元素。

8.3 几种重要的常见药用昆虫

8.3.1 虫草

虫草又称冬虫夏草，是我国食药用昆虫中的珍品，具有很好的食疗价值。虫草是虫草属真菌 *Cordyceps* Fr. 寄生于蝙蝠蛾科等昆虫的幼体内，感染昆虫幼虫、蛹、成虫等虫态，虫草属真菌在致死幼虫僵尸上长出子实体，子实体形状似草状，故称为虫草（图 8.2，彩图）。虫草种类繁多，据文献记载，全世界有记录的虫草种类有 260 多种，中国记录的大约有 60 余种，寄主昆虫分别是鳞翅目、鞘翅目、同翅目、双翅目、直翅目、半翅目、螳螂目的昆虫，以鳞翅目、鞘翅目居多，主要寄生于幼虫，也有寄生于蛹或成虫的。我国常见的虫草有：冬虫夏草［真菌：*Cordyceps sinensis*（Berk）；寄主昆虫：蝙蝠蛾科，虫草蝙蝠蛾 *Hepialus armoricanus* Oberthür 等昆虫］、蛹虫草（真菌：*Cordyceps milifaris*；寄主昆虫：鳞舟蛾科、天蛾科等昆虫的蛹）、亚香棒虫草（真菌：*C. hawkesii*；寄主昆虫：夜蛾科、水蛾科等昆虫的幼虫）、蛾蛹虫草（真菌：*C. cicade*；寄主昆虫：天蛾科、粉蝶科的幼虫）、大蝉虫草［真菌：*C. sobolifera*；寄主昆虫： 宽侧蝉（蟪蛄）*Platypleura kaempferi*

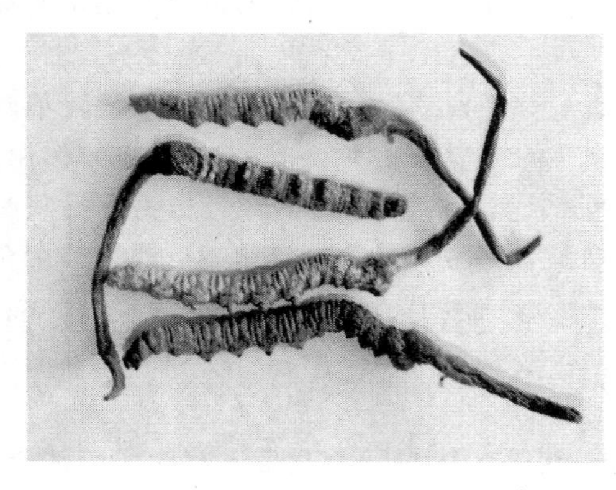

图 8.2 冬虫夏草

Fabricius]、泰山虫草（真菌：*C. sp.*；寄主昆虫：天蛾科的幼虫）、凉山虫草（真菌：*C. liangshanensis*；寄主昆虫：四川蝠蛾的幼虫）等。

虫草分布较广，中国大部分省（自治区）都有分布报道。冬虫夏草主要分布于云南、四川、西藏、青海等地的高山、亚高山草甸区；蛹虫草主要分布于河北、吉林、广东等地；凉山虫草主要分布于四川、云南、贵州等地。

虫草具有重要的食疗价值，在众多的虫草中，以冬虫夏草最负盛名，研究最为深入，应用历史最长，疗效价值最高。在我国，食用冬虫夏草有很悠久的历史，据考证，在吴道程的《草本从书》中就记载“冬虫夏草甘平，保肺益肾，止血化痰，已劳嗽”等功效，在赵学敏的《本草纲目拾遗》等著作中已有冬虫夏草的详细记载。冬虫夏草历来是具有药用和食疗价值的珍品，虫草有奇妙的药效，为了弄清虫草的有效成分，国内外对冬虫夏草的主要活性成分和药理进行了大量的研究。

1. 虫草的主要活性成分

冬虫夏草含有25%～30%的粗蛋白，10%～15%的粗脂肪，25%左右的总糖，含有18种氨基酸，氨基酸总量20% 左右，含有8种人体必需氨基酸，占氨基酸总量的38.77%。冬虫夏草内还含有多种微量元素。除营养成分外，从冬虫夏草已分离出了D-甘露醇、麦角甾醇、β-谷甾醇、硬脂酸、尿嘧啶、腺嘌呤、次黄嘌呤、3-去氧腺苷（虫草素）等。冬虫夏草内的多胺类有1，3-二氨基丙烷、腐胺、精胺、尸胺、类精胺等重要物质。冬虫夏草内还含有由半乳糖、葡萄糖、山梨糖、岩藻糖等单糖组成的多糖物质，还含有生物碱等化学物质（吕瑞绵等，1981；肖永庆等，1983；郦皆秀等，2003）。冬虫夏草具有免疫作用、抗肿瘤作用、抗菌作用、中枢神经的镇静和抗惊厥作用；对治疗肝病、抗实验性心律失常、调节内分泌、调节肾脏、调节心血管系统等方面有较好的效果。

（1）核苷类：冬虫夏草中含有3′-脱氧腺嘌呤核苷（虫草素）、腺膘呤、次黄膘呤、胸腺嘧啶、尿嘧啶、尿苷和脱氧腺苷等核苷类物质。虫草素具有抗菌活性，对肿瘤细胞的生长增殖有明显的抑制作用。

（2）甾醇类：从冬虫夏草中分离出4种甾醇类物质：5a，8a-双氧化-24（R)-甲基胆甾-6，22-间-3B-D-吡喃葡萄糖苷、5，6-环氧-24（R)-甲基胆甾-7，22-间-3B-醇、麦角甾醇-3-氧-B-D-吡喃葡萄糖、22-二氢麦角甾醇-3-氧-B-D-吡喃葡萄糖。研究表明，5a，8a-双氧化-24(R)-甲基胆甾-6，22-间-3B-D-吡喃葡萄糖苷和5，6-环氧-24（R)-甲基胆甾-7，22-间-3B-醇具有抗癌活性（Bok et al.，1999）。

（3）多胺类物质：多胺类物质可直接参与生物体的多种代谢，具有调节生长发育、细胞增殖、肿瘤生长、提高植物抗逆性、延缓衰老等作用。冬虫夏草内的多胺类有1，3-二氨基丙烷、腐胺、精胺、尸胺、类精胺等多种多胺类物质。

（4）多糖类：冬虫夏草内还含有由半乳糖、葡萄糖、山梨糖、岩藻糖等单糖组成的多糖物质。虫草多糖类物质具有抗肿瘤，增强单核巨噬细胞的吞噬能力，提高小鼠血清IgG（免疫球蛋白G）的含量，对体外淋巴细胞转化有促进作用和抗辐射作用等。冬虫夏草的多糖，其抗肿瘤活性也与相对分子质量有关，相对分子质量大于1.6×10^4时才具有抗肿瘤活性。多糖的活性除了跟相对分子质量有关外，还与多糖的溶解度、黏度、初级结构和高级结构有关（Toshio et al.，1977；龚敏等，1990）。

（5）甘露醇：甘露醇是褐藻细胞中的一种贮藏物质，海带等大型褐藻是提制甘露醇的主要原料。从海带中提取的甘露醇，与烟酸合成的烟酸甘露醇脂，有明显的缓解心绞痛的作用，对高脂血症有较好疗效。可治疗高胆固醇、高血压和动脉硬化等病症。甘露醇可用于治疗水肿、颅内压增高和其他各种水肿，也可用于青光眼的治疗，以降低眼内压。虫草中D-甘露醇的含量为7%～9%。虫体子座中的甘露醇含量不到7%，但虫体中的甘露醇含量都高于7%，而且甘露醇含量随子座发育的成熟而增加（常泓和张婕，2001）。

（6）环状缩羧肽：从冬虫夏草中分离到一株中国弯颈霉，能产生一种名为环孢菌类（cyclosporin）的环状缩羧肽（李兆兰，1988），它是一种有价值的免疫剂及抗真菌剂。Jia等（2005）从冬虫夏草培养液中提取得到2个环二肽，研究表明，其中1个环二肽具有杀死HeLa等肿瘤细胞的功能。

2. 药理作用

传统中医学认为，冬虫夏草性温味甘，具有补肺益肾、止咳化痰、益精髓、补虚弱、可治肺病、肺结核、咳嗽气虚、年老体衰、贫血、自汗、盗汗、阳痿遗精、胃病、腰膝酸痛、病后体虚不愈等病症，能固本扶正。现代医学证明，冬虫夏草能降低血清脂质、降低胆固醇、甘油三酯等；能抑制慢性肾功能衰竭、增强小鼠抗缺氧能力，具有抗炎、抑菌、镇静等功效。

（1）免疫作用：动物试验表明，冬虫夏草能增强小鼠腹腔巨噬细胞吞噬活力、抑制T淋巴细胞排斥反应，对T淋巴和B淋巴细胞的增殖有促进作用，对射线照射后的小鼠的血小板减少及脾脏萎缩有明显的保护作用，能促进小鼠血小板生成、促进小鼠脾巨核细胞增殖分化，证明冬虫夏草是一种作用较广的免疫增强剂，能提高人体免疫机能。

（2）抗肿瘤作用：研究证明，冬虫夏草具有明显的抗肿瘤的功效，冬虫夏草中含有虫草素（3′-脱氧核苷）能抑制小鼠肿瘤细胞的核酸合成，对肿瘤细胞的mRNA有抑制作用。实验表明，冬虫夏草水提取物对艾氏腹水肿、小鼠S180肿瘤、小鼠Lewis肺癌、人鼻癌细胞、喉癌细胞、乳腺癌等癌细胞有明显的抑制作用，可以增强环磷酰胺的抗癌作用。研究认为，冬虫夏草中含有的D-甘露醇及多糖是一种非特异性免疫增强及调节剂，可以激活机体内的免疫活性细胞，特别是T淋巴细胞及其淋巴因子，单核巨噬细胞系统及NK细胞等，从而发挥抗癌作用。虫草素还可以诱导白血病细胞凋亡，延长有丝分裂细胞S期和G_2期。虫草素对接种了B_{16}黑色素瘤细胞的小鼠体内肿瘤细胞的生长增殖也有抑制作用，小鼠接种B_{16}黑色素瘤细胞2周后，给小鼠每天口服(5～15)mg/kg的虫草素，2周后发现，15mg/kg的虫草素可以明显抑制小鼠体内B_{16}黑色素瘤细胞的增殖和生长（Yoshikawa，2004）。从冬虫夏草的甲醇萃取物中分离到的两种抗肿瘤化合物——5a，8a-双氧化-24(R)-甲基胆甾-6,22-间-3B-D-吡喃葡萄糖苷和5，6-环氧-24(R)-甲基胆甾-7,22-间-3B-醇均具有抗癌活性，能有效地抑制K562、Jurkat、WM-1341、HL-60和RPMI-8226等肿瘤细胞的增殖（Chen *et al.*，1997）。

Wang 等（2005）的研究表明，用超临界 CO_2 提取法获得的一个组分 R 可通过诱导细胞凋亡而有效抑制肠癌（HT-29 和 HCT1 16）和肝癌（Hep 3B 和 Hep G2）细胞的生长 。

（3）抗衰老作用及治疗肝病：研究表明，冬虫夏草中含有超氧化物歧化酶（SOD）和其他物质，氧化物歧化酶的活性为 54U/mg，能对小鼠脑内 MAO-B 活性有明显的抑制作用，有抗衰老作用，冬虫夏草还能改善肝脏功能，冬虫夏草能抑制小鼠血清 ALT、AST 活性，降低其与肝组织中 DSV 的含量，并减轻其增大的肝脾质量指数，降低血清中的 TFN 水平，对 HbsAg 转阴有一定疗效，可以显著提高患者血浆白蛋白，抑制 γ-球蛋白，调整机体免疫作用。对免疫性肝损伤有较好的保护作用。

（4）抗实验性心律失常：动物实验表明，冬虫夏草能明显对抗乌头碱和氯化钡引起的麻醉大鼠心律失常，能提高豚鼠心脏哇巴因中毒的承受量，能使麻醉大鼠和豚鼠的心率减慢，降低豚鼠的心肌收缩力，可用于治疗慢性心率失常者，能改善窦房结及房室传导功能，提高窦性心率。

（5）抗菌作用：虫草酸对葡萄球菌、链球菌、鼻疽杆菌、炭疽杆菌、猪出血性败血症杆菌及须疮癣菌、石膏样小芽孢癣菌、羊毛状小芽孢癣菌等真菌均有抑制作用 。冬虫夏草菌丝体发酵液存在抗菌物质，对原核生物中的革兰阴性菌和阳性菌、芽孢菌和非芽孢菌、放线菌中的链霉菌都具有拮抗作用，但对酵母及丝状真菌则没有抗菌活性。

（6）调节内分泌作用：把冬虫夏草 3mg/ml 添加到间质细胞中，能显著刺激雄性荷尔蒙分泌 f81。冬虫夏草的水提液能使摘除睾丸的幼年大鼠精囊质量明显增加，但不影响幼年小鼠子宫质量，表明有雄激素样作用。给小鼠灌胃可使雄鼠血浆皮质醇含量增加，也可使肾上腺胆固醇含量增加，肾上腺增重，对氢化可的松所致“类阳虚”有防治作用。

（7）对肾脏的调节作用：冬虫夏草及发酵菌丝体对急性肾衰竭、慢性肾病和肾衰竭都有治疗作用。治疗急性肾衰竭的机制包括稳定溶酶体膜、减轻溶酶体的损伤、保护细胞 Na^+-K^+-ATP 酶活性、减少脂质过氧化损伤、促进肾小管上皮细胞的再生等。冬虫夏草制剂延缓慢性肾衰竭进展的机制可能与降低中分子物质、补充必需氨基酸和促进蛋白质代谢、纠正脂质代谢紊乱、调节钙磷代谢、调节免疫功能、改善贫血状态有关。

（8）对中枢神经的镇静和抗惊厥作用：冬虫夏草可明显抑制小白鼠自发性活动，延长戊巴比妥钠致睡眠时间。冬虫夏草醇提物还可拮抗苯丙胺的中枢兴奋作用 ，对抗烟碱和戊四唑所致小鼠惊厥，减少死亡率。还可使正常体温降低，显著延长士的宁所致惊厥的潜伏期。

（9）调节心血管系统：冬虫夏草水提液对小白鼠具有较强的扩张冠状动脉的功能，可使心率减慢，心输出量和冠脉流量增加。冬虫夏草能降低心肌耗氧量，具有特异性增强心肌耐缺氧能力。冬虫夏草还具有明显的中枢抑制作用和抗心率失常作用。虫草醇提取物对急性病毒性心肌炎有明显保护作用，其保护机制与诱导心肌 iNOS 表达、增加 JJHNO 产生等有关。此外，冬虫夏草对戊巴比妥钠麻醉有明显的降压作用。冬虫夏草提取物能促进大白鼠血小板凝聚而起到止血作用，其醇提取液能抑制大鼠血栓形成。

（10）对呼吸系统的作用：虫草菌丝体具有抑制金黄色葡萄球菌、肺炎球菌和乙型链球菌的作用。另外，冬虫夏草能扩张支气管、祛痰平喘，在临床上能用于治疗慢性阻塞性肺疾病（COPD）、治疗肺间质病、防治老年反复呼吸道感染疾病、辅助治疗复治肺结核、辅助治疗肺原性心脏病呼吸衰竭 。

(11) 促进造血作用：冬虫夏草具有显著的促生血作用。冬虫夏草醇提物可明显提高小鼠骨髓造血干细胞（CFU-S）的产率和自杀率，可改变小鼠骨髓 CFU-S 的周期状态，促使它们从 G_0 期进入 S 期，从而促进 CFU-S 增殖。冬虫夏草醇提物还可明显促进小鼠骨髓粒一单系祖细胞（CFU-GM）及骨髓红系祖细胞（CFU-E）的增殖，还可拮抗三尖杉酯碱所致 CFU-GM 的严重抑制，使其保持于正常水平 。

8.3.2 双齿多刺蚁

1. 主要生物学物性

双齿多刺蚁 *Polyrhachis dives* Smith，又称鼎突多刺蚁、拟黑多刺蚁、黑蚂蚁等（图 8.3，彩图），在我国主要分布于浙江、安徽、云南、福建、湖南、广东、台湾。东南亚各国及澳大利亚也有分布。多营巢于松林、油茶林内。主要捕食马尾松毛虫等多种食叶害虫，为松毛虫的重要捕食性天敌。双齿多刺蚁多在树上筑巢而居，少数建巢于草丛、石块下，在冬季蚁巢可由树上转移至地面。蚁巢由树木枝叶、杂草碎屑、吐丝物等构成，巢内呈蜂窝状，有许多小室。蚁巢受干扰后，大量工蚁迅速地涌出防卫。蚁巢内同时有卵、幼虫、蛹、成虫 4 种虫态，其中卵占 8.1% ，幼虫占 11.0% ，蛹占 13.1%，成虫占 67.8%。蚁巢大小相差很大，一般长 10～39cm，宽 6～20cm，高 5～17cm。每巢蚁个体数从几千个到 4 万～5 万个，平均每巢约有11 510个个体。双齿多刺蚁一年发生一代，以蚁后、工蚁、雄蚁、幼虫和卵越冬。在26～27℃温度下，卵的发育历期(23.8±2.5)天，幼虫期(20.4±4.4)天，工蚁蛹(19.8±5)天。

图 8.3　双齿多刺蚁

2. 主要活性成分

双齿多刺蚁是在众多蚂蚁种类中研究和开发利用得最多的一种，对双齿多刺蚁的研究主要集中在一些特殊药效的实验上，对其活性成分的研究还不深入，主要的分析集中在氨基酸、蛋白质、微量元素等方面。双齿多刺蚁含有 17 种氨基酸、20 多种无机元素。采用 GC-MS 对双齿多刺蚁的乙醇提取物主要成分进行分析，其成分达 25 个，化合物主要是烃类、不饱和脂肪酸、醇、酯、醛、酮及酰胺等。采用超临界 CO_2 萃取从蚁油中分离出 60 个色谱峰，共鉴定了 45 个成分，主要含有 (z)-9-十八碳烯酸 (48.278%)、棕榈酸（17.574%）、(z)-9-十六碳烯酸（4.912%）、胆固醇（2.957%）

等，蚁油成分以脂肪酸为主，还有多种直链烷烃结构。据报道，蚂蚁体内含甾族类、三萜类化合物、类似肾上腺素皮质激素物质及多种衍生物（朱育新等，1997；翁丽丽等，2004；赵开军等，2006）。

3. 安全性

安全性急性毒性实验结果表明，小鼠经口服双齿多刺蚁粉 LD＞10 000mg/kg，属实际无毒；用双齿多刺蚁粉 2250mg/(kg · d)、1125mg/(kg · d) 和 562.5mg/(kg · d) 分别饲养大鼠 14 周，各组动物进食正常，生长发育良好，体重呈正曲线增长，无中毒症状及死亡，亚慢性试验最大无作用剂量大于 2250mg/kg，双齿多刺蚁在一定剂量范围内长期食用是安全的。

双齿多刺蚁粉骨髓嗜多染红细胞微核率分别为 1.60‰、1.30‰、1.90‰、1.40‰，与阴性组 1.70‰ 比较，无显著差异（$p>0.05$），阳性对照组为 43.2‰，与各组比较，差异显著（$p<0.01$）；各组精子畸形率均在正常范围内，最高剂量组为 2.70，与阴性组 2.44 比较，亦无显著差异（$p>0.05$），阳性对照组为 6.24，与各组比较，差异显著（$p<0.01$）。Ames 试验表明，不同浓度的双齿多刺蚁粉对 TA_{97}、TA_{98}、TA_{100}、TA_{102} 菌株均无诱变效应。

致畸试验用双齿多刺蚁粉 7500mg/kg、3750mg/kg、1875mg/kg 剂量给予受孕大鼠 10 天，结果孕鼠生长正常，胎鼠发育良好，身长、体重和活胎数与阴性对照相比无显著差异。外形、骨骼、内脏亦未发现畸形（李裕生等，1995）。

4. 药理作用

双齿多刺蚁具有抗炎、镇痛、调节人体免疫功能、活血化淤以及保肝、护肝、调节血糖和血脂、降低谷丙转氨酶的作用及平喘和解痉、抗肿瘤等药理作用。

（1）提高人体免疫功能：用双齿多刺蚁的乙醇提取物对荷瘤鼠灌胃实验表明，双齿多刺蚁的乙醇提取物能明显抑制荷瘤鼠肿瘤细胞的生长，促进脾细胞增殖反应和 IL-2 分泌，增强 LAK 和 NK 细胞的活性，增强机体抗肿瘤免疫功能。当荷瘤鼠体内 II-2 活性增高时，NK 和 LAK 细胞活性相应增高，T 淋巴细胞功能增强，肿瘤重量呈下降趋势，表明双齿多刺蚁的乙醇提取物对荷瘤鼠有免疫调节作用，它可通过增强机体抗肿瘤免疫功能，间接起到抑制肿瘤生长的作用（陈静等，2004）。

（2）抗疲劳、抗衰老作用：研究表明，双齿多刺蚁水提取物能延长小鼠的负重游泳时间，降低运动后血清尿素水平，具有提高小鼠肝糖原储备量的显著作用；对小鼠的体重增长、运动过程中血乳酸变化幅度无影响，说明双齿多刺蚁水提取物具有缓解体力疲劳的作用（刘德文等，2004）。实验结果表明，双齿多刺蚁提取液能显著地提高老龄小鼠体内 RBC-SOD 的活性，明显降低老龄小鼠血浆中 MAO 的含量，使小鼠脾脏脂褐素明显减少（张效云等，1996）。研究表明，在用 D-半乳糖处理诱发亚急性衰老的过程中，每天给小鼠灌服 5g/kg 的双齿多刺蚁粉或蚁液，可使血浆超氧化物歧化酶的活性比对照组明显升高，提示双齿多刺蚁对该酶可能有激活作用，说明双齿多刺蚁粉或蚁液可降低体内自由基和脂质过氧化反应，具有抗衰老作用（黄超培等，1996）。采用全血化学发光方法的结果表明，双齿多刺蚁乙醇提取物和匀浆物都能明显抑制全血化学发光，且呈量效关系，对非细胞体系产生的活性氧作用是能有效地清除超氧阴离子自由基（龙盛京等，1998）。

（3）抗肿瘤作用：用50%的双齿多刺蚁乙醇提取液给实验昆明鼠灌胃，结果表明，中剂量组对H22肿瘤细胞生长有明显抑制作用，抑瘤率达62.39%（王秀芹等，2002）。双齿多刺蚁可明显延长S腹水肉瘤鼠平均存活时间，抑制S腹水肉瘤的生长，并对Swiss和Bal/C各种系荷瘤鼠S180实体瘤生长均有明显抑制作用。中剂量组对昆明鼠S180肿瘤生长的具有抑制作用，抑瘤率高达65.62%，各实验组荷瘤鼠胸腺和脾脏重量均明显高于对照组（$p<0.05$），说明双齿多刺蚁具有增加S180荷瘤鼠免疫器官胸腺和脾脏重量的作用。双齿多刺蚁体外实验表明，双齿多刺蚁对S180、YAC-1、H22肿瘤细胞DNA合成均有明显抑制作用，并对S180、YAC-1肿瘤细胞均有细胞毒性作用，三株肿瘤细胞DNA合成的抑制作用随双齿多刺蚁提取液剂量的增加而增强。双齿多刺蚁提取液对S180肿瘤细胞抑制作用最强，H22次之，YAC-1最弱。双齿多刺蚁提取液可在体外条件下直接杀伤肿瘤细胞，抑制其增殖。双齿多刺蚁抑制肿瘤细胞生长作用与机体免疫有关，双齿多刺蚁中的营养成分及有效生物活性物质对肿瘤细胞DNA可能既有解聚又有抑制合成作用，从而直接杀伤肿瘤细胞，抑制其增殖（陈静等，1999；2000；2004）。

（4）性激素样作用：双齿多刺蚁提取液有促进幼年鼠睾丸发育的作用，双齿多刺蚁制剂能使雄性去势小鼠的精液囊、前列腺和包皮腺重量显著增加，能使大鼠的附性器官精囊明显增重，前列腺发生雄性激素样作用的变化，肾上腺显著增重，使去势大鼠血清睾酮和血清微量元素Zn、Mg、Fe、Ca的含量增加，使正常小鼠睾丸和附睾重量及精子数目显著提高，并使老年小鼠已萎缩的睾丸显著增重。双齿多刺蚁能促进小鼠性器官的生长发育，增强机体性功能。双齿多刺蚁酒对小鼠血清睾酮含量无明显影响，说明其不是通过促性腺激素的作用升高雄性激素水平，而是本身具有性激素样作用来增强小鼠的性功能（徐庆，1989）。

（5）其他作用：研究报道，双齿多刺蚁酒对大鼠佐剂性关节炎的早期炎症和继发病变均有明显抑制作用，并能显著抑制DNFB诱导的小鼠DTH和二甲苯所致的小鼠耳廓炎症，对小鼠热板法止痛有明显抑制作用。双齿多刺蚁制剂能明显抑制蛋清、琼脂、右旋糖苷所致大鼠足肿和棉球肉芽组织增生，降低小鼠毛细血管通透性，提高小鼠的痛阈值并减少小鼠的扭体次数等，具有明显的抗炎、镇静、提高免疫机能的作用。双齿多刺蚁具有调节血糖和血脂作用，能降低高脂血症大鼠TC和TG的含量及AI水平，并升高血清I CAT活性，且对四氧嘧啶所致糖尿病小鼠有明显降血糖作用，但对正常小鼠血糖无明显影响。双齿多刺蚁制剂还有平喘和解痉作用，治疗肝炎和护肝作用，能降低血清谷丙转氨酶活性和防治肝细胞脂肪病变。

国内虽然对蚂蚁的保健功能的研究较多，但总的来说，研究不系统、不深入，对蚂蚁的活性成分和作用机制的研究缺乏严谨而系统的科学实验，蚂蚁作为一种重要的药用昆虫资源的研究还处于一个初级阶段。

8.3.3　僵蚕

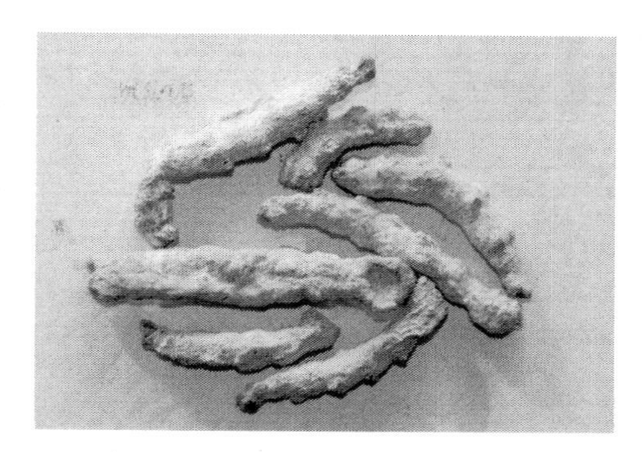
图 8.4　僵蚕

僵蚕是家蚕 *Bomby mori* L. 幼虫感染白僵菌 *Beauveria bassiana*（Bals.）Vuill 致死后所得的僵尸，又名白僵蚕（图 8.4，彩图）。《本草纲目》等药典记载，僵蚕“味咸辛，性平。归肝、肺、胃经，具有退热、止咳、化痰、镇静、镇惊、消肿等功效。用于治疗癫痫、高热惊厥、咽喉肿瘤、上呼吸道感染、遗尿、皮肤痛痒、面神经麻痹等症”。

1. 主要化学成分

白僵蚕富含蛋白质和氨基酸，蛋白质含量在 50%以上，含有胡萝卜素、核黄素、生育酚和视黄素等多种维生素，含有 18 种微量元素，总质量为 13.18mg/g，其中有 Fe、Zn、Cu、Cr、Mn 和 Ni 6 种元素为人体必需微量元素。白僵菌能在侵入的蚕幼虫和蚕蛹代谢过程中产生草酸、柠檬酸等有机酸，草酸与表皮中的钙相互作用，在虫体表形成草酸铵。白僵菌在生长过程中能分泌白僵菌素（毒素），对革兰氏阳性菌、绿脓杆菌、霉菌等具有明显的杀菌抑制作用。

僵蚕乙醇提取物中分离得到了 8 种化合物，分别为麦角甾-6，22-二烯-3β，5α，8α-三醇（ergost-6，22-dien-3β，5α，8α-triol）、棕榈酸（palmitic acid）、赤藓酸（meso-erythritol）、甘露醇（*D*-mannitol）、尿嘧啶（uracil）、谷甾醇（β-sitosterol）、胡萝卜苷（daucosteml）和 6-甲氧基-7-O-β-*D*-（4-甲氧基）吡喃葡萄糖基香豆素［6-methoxy-7-O-β-*D*-（4-methoxy）glucopyranosyl coumarin］。

2. 主要药理作用

抗凝作用：僵蚕提取液抗凝作用研究表明，采用结扎大鼠腹主静脉造成静脉血栓模型，僵蚕抗凝成分（anticoagulant component in *Bombyx batryticatus*，ACIBB）可明显抑制大鼠实验性静脉血栓的形成，抑制纤维蛋白原含量（Fbg）、纤溶酶原含量（Pig），增强组织纤溶酶原激活物（tPA）与抗凝酶（AT-III）的活性，抑制组织纤溶酶原激活物抑制物（PAI）活性，并明显延长激活部分凝血活酶时间（Appt）、凝血酶原时间、凝血酶时间。僵蚕抗凝成分通过降低内、外源凝血系统因子的活性，增加纤溶系统活性，进而防止血栓的形成。僵蚕在体内外对凝血酶和 ADP 诱导的血小板聚集均有明显的抑制作用，而且这种抑制作用具有明显的量效关系（彭延古等，2007a，b）。

抗惊厥作用：研究报道，僵蚕具有抗惊厥作用，在临床上证实对癫痫治疗有一定疗效。僵蚕及白僵蛹体表中存在大量的草酸铵。动物实验表明，僵蚕的醇提取物能对抗士的宁引起的小鼠强制惊厥，草酸铵是抗惊厥作用的活性成分。在尼可刹米及异烟肼发作实验中，氯仿及乙酸乙酯部位具有抗惊厥作用，而有机试剂萃取后的醇提液却不具有抗惊厥活性，这说明在氯仿及乙酸乙酯部位还存在除草酸铵外的具有抗惊厥活性的物质

（中国医学科学院药物研究所药理室与植化室神经组，1978；邢少华，1990；严铸云等，2006）。

3. 不良反应

僵蚕中含有6种毒素，其中黑僵毒素A、B和细胞松弛素等毒素具有耐热特性，一般煎药温度不能破坏其毒素，人食用后经肠道吸收，作用于神经系统，常见的中毒反应的临床表现有肢体震颤等，严重者伴有意识障碍、眼球水平震颤，引起急性视神经炎、运动性失语、共济失调、肌张力增高、腱反射亢进等体征（Koo et al.，2003）。

8.3.4 斑蝥

图8.5　斑蝥

斑蝥在分类上属于鞘翅目芫菁科（图8.5，彩图），芫菁科昆虫全世界大约记载了2300种，中国已记载15属130余种。斑蝥分布较广，世界各地均有分布。

1. 主要生物学特征

豆芫科幼虫为捕食性或寄生性。捕食性的如芫菁亚科的斑芫菁属和豆芫菁属，幼虫取食蝗卵，对于抑制蝗虫的发生起着有益的作用。寄生性的如芫菁科的短翅芫菁属、栉芫菁亚科的歧翅栉芫菁属等，幼虫寄生于花蜂或蜜蜂的蜂巢内，对养蜂业造成危害。

（1）南方大斑蝥 *Mylabris phalerata*：一年一代，世代历期300～335天，完全变态，幼虫5龄，有4个虫态时期。其中以蛹历期最短，幼虫期最长。

成虫：以豆科植物的花为主食。在四川南充通常于7～8月出现，群集生活和栖息。成虫羽化后10天左右开始交配，交配1～3次，交配后10～15天产卵，每雌虫一生中产卵1～3次，平均可产卵78粒。成虫在25～30℃、湿度65%～75%时最为活跃，低于18℃，高于32℃时成虫几乎停止取食、交配和产卵。雌成虫平均寿命51天，雄成虫平均寿命43天。成虫发育起点温度为18.56℃，有效积温为228.12日度。

卵：淡黄色，受精卵呈黄色，一般在22～32℃、湿度55%～75%条件下发育良好，卵历期约28天。湿度对卵孵化有明显的影响，高于80%卵易被霉菌感染而变坏，低于50%卵易失水，孵化率降低。

幼虫：肉食性，以蝗虫卵为食。幼虫5龄，1龄和5龄历期最长，2～4龄历期最短。1龄幼虫行动敏捷，耐饥力极强，2～5龄幼虫基本不能爬行，1～5龄幼虫均可安全越冬。异龄幼虫之间有相互残杀现象，而1龄幼虫之间即使不给食物直至饿死也无互杀发生。其整个幼虫历期长达253～267天。

蛹：金黄色，栖息于自筑的土室内，历期12～23天。温度为25～26℃，土壤含水量为10%～15%适于蛹发育（张含藻等，1991）。

（2）黄黑小斑蝥 *Mylabris cichorii*：一年一代。成虫一般在7月中旬至9月出现，7月下旬到 8 月中旬为羽化盛期，羽化后 2～5 天交配，交配 2～4 次。交配后 5～15 天产卵，产卵多发生在下午 4 点至晚上 12 点，产卵高峰期在产卵后的第 15 天，每头雌成虫一般产卵 2～4 次，多数雌虫产卵 2 次。雌成虫每次产卵 25～98 粒，一生可产卵 78～40 粒，平均 159 粒，卵通常产于较湿润的微酸性的土壤里。成虫以豆类作物的花为食，于 9 月下旬到 10 月中旬相继死亡。以卵越冬，卵于翌年 4 月下旬到 5 月下旬陆续孵化。幼虫期较短，29～65 天，平均 47 天。幼虫 5 龄，以蝗虫卵为食，5 龄幼虫栖息于土中，在土穴中发育成蛹。蛹期 13～19 天，平均 14.9 天（张含藻和胡周强，1989；张含藻等，1989）。

2. 利用状况

斑蝥中的有效成分是斑蝥素（cantharidin），斑蝥素是一种水晶性的内酯(lactone)物质，以自由状态存在于斑蝥体内，每头斑蝥的斑蝥素含量为 0.4%～0.8%，以盐的形式合成，斑蝥素中大约含有 12%的脂肪。在常温下，斑蝥素为无色无味的固体，分子式为 $C_{10}H_{12}O_4$，熔点 218 °C，升华温度为 120°C，相对分子质量为 196.096。斑蝥素溶于醚（ether；1/700）、乙酸乙酯（acetic ether；1 / 150）、氯仿（chloroform；1 / 65）、丙酮（acetone；1/ 46）、冰乙酸（glacial acetic acid）或杏仁油（almond oil；1 / 1000），几乎不溶于水，微溶于乙醇，溶于钠和氢氧化钾溶液（Direction of the Council of the Pharmaceutical Society of Grent Britain，1911）。结构式如图 8.6 所示。

斑蝥的主要药理成分是斑蝥素及其衍生物——去甲斑蝥素，这类物质属于有毒物质，具有较高的毒性。对治疗癌症等疾病具有较好的疗效。斑蝥素及其衍生物的抗癌作用机制主要是抑制癌细胞的蛋白质合成，降低癌毒素水平及影响癌细胞的核酸代谢，诱导癌细胞的凋亡。主要药理作用是抑制癌细胞 DNA 合成的同时，升高白细胞，拮抗骨髓抑制。体外实验对食管鳞癌、肝癌、胃癌、肠癌、肺巨细胞癌细胞有明显的杀伤作用。体外实验对艾氏腹水癌 S180、Morris 肝癌、乳腺癌、黑色素瘤、肾癌有明显的抑制作用。斑蝥素及其衍生物已经通过人工合成，并在大量的临床试验的基础上，研制出去甲斑蝥素药品，作为抗肿瘤药物广泛地应用在临床上，适用于肝癌、食管癌、胃癌和贲门癌等及白细胞低下症、肝炎、肝硬化、乙型肝炎病毒携带者。甲斑蝥素外用还常用于治疗神经性皮炎和其他顽固性皮炎等疾病。由于斑蝥素具有较强的毒性，对人体有一定的副作用，特别是会对人的泌尿系统产生较大的损伤。

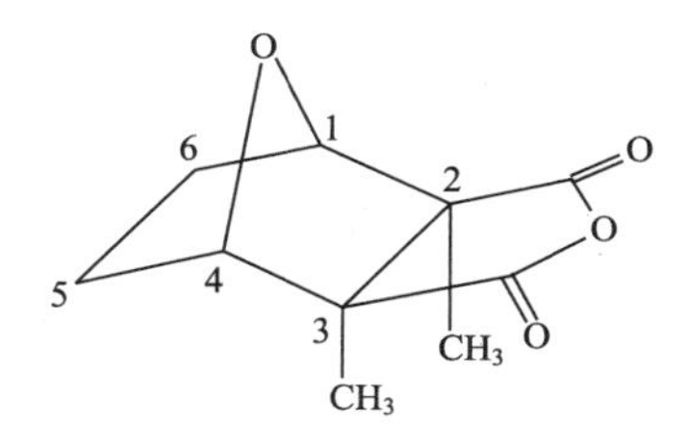

图 8.6　斑蝥素的结构式

斑蝥在中药中常用来外治疥癣恶疮，内用攻毒、逐淤散结、抗肿瘤等。芫菁科昆虫主要依据其斑蝥素含量来确定是否能入药，《中华人民共和国药典》规定，斑蝥素含量在 0.35g/头的斑蝥才能入药，大约有 10 多种芫菁的斑蝥素含量高于国家药典入典标准，可以入药。我国药用种类主要有黄黑小斑蝥 *Mylabris cichorii* L.、南方大斑蝥 *Mylabris phalerata* Pallas、眼斑芫菁 *Mylabris cichorii* L. 等。日本用种类为芫菁 *Epicauta gorhami* Marseul。欧洲用种类为西班牙绿芫菁 *Lytta vesicatoria* Fischer-Waldheim。不同种类芫菁的斑蝥素含量有差异，同一种类不同分布地区，取食不同植物的芫菁的斑蝥素含量也有较大的区别（表 8.1）。毛角豆芫菁 *Epicauta hirticornis* Haag-Rutenberg 含斑蝥素最多。

表 8.1 不同地区、不同寄主植物上芫菁科昆虫体内斑蝥素的含量（方宇凌等，2001）

种名	采集地及寄主植物	斑蝥素含量/%
绿芫菁 *Lytta caraganae*	内蒙古（锦鸡儿）雄虫（交尾高峰前）	0.210
	内蒙古（锦鸡儿）雌虫（交尾高峰前）	0.022
	内蒙古（锦鸡儿）雄虫（交尾高峰后）	0.716
	内蒙古（锦鸡儿）雌虫（交尾高峰后）	0.377
	山西（杂草）雄、雌混合	0.259
	山西（秦艽）雄、雌混合	0.511
	山西（秦韭）雄虫（交尾高峰前）	0.322
	山西（秦韭）雌虫（交尾高峰前）	0.118
中国豆芫菁 *Epicauta chinensis*	山西（土豆）雄虫（交尾高峰后）	1.666
	山西（土豆）雌虫（交尾高峰后）	0.439
	山西（土豆）雄、雌混合（交尾高峰后）	0.638
	山西（秦韭、杂草）雄虫（交尾高峰前）	1.678
	山西（秦韭、杂草）雌虫（交尾高峰前）	0.296
	山西（秦韭、杂草）雄、雌混合（交尾高峰前）	0.638
	山西（秦韭、杂草）雄虫（交尾高峰后）	2.317
	山西（秦韭、杂草）雌虫（交尾高峰后）	1.152
	山西（杂草）雄虫	1.847
	山西（杂草）雌虫	0.920
蒙古斑芫菁 *Mylabris mongolica*	内蒙古（黄芪）雄虫	2.932
	内蒙古（黄芪）雌虫	1.476
	内蒙古（锦鸡儿）雄虫	1.852
	内蒙古（锦鸡儿）雌虫	0.894
	内蒙古（蚕豆）雄、雌混合	1.986
	新疆 雄虫	0.525
	新疆 雌虫	0.171
丽斑芫菁 *Mylabris speciosa*	山西（苦菜花）雄、雌混合（交尾高峰后）	2.484
	山西（土豆花）雄、雌混合（交尾高峰后）	2.711
	山西（杂草）雄虫（交尾高峰前）	1.520
	山西（杂草）雌虫（交尾高峰前）	0.792
	山西（杂草）雄、雌混合	1.902
	山西（多种花）雄、雌混合	2.788
灰边齿爪芫菁 *Denierella serrata*	江西（泡桐）雄、雌混合	2.487
眼斑芫菁 *Mylabris cichorii*	福建	1.477
	海南	1.436
条纹豆芫菁 *Epicauta waterhousei*	海南	0.801
曲角短翅芫菁 *Meloe proscarabaeus*	山西（杂草）雄、雌混合（交尾高峰前）	0.399
腋斑芫菁 *Mylabris axillaris*	山西（杂草）雄、雌混合（交尾高峰后）	0.504

8.3.5　美洲大蠊

美洲大蠊 *Periplaneta americana*（又名蟑螂）入药在《本草纲目》中就有所记载，在云南民间，美洲大蠊常常用于处理外伤，具有促进伤口愈合，消炎止痛等功效。根据这一特性，美洲大蠊中发现了三种有效的生物活性成分。研究表明，美洲大蠊体内含有多种活性成分，其中氨基酸与黏多糖的化合物具有较强的抗艾滋病病毒作用。在动物合胞体试验中，这种化合物对艾滋病病毒的治疗指数是4264。美洲大蠊中另外一种活性成分被称为表皮生长因子，具有很强的促进伤口愈合、生肌消炎等效果。利用美洲大蠊中提取的这种活性成分研制出治疗外伤创面的新药"康复新滴剂"。美洲大蠊中还含有的活性物质是氨基酸与糖的化合物，经临床研究，以这种化合物为主要成分的注射液治疗肺心病心衰疗效显著。

主要参考文献

藏其中，万淑莹．1992. 蚕蛹多糖的分离和分析．中成药．14：35～36

常泓，张婕．2001. 香棒虫草和冬虫夏草中甘露醇和麦角甾醇的测定分析．山西农业大学学报（自然科学版），21（1）：63～65

陈静，郭虹，刘木清等．2000. 拟黑多刺蚁体内抑瘤作用研究．北华大学学报（自然科学版），1（6）：480～482

陈静，李坦，沈维高等．1999. 拟黑多刺蚁对S180荷瘤鼠免疫器官的影响及其抑瘤效应．吉林医学院学报，19（4）：1～2

陈静，刘巨森，范存欣等．2004. 拟黑多刺蚁醇提取物对荷瘤鼠免疫功能的影响．吉林大学学报（医学版），30（4）：543～545

方宇凌，谭娟杰，马文珍等．2001. 芫青科不同种类成虫体内斑蝥素的含量. 昆虫学报，44（2）：192～196

冯颖，陈晓鸣，何钊等．2006a. 白蜡虫抗突变实验与主要功效成分分析．林业科学研究，19（3）：284～288

冯颖，陈晓鸣，马艳等．2006b. 白蜡虫免疫调节作用试验研究．林业科学研究，19（2）：221～224

高士贤．1996. 中国动物药志．长春：吉林科学技术出版社．319～322

龚敏，朱勤，王彤等．1990. 冬虫夏草多糖的分子结构与免疫活性．生物化学杂志，6（6）：486～491

黄超培，杨玉英，梁坚等．1996. 大黑蚁对小鼠亚急性衰老过程的影响．广西预防医学，2（1）：12～14

金伟，王亚威．2000. 虻虫抗凝血物质的提取与鉴定．中医药学报，3：58～60

李裕生，杨玉英，陈正清等．1995. 拟黑多刺蚁的安全性研究．广西预防医学，1（6）：333～335

李兆兰．1988. 中国弯颈霉新种及产环孢菌素的研究. 真菌学报，7（2）：93～98

郦皆秀，李进，徐丽珍等．2003. 西藏产冬虫夏草化学成分研究．中国药学杂志，38（7）：499～501

刘德文，孙启时，李彤．2004. 拟黑多刺蚁提取物对小鼠缓解体力疲劳作用的研究．中国食品卫生杂志，16（4）：334～336

刘世成，袁红，胡小鹰．2006. BQ注射液对动物血小板聚集的影响．中国中医急症，15（4）：411～413

刘勇，罗氚芸，李蕾等．2000. 云南琵琶甲防御性分泌物抗菌活性及GC-MS分析．云南大学学报（自然科学版），22（3）：217～219

龙盛京，朱春玲，杨燕斌．1998. 拟黑多刺蚁对全血化学发光与活性氧的抑制作用．药物生物技术，5（4）：219～223

吕瑞绵，杨永春，杨云鹏等．1981. 冬虫夏草化学成分的研究．药学通报，16（9）：55

彭延古，雷田香，付灿云等．2007a. 僵蚕抗凝成分ACIBB对实验性静脉血栓形成的影响．中药药理与临床，23（1）：27～29

彭延古，李露丹，雷田香等．2007b. 僵蚕抗凝成分对血小板聚集的抑制效应．血栓与止血学，13（2）：78～79

强承魁，杨兆芬，张绍雨．2006. 黄粉虫防御性分泌物化学成分的GC/MS分析．昆虫知识，43（3）：385～389

王金华 . 2003. 白僵蚕及白僵蛹活性物质的研究与应用，时珍国医国药，14 (8)：492～494
王秀芹，毛凤林，陈淑华等 . 2002. 拟黑多刺蚁对 H22 荷瘤鼠抑制肿瘤生长的初探 . 北华大学学报（自然科学版），3 (6)：504～505
翁丽丽，姜大成，董方等 . 2004. 红林蚁与拟黑多刺蚁化学成分比较 . 中药材，27 (10)：716～718
肖永庆，刘静明，屠呦呦等 . 1983. 冬虫夏草化学成分研究 I. 中药通报，8 (2)：32～33
邢少华 . 1990. 动物病理产物药的药用价值初探 . 中国药学报，11 (9)：40
徐庆 . 1989. 山蚁精对大白鼠性器官和免疫器官的影响 . 广西中医药，12 (4)：46
徐任生，叶阳，赵维民等 . 2004. 天然产物化学 . 第二版 . 北京：科学出版社 . 291～294
严铸云，李晓华，陈新等 . 2006. 僵蚕抗惊厥活性部位的初步研究 . 时珍国医国药，7 (5)：696～697
张保国，张大禄 . 2003. 动物药，北京：中国医药科学技术出版社 . 868～875
张含藻，胡周强 . 1989. 黄黑小斑蝥种群动态的初步调查 . 中药材，12 (1)：16～17
张含藻，胡周强，薛震尧 . 1989. 黄黑小斑蝥繁殖习性初报 . 中药材，8 (8)：10～11
张含藻，胡周强，张继强等 . 1991. 南方大斑蝥生活习性及各虫态生长发育的初步研究 . 中草药，22 (5)：222～223
张豁中，温玉麟 . 1995. 动物活性成分化学 . 天津：天津科学技术出版社 . 1～539
张效云，赵铁军，薄爱华等 . 1996. 拟黑多刺蚁对小鼠 SOD、MAO 含量和脂褐素的影响 . 张家口医学院学报，13 (1)：11～13
赵开军，濮存海，关志宇 . 2006. 拟黑多刺蚁蚁油的超临界 CO_2 萃取及 GC-MS 分析 . 中国中医药信息杂志，13 (6)：55～56
中国医学科学院药物研究所药理室与植化室神经组 . 1978. 僵蚕与僵蛹的抗惊作用及其有效成分的研究 . 中草药通讯，12：24
周尧 . 1980. 中国昆虫学史 . 西安：昆虫分类学报社 . 50～51
朱育新，卞佩玲，刘正廉等 . 1997. 拟黑多刺蚁乙醇提取物的初步鉴定 . 昆虫知识，34 (5)：269～270
邹树文 . 1982. 中国昆虫学史 . 北京：科学出版社 . 180～186
Aston R J，White A F. 1974. Isolation and purification of the diuretic hormone from *Rliodnius prolixus*. J Insect Pkysiol，xo：1673～1682
Baker R，Briner P H，Evans D A. 1978. Chemical defence in the termite *Ancistrotermes cavithorax*：ancistrodial and ancistrofuran. J Chem Soc Chem Commun，410～411
Bertaccini G，Neviani D E，Roseghini M. 1965. Occurrence of biogenic amines and other active substances in methanol extracts of the beetle *Luciola italica*. J Insect Physiol，11：1055～1056
Bok J W，Lermer L，Chilion J et al. 1999. Antitumor sterols from the mycelia of *Cordyceps sinensis*. Phytochemistry，51 (7)：891～898
Boman H G，Rasmuson B，Rasmuson B. 1972. Inducible antibacterial defense system in Drosophial. Nature，237：232～235
Brown B E. 1967. Neuromuscular transmitter substance in insect visceral muscle. Science，155：595～597
Brown B E. 1975. Proctoin：a peptide transmitter candidate in insects. Life Sci，17：1241～1252
Browne L E，Wood D L，Bedard W D et al. 1979. Quantitative estimates of the western pine beetle attractive pheromone components，exo-brevicomin，frontalin，and myrcene in nature. Journal of Chemical Ecology，5：397～441
Butenandt A，Beckmann R，Stamm D et al. 1959. Über den sexuallockstoff des seidenspinners *Bombyx mori*. Z Naturforsch，14 B：283～284
Cameron M L. 1953. The secretion of an orthodiphenol in the corpus cardiacum of the insect. Nature，172：349～350
Casteels P，Jacobs F，Jacobs F. 1989. Apidaecins：antibacterial peptides from honeybee. EMBO-Journal，8：2387
Casteels-Josson K，Casteels P. 1993. Apidaecin multipeptide precursor structure：a putative mechansim for amplification of the insect antibacterial response . EMBO Journal，12：1569
Chen Y J，Shiao M S，Lee S S et al. 1997. Effect of *Cordyceps sinensis* on the proliferation and differentiation of hu-

man leukemic U937 cells. Life Sci，60（25）：2349～2359

Direction of the Council of the Pharmaceutical Society of Great Britain. 1911. The British Pharmaceutical Codex. London and Chicago：The Pharmaceutical Press. 1911

Gersch M，Richter K，Bohm G A *et al*. 1970. Selektive ausschuttung von neurohormonen nach elektrischer reizing der corpora cardiaca von periplaneta American am vitro. Insect Pkysiol，16：1991～2013

Goldbard G A，Sauer J R，Mills R R. 1970. Hormonal control of excretion in the American cockroach. II. Preliminary purification of a diuretic and anti-diuretic hormone. Comp Gen Pharmacol，1：82～86

Happ G M. Meinwald J. 1965. Biosynthesis of Arthropod Secretions. I. Monoterpene Synthesis in an Ant（Acanthomyops claviger）. J. Am. Chem. Soc.，87（11）：2507～2508

Hultmark D，Steiner H，Rasmuson T et al. 1980. Insect immunity. Purification and properties of three inducible bactericidal proteins from hemolymph of immunized pupae of *Hyalophora cecropia*. Eur J Biochem，106：7～16

Ishizaki H，Ichikawa M. 1967. Purification of the brain hormone of the silkworm bombyx mori. Biol Bull，133：355～368

Jia J M，Ma X C，Wu C F et al. 2005. Cordycedipeptide A，a new cyclodipeptide from the culture liquid of Cordyceps sinensis（BERK.）SACC. Chem Pharm Bull，53（5）：582，583

Kalson P，Butenandt A. 1959. Pheromones（ectohormones）in insect. Annual Review of Entomology，4：39～58

Kasang G，Nicholls M，Proff L. 1989. Sex pheromone conversion and degradation in antennae of the silkworm moth *Bombyx mori* L. Cellular and Molecular Life Sciences，45（1）：81～87

Kishi Y，Matsuura S，Inoue S et al. 1968. Luciferin and luciopterin isolated from the Japanese firefly，*luciola cruciata*. Tetrahedron Lett，24：2847～2850

Koo B S，An H G，Moon S K. 2003. Bombycis corpus extract（BCE）protects hippocampal neurons against excitatory amino acid-induced neurotoxictiy. Immunopharmacol Immunotoxicol，25（2）：191～201

Kubista V，Gutmann E. 1957. Denervation changes in muscles of insects；glycogen in normal and denervated muscles of Periplaneta americana. Cesk Fysiol，6（2）：154～158

Matsuyama K，Natori S. 1988. Purification of three antibacterial proteins from the culture medium of NIH-Sape-4，an embryonic cell line of Sarcophaga peregrine. J Biol Chem，263：17112～17116

Mills R R，Lake C R. 1966. Hormonal control of tanning in the American cockroach. IV. Preliminary purification of the hormone. J Insect Physiol，12：1395～1401

Moeck H A. 1991. Primary attraction of mountain pine beetle，*Dendroctonus pseudotsugae* Hopk（Coleoptera：Scolytidae）. Can Entomol，94：1309～1325

Moore B P. 1968. Studies on the chemical composition and the function of the cephalic gland secretion in Australian termites. J. Insect Physiol.，14：33～39

Nolte D J，Eggers S H，May I R. 1973. A locust pheromone：locustol. J Insect Physiol，19：1547～1554

Pettit G R，Ode R H，Coomes R M et al. 1976. Antineoplastic agents. 42. The butterfly，prioneris thestylis. Lloydia，39：363～367

Pettit G R，Houghton L E，Rogers N H et al. 1972. Butterfly wing antineoplastic agents. Cellular and Molecular Life Sciences，28：381～382

Prestwich G D. Wiemer D F，Meinwald J，et al. 1978. Cubitene：an irregular twelve-membered-ring diterpene from a termite soldier. J. Am. Chem. Soc，100（8）：2560～2561

Regnier F E，Wilson E O. 1968. The alarm-defence system of the ant *Acanthomyops claviger*. J Insect Physiol，14：955～970

Schmidt G H，Viscontini M. 1964. Fluoreszierende Stoffe aus Roten Waldameisen der Gattung Formica（Ins.，Hym.）I. Isolierung von Roboβavin，2-Amino-6-Hydroxypterin，Isoxanthopterin，Biopterin，und einer neuen，als "Formicapterin" bezeichneten Substanz. Helv Chim Acta，45：1571～1575

Steiner H，Hultmark D，Engström A et al. 1981，Sequence and specificity of two antibacterial proteins involved in insect immunity. Nature，292 (5820)：246～254

Stone G M，Murphy L，Miller B G. 1978. Hormone receptor levels and metabolic-activity in the uterus of the ewe：regulation by estradiol and progesterone. Australian Journal of Biological Science，31 (4)：395～403

Stone J V，Mordue W. 1978. Structure-activity relationships for the lipid-mobilizing action of locust adipokinetic hormone. Eur J Biochem，89：195～202

Tilden P E，Bedard W D. 1988. Effect of verbenone on response of Dendroctonus brevicomis toexo-Brevicomin，frontalin，and myrcene. Journal of Chemical Ecology，14 (1)：113～122

Toshio M，Naoko O，Haruki Y. 1977. Studies on fungal polysacehafides. XX. Galactomannan of cordyceps sinensis. Chem Pharm Bull，25 (12)：3324～3328

Wang B J，Won S J，Yu Z R et al. 2005. Free radical scavenging and apoptotic effects of *Cordyceps sinensis* fractionated by supercritical carbon dioxide. Food Chem Toxicol，43 (4)：543～552

Yoshikawa N，Nakamura K，Yamaguchi Y et al. 2004. Antitumor activity of cordycepin in mice. Clin Exp Pharmacol Physiol，31 (2)：51～53

Östlund E. 1954. The distribution of catechol amines in lower animals and their effect on the heart. Acta Physiol Scand Suppl，31 (112)：1～67

第9章　昆虫作为蛋白质资源

9.1　昆虫作为蛋白质资源的价值和意义

昆虫作为一类重要的蛋白质资源，具有丰富的营养价值。在人类的发展的历程中，昆虫曾作为食品，在许多国家和地区都很普及。中国是利用食用昆虫最早的国家之一，食用昆虫十分普遍，中国许多古代文献中对食用昆虫都有较为详尽的描述，据考证（周尧，1980；邹树文，1982），中国食用昆虫的记载最早见于《周礼·天官》和《礼记·内则》，距今已有3000多年的历史。一些食用昆虫在中国古代作为贡品贡奉皇族和达官贵人，《周礼·天官》中记载了蚁子酱、蝉和蜂，唐代刘恂《岭表录异》中有胡蜂采集和烹调方法的详细记载“宣歙人脱蜂子法。大蜂结房于山林间，大如巨钟，其中数百层。土人采时，须以草蔽体以捍其毒螫，复以烟火熏散蜂母，乃敢攀缘崖木，断其蒂。一房中蜂子，或五六斗，至一石，以盐炒爆干，寄入京洛以为方物。然房中蜂子三分之一翅足已成，则不堪用”。晋崔豹《古今注》中记载了食用蜉蝣，《太平御览》和陶弘景《本草集注》中记载了蛴螬，唐代温庭筠的《乾　子》和韩保升的《蜀本草》中记载了食用蟒象，元朝吴瑞的《食用本草》中记载了蚕蛹的食用，方以智在《物理小识》中介绍了龙虱的食用，由此可见，食用昆虫在古代很普遍。食用昆虫习俗，随着农业生产的逐渐发展，有些已丢失，有些仍保留下来，迄今在中国许多地区，尤其是少数民族地区，食用昆虫的习俗仍然十分普遍。例如，云南少数民族地区，26个少数民族基本上都保留着食用昆虫的习俗，在云南，许多食用昆虫仍是当地款待贵宾的珍品，几乎每个季节都能在餐馆、饭店中吃到食用昆虫，常见的食用昆虫种类有胡蜂 *Vespa* spp. 蛹、胡蜂幼虫、家蚕蛹 *Bombyx mori* Linnaeus、竹虫 *Chilo fuscidentalis* Hampson、柴虫（天牛、吉丁虫等幼虫的总称）、蚂蚁、虫草等。

世界上的许多国家和民族都有食用昆虫的习俗。早在1885年，英国昆虫学家 Vincent M. Holt 在《为什么不食用昆虫》一书中就提出了昆虫作为食品的设想。亚洲的日本、泰国、印度尼西亚、马来西亚、印度、斯里兰卡、菲律宾、老挝等地的居民食用多种昆虫。在日本，食用蝗虫、胡蜂等。在泰国的东北部，市场上常见的食用昆虫种类有家蚕、非洲蝼蛄 *Gryllotalpa africana* Palisot de Beavois、桂花蝉 *Lethocerus indicus* Lepeletier de Serville 等。非洲的许多民族都有食用白蚁、蚂蚁、蝗虫等昆虫的习惯。欧洲的法国、意大利、德国等也有食用昆虫的习俗。美洲的许多地区都有食用昆虫的习惯。例如，加拿大人吃金龟子幼虫，美国人吃炒蚕蛹等。墨西哥是著名的食用昆虫的国家，常见的种类有白蚁、蚂蚁、蟒象等。

作为一类特殊的食用资源，昆虫体内含有丰富的蛋白质、氨基酸、脂肪类物质、无机盐、微量元素、碳水化合物、维生素等成分，作为食品蛋白和饲料蛋白都具有广阔的应用前景。据统计，全世界的食用昆虫有3000多种，几乎所有目的昆虫都有人食用。

墨西哥已确定种名的食用昆虫有368种（文礼章，1998）；在泰国东南部，市场常见的食用昆虫有15种（Hiroyuki and Rojchai Satrauaha，1984）；日本食用昆虫有55种（三桥淳，1992）；在中国，已确定种名的食用昆虫有177种（陈晓鸣和冯颖，1999），食用昆虫资源是相当丰富的。昆虫与其他生物资源相比，有种类多、资源数量大、种群繁殖力强、可培育等特点。有的种类的昆虫每头雌虫一次的产卵数量可达10 000粒以上，1年可产卵多次，可繁殖多代，繁殖速度极快，昆虫物种丰富、资源数量大的特征为食用昆虫资源利用奠定了丰富的物质基础。昆虫分布范围广泛，几乎地球上所有的生态系统中都有昆虫生存，昆虫的食性多种多样，有植食性、腐食性、寄生性等多种取食方式，广阔的生存地域性和多样化的取食方式为食用昆虫资源的培育和利用提供了十分便利的条件和可能性。人类社会在生存、发展、进化的过程中，将野生动物驯化成为家禽和家畜，以满足人类对蛋白质的需求，同样人类也可以培育昆虫作为一种新的蛋白质资源，以满足人类日益增长的食品和营养需求。除作为食用蛋白开发外，昆虫还是一种资源丰富的饲料蛋白来源，其营养价值可以与鱼粉等高蛋白饲料相媲美。

9.2 昆虫的营养价值

9.2.1 蛋白质及氨基酸

蛋白质是生物体主要组成物质之一，是一切生命活动的基础。蛋白质构成生物体内许多有重要生理作用的物质，如酶、激素、血红蛋白和胶原蛋白。蛋白质还是体内抗体的重要组成部分，参与免疫系统作用。蛋白质是人体氮的唯一来源，能够维持体内酸碱平衡，并和遗传信息传递、体内重要物质的转运有关。作为一种产热营养素，蛋白质还能提供能量。昆虫体内的蛋白质含量十分丰富，在已分析了营养成分的近百种食用昆虫中（表9.1），无论供食用的虫态是卵、幼虫、蛹或成虫，其蛋白质含量均十分丰富，粗蛋白含量一般占蛋白质含量的20%～70%。蜉蝣目Ephemeroptera幼虫粗蛋白含量在40%～65%，蜻蜓目Odonata幼虫粗蛋白的含量为40%～65%，同翅目Homoptera中供食用的昆虫幼虫和卵蛋白含量为40%～57%，半翅目Hemiptera的食用昆虫的蛋白质含量为42%～73%，鞘翅目Coleoptera的几种幼虫粗蛋白含量为23%～66%，鳞翅目Lepidoptera中的食用昆虫粗蛋白含量为20%～70%，膜翅目Hymenoptera蜜蜂科Apidae和胡蜂科Vespidae的蜂类以及蚁科Formicidae的蚂蚁蛋白含量也十分丰富，蜂类的蛋白含量为15%～70%，蚂蚁蛋白含量为38%～76%。分析数据表明，昆虫体内的蛋白质明显高于一般植物性食品，与动物性食品比较，含量也较高，一些种类的蛋白质含量［景洪小蜉 *Ephemerella jianghongensis* Xu et al. 幼虫蛋白质含量为66.26%，负子蝽 *Sphaerodema rustica*（Fabricius）蛋白质含量为73.52%］显著高于肉类、禽蛋类的粗蛋白（陈晓鸣和冯颖，1999；冯颖等，1999b）。

蛋白质无论分子质量大小，都由20多种氨基酸组成，它们是人体生长必不可少的。在已分析的近百种食用昆虫中，必需氨基酸含量在10%～30%，必需氨基酸含量占氨基酸总量的35%～50%，必需氨基酸含量普遍较高，多数种类的氨基酸比例接近WHO/FAO提出的氨基酸模式。氨基酸含量分析和价值评价中，一些食用昆虫的氨基酸评分和氨基酸指数都较高，接近或高于 WHO/FAO 氨基酸模式的评分。部分样品的蛋白质功效比值试验也接近优质植物蛋白。由此可见，昆虫蛋白是一种很好的蛋白质来源，可与其他食物蛋白相互补充，为人体提供丰富的蛋白质而满足人体对必需氨基酸的需求。

表 9.1　部分目食用昆虫的蛋白质和氨基酸含量（%）（冯颖等，1999b）

种类	蛋白质含量			氨基酸含量			必需氨基酸含量			必需氨基酸占氨基酸总量		
	最高	最低	平均	最高	最低	平均	最高	最低	平均	最高	最低	平均
蜉蝣目 Ephemeroptera			66.26			65.97			23.81			36.09
蜻蜓目 Odonata	65.45	46.37	58.83	51.70	36.10	46.03	19.08	13.04	16.41	36.91	34.05	35.69
等翅目 Isoptera				58.27	33.96	44.03	20.88	12.77	16.74	40.05	35.73	38.04
直翅目 Orthoptera	65.39	22.80	44.10	57.51	20.23	38.87	19.92	7.98	13.95	39.45	34.64	37.05
同翅目 Homoptera	57.14	44.67	51.13	53.19	32.59	42.45	21.92	12.38	16.34	41.21	35.42	38.21
半翅目 Hemiptera	73.52	42.49	55.14	59.68	38.09	48.72	22.18	14.73	18.65	42.72	34.77	38.41
鞘翅目 Coleoptera	66.20	23.20	50.41	62.97	13.27	39.74	28.17	4.45	17.13	50.49	26.65	42.79
广翅目 Megaloptera			56.56			53.31			19.51			36.60
鳞翅目 Lepidoptera	68.30	14.05	44.91	61.84	13.27	32.88	25.60	4.45	13.92	47.23	26.65	40.35
双翅目 Diptera			59.39									
膜翅目 Hymenoptera	76.69	12.65	47.81	81.27	21.0	45.18	33.62	8.42	16.23	46.41	30.56	35.78

9.2.2　脂类物质

脂类是人体的重要组成部分之一，是体内储存能量和供给能量的重要物质，并对机体起到隔热保温、支持和保护各种脏器的作用。脂类还可促进脂溶性维生素的吸收。类脂质中的磷脂、糖脂和胆固醇是多种组织和细胞的组成成分，与蛋白质结合组成脂蛋白，构成细胞的各种膜，与细胞的正常生理和代谢活动密切相关。近年来的研究表明，由于磷脂能够在人体内参与脂肪代谢，因此具有健脑、降血脂、清除胆固醇、治疗脂肪肝、肝硬化、促进细胞再生及皮肤组织生长、防衰老等功效。构成甘油三酯的脂肪酸可分为饱和脂肪酸和不饱和脂肪酸，不饱和脂肪酸中的亚油酸、亚麻酸和花生四烯酸等人体必需脂肪酸能促进生长发育，降低皮肤毛细血管的脆性和通透性，对皮肤具有保护作用，不饱和脂肪酸和脂肪酸是合成前列腺素的前体，因此，具有降低血栓形成和血小板黏结的作用。

昆虫含有丰富的脂肪，一般食用虫态为幼虫和蛹的脂肪含量较高，食用虫态为成虫的脂肪含量较低，脂肪含量为10%～50%（表9.2）。直翅目的中华稻蝗 *Oxya chinensis*（Thunberg）脂肪含量较低，为2.2%，一些鳞翅目的幼虫和蛹脂肪含量较高，如红铃麦蛾 *Pectinophora gossypeilla*（Saunders）的脂肪含量为49.48%，亚洲玉米螟 *Ostrinia furnacalis*（Gunnee）幼虫的脂肪含量为46.08%。食用昆虫的脂肪酸组成特点，不同于一般动物脂肪，动物脂肪多以脂的形式存在，含有较高的饱和脂肪酸，人体所需的必需脂肪酸含量较少。而许多食用昆虫都含有丰富的不饱和脂肪酸，必需脂肪酸含量较高（表9.3），例如，云南松毛虫 *Dendrolimus houi* Lajonquiere 的幼虫和蛹，家蝇 *Musca domestica* Linnaeus 幼虫、竹虫 *Chilo fuscidentalis* Hampson 和一些蚂蚁。亚油酸是最重要的必需脂肪酸，在已分析的昆虫样品中，食用虫态为幼虫和蛹的食用昆虫的亚油酸含量在10%～40%（表9.2、表9.3），与主要植物油类似，有些种类甚至高于亚油酸含量较高的花生油（37.6%），如大白蚁 *Macrotermes subhyalinus*（43.1%）。由此可见，食用昆虫的脂肪有很好的营养价值。食用昆虫还含有类脂物质，这方面的研究不多，但从已研究过的虫卵和蚁卵来看，昆虫卵含有较丰富的磷脂，具有很好的营养保健价值。

表9.2　部分目食用昆虫的粗脂肪含量（%）（冯颖等，1999b）

种类	粗脂肪			种类	粗脂肪		
	最高	最低	平均		最高	最低	平均
蜻蜓目	41.28	14.23	25.38	鞘翅目	35.86	14.05	27.57
直翅目			2.2	鳞翅目	49.48	5.0	24.76
同翅目	30.60	24.85	27.73	双翅目			12.61
半翅目	44.30	9.73	30.43	膜翅目	55.10	7.99	21.42

表9.3　部分食用昆虫的脂肪酸含量（%）（冯颖等，1999b）

种类	饱和脂肪酸		不饱和脂肪酸		
	棕榈酸（C16：0）	硬脂酸（C18：0）	油酸（C18：1）	亚油酸（C18：2）	亚麻酸（C18：3）
土垅大白蚁 *Macrotermes annandalei*（Slivestri）	18.54	9.98	51.14	13.01	0.65
大白蚁	33.0	1.4	9.5	43.1	3.0
中华稻蝗	25.0	26.1	27.1	2.3	
非洲飞蝗 *Locusta migratoria migratorioides*（R. et F.）	25.5	5.8	47.6	13.1	6.9
血黑蝗 *Melanoplus sanguinipes*（Fabricius）	11.0	4.0	19.0	20.2	43.0
沙漠蝗 *Schistocerca gregaria* Förska 雄成虫	40.3	6.7	31.7	7.5	3.6

续表

种类	饱和脂肪酸		不饱和脂肪酸		
	棕榈酸 (C16：0)	硬脂酸 (C18：0)	油酸 (C18：1)	亚油酸 (C18：2)	亚麻酸 (C18：3)
沙漠蝗雌成虫	34.6	5.8	37.6	10.2	6.2
棕榈象甲 *Rhynchophorus phoenicis* F.	36.0	0.3	30.0	26.0	2.0
黄粉甲 *Tenebrio molitor* Linnaeus	23.6	1.4	44.7	24.1	1.5
柞蚕 *Antheraea pernyi* Guèrin-Mèneville 蛹		2.37	27.81	24.74	24.87
云南松毛虫蛹	3.038	4.40	29.77	9.96	22.24
云南松毛虫成虫	36.64	7.84	32.82	6.0	8.79
蜡螟 *Galleria mellonella* Linnaeus	39.6	3.1	47.2	6.5	
家蝇幼虫	12.7	2.3	18.2	32.5	3.3
双齿多刺蚁	21.14	2.29	62.44	1.39	1.21

9.2.3　碳水化合物

碳水化合物是重要的营养素之一，是人类食物中提供热能的主要来源，除提供热能外，还对机体内蛋白质的消耗起保护作用，并与机体的解毒作用有关。碳水化合物还是构成机体的重要物质之一，如核酸中的核糖。糖可与蛋白质结合为糖蛋白，可与脂类结合成糖脂，均具有重要的生理功能。

作为一种动物性食品，食用昆虫体内富含蛋白质和脂类，糖类含量较低，食用虫态不同，糖类含量稍有差异，一般在 1%～10%，虫茶为昆虫排泄物，糖类含量较高，可达 16.27%。近年来的研究表明，昆虫体内含有一些多糖类，具有增强机体免疫能力的作用，值得深入研究而加以利用（表 9.4）。

表 9.4　部分目食用昆虫的总糖含量（%）（冯颖等，1999b）

种类	总糖			种类	总糖		
	最高	最低	平均		最高	最低	平均
蜻蜓目	4.78	2.36	3.75	鞘翅目	28.2	2.79	2.81
直翅目			1.20	鳞翅目	16.27	3.65	8.20
同翅目	2.80	1.54	2.17	双翅目			12.04
半翅目	4.37	2.04	3.23	膜翅目	7.15	1.95	3.65

9.2.4　无机盐与微量元素

无机盐和微量元素是人体的重要组成成分，是维持正常生理机能不可缺少的物质。充分的钙可以促进骨骼和牙齿的生长，骨骼之外的钙存在于细胞外液和软组织，是细胞膜的成分，还参与凝血过程，对肌内的收缩有重要的作用。钙还是许多酶的激活剂。铁在机体内参与氧的运输、交换和组织呼吸过程，铁的数量不足时，机体可出现贫血。碘是甲状腺素的组成成分，是维持正常新陈代谢的重要物质。其他微量元素有些为激活酶的必要成分或者本身为酶的成分，有的参与蛋白质合成过程等，总之，各种元素参与机体的新陈代谢时，其营养意义非常重要。

从已分析的几十种食用昆虫来看，食用昆虫含有丰富的矿质元素，如钾、钠、钙、铜、铁、锌、锰、磷等，而且许多食用昆虫含钙量较高，其他含量较高的如锌、铁等。由此可见，食用昆虫作为食品供人类食用时，可提供人体必需的矿质元素（表 9.5）。

表 9.5 部分食用昆虫的矿质元素含量（mg/kg）（冯颖等，1999b）

种类	钾（K）	钠（Na）	钙（Ca）	镁（Ma）	铜（Cu）	锌（Zn）	铁（Fe）	锰（Mn）	磷（P）
角突箭蜓 *Gomphus cuneatus* Needham	2 620	590	4 180	880	64.3	124.8	728.9	74.8	1 470
舟尾丝 *Lestes paraemorsa* Selys	2 930	2 020	2 160	970	64.8	147.7	1 198.0	58.9	2 470
红蜻 *Crocothemis servilia* Drury	3 330	2310	1 510	950	50.6	103.8	461.6	27.2	1 420
云管尾角蝉 *Darthula hardwicki* (Gray)	2 120	610	280	4 500	56.9	544.3	100	13.6	
白蜡虫 *Ericerus pela* Chavanness 卵	6 300	89.51	353.7	1 200	23.6	164.2	133.1	26.74	6 000
小皱蝽 *Cyclopelta parva* Distant	4 720	1 680	480	1 530	2.4	155.8	119.7	19.9	8 200
暗绿巨蝽 *Eusthenes saevus* Stål	610	780	280	260	45.4	78.0	98.3	16.3	1 520
长足大竹象 *Cyrtotrachelus buqueti* Guer	2 620	650	270	1 050	38.4	306.1	64.7	21.0	5 190
长足牡竹象 *C. longimanus* Fabricius	1 740	510	390	480	22.9	127.1	66.3	25.9	2 920
华北大黑鳃金龟 *Holotrichia oblita* (Falderman)			397.22	455.78	18.86	101.33	1 313.71	46.50	
铜绿丽金龟 *Anomala corpulenta* Motschulsky			434.94	297.04	26.82	84.51	2 299.52	61.61	
凸星花金龟 *Protaetia aerata* (Erichson)			187.47	303.65	35.56	97.48	338.54	20.03	
桃红颈天牛 *Aromia bungii* Faldermann			131.56	220.54	23.97	98.76	102.50	15.47	
黄斑星天牛 *Anoplophora nobilis* Ganglbauer			133.56	105.20	10.42	95.42	105.33	9.56	
粒肩天牛 *Apriona germari* (Hope)			150.68	254.36	25.46	102.34	96.56	20.47	
红铃麦蛾			113.40	163.21	33.40	87.01	36.78	0	
米蛾 *Corcyra cephalonica* Staint			148.66	156.81	17.13	78.29	264.81	6.87	

续表

种类	钾（K）	钠（Na）	钙（Ca）	镁（Ma）	铜（Cu）	锌（Zn）	铁（Fe）	锰（Mn）	磷(P)
亚洲玉米螟			140.53	184.06	14.84	91.78	70.26	4.56	
金凤蝶 *Papilio machaon* Linnaeus	1 250	90.5	384	279	1.5	3.5	18.0	0.9	457
竹虫	2 620	740	880	1 060	11.1	109	57.1	41.8	1 690
柞蚕	13 390	620	790	3 800	19.01	141.8	0.01	8.73	690
家蝇	15 600	2 700	1 200	12 300	59	570	520	406	17 900
双齿多刺蚁雌成虫			613.34	172.36	32.66	155.42	378.36	104.35	
双齿多刺蚁雄成虫			585.28	163.78	27.08	148.83	391.56	101.89	

9.2.5　维生素

维生素是人体代谢中不可缺少的一类有机化合物，它们在机体内既不提供能量，也不是构造成分，需要量极少，一般体内不能合成或合成数量很少，但都是机体维持正常生理不可缺少的，必须经常不断地由食物提供。维生素 A 为一切健康上皮组织所必需，维生素 A 缺乏时，引起上皮组织的改变，影响骨骼发育和正常生长。维生素 D 能促进钙、磷在肠道的吸收，促进骨组织钙化，维生素 E 具有抗衰老作用和增强免疫力作用。水溶性维生素大多是辅酶的组成部分，通过辅酶而发挥维持机体正常代谢的作用。例如，维生素 B_1 参与机体内糖代谢，维生素 B_2 参与机体的生物氧化酶体系，维生素 B_6 参与机体的氨基酸代谢，维生素 C 是生物体内合成胶原和黏多糖等细胞间质所必需的物质，维生素 C 还具有解毒的功能。

食用昆虫的维生素研究不太多，但从已报道的几种昆虫来看，食用昆虫体内含有维生素 A，胡萝卜素，维生素 B_1、B_2、B_6，维生素 D、E、K、C 等，例如，土垅大白蚁维生素 A 的含量可达 2500IU/100g，维生素 D 的含量为 8540IU/100g，维生素 E 为 1116.5mg/100g，作为饮料饮用的虫茶维生素 C 含量可达 15.04mg/100g。因此，食用昆虫作为食品可为人体提供丰富的维生素。

9.2.6　甲壳素

甲壳素是一种天然高分子化合物，为乙酰氨基葡萄糖，又称为甲壳素，甲壳素中的可溶性甲壳素，称为壳聚糖或聚氨基葡萄糖，甲壳素及其衍生物具有非常高的活性，有抗菌、消炎、降血脂等功效，具有很高的营养保健价值，被称为第六营养要素。在食品工业上，作为一种低热量食物，甲壳素可作为功能食品和保健食品（有减肥等功效）；在医药上，甲壳素有止血、抗血栓、促进伤口愈合等功效，可用于药物制剂和医用膜材料，还可用于化妆品等行业。甲壳素在昆虫体内广泛分布，昆虫表皮中含有大量的甲壳素，在昆虫的不同虫态，甲壳素的含量不同，一般昆虫体含有 5%～15%的甲壳素。如家蚕 *Bombyx mori* Linnaeus 干蛹甲壳素含量为 3.73%，脱脂蛹为 5.55%，云南松毛虫蛹甲壳素含量为 7.47%。

9.3 常见的食用昆虫

9.3.1 蜂幼虫和蛹

蜂幼虫和蜂蛹作为美味佳肴在中国和世界各地十分普及，蜂幼虫和蜂蛹含有丰富的蛋白质、氨基酸、维生素、微量元素，是十分理想的蛋白质资源。在中国食用的蜂幼虫和蜂蛹有数十种，主要是蜜蜂科、胡蜂科和马蜂科的蜂幼虫和蛹。

图 9.1 胡蜂

蜜蜂科主要是中华蜜蜂 *Apis cerana* Fabricius，意大利蜂 *Apis mellifera* Linnaeus、排蜂 *Apis dorsata* (Fabricius)、小蜜蜂 *Apis florea* Fabricus 等多种。我国养蜂业蜂群最大的是意大利蜂和中华蜜蜂两种。蜜蜂幼虫体内含有丰富的蛋白质和氨基酸，据分析（沈平锐和罗光华，1991），蜜蜂幼虫含有18 种氨基酸，其中含有 8 种人体必需氨基酸，幼虫干物质中蛋白质含量占 50%～60%，含有多种维生素及丰富的微量元素；蜂蛹中含20.3%的蛋白质，7.5%的脂肪。蜜蜂幼虫作为一种健康食品，具有较高的蛋白质，较低的脂肪，而且还含有丰富的维生素和微量元素，其营养价值高于鸡、鸭、鱼、肉等传统的蛋白质资源，是值得深度开发的保健食品。

胡蜂科为膜翅目的捕食性肉食昆虫，能捕食许多农林害虫，可作为天敌用于生物防治。蜂毒对治疗血栓病等有良好效果，许多胡蜂 *Vespa* sp. 的幼虫和蛹还可供人类食用（图 9.1，彩图）。据记载，中国民间和世界上许多民族都有食用胡蜂幼虫和蛹的习俗，在墨西哥，常见的食用胡蜂有 10 多种，食用的方法有生吃和烤吃等。亚洲的日本、泰国等国都有食用胡蜂的习俗。在日本，常加调料煮吃，市场上还有胡蜂罐头出售。中国民间的食用胡蜂有数十种，最常见的烹调方法是将幼虫和蛹用油炸后佐以椒盐，也可挂鸡蛋糊后油炸。

6 种胡蜂幼虫的氨基酸分析结果见表 9.6。从分析结果可见，除色氨酸未测、胱氨酸未检出外，6 种胡蜂幼虫均含有 16 种氨基酸，其含量分别为：基胡蜂 43.91%，金环胡蜂 52.20%，黄裙马蜂 36.11%，哇马蜂 45.02%，凹纹胡蜂 49.03%，黑尾胡蜂 42.44%，氨基酸平均含量为 44.77%。7 种人体必需氨基酸含量分别为：基胡蜂 15.15%，金环胡蜂 24.43%，黄裙马蜂 12.57%，哇马蜂 16.08%，凹纹胡蜂 16.78%，黑尾胡蜂 14.68%，人体必需氨基酸平均含量为 16.62%，占氨基酸总量的 37.12%（王云珍等，1988；冯颖等，2001）。

表 9.6　6 种胡蜂幼虫的氨基酸含量（%）（冯颖等，2001）

氨基酸	基胡蜂	金环胡蜂	黄裙马蜂	哇马蜂	凹纹胡蜂	黑尾胡蜂
Asp 天冬氨酸	3.36	3.30	2.96	3.32	4.53	4.32
Thr 苏氨酸*	1.75	1.74	1.52	1.86	2.12	1.94
Ser 丝氨酸	1.91	1.82	1.59	2.02	3.15	2.05
Glu 谷氨酸	7.47	6.89	6.23	6.88	5.91	5.70
Gly 甘氨酸	3.58	3.29	2.50	3.97	3.90	3.70
Ala 丙氨酸	3.41	3.41	2.59	4.01	3.54	3.34
Cys 半胱氨酸	未检出	未检出	未检出	未检出	未检出	未检出
Val 缬氨酸*	2.59	2.59	2.37	3.00	3.38	3.24
Met 蛋氨酸*	0.90	0.35	0.48	0.88	1.35	0.53
Ile 异亮氨酸*	2.64	2.38	2.04	2.83	2.91	2.32
Leu 亮氨酸*	3.54	3.24	2.81	3.61	3.65	3.51
Tyr 酪氨酸	2.51	2.14	1.78	2.17	3.69	2.29
Phe 苯丙氨酸*	1.87	5.53	1.77	1.98	1.98	1.78
Lys 赖氨酸*	1.86	8.60	1.58	1.92	1.39	1.36
His 组氨酸	1.07	1.11	1.09	1.14	1.53	0.58
Arg 精氨酸	1.73	1.71	1.64	1.82	3.14	3.04
Trp 色氨酸*	未测	未测	未测	未测	未测	未测
Pro 脯氨酸	3.72	4.10	3.16	3.62	2.89	2.79
总计	43.91	52.20	36.11	45.02	49.03	42.44

* 人体必需氨基酸，以下同

营养分析表明（表 9.7），胡蜂幼虫的蛋白质含量较高，为 45%～60%，与其他动物食品比较，显著地高于猪肉（21.42%，干重计）、牛奶（28.04%，干重计）和鸡蛋（48.83%，干重计）。胡蜂的成虫、蜂巢也含有氨基酸，成虫的氨基酸含量还高于幼虫和蛹，但成虫的口感差，食用价值远不如幼虫和蛹，而且成虫有蜂毒，利用时须慎重。

表 9.7　凹纹胡蜂的主要营养成分分析（%）（王云珍等，1988）

营养成分	鲜样			干样		
	幼虫	蛹	成虫	幼虫	蛹	成虫
粗蛋白	15.13	17.12	21.07	48.39	54.23	65.34
粗脂肪	7.18	6.97	4.08	23.01	22.07	12.65
总糖	2.24	1.66	0.65	7.15	5.27	2.00
灰分	1.17	1.20	1.28	3.37	3.82	3.96
水分	71.58	71.43	70.88	9.77	9.51	9.68

胡蜂是易被大众接受的常见食用昆虫，从已分析的蛋白质、氨基酸的几种食用胡蜂来看，胡蜂幼虫含有较丰富的蛋白质，蛋白质含量高于猪肉、鸡蛋等常见食品，氨基酸和必需氨基酸也较高。从营养学的角度，蛋白质是人体重要的三大营养素之一，组成蛋白质的 20 种氨基酸中，8 种必需氨基酸人体不能合成，必须从食物中摄取，而且不同

蛋白质氨基酸之间存在互补作用。胡蜂含有较丰富的蛋白质和氨基酸，可在人们的膳食中与其他蛋白食品配合，相互补充，提供人体所需的营养，具有很好的食用和营养价值。

9.3.2　竹虫

竹虫 *Chilo fuscidentalis* Hampson，学名竹蠹螟，是螟蛾科 Pyralidae 禾草螟属 *Chilo* Zincken 的昆虫，在我国云南南部西双版纳等地、泰国等东南亚国家把竹虫作为佳肴。竹虫是食用昆虫中的珍品，在西双版纳等地傣族、哈尼族等少数民族用竹虫来招待贵宾，食用竹虫在云南十分普遍，在昆明或云南的其他地方的宾馆、饭店常能吃到竹虫。竹虫的食用方法简单，通常是将新鲜竹虫用油炸脆后食用，味道十分鲜美。在云南西双版纳、思茅、德宏等地，10 月至次年 2 月竹虫大量上市，当地农民用竹筒装新鲜竹虫在农贸市场上出售。竹虫的营养分析表明，竹虫中含有丰富的蛋白质、脂肪、氨基酸、维生素和微量元素，具有很高的营养价值。

1. 主要生物学特征

竹虫主要分布于我国云南南部西双版纳、德宏、思茅地区等地，国外主要分布于泰国、马来西亚等国。据调查，我国及东南亚地区食用的竹虫可能有两种：竹蠹螟和 *Omphisa* sp.。

竹蠹螟每年一代，每年 11 月到次年 1 月至 9～11 月，成虫每年 11 月到次年 1 月大量出现，在当年抽笋的嫩竹丛中产卵。成虫产卵呈鳞片状地集中排列在嫩竹的中部。产卵后 12～13 天幼虫孵化，刚孵化的幼虫 2.5～2.75mm，幼虫孵化后开始成串地向上爬行，找到适当的部位后开始蛀孔进入竹笋内部，蛀孔直径 1.75～2.75mm，蛀孔很深，可达100～200mm。幼虫进入竹笋后，蛀孔流出乳白色液体。幼虫孵化后到进入蛀孔内部在 24h 内完成。幼虫进入竹笋内部后，2～5 周，在竹尖下部的健康竹节上出现一个“T”形蛀孔，直径约 9mm，幼虫在竹笋内 9～12 周可以长到 24～26mm 长，4～6mm 宽，发育成熟的幼虫 30～31mm 长，9 月开始集聚在竹节处，在此化蛹。化蛹后 1 周，成虫羽化，成虫从蛀孔中爬出，交尾产卵，每个受害的竹节中有 70～80 头成虫，成虫的寿命 12～18 天（Kashoven，1965）。

图 9.2　竹虫

2. 主要营养成分

竹虫（图 9.2，彩图）是食用昆虫中的珍品，经油炒或油炸后，食味非常鲜美可口。经分析，竹虫含有丰富的蛋白质、粗脂肪、氨基酸、脂肪酸、矿质元素和维生素等成分。竹虫幼虫体内含有丰富的脂肪和蛋白质，粗脂肪的含量可高达 60.42%，粗蛋白含量为 29.89%～39.09%，此外还含有 1.94%的总糖，1.39%的灰分（表 9.8）。竹虫幼虫总糖含量较低，蛋白质和脂肪的含量丰富。竹虫幼虫体内含有 16 种氨基酸（色氨酸未测，胱氨酸未检出），氨基酸总量为 29.90%，其中含有 7 种人体必需氨基酸，人体必需氨基酸含量为 11.29%，占氨基酸总量的 37.76%（表 9.9）。竹虫幼虫体内含有丰富的脂肪，组成脂肪的脂肪酸中有多种不饱和脂肪酸，不饱和脂肪酸的含量为 55.9%，可为人体提供一定量的有益的不饱和脂肪酸(表 9.10)。竹虫幼虫体内含有多种人体必需的矿质元素，如钙、磷、锌、铁等（表 9.11）。除上述多种营养成分外，竹虫幼虫还含有维生素 B_1、维生素 B_2、维生素 B_6 和维生素 A 等，能为人体提供有益的维生素营养（冯颖等，2000a）（表 9.12）。

表 9.8　竹虫幼虫的基本营养成分（%）（冯颖等，2000a）

粗蛋白	粗脂肪	总糖	灰分
29.89～39.09	60.42	1.94	1.39

表 9.9　竹虫幼虫的氨基酸含量（%）（冯颖等，2000a）

氨基酸	含量	氨基酸	含量	氨基酸	含量
Asp 天冬氨酸	2.88	Cys 半胱氨酸	未检出	Phe 苯丙氨酸	1.09
Thr 苏氨酸	1.33	Val 缬氨酸	1.96	Lys 赖氨酸	1.76
Ser 丝氨酸	2.12	Met 蛋氨酸	1.29	His 组氨酸	0.96
Glu 谷氨酸	4.35	Ile 异亮氨酸	1.69	Arg 精氨酸	1.65
Gly 甘氨酸	1.24	Leu 亮氨酸	2.17	Trp 色氨酸	未测
Ala 丙氨酸	1.40	Tyr 酪氨酸	2.21	Pro 脯氨酸	1.80

* 人体必需氨基酸

表 9.10　竹虫幼虫的脂肪酸含量（%）（冯颖等，2000a）

棕榈酸 (C16：0)	棕榈烯酸 (C16：1)	硬脂酸 (C18：0)	油酸 (C18：1)	亚油酸 (C18：2)	α 亚麻酸 (C18：3)
42.07	13.12	1.272	39.15	2.874	0.7557

表 9.11　竹虫幼虫的主要矿质元素（mg/kg）（冯颖等，2000a）

钾（K）	钠（Na）	钙（Ca）	镁（Mg）	铜（Cu）	锌（Zn）	铁（Fe）	锰（Mn）	磷（P）
2620	740	880	1060	11.1	109	57.1	41.8	1690

表 9.12　竹虫幼虫的部分维生素含量（mg/100g）（冯颖等，2000a）

尼克酸	维生素 B_1	维生素 B_2	维生素 B_6	维生素 A
2.02	0.20	0.30	0.23	0.06

9.3.3　蝗虫

蝗虫，又称为蚱蜢，是严重危害农作物的一类重要害虫。由于蝗虫种群数量大，迁

图 9.3　中华稻蝗

飞能力强，在历史上给我国农业生产带来了巨大的危害，被称为蝗灾。世界各地都有蝗虫危害的报道，蝗虫是危害最严重的农业害虫之一。虽然蝗虫给人类社会带来了巨大的危害，但蝗虫本身也是一种资源，可供人类利用，国内外许多地区都有食用蝗虫的习惯。中国食用蝗虫有十分悠久的历史，迄今，在民间蝗虫仍是人们喜爱的食品（图 9.3，彩图）。在国外，日本、泰国、墨西哥及非洲不少国家食用蝗虫十分普遍，日本将蝗虫加工成各种味道的食品或罐头出售，成为人们餐桌上的美味佳肴；墨西哥将蝗虫烹饪成各种美味食品食用；非洲土著人将蝗虫烧烤后食用。中国习惯将蝗虫去翅后用油炸脆，佐酒食用。在民间，农民经常用麦垛堆放在麦田里收集蝗虫，中国云南等许多地方的农贸市场有农民出售晒干的蝗虫。

主要营养成分：乔太生等（1992）对中华稻蝗 *Qxya chinensis*（Thunberg）等蝗虫进行了营养成分的研究，据分析，蝗虫体内含有丰富的蛋白质，含量可达 22.8%，蝗虫体内的氨基酸种类有 18 种，氨基酸总量为 20.23%，有 8 种人体必需氨基酸，含量为 7.98%，占氨基酸总量的 39.45%，蝗虫体内还含有维生素 B_1、维生素 B_2、维生素 E、维生素 A，胡萝卜素等多种维生素，4 种脂肪酸及丰富的微量元素（表 9.13～表 9.17）。

表 9.13　中华稻蝗的主要成分分析（%）（乔太生等，1992）

水分	粗脂肪	粗蛋白	粗纤维	总糖	灰分
73.3	2.2	22.8	2.9	1.2	1.2

表 9.14　中华稻蝗体内的氨基酸含量分析（%）（乔太生等，1992）

氨基酸	含量	氨基酸	含量	氨基酸	含量
Asp 天冬氨酸	1.50	Cys 半胱氨酸	0.66	Phe 苯丙氨酸	0.73
Thr 苏氨酸	0.70	Val 缬氨酸	1.24	Lys 赖氨酸	1.01
Ser 丝氨酸	0.80	Met 蛋氨酸	0.21	His 组氨酸	0.45
Glu 谷氨酸	2.06	Ile 异亮氨酸	1.79	Arg 精氨酸	1.15
Gly 甘氨酸	1.17	Leu 亮氨酸	1.72	Trp 色氨酸	0.58
Ala 丙氨酸	2.02	Tyr 酪氨酸	1.24	Pro 脯氨酸	1.20

表 9.15 中华稻蝗虫的维生素含量（乔太生等，1992）

维生素 B_1/(mg/kg)	维生素 B_2/(mg/kg)	维生素 E/(mg/kg)	维生素 A/(mg/kg)	胡萝卜素(mg/kg)
0.42	16.2	33.18	3.75	5.10

表 9.16 中华稻蝗体内的主要矿物元素含量（μg/g）（乔太生等，1992）

钠（Na）	钙（Ca）	镁（Mg）	铁（Fe）	铜（Cu）	锌（Zn）	锰（Mn）	磷（P）	硒（Se）
368	0.11	490	61.5	9.9	37.1	21.0	0.25	6.6

表 9.17 中华稻蝗体内的主要脂肪酸含量（%）（乔太生等，1992）

软脂酸（C16：0）	硬脂酸（C18：0）	油酸（C18：1）	亚油酸（C18：2）
25.0	26.1	27.1	2.3

蝗虫作为一种高蛋白营养源，不仅可以作为营养食品，而且还可以作为高蛋白饲料添加剂。蝗虫是一类非常危险的农业害虫，对农业生产有很大的威胁，通常采用化学农药来杀灭蝗虫，从而达到防治的效果。这种方法虽然在短期内能够起到很好的防治效果，但化学农药残留将给粮食和环境带来污染，损害人类健康。如果能采用人工诱捕的方法收集蝗虫，既能达到防治效果，又能将蝗虫作为蛋白资源利用，变害为利，造富于人类。

9.3.4 蝽象

半翅目 Hemiptera 昆虫统称为蝽象，俗称为“打屁虫”、“臭虫”等。半翅目昆虫种类繁多，栖息地复杂，许多为植食性的植物害虫。但部分蝽象也可作为食品供人食用，国外许多国家都有食用蝽象的习俗，如美国、墨西哥人有食用水生半翅目昆虫的习俗，亚洲的日本、泰国等也有食用蝽象的记载。食用蝽象在我国许多古籍中早有记载，唐代温庭筠《乾　子》中记载“剑南东川节度使鲜于叔明好食臭虫。时人谓之蟠虫。每散。令人采拾。得三五斤，即浮之微热水中，以抽其气尽。以酥及五味熬之。卷饼而啖。云其味甚佳”。这些描述中提到的臭虫和蟠虫就是指蝽象，在云南、广东、广西、福建等省（自治区）都有食用蝽象的习惯，在云南思茅少数民族地区，食用多种蝽象的成虫和若虫，将蝽象的成虫和幼虫捕获后，用开水浸泡一段时间，去翅用油炸脆，佐以调料食用，味道香脆诱人，深受当地人喜爱。半翅目的常见食用昆虫有多种，如荔枝蝽象等。

1. *荔枝蝽象 Tessaratoma papillosa*（Drury）

荔枝蝽象属蝽科 Pentatomidae，一年发生一代，若虫5龄，历期82天，以成虫越冬，成虫平均寿命310天。主要分布于广东、福建、台湾、广西、云南、四川等省（自治区），荔枝蝽象是危害荔枝 *Litchi chinensis* Sonn.、龙眼 *Dimocarpus Longan* Lour. 等经济林的害虫，成虫和若虫刺吸荔枝嫩芽、嫩枝花穗和幼果的汁液，导致落花落果，影响荔枝产量。广东、云南等地都有食用荔枝蝽象的习惯。通常将荔枝蝽象捕获后，用开水烫泡，去异味后，用油炒或炸后食用。据记载，在广东、广西、福建一带将荔枝蝽象捕获后，去头、足、翅和内脏，将盐塞于虫体内，用茶叶置于热火灰上烧熟后食用。

经分析，荔枝蝽象体内含有38.67%的粗蛋白、42.60%的粗脂肪、0.15%的总糖和1.05%的灰分。含有18种氨基酸（表9.18），氨基酸总量为33.508%。有8种人体必需的氨基酸，含量为19.52%，占氨基酸总量的51.26%。荔枝蝽象体内还含有丰富的微量元素（表9.19）。

表9.18　荔枝蝽象的氨基酸含量（%）（冯颖等，2000b）

氨基酸	含量	氨基酸	含量	氨基酸	含量
Asp 天冬氨酸	2.697	Cys 半胱氨酸	1.054	Phe 苯丙氨酸	1.705
Thr 苏氨酸	1.256	Val 缬氨酸	2.110	Lys 赖氨酸	3.061
Ser 丝氨酸	1.912	Met 蛋氨酸	0.199	His 组氨酸	1.725
Glu 谷氨酸	2.797	Ile 异亮氨酸	1.691	Arg 精氨酸	2.101
Gly 甘氨酸	1.783	Leu 亮氨酸	2.633	Trp 色氨酸	0.537
Ala 丙氨酸	2.334	Tyr 酪氨酸	2.105	Pro 脯氨酸	1.798

表9.19　荔枝蝽象的微量元素含量（mg/kg）（冯颖等，2000b）

钾 (K)	钠 (Na)	钙 (Ca)	镁 (Mg)	铜 (Cu)	锌 (Zn)	铁 (Fe)	锰 (Mn)	磷 (P)
270	420	1140	370	73.5	42.3	38.4	3.27	1200

2. 小皱蝽 *Cyclopelta parva* Distant

小皱蝽属蝽科，一年发生一代，若虫有5龄，历时50～60天，成虫越冬。3月成虫活动，多群集在1～3年生的嫩枝条上吸食树液，危害树木生长。主要寄主是槐树 *Sophora japanica* Linn.。小皱蝽分布广泛，我国大部分地区都有分布，西南地区的云南、贵州、四川均有分布。

小皱蝽体内含有42.49%的粗蛋白，44.30%的粗脂肪，2.90%的总糖和1.45%的灰分。含有18种氨基酸（表9.20），氨基酸总量为38.09%。有8种人体必需的氨基酸，含量为19.52%，占氨基酸总量的51.26%。小皱蝽体内还含有丰富的微量元素（表9.21）（冯颖等，2000b）。

表9.20　小皱蝽的氨基酸含量（%）（冯颖等，2000b）

氨基酸	含量	氨基酸	含量	氨基酸	含量
Asp 天冬氨酸	3.187	Cys 半胱氨酸	2.298	Phe 苯丙氨酸	1.610
Thr 苏氨酸	1.690	Val 缬氨酸	1.890	Lys 赖氨酸	2.390

续表

氨基酸	含量	氨基酸	含量	氨基酸	含量
Ser 丝氨酸	2.042	Met 蛋氨酸	0.510	His 组氨酸	0.800
Glu 谷氨酸	3.983	Ile 异亮氨酸	1.810	Arg 精氨酸	1.630
Gly 甘氨酸	1.808	Leu 亮氨酸	2.550	Trp 色氨酸	未测
Ala 丙氨酸	2.786	Tyr 酪氨酸	1.840	Pro 脯氨酸	1.040

表 9.21 小皱蝽的微量元素含量（mg/kg）（冯颖等，2000b）

钾 (K)	钠 (Na)	钙 (Ca)	镁 (Mg)	铜 (Cu)	锌 (Zn)	铁 (Fe)	锰 (Mn)	磷 (P)
4720	1680	480	1530	2.4	155.8	119.7	19.9	8200

3. 暗绿巨蝽 *Eusthenes saevus* Stål

暗绿巨蝽属蝽科，在国内主要分布于我国安徽、四川、浙江、江西、广东、云南等地，危害树木嫩枝，寄主为栎类植物。在云南墨江县7～10月市面上有售暗绿巨蝽成虫和若虫。

暗绿巨蝽体内含有丰富的营养成分，粗蛋白为49.62%，粗脂肪为35.50%，总糖为2.04%，灰分为1.35%。含有18种氨基酸（表9.22），氨基酸含量为45.19%。有8种人体必需氨基酸，含量为16.93%，占氨基酸总量的37.46%，体内还含有丰富的微量元素（表9.23）（冯颖等，2000b）。

表 9.22 暗绿巨蝽的氨基酸含量（%）（冯颖等，2000b）

氨基酸	含量	氨基酸	含量	氨基酸	含量
Asp 天冬氨酸	3.357	Cys 半胱氨酸	0.627	Phe 苯丙氨酸	1.132
Thr 苏氨酸	3.399	Val 缬氨酸	2.536	Lys 赖氨酸	3.036
Ser 丝氨酸	4.232	Met 蛋氨酸	0.602	His 组氨酸	2.190
Glu 谷氨酸	7.476	Ile 异亮氨酸	1.854	Arg 精氨酸	1.672
Gly 甘氨酸	1.598	Leu 亮氨酸	2.953	Trp 色氨酸	1.146
Ala 丙氨酸	2.913	Tyr 酪氨酸	2.020	Pro 脯氨酸	2.241

表 9.23 暗绿巨蝽的微量元素含量（mg/kg）（冯颖等，2000b）

钾 (K)	钠 (Na)	钙 (Ca)	镁 (Mg)	铜 (Cu)	锌 (Zn)	铁 (Fe)	锰 (Mn)	磷 (P)
610	760	280	260	45.4	78.0	98.3	16.3	1520

4. 曲胫侎缘蝽 *Mictis tenebrosa*（Fabricius）

曲胫侎缘蝽属缘蝽科 Coreidae，一年两代，以成虫在寄主附近的枯枝落叶下过冬，次年 3 月后开始活动，4 月底 5 月初开始产卵，第 1 代初龄若虫 5 月后出现，若虫 5 龄，历时 22～31 天，成虫 26～50 天；第 2 代若虫 7 月以后出现，历时 27～37 天，成虫历时近 10 个月。曲胫侎缘蝽在我国主要分布于长江以南地区，危害算盘子 *Glochidion puberum*（Linn.）Hutch、麻栎 *Quercus acutissima* Carr.、白皮栎 *Q. fabri* Hance 等多种植物。成虫和若虫在嫩枝上吸食树液，影响树木生长。

曲胫侎缘蝽体内含有丰富的营养成分，粗蛋白为 54.92%，粗脂肪为 34.20%，总糖为 4.37%，灰分为 1.24%。有 18 种氨基酸（表 9.24），氨基酸含量为 51.92%。含有 8 种人体必需氨基酸，含量为 22.18%，占氨基酸总量的 42.72%（冯颖等，2000b）。

表 9.24　曲胫侎缘蝽的氨基酸含量（%）（冯颖等，2000b）

氨基酸	含量	氨基酸	含量	氨基酸	含量
Asp 天冬氨酸	3.144	Cys 半胱氨酸	0.873	Phe 苯丙氨酸	2.093
Thr 苏氨酸	2.830	Val 缬氨酸	3.457	Lys 赖氨酸	4.365
Ser 丝氨酸	2.953	Met 蛋氨酸	0.698	His 组氨酸	2.310
Glu 谷氨酸	5.970	Ile 异亮氨酸	3.132	Arg 精氨酸	4.365
Gly 甘氨酸	2.941	Leu 亮氨酸	3.528	Trp 色氨酸	2.081
Ala 丙氨酸	3.625	Tyr 酪氨酸	2.483	Pro 脯氨酸	2.873

5. 负子蝽 *Sphaerodema rustica*（Fabricius）

负子蝽属负子蝽科 Belostomatidae，是营水生生活的捕食性昆虫，一年发生两代，若虫 5 龄，第一代若虫期 44～57 天，第二代若虫期 44 天，以成虫越冬，越冬成虫寿命 8 个月。在云南绿春哈尼族自治县等少数民族地区有食用负子蝽的习俗，一般是将负子蝽与蜻蜓幼虫一起用开水浸泡后，与鸡蛋炒食或与酸菜一起煮汤食用。通常在 11～12 月，当地少数民族用簸箕在水潭中捕捉负子蝽，同蜻蜓幼虫一起用水养在盆中到集市上出售。

负子蝽体内含有丰富的营养成分，粗蛋白含量很高，为 73.52%，粗脂肪为 9.43%，总糖为 3.59%，灰分为 2.99%。有 18 种氨基酸（表 9.25），氨基酸含量为 59.68%。含有 8 种人体必需氨基酸，含量为 20.75%，占氨基酸总量的 34.77%。负子蝽体内还含有丰富的微量元素（表 9.26）（冯颖等，2000b）。

表 9.25 负子蝽的氨基酸含量（%）（冯颖等，2000b）

氨基酸	含量	氨基酸	含量	氨基酸	含量
Asp 天冬氨酸	4.685	Cys 半胱氨酸	0.966	Phe 苯丙氨酸	1.487
Thr 苏氨酸	2.571	Val 缬氨酸	3.797	Lys 赖氨酸	3.825
Ser 丝氨酸	1.929	Met 蛋氨酸	0.766	His 组氨酸	4.787
Glu 谷氨酸	6.218	Ile 异亮氨酸	2.247	Arg 精氨酸	4.260
Gly 甘氨酸	3.606	Leu 亮氨酸	3.809	Trp 色氨酸	2.250
Ala 丙氨酸	6.800	Tyr 酪氨酸	2.546	Pro 脯氨酸	3.128

表 9.26 负子蝽的微量元素含量（mg/kg）（冯颖等，2000b）

钾 (K)	钠 (Na)	钙 (Ca)	镁 (Mg)	铜 (Cu)	锌 (Zn)	铁 (Fe)	锰 (Mn)	磷 (P)
2720	1550	1320	1060	162.2	174.2	702.0	75.8	460

食用蝽象的营养成分分析结果表明，蝽象含有丰富的蛋白质、脂肪、氨基酸和微量元素等成分。其中以蛋白质的含量最高，平均粗蛋白的含量为 51.84%，负子蝽的蛋白质含量可高达 73.52%，平均粗脂肪含量为 33.21%，平均总糖含量为 2.61%。5 种食用蝽象的平均氨基酸总量为 45.68% ，8 种人体必需氨基酸的含量平均为 18.52%，占氨基酸总量的 40.54%。5 种食用蝽象还含有钾、钠、钙等人体所需的微量元素。由此可见，半翅目的食用昆虫与其他食用昆虫类似，具有蛋白质和氨基酸含量高、总糖含量低的特点，是很好的蛋白质资源。作为食品，5 种食用蝽象体内含量丰富的蛋白质、氨基酸、微量元素等成分对人体十分有益，具有很好的营养价值。

9.3.5 白蚁

等翅目的白蚁是中国最常见的食用昆虫，有 30 多种白蚁被民间食用。常见的食用白蚁有：土垅大白蚁、黄翅大白蚁、台湾乳白蚁、隆头大白蚁 *M. acrocephalus* Ping、黑翅土白蚁 *Odontotermes formosanus* (Shiraki)、云南土白蚁 *O. yunnanensis* Tsai et Chen。

白蚁在西南地区又称飞蚂蚁，主要取食各种植物性纤维，营木栖、土栖和土木栖生活，以巢群居，种群数量较大，在自然界中分布广泛，是一种社会性昆虫。主要危害房屋建筑、桥梁、水库、堤坝，是一种十分危险的昆虫。白蚁虽然是大害虫，但白蚁成虫、幼虫和巢都具有很高的食用价值和药用价值。据调查，我国有白蚁 400 余种，20 余种白蚁具有食用和药用价值。白蚁种群数量大，据调查估计，单云南省有 76 万～532 万群（巢）白蚁，每群（巢）白蚁平均重 100kg，以平均 228 万群（巢）计算，约有白蚁 22.8 万 t，资源十分丰富。中国古代就有食用白蚁的记载，据著名昆虫史学家邹树文先生考证，在明清时代，白蚁做成蚁酱，成为佳肴以招待贵宾。迄今我国云南、贵州、四川、广东、广西、福建等地仍有食用白蚁的习俗，通常是在成虫出巢时用灯光诱集，将收集到的白蚁去翅、洗净后用油炸后食用，也可以将诱集到的白蚁作为饲料喂养家禽。也可以通过挖蚁穴捕捉，每穴可挖得上百千克白蚁，所获白蚁和蚁后也常用来泡酒饮用。在国外，日本、墨西哥、非洲等地有食用白蚁的习俗。

1. 土垅大白蚁 *Macrotermes annandalei*（Slivestri）

主要生物学特征：土垅大白蚁主要分布于云南、广西等省（自治区）。土垅大白蚁主要生活在土中，蚁巢一部分在地下，一部分隆出地面。巢穴隆起高度可达 1m 左右，底径可达 2m 左右。巢内有巨大的巢腔，巢腔中充满厚薄不等的泥片构成的骨架和泥片层，骨架间有形状不规则的菌圃，菌圃向外或向上的一面较平，上面布满孔洞，如蜂巢状。巢内常堆有植物碎片。土垅大白蚁的种群由大兵蚁、小兵蚁、大工蚁、小工蚁等组成。工蚁取食杂草、开始腐烂的树木及植物的根和幼芽。兵蚁外出活动时一般藏在泥被或泥线下，有时在阴天也能在地面上成群结队的外出采食。土垅大白蚁一般在 5～6 月间群飞。

成分分析及利用状况：土垅大白蚁虫体可食，巢可入药。分析结果表明，土垅大白蚁含有 17 种氨基酸（半胱氨酸未检出），其中包括了人体必需的全部 8 种氨基酸。在土垅大白蚁的种群中，工蚁的氨基酸含量为 42.47%，人体必需氨基酸为 16.94%，占氨基酸总量的 39.89%；兵蚁的氨基酸含量为 38.79%，人体必需氨基酸为 15.03%，占氨基酸总量的 38.57%；蚁后的氨基酸含量为 46.65%，人体必需氨基酸为 17.12%，占氨基酸总量的 36.70%。蚁后的氨基酸含量最高（表 9.27），蚁后还含有 3 种脂肪酸，不饱和脂肪酸含量高达 68.77%，其中人体必需的亚油酸、亚麻酸的含量超过了鱼脂，与花生油相近，是营养价值较高的食用油脂。据报道，白蚁脂肪中含有的油酸、棕榈酸和硬脂酸（表 9.28）等具有抑制肿瘤的作用。土垅大白蚁蚁后体内还含有丰富的矿物质、维生素及磷脂类物质，具有很高的营养价值（表 9.29、表 9.30）。

表 9.27　土垅大白蚁的氨基酸分析（%）（陆源等，1992）

氨基酸种类	工蚁	兵蚁	蚁后
Asp 天冬氨酸	4.30	3.40	5.23
Thr 苏氨酸	2.30	1.62	2.25
Ser 丝氨酸	2.26	1.13	3.69
Glu 谷氨酸	5.45	4.87	6.58
Pro 脯氨酸	1.52	2.50	2.80
Gly 甘氨酸	2.54	2.10	1.73
Ala 丙氨酸	3.65	3.00	2.66
Cys 半胱氨酸	—	—	—
Val 缬氨酸	3.45	2.35	2.35
Met 蛋氨酸	0.60	0.50	0.87
Ile 异亮氨酸	2.36	2.16	1.97
Leu 亮氨酸	3.72	2.98	3.68

续表

氨基酸种类	工蚁	兵蚁	蚁后
Tyr 酪氨酸	2.02	2.27	2.31
Phe 苯丙氨酸	1.85	2.21	2.24
Lys 赖氨酸	2.35	2.97	3.34
His 组氨酸	1.51	1.96	1.28
Arg 精氨酸	2.20	2.53	3.25
Trp 色氨酸	0.31	0.24	0.42
总计	42.47	38.79	46.65

表 9.28　土垅大白蚁的脂肪酸含量（陆源等，1992）

种类	含量/%
桂酸（C12：0）	0.13
肉豆蔻酸（C14：0）	0.86
十五烷酸（C15：0）	0.42
棕榈酸（C16：0）	18.54
棕榈油酸（C16：1）	2.85
十六（烷）酸（C16：2）	0.06
十七烷酸（C17：0）	0.72
十七（烷）醇酸（C17：1）	1.06
硬脂酸（C18：0）	9.98
油酸（C18：1）	51.14
异亚油酸（C18：2）	13.01
亚麻酸（C18：3）	0.65
花生酸（C20：0）	0.37

表 9.29　土垅大白蚁后体内维生素及卵磷脂含量分析（张正松，1990）

维生素 A /(U/100g)	维生素 B /(mg/100g)	维生素 D /(U/100g)	维生素 E /(mg/100g)	卵磷脂 /(mg/100g)
2500.00	396.21	8540.00	1116.50	3384.98

表 9.30　土垅大白蚁蚁后体内的微量元素分析（mg/kg）（张正松，1990）

元素	含量	元素	含量	元素	含量
硫（S）	2755	钒（V）	0.003	钴（Co）	<0.05
汞（Hg）	<0.5	铍（Be）	<0.45	铁（Fe）	58.70
钼（Mo）	2.15	铜（Cu）	6.87	铬（Cr）	<0.19
钡（Ba）	1.14	锶（Sr）	0.57	钠（Na）	719
铅（Pb）	0.32	钛（Ti）	0.94	铝（Al）	16.50
镍（Ni）	1.76	磷（P）	4578	钙（Ca）	1006
硼（B）	0.34	锌（Zn）	82.20	钾（K）	2721
锰（Mn）	18.50	镉（Cd）	0.05	硒（Se）	<0.10
镁（Mg）	969				

土垅大白蚁的菌圃含有丰富的氨基酸、蛋白质、多糖和矿物质，具有很高的营养和药用价值。广西中医学院将土垅大白蚁的菌圃进行了药理试验，结果表明，土垅大白蚁菌圃能明显延长小白鼠氨水性咳嗽潜伏期，显著减少小鼠2min内的咳嗽次数，有明显的化痰镇咳作用。土垅大白蚁菌圃水煮液对金黄葡萄球菌、白色葡萄球菌、奈氏卡他球菌、大肠杆菌、伤寒杆菌、痢疾杆菌等多种病原菌有一定的抑制作用。土垅大白蚁菌圃还能提高小鼠巨噬细胞吞噬功能和淋巴细胞转化功能，激活T淋巴细胞而提高机体免疫功能，证实土垅大白蚁菌圃具有镇咳、祛痰、抗菌等作用，可治疗虚咳、慢性支气管炎、肝炎等疾病。

2. 黄翅大白蚁 *Macrotermes barneyi* Light

主要生物学特征：黄翅大白蚁营群体生活，其种群数量大小随巢龄的大小而不同。据安徽记载，一般为20万～40万个，不超过60万个。白蚁群体内可划分为生殖型和非生殖型两大类，每个类型之下又可分为若干个品级。生殖类型即有翅成虫，在羽化前为有翅芽的若虫，分飞后发展为原始型蚁后和蚁王。在黄翅大白蚁巢体中尚未发现有补充繁殖蚁，但在巢中有时能发现未经分飞的有翅繁殖蚁可以直接脱翅交配产卵，在一定程度上也起补充繁殖的作用。非生殖类型主要有工蚁和兵蚁，它们都有性的区别，但性器官发育不完全，无生殖能力。在工蚁中又有大、小工蚁之分。工蚁在群体中数量最多，担任群体内的一切事务，如筑巢、修路、运卵、取食、吸水、清洁、喂养蚁后和蚁王以及抚育幼蚁等工作。兵蚁的主要职能是警卫和战斗，因此，上颚特别发达，但无取食能力，需工蚁喂食。在群体中兵蚁分大小两种，大兵蚁主要集中在蚁巢附近。黄翅大白蚁分飞的时间因地区和气候条件不同而异。据观察，在江西、湖南分飞在5月中旬至6月中旬；广州地区3月初蚁巢内出现有翅繁殖蚁，分飞多在4、5月份。在一天中，江西多在23：00至次日2：00时；广州地区多在4：00～5：00时分飞。分飞前由工蚁在主巢附近的地面筑成分飞孔。分飞孔在地面较明显，呈肾形凹入地面，深1～4cm，长1～4cm。孔口周围撒布有许多泥粒。一巢白蚁有分飞孔几个到一百多个。分飞可分多次进行，一般5～10次。每年分飞期飞出的有翅繁殖蚁数量随巢群的大小而异，兴旺发达的巢群可飞出2000～9000头成虫。黄翅大白蚁的分飞，一个巢群有时间隔1、2年才分飞一次，有时可连续数年，每年都分飞。

有翅成虫分飞后，雌虫脱翅配对，然后寻找适宜的地方入土营巢。营巢后约6天开始产卵，第一次产卵30～40粒，以后每天产4～6粒。卵期约40天。据成年巢观测由幼蚁发育成工蚁需要3个虫龄，历期达4个多月；发育为兵蚁要经过5个虫龄；发育为有翅成虫要经过7个虫龄，历时7～8个月，初建群体的入土深度，在头一百天内为15～30cm。巢体只有一个平底上拱的小空腔。

初建群体发展很慢，从分飞建巢到当年年底，巢内只有几十头工蚁和少数兵蚁。以后随着时间推移和群体的扩大，巢穴逐步迁入深土处。巢入土深可达0.8～2m，一般到第四或第五年才定巢在适宜的环境和深度，不再迁移。在巢内出现有翅繁殖蚁分飞时，此巢即称成年巢。

黄翅大白蚁有“王宫”，菌圃的主巢直径可达1m。主巢中有许多泥骨架，骨架上下左右都被菌圃所包围。“王宫”一般都靠近中央部分，主巢旁或附近空腔常贮藏着工蚁采回的树皮和草屑碎片等。“王宫”中一般只有一王一后，偶尔也有一王二后或三后的现象。主巢外有少数卫星菌圃。黄翅大白蚁的巢群上能长出鸡纵菌，一般菌圃离地面距离 45～60cm。

研究利用状况：黄翅大白蚁在民间作为食用昆虫十分普遍，也可以作为饲料或饲料添加剂喂养家禽、家畜和鱼类。经分析，黄翅大白蚁体中含有 17 种氨基酸（半胱氨酸未检出）（表 9.31），其中包括人体所需的 8 种氨基酸，在黄翅大白蚁种群中，兵蚁的氨基酸含量为 33.96%，人体必需氨基酸含量为 12.77 %，占氨基酸总量的 37.60%；工蚁的氨基酸含量为 48.31%，人体必需氨基酸含量为 18.38%，占氨基酸总量的 38.05%；蚁后的氨基酸含量为 41.53%，人体必需氨基酸含量为 16.24%，占氨基酸总量的 39.10%。将黄翅大白蚁的蛋白质模式与优质蛋白质模式比较，有 7 种氨基酸达到或超过优质蛋白质的氨基酸模式含量，有两种氨基酸含量达到 1/2 或 1/3。由此可见，黄翅大白蚁具有很高的营养价值，是优秀的食物和饲料营养源。

表 9.31 黄翅大白蚁的氨基酸分析（%）（陆源等，1992）

氨基酸种类	工蚁	兵蚁	蚁后
Asp 天冬氨酸	3.83	2.70	4.25
Thr 苏氨酸	2.20	1.69	1.82
Ser 丝氨酸	1.80	1.41	2.40
Glu 谷氨酸	6.92	4.45	5.02
Pro 脯氨酸	4.01	2.55	2.86
Gly 甘氨酸	3.25	2.12	1.92
Ala 丙氨酸	4.51	3.03	2.58
Cys 半胱氨酸	—	—	—
Val 缬氨酸	3.40	2.34	2.56
Met 蛋氨酸	0.53	0.37	0.86
Ile 异亮氨酸	2.54	1.74	2.25
Leu 亮氨酸	3.85	2.58	2.97
Tyr 酪氨酸	2.63	1.72	1.94
Phe 苯丙氨酸	2.08	1.48	2.31
Lys 赖氨酸	3.53	2.39	3.03
His 组氨酸	2.01	1.24	1.56
Arg 精氨酸	0.97	1.97	2.76
Trp 色氨酸	0.25	0.18	0.44
总计	48.31	33.96	41.53

3. 台湾乳白蚁 *Coptotermes formosanus* Shiraki

主要生物学特征：台湾乳白蚁，又称家白蚁，主要分布于安徽、江苏、浙江、福建、台湾、广东、海南、广西、湖南、湖北、四川等省（自治区），主要危害房屋建筑、桥梁和树木。台湾乳白蚁的巢群大，一个巢穴中可以有几十万头白蚁，蚁巢一般都建在靠近水源的地方，巢穴建在地下，成龄巢的主巢直径约有1m多，并有许多副巢。

台湾乳白蚁生长发育的适宜温度为25～30℃，气温低于17℃时，白蚁集中在主巢附近活动，取食较少。台湾乳白蚁在短暂的0℃低温下仍能存活，持续0℃以下低温白蚁才会死亡。蚁巢内的温度一般都高于4℃，在夏天，巢温约32℃，最高可达35.5℃，最高致死温度为39℃，37℃下白蚁仍能存活。

台湾乳白蚁好湿，但怕水淹，所以一般都在水位较高的地方筑巢，蚁巢含水33%左右。台湾乳白蚁分为生殖型和非生殖型两大类，原始蚁王、蚁后和补充繁殖蚁为生殖型，一般一巢中只有一个蚁王和一个蚁后，交配后产卵繁殖后代。补充繁殖蚁一般称为短翅补充蚁王、蚁后，其生殖力小于原始蚁王、蚁后，当原始蚁王、蚁后死亡后，补充为新的蚁王、蚁后。非生殖型白蚁为兵蚁和工蚁，兵蚁司职保卫白蚁种群，工蚁主要负责取食、筑巢、开路等工作，是白蚁种群中数量最大的群体。台湾乳白蚁扩散繁殖主要靠分飞，白蚁种群发展到一定阶段就会产生有翅繁殖蚁，羽化后当年分飞，一般在4～6月分飞，分飞时要求较高的湿度和温度。一般分飞湿度为85%～90%，温度21.7～29.4℃。分飞时台湾乳白蚁有很强的趋光性。飞翔的成虫一般飞百余米，落地后交配并寻找适宜地方建筑新巢。

研究利用状况：台湾乳白蚁主要作为食用昆虫和饲料昆虫来利用，台湾乳白蚁的氨基酸含量分析结果（表9.32、表9.33）表明，台湾乳白蚁体内含有17种氨基酸（色氨酸未测），其中含有人体所必需的7种氨基酸。台湾乳白蚁种群中雌蚁的氨基酸含量高于雄蚁的，雌蚁刚配对时，体内氨基酸含量最高，可达52.63%，到产卵高峰期时雌蚁体内的氨基酸明显下降，而雄蚁在喂养幼蚁时期的氨基酸含量发生明显变化。从台湾乳白蚁体内的氨基酸分析结果来看，台湾乳白蚁是一种很好的蛋白质营养源，可以在食品和饲养等方面开发利用。

表9.32 台湾乳白蚁成虫的氨基酸分析（%）（黄亮文等，1989）

氨基酸种类	雌虫	雄虫
Asp 天冬氨酸	4.78	3.64
Thr 苏氨酸	2.40	1.91
Ser 丝氨酸	1.99	1.55
Glu 谷氨酸	5.94	4.70
Pro 脯氨酸	2.74	1.87
Gly 甘氨酸	3.84	3.01
Ala 丙氨酸	4.06	3.19
Cys 半胱氨酸	0.69	0.48

续表

氨基酸种类	雌虫	雄虫
Val 缬氨酸	3.78	3.03
Met 蛋氨酸	1.23	1.02
Ile 异亮氨酸	2.71	2.09
Leu 亮氨酸	4.41	3.49
Tyr 酪氨酸	3.15	2.17
Phe 苯丙氨酸	2.57	2.11
Lys 赖氨酸	3.37	2.80
His 组氨酸	1.60	1.34
Arg 精氨酸	3.37	2.67
Trp 色氨酸	—	—
总计	52.63	41.07

表 9.33　台湾乳白蚁不同阶段成虫的氨基酸分析（以干重的 % 计）（黄亮文和林琼芳，1989）

氨基酸种类	刚飞出的		一年半群体		二年群体		三年群体		工蚁	兵蚁
	雌成虫	雄成虫	雌成虫	雄成虫	雌成虫	雄成虫	雌成虫	雄成虫		
Asp 天冬氨酸	4.1660	4.2413	3.1541	3.2936	3.4351	3.2602	3.1437	3.1604	4.9712	3.1145
Thr 苏氨酸	1.3099	1.2706	1.2544	1.2273	1.6757	1.5799	1.5056	1.4051	2.1700	1.5318
Ser 丝氨酸	0.5915	0.5374	0.8324	0.7371	1.3577	1.2645	0.9864	0.9121	1.4665	0.9065
Glu 谷氨酸	5.9179	6.2751	5.7554	5.9912	6.2384	5.7669	5.6613	5.5789	8.8740	5.3813
Pro 脯氨酸	2.5722	1.8074	3.1733	2.5472	2.6445	3.7503	2.8976	2.8175	3.0406	1.8839
Gly 甘氨酸	4.1708	5.0484	8.9481	8.9515	6.1879	5.8230	7.5046	8.1418	3.3003	2.6849
Ala 丙氨酸	2.9907	3.0562	4.1913	4.5867	4.5703	5.0659	4.5284	4.6366	5.1417	3.4106
Cys 半胱氨酸	0.2057	0.1173	0.1814	0.1065	0.2586	0.2339	0.0324	0.0783	0.9400	0.2008
Val 缬氨酸	3.2416	3.2873	3.4435	3.6853	3.7109	3.7930	3.4512	3.6158	4.0913	2.6450
Met 蛋氨酸	1.1153	1.2387	0.5341	0.3942	0.4347	0.3104	0.3444	0.2177	0.8019	0.5358
Ile 异亮氨酸	2.0791	2.1654	1.7786	1.9535	1.7686	1.9105	1.9202	1.8602	2.7891	1.6643
Leu 亮氨酸	3.5402	2.7193	3.0939	3.4562	3.5085	3.4015	3.2807	3.1505	4.6607	2.9184
Tyr 酪氨酸	2.4661	2.4383	3.3374	4.5129	3.8533	4.5017	3.3766	4.4468	3.9380	2.1499
Phe 苯丙氨酸	2.4152	2.5913	1.7347	1.7682	1.9082	1.7036	1.6965	1.8616	2.6390	1.4908
Lys 赖氨酸	3.0722	3.1089	2.4204	2.6838	2.5414	2.2854	2.4413	2.4333	3.7328	2.2837
His 组氨酸	1.6162	1.6008	1.9953	2.2976	1.8712	3.6616	1.9675	2.1165	1.8188	1.3444
Arg 精氨酸	2.9699	3.0159	2.5091	2.6235	2.2197	2.8028	2.5627	2.6193	3.8777	2.3760
Trp 色氨酸	—	—	—	—	—	—	—	—	—	—
总计	44.45	44.44	48.34	50.82	48.19	51.12	47.30	49.05	58.27	36.58

9.3.6 蝉类

图 9.4 蚱蝉

中国许多地方都有食用蝉的习俗。陕西、山东一带喜食蚱蝉 *Cryptotympana atrata* (Fabricius)，云南少数民族地区喜食紫络蛾蜡蝉 *Lawana imitata* Melichar 和云管尾角蝉 *Darthula hardwicki* (Gray)。中国食用蝉古来有之，据昆虫史学家邹树文先生考证，在《礼记·内则》等著作中就有食蝉的记载，蝉作为珍品供贵人享用。据乾隆年间《潮州府志》记载“潮人常取蝉，向火中微炙即啖之”。这种食蝉的习俗被保存下来，迄今为止，一些地方仍将蝉作为珍品食用，在云南少数民族地区，主要是将蝉用油炒或炸后食用（图 9.4，彩图），也常见用火烧后食用。

1. 紫络蛾蜡蝉

紫络蛾蜡蝉又称白蛾蜡蝉，在云南景东等少数民族地区俗称为“小白鸡”，若虫喜成群地聚集在黄皮果等寄主枝条上，若虫体白色，布满絮状蜡被物，由于若虫体呈白色，味道鲜美，故称为“小白鸡”。当地彝族、哈尼族、佤族等少数民族喜食紫络蛾蜡蝉若虫，常在 4～5 月间捕捉若虫，将捕捉的若虫用开水烫去蜡质后，再用油炸后食用，味道十分鲜美。

紫络蛾蜡蝉属同翅目蛾蜡蝉科，主要分布于福建、广东、广西、云南、海南等省（自治区），以龙眼、荔枝、黄皮果等植物为寄主。在广西南部 1 年两代，以成虫态越冬。第 1 代产卵在 3 月下旬至 4 月上旬，4～5 月若虫大量出现，6 月上中旬成虫出现。7 月上旬至 9 月产卵发生第 2 代，8 月若虫大量出现，10 月成虫大量出现，越冬后产卵产生新一代。紫络蛾蜡蝉若虫活泼善跳，取食时多静伏于新梢，蜕皮时转移到叶背。

经分析，紫络蛾蜡蝉虫体内含有 51.59%的粗蛋白，含有 18 种氨基酸（表 9.34），8 种人体必需氨基酸，氨基酸总量为 41.56%，人体必需氨基酸量为 14.72%，占氨基酸总量的 35.74%。

表 9.34 紫络蛾蜡蝉若虫体内的氨基酸含量（%）（冯颖等，1999a）

氨基酸	含量	氨基酸	含量	氨基酸	含量
Asp 天冬氨酸	3.60	Cys 半胱氨酸	—	Phe 苯丙氨酸	1.26
Thr 苏氨酸	1.84	Val 缬氨酸	2.54	Lys 赖氨酸	2.24
Ser 丝氨酸	2.22	Met 蛋氨酸	1.92	His 组氨酸	1.09
Glu 谷氨酸	7.11	Ile 异亮氨酸	2.42	Arg 精氨酸	2.23
Gly 甘氨酸	1.99	Leu 亮氨酸	2.50	Trp 色氨酸	未测
Ala 丙氨酸	3.55	Tyr 酪氨酸	2.19	Pro 脯氨酸	2.86

2. 云管尾角蝉

云管尾角蝉在云南思茅地区景东等地的少数民族称其为“木得勒”，其成虫和若虫可食用，体长 17～18cm，肩角宽 10～13cm，体背面红褐色，头隐藏于前胸背板前下缘，前胸背板半球形，中脊突起，呈圆弧状隆起，腹部末端有一细长管，管上有黄褐色长毛。主要寄主有曼青冈、云南柳、枥、旱冬瓜、木瓜树等。在景东等地每年 3～5 月采集云管尾角蝉老熟若虫和成虫，油炒后食用。

云管尾角蝉体内含有丰富的蛋白质，粗蛋白含量 57.14%，粗脂肪含量 30.60%，总糖 2.80%，灰分 1.05%（表 9.35），体内含有 18 种氨基酸（表 9.36），总量为 53.19 %，8 种人体必需氨基酸，人体必需氨基酸含量为 21.92%，占氨基酸总量的 41.21 %，还含有丰富的微量元素（表 9.37）（冯颖等，1999a）。

表 9.35　云管尾角蝉主要营养成分分析（%）（冯颖等，1999a）

粗蛋白	粗脂肪	总糖	灰分
57.14	30.60	2.80	1.05

表 9.36　云管尾角蝉的氨基酸含量（%）（冯颖等，1999a）

氨基酸	含量	氨基酸	含量	氨基酸	含量
Asp 天冬氨酸	3.694	Cys 半胱氨酸	2.815	Phe 苯丙氨酸	2.349
Thr 苏氨酸	3.361	Val 缬氨酸	2.530	Lys 赖氨酸	4.678
Ser 丝氨酸	3.530	Met 蛋氨酸	0.700	His 组氨酸	2.580
Glu 谷氨酸	6.193	Ile 异亮氨酸	2.842	Arg 精氨酸	2.994
Gly 甘氨酸	3.125	Leu 亮氨酸	3.841	Trp 色氨酸	1.619
Ala 丙氨酸	2.618	Tyr 酪氨酸	2.815	Pro 脯氨酸	2.842

表 9.37　云管尾角蝉的主要微量元素分析（冯颖等，1999a）

钾(K) /%	钠(Na) /%	钙(Ca) /%	镁(Mg) /%	磷(P)/ (μg/g)	铜(Cu) /(μg/g)	锌(Zn) /(μg/g)	铁(Fe) /(μg/g)	锰(Mn) /(μg/g)
0.212	0.061	0.028	0.045	0.347	56.9	544.3	100.0	13.6

9.3.7　甲虫类

1. 天牛

天牛是危害林木的蛀干害虫，严重时可以毁灭成片的森林。然而，天牛除是人们熟悉的害虫外，作为食用昆虫有很高的营养价值。国内外许多国家和地区都有食用天牛的习俗。我国古代就有食用天牛的记载，据邹树文先生考证，在颜师古的《注》中记载“应召曰：‘桂树中蝎虫也’。苏林曰：‘汉旧常以献陵庙，载以赤毂小车。’师古曰：‘此虫食桂，故味辛，而渍之以蜜食也。’”《本草纲目》中引用《大业拾遗录》记载“隋时始安献桂蠹四瓶，以蜜渍之。紫色，辛香有味。啖之去痰饮之疾”。这里的蝎虫就是指天牛幼虫。天牛幼虫在古代作为珍品贡奉神灵和帝王，除食用价值外，天牛幼虫还有化痰消炎之功效。我国云南等少数民族地区，迄今仍保留食用天牛幼虫的习俗。一般是将天牛幼虫用油炸后食用，用火烧后食用，生食天牛幼虫也很普遍。

主要营养成分：天牛幼虫的营养成分分析表明，长角栎天牛 *Stromatium longicorne* (Newman) 幼虫体内含有 23.20%的蛋白质，16 种氨基酸（色氨酸未测，半胱氨酸未检出），氨基酸含量为 48.85%，有 7 种人体必需氨基，含量为 17.92%，占氨基酸总量的 36.68%（表 9.38）。叶兴乾等分析了桃红颈天牛 *Aromia bungii* Faldermann、黄斑星天牛 *Anoplophora nobilis* Ganglbauer、粒肩天牛 *Apriona germari* (Hope) 等的主要营养成分，证明天牛幼虫体内含有丰富的氨基酸，氨基酸含量为 25%～50%，人体必需氨基酸含量为 12%～21%，蛋白质 20%～49%，还含有丰富的微量元素（表 9.39），具有很高的营养价值。除上述几种天牛外，还有许多天牛幼虫都可以食用，在云南少数民族地区所食用的天牛幼虫至少在 10 种以上。天牛科 Cerambycidae 常见食用种类有黄斑星天牛、粒肩天牛、桃红颈天牛、长角栎天牛等。

表 9.38　长角栎天牛幼虫体内的氨基酸含量分析（%）（陈晓鸣和冯颖，1999）

氨基酸	含量	氨基酸	含量	氨基酸	含量
Asp 天冬氨酸	4.64	Cys 半胱氨酸	—	Phe 苯丙氨酸	1.83
Thr 苏氨酸	2.30	Val 缬氨酸	2.93	Lys 赖氨酸	2.27
Ser 丝氨酸	2.70	Met 蛋氨酸	1.14	His 组氨酸	0.96
Glu 谷氨酸	8.58	Ile 异亮氨酸	3.45	Arg 精氨酸	2.19
Gly 甘氨酸	2.66	Leu 亮氨酸	4.00	Trp 色氨酸	未测
Ala 丙氨酸	2.71	Tyr 酪氨酸	3.12	Pro 脯氨酸	3.37

表 9.39　几种天牛幼虫的主要营养成分及微量元素分析（叶兴乾等，1998，陈晓鸣和冯颖，1999）

种类	主要营养成分/%				微量元素/(mg/kg)					
	蛋白质	脂肪	氨基酸	必需氨基酸	钙(Ca)	镁(Mg)	锌(Zn)	铁(Fe)	锰(Mn)	铜(Cu)
长角栎天牛	23.20	—	48.85	17.92	—	—	—	—	—	—
桃红颈天牛	41.80	35.89	35.65	17.25	131.47	220.54	98.76	102.50	15.47	23.97
黄斑星天牛	49.00	35.19	33.67	17.00	133.46	105.20	95.42	105.33	9.56	10.42
粒肩天牛	42.80	41.46	25.01	12.21	150.68	254.36	102.34	96.56	20.47	25.46

2. 金龟子

金龟子是危害农作物和林木根系的地下害虫，其幼虫生活土壤中，以农作物和林木根系为食，对林木，尤其是苗木危害很大。金龟子幼虫称为“蛴螬”，俗称土蚕，蛴螬肥大，在云南及其他地区都有食用蛴螬的习俗。我国食用蛴螬有很长的历史，据邹树文先生考证，在《太平御览》中引《志怪录》中记载“吴中书郎盛冲至孝。母王氏失明。仲暂行，敕婢食母。婢乃取蛴螬蒸食之。王氏甚以为美，(而不知是何物。儿还。王氏语曰：“汝行后，婢进吾一食，甚甘美极；然非鱼非肉，汝试问之。”既而问婢，婢服曰：“实是蛴螬”。陶弘景在《本草经集注》中记载蛴螬“杂猪蹄作羹与乳母，不能别之”，记载了蛴螬的食用方法。我国有许多地区食用蛴螬，通常是去头、足、内脏后用油炒，加以盐和其他调料后食用。除食用蛴螬外，在云南少数民族地区还食用金龟子成虫，俗称“烤铁牛”。据称，广东一带将成虫碾成粉食用。椰蛀犀金龟 *Oryctes rhinoceros* (Linnaeus)，俗称椰子虫，又称棕虫，主要以椰子树和棕树为寄主，为蛀干害虫，幼虫和蛹在寄主树中生活。在云南瑞丽等地食用此虫较为普遍，通常食用其蛹，用油炸后食用，当地餐馆在9～12月间能食到此虫蛹，一般一人一只，不可多食，每只售价 10 元。椰子虫蛹棕黑色，2～3cm 长，1.0～1.5cm 宽，蛹体饱满。椰子虫的食用在我国古代就有所记载，赵学敏在《本草纲目拾遗》中记载“《滇南各甸土司记》：棕虫产腾越州外各土司中，穴居棕榈木中，食其根汁。状如海参，粗如臂，色黑。土人以为珍馔，土司饷贵客，必向各峒丁索取此虫作供。连棕木数尺解送，剖木取之。作羹味绝鲜美，肉亦坚韧而腴，绝似辽东海参。云食之增髓补血，尤治带下。彼土妇人无患带者，以食此虫也”。文中描绘的棕虫的形状、颜色、生活习性、食用习俗等与在云南瑞丽等地仍在食用的棕虫基本一致。文中提到棕虫“形状如海参，粗如臂”，椰子虫蛹和幼虫的形状的确可以描述为海参状，但不可能粗如臂，“臂”可能是指粗如拇指，椰子虫蛹和幼虫的形状确有拇指粗。

食用金龟子的主要种类及成分分析：据分析，金龟子成虫和幼虫都含有丰富的营养成分。叶兴乾等（1998）分析了华北大黑鳃金龟 *Holotrichia oblita* (Faldermann)、铜绿丽金龟 *Anomala corpulenta* Motschulsky 和凸星花金龟 *Potosia aerata* Erichson 幼虫的主要营养成分和微量元素。结果表明，幼虫体内含有丰富的蛋白质、氨基酸和微量元素，蛋白质含量 50%～66%，脂肪含量 14%～30%，氨基酸含量 38%～59%，人体必需的 8 种氨基酸含量达 16%～28%。据刘立春等（1998）对双叉犀金龟、神龙洁蜣螂成虫的氨基酸和微量元素的分析表明，双叉犀金龟、神龙洁蜣螂成虫体内含有多种氨基酸，氨基酸总量达 13%～17%，含有人体必需氨基酸 7 种，含量达 32%～49%，还含有丰富的微量元素（表 9.40～表 9.42）。

表 9.40 几种蛴螬的主要营养成分及微量元素分析（叶兴乾等，1998）

虫种	主要营养成分/%				微量元素/(mg/kg)					
	蛋白质	脂肪	氨基酸	必需氨基酸	钙 (Ca)	镁 (Mg)	锌 (Zn)	铁 (Fe)	锰 (Mn)	铜 (Cu)
华北大黑鳃金龟	49.30	29.84	38.79	16.76	397.22	455.78	101.33	1313.71	46.50	18.26
铜绿丽金龟	51.60	14.05	44.90	20.18	434.94	297.04	84.51	2299.52	61.61	26.82
凸星花金龟	66.20	19.35	58.30	28.17	187.47	303.65	97.48	338.54	20.03	35.56

表 9.41 双叉犀金龟、神龙洁蜣螂的微量元素分析（mg/kg）(刘立春等，1998)

虫种	锌（Zn）	铜（Cu）	镁（Mg）	锰（Mn）	钼（Mo）	铁（Fe）	硒（Se）	钙（Ca）	磷（P）
双叉犀金龟	101.10	16.63	989.96	19.90	6.35	509.90	0.69	1248.26	2073.49
神龙洁蜣螂	76.80	15.34	720.41	16.16	6.14	537.95	0.69	888.64	1967.47

表 9.42 双叉犀金龟、神龙洁蜣螂的氨基酸分析（%）(刘立春等，1998)

氨基酸种类	双叉犀金龟	神龙洁蜣螂
Asp 天冬氨酸	2.49	0.41
Thr 苏氨酸	0.91	0.25
Ser 丝氨酸	1.25	0.42
Glu 谷氨酸	4.15	0.76
Pro 脯氨酸	0.51	0.38
Gly 甘氨酸	1.01	0.79
Ala 丙氨酸	0.99	0.72
Cys 半胱氨酸	—	0.18
Val 缬氨酸	0.96	0.93
Met 蛋氨酸	0.41	0.21
Ile 异亮氨酸	0.47	0.72
Leu 亮氨酸	0.44	1.29
Tyr 酪氨酸	0.28	0.86
Phe 苯丙氨酸	0.28	0.79
Lys 赖氨酸	0.98	1.46
His 组氨酸	0.45	1.01
Arg 精氨酸	1.12	1.99
Trp 色氨酸	—	0.10
总计	16.70	13.27

我国常见的食用金龟子有华北大黑鳃金龟、铜绿丽金龟、凸星花金龟、大云鳃金龟 *Polyphylla laticollis* Lewis、粗狭肋齿爪鳃金龟 *Holotrichia scrobiculata* Brenske、双叉犀金龟 *Allomyrina dichotoma*（Linnaeus）、神龙洁蜣螂 *Catharsius molossus*（Linnaeus）、椰蛀犀金龟 *Oryctes rhinoceros*（Linnaeus）等多种。

3. 龙虱

龙虱是水生昆虫，主要生活于淡水中，常见于水田和池塘中，以小鱼小虾为食。龙虱可以食用和药用。在我国广东、广西一带，民间喜食龙虱成虫，主要食用方法是将龙虱成虫用温水排去成虫体内废物，然后用盐水浸渍晒干，食用时去头、足及翅，一般烹调方法为油炸，油炸后的龙虱味道十分鲜美。我国古代有食用龙虱的记载，据邹树文先生考证，赵学敏在《本草纲目拾遗（卷十）》中记载“智少随老父福宁，曾见龙虱。后在姚，有仆署中食此。云自濠镜来，则他处亦出此，何漳独异也。盖是旱虫，大如指顶，甲下有翅。熏乾油润去甲翅啖，似火鱼之变味”。可见我国食用龙虱的历史十分悠久。乾隆广东《澄海县志》也记载“龙虱一名水龟……以盐蒸食之。土人以为味甚美”。由此可见，食用龙虱在广东十分普及。

常见可食用的龙虱有三点龙虱 *Cybister tripunctatus* Olivier、日本吸盘龙虱 *C. japonicus* Sharp、具缘龙虱 *C. limbatus* Fabricius 等。据报道，三点龙虱、具缘龙虱等能分泌多种甾酮，除雌酮、17β-紫二醇、睾丸酮外，还含有约 15 种雄酮，其含量较大。所以龙虱除食用价值外，还有一定的食疗作用。龙虱作为药用可治夜尿、肾亏肾虚、面色焦黄等疾病。但龙虱的分泌物中，有些酮类是有毒物质，如皮质酮等，过量的皮质酮能严重干扰有机体的钾钠离子平衡。所以在食用龙虱时，最好在温水中浸泡一段时间，排除龙虱体内的一些废物。

4. 竹象

竹象是危害竹子的一类重要蛀干害虫，主要危害青皮竹、粉箪竹、大头竹、水竹、绿竹等丛生竹竹笋。幼虫和成虫均可食用，在我国广东、广西和四川食用较为普遍。成虫食用时将头、足及内脏去除，加调料浸渍后烧烤食用，幼虫加调料用油炒或炸后食用。在我国广东省广州市的“东山酒家”的昆虫佳肴中有“田园竹象”一道美味昆虫食品，佳肴中所用的竹象是长足巨背象，竹象经调料浸渍后，经油炸加工，味道十分鲜美。我国常食用的竹象有长足大竹象、长足牡竹象等。

1）长足大竹象 *Cyrtotrachelus bugueti* Guer

主要生物学特征：长足大竹象，又名竹横锥大象，主要分布于广东、广西、贵州、四川等地。主要危害青皮竹、粉箪竹、大头竹等较粗的丛生竹竹笋。长足大竹象在广东 1 年一代，以成虫在土中蛹室越冬，次年 6 月中旬成虫出土，8 月中下旬为出土盛期。幼虫危害期为 6 月中下旬至 10 月中旬，7 月中旬至 10 月下旬化蛹，7 月底、8 月初至 11 月上旬羽化成虫越冬。

成虫在竹笋上打孔产卵，一般一支竹笋上产卵一粒，最多 3 粒。成虫产卵期 15～20 天，每头成虫产卵 35～40 粒，卵 3～4 天后孵化，幼虫 5 龄，在竹笋中 11～16 天老熟，老熟幼虫破笋入土中化蛹，预蛹期 8～11 天，蛹期 11～15 天后羽化为成虫越冬。

主要营养成分：长足大竹象粗蛋白含量为 65.55%，粗脂肪为 24.50%，总糖为 2.79%，灰分 1.69%（表 9.43）。长足大竹象体内含有 18 种氨基酸（表 9.44），含量为 62.97%，有 8 种人体必需氨基酸，含量为 25.62%，占氨基酸总量的 40.69%，长足大竹象体内还含有丰富的微量元素等成分（表 9.45）。

表 9.43 长足大竹象的主要营养成分分析（%）（陈晓鸣和冯颖，1999）

粗蛋白	粗脂肪	总糖	灰分
65.55	24.50	2.79	1.69

表 9.44　长足大竹象的氨基酸分析（%）（陈晓鸣和冯颖，1999）

氨基酸	含量	氨基酸	含量	氨基酸	含量
Asp 天冬氨酸	3.930	Cys 半胱氨酸	0.951	Phe 苯丙氨酸	2.161
Thr 苏氨酸	3.610	Val 缬氨酸	2.936	Lys 赖氨酸	5.387
Ser 丝氨酸	4.797	Met 蛋氨酸	0.893	His 组氨酸	2.691
Glu 谷氨酸	7.832	Ile 异亮氨酸	3.790	Arg 精氨酸	3.625
Gly 甘氨酸	4.286	Leu 亮氨酸	4.741	Trp 色氨酸	2.102
Ala 丙氨酸	2.926	Tyr 酪氨酸	2.627	Pro 脯氨酸	3.680

表 9.45　长足大竹象的主要微量元素分析（陈晓鸣和冯颖，1999）

钾(K) /%	钠(Na) /%	钙(Ca) /%	镁(Mg) /%	磷(P) /%	铜(Cu) /(μg/g)	锌(Zn) /(μg/g)	铁(Fe) /(μg/g)	锰(Mn) (μg/g)
0.262	0.065	0.027	0.105	0.519	38.4	306.1	64.7	21.0

2）长足牡竹象 *Cyrtotrachelus longimanus* Fabricius

主要生物学特征：长足牡竹象又称大竹象、直锥大竹象，主要分布于浙江、福建、台湾、江西、广东、四川、贵州等省（自治区）。主要危害青皮竹、粉箪竹、撑篙竹等丛生竹竹笋。长足牡竹象 1 年一代，以成虫在土中蛹室越冬。在浙江，6 月成虫出土，成虫有假死性。成虫 6～9 月产卵，卵期 4～5 天，一头成虫产卵 25～30 粒，一般一支竹笋上产 1 粒卵，幼虫 5 龄，幼虫期 26～29 天，老熟幼虫夜间破笋入土化蛹，蛹经 12～15天羽化为成虫越冬。一般在 6～8 月捕捉成虫，6～10 月可在受害笋中捕捉幼虫。

主要营养成分：长足牡竹象粗蛋白含量为 64.28%，粗脂肪为 20.30%，总糖为 2.82%，灰分 1.49%（表 9.46）。长足牡竹象体内含有 18 种氨基酸（表 9.47），含量为 59.07%，有 8 种人体必需氨基酸，含量为 23.12%，占氨基酸总量的 39.14%，长足大竹象体内还含有丰富的微量元素等成分（表 9.48）。

表 9.46　长足牡竹象的主要营养成分分析（%）（陈晓鸣和冯颖，1999）

粗蛋白	粗脂肪	总糖	灰分
64.28	20 .30	2.82	1.49

表 9.47　长足牡竹象的氨基酸分析（%）（陈晓鸣和冯颖，1999）

氨基酸	含量	氨基酸	含量	氨基酸	含量
Asp 天冬氨酸	3.668	Cys 半胱氨酸	0.928	Phe 苯丙氨酸	2.166
Thr 苏氨酸	3.439	Val 缬氨酸	2.945	Lys 赖氨酸	4.207
Ser 丝氨酸	3.319	Met 蛋氨酸	0.947	His 组氨酸	2.673
Glu 谷氨酸	7.434	Ile 异亮氨酸	3.664	Arg 精氨酸	3.419
Gly 甘氨酸	4.078	Leu 亮氨酸	3.575	Trp 色氨酸	2.180
Ala 丙氨酸	3.167	Tyr 酪氨酸	2.563	Pro 脯氨酸	4.650

表 9.48　长足牡竹象的主要微量元素分析（陈晓鸣和冯颖，1999）

钾（K）/%	钠（Na）/%	钙（Ca）/%	镁（Mg）/%	磷（P）/%	铜（Cu）/(μg/g)	锌（Zn）/(μg/g)	铁（Fe）/(μg/g)	锰（Mn）/(μg/g)
0.174	0.051	0.039	0.048	0.292	22.9	127.1	66.3	5.9

5. 紫茎甲 *Sagra femorata purpurea* Lichtenstein

紫茎甲广泛地分布于我国浙江、江西、福建、广东、云南、四川等省（自治区），主要危害杠豆、刀豆、葛属、油麻藤属等植物，幼虫在植株茎内取食，形成膨大虫瘿，一个虫瘿内有一至数头幼虫。云南景东彝族自治县、石屏县等地有食用紫茎甲幼虫的习惯，采集到虫瘿后，将虫瘿剥开，取出幼虫用油或炸或炒，加上佐料食用。

主要营养成分：紫茎甲幼虫粗蛋白含量为 34.88%，粗脂肪为 54.70%，总糖约为 0.91%，灰分约 1.13%（表 9.49）。紫茎甲幼虫体内含有 18 种氨基酸，氨基酸总量为 34.90 %，有 18 种人体必需氨基酸（表 9.50），含量为 9.99%，人体必需氨基酸占氨基酸总量的 28.62 %，紫茎甲幼虫体内还含有丰富的微量元素（表 9.51）。

表 9.49　紫茎甲幼虫的主要营养成分分析（%）（陈晓鸣和冯颖，1999）

粗蛋白	粗脂肪	总糖	灰分
34.88	54.70	0.91	1.13

表 9.50　紫茎甲幼虫的氨基酸分析（%）（陈晓鸣和冯颖，1999）

氨基酸	含量	氨基酸	含量	氨基酸	含量
Asp 天冬氨酸	2.735	Cys 半胱氨酸	0.649	Phe 苯丙氨酸	1.343
Thr 苏氨酸	1.084	Val 缬氨酸	1.858	Lys 赖氨酸	1.848
Ser 丝氨酸	1.355	Met 蛋氨酸	0.180	His 组氨酸	1.392
Glu 谷氨酸	4.278	Ile 异亮氨酸	1.068	Arg 精氨酸	1.641
Gly 甘氨酸	1.482	Leu 亮氨酸	2.211	Trp 色氨酸	0.394
Ala 丙氨酸	1.353	Tyr 酪氨酸	2.427	Pro 脯氨酸	1.315

表 9.51　紫茎甲幼虫的主要微量元素分析（陈晓鸣和冯颖，1999）

钾（K）/%	钠（Na）/%	钙（Ca）/%	镁（Mg）/%	磷（P）/%	铜（Cu）/(μg/g)	锌（Zn）/(μg/g)	铁(Fe)/(μg/g)	锰(Mn)/(μg/g)
0.153	0.019	0.048	0.063	0.025	5.56	59.2	52.8	5.79

9.3.8　蚂蚁

蚂蚁是一类特殊的社会性昆虫，种类繁多。据统计，全世界的蚂蚁有 2000～14 000 种，中国的蚂蚁种类至少在 800 种以上。蚂蚁作为捕食者，是不少农林业害虫的天敌，在生态系统中扮演着十分重要的角色，蚂蚁同时又是一种非常宝贵的生物资源，具有很高的利用价值。中国利用蚂蚁的历史十分悠久，有3000多年的历史，据中国著名昆虫史学家邹树文先生考证，最早记载蚂蚁的食用价值的是《周礼·天官》和《礼记·内则》两本著作中，在这两本著作中记载了在秦代以前，蚂蚁和蚁卵制成蚁子酱作为佳肴供招待贵客。李时珍在《本草纲目》中也记载了蚂蚁的药用价值。

中国民间食用蚂蚁十分普遍，尤其在云南少数民族地区。蚂蚁在民间常用作泡酒饮用，云南哈尼族、傣族、彝族等多个少数民族将蚂蚁制成酸醋，作成蚁酱，或炸，或煎，用多种方式食用蚂蚁，蚂蚁待客仍是当地少数民族招待贵宾的一种方式。据统计，我国常用的食用蚂蚁有双齿多刺蚁、黄猄蚁、丝光蚁 *Formica fusca* Linnaeus、黄毛蚁、日本弓背蚁、北方蚁、凹唇蚁、叶形刺蚁、拟梅氏刺蚁 *Polyrhachis proxium* Roger等10余种，其中，研究其食用和药用价值最多的是双齿多刺蚁。近年来，医学家和营养学家十分重视对蚂蚁的研究和开发利用，对部分蚂蚁种类进行了较系统的氨基酸、蛋白质和其他成分分析，对一些蚂蚁种类的药用价值和药理进行了较深入的研究，研发医药和保健品。对蚂蚁开发利用，带来了巨大的经济效益，同时也带来严重的生态问题。蚂蚁在自然环境中，尤其在森林生态系统中，作为捕食者在食物网中对许多森林害虫起到很大抑制作用，在维护森林生态系统平衡中扮演十分重要的角色。过度地、掠夺式地开发蚂蚁资源将会导致严重的生态问题。在蚂蚁开发利用中，必须引起足够重视，应该遵循可持续发展原则，合理地开发蚂蚁资源。随着蚂蚁热的进一步升温，各种蚂蚁饲养技术将应运而生，成为一种经济效益可观的养殖业。但是蚂蚁是社会性昆虫，养殖难度较大，需要通过规模饲养研究才能得到较成熟的蚂蚁饲养技术。蚂蚁开发中还存在着种类混乱等问题，蚂蚁的种类繁多，经过研究证实，能作为食用和药用的蚂蚁并不多，只有双齿多刺蚁等几种蚂蚁研究得较深入，可以作为食用和药用蚂蚁，但在实际利用中，存在着蚂蚁种类混乱，通常在双齿多刺蚁中混杂着其他种类的蚂蚁，这些蚂蚁大都没有做过研究，盲目利用可能会对人体产生不利影响，在蚂蚁开发利用中值得注意。

1. 双齿多刺蚁

主要生物学物性：双齿多刺蚁，常称鼎突多刺蚁、黑蚂蚁，我国主要分布于浙江、安徽、云南、福建、湖南、广东、台湾；东南亚、澳大利亚也有分布。多营巢于松林、油茶林内。主要捕食马尾松毛虫等多种食叶害虫，为松毛虫的重要捕食性天敌。双齿多刺蚁多在树上筑巢而居，少数建巢于草丛、石块下。在冬季蚁巢可由树上转移至地面。蚁巢由树木枝叶、杂草碎屑、吐丝物等构成，巢内呈蜂窝状，有许多小室。蚁巢受干扰后，大量工蚁迅速地涌出防卫。蚁巢内同时有卵、幼虫、蛹、成虫4个阶段的个体。蚁巢大小相差很大，一般长10～39cm，宽6～20cm，高5～17cm。每巢蚁个体数从几千个到4万～5万个。平均每巢约有11 510个体。

利用状况：双齿多刺蚁是在众多蚂蚁种类中研究和开发利用得最多的一种，国内对双齿多刺蚁的研究主要集中在食疗价值方面，较系统地研究了双齿多刺蚁的氨基酸、蛋白质、矿物质等主要营养成分；在药理方面，对双齿多刺蚁的药用价值做了大量的研究工作。据报道，蚂蚁体内含甾族类、三萜类化合物，类似肾上腺素皮质激素物质及多种衍生物。双齿多刺蚁体内含有丰富的氨基酸、蛋白质、维生素和微量元素（表 9.52～表 9.54），作为食品是一种利用价值很高的营养源；作为药物，蚂蚁能提高人体免疫机能，增加动物体内的超氧化物歧化酶（SOD）的含量，具有明显的抗衰老作用（详见第 8 章）。

表 9.52 双齿多刺蚁的脂肪酸种类及含量（以总脂肪酸的%计）（陈即惠，1983）

油酸	棕榈酸	棕榈油酸	硬脂酸	亚油酸	亚麻酸	豆酸
62.44	21.14	11.03	2.29	1.39	1.21	0.53

表 9.53 双齿多刺蚁的氨基酸分析（容碧娴等，1987；陈即惠等，1985；甘绍虞等，1984）

氨基酸种类	蚁体/（mg/ml）	蚁酒/（mg/ml）	蚁浸膏/（mg/100g）
Asp 天冬氨酸	0.872	0.825	205.5
Thr 苏氨酸	0.454	0.795	92.1
Ser 丝氨酸	0.544	2.055	140.5
Glu 谷氨酸	1.258	2.330	115.5
Pro 脯氨酸	0.672	7.050	347.1
Gly 甘氨酸	1.266	0.397	54.6
Ala 丙氨酸	0.976	3.32	389.6
Cys 半胱氨酸	—	0.555	45.0
Val 缬氨酸	0.574	1.470	172.9
Met 蛋氨酸	0.135	—	9.38
Ile 异亮氨酸	0.670	0.710	92.4
Leu 亮氨酸	0.781	0.930	238.1
Tyr 酪氨酸	0.663	0.155	245.7
Phe 苯丙氨酸	0.462	0.760	143.3
Lys 赖氨酸	0.481	0.950	102.4
His 组氨酸	0.273	0.102	17.9
Arg 精氨酸	—	—	—
Trp 色氨酸	0.424	2.830	181.4

表 9.54 双齿多刺蚁蚁体及蚁膏的矿物质分析（容碧娴等，1987）

元素	蚁膏/%	蚁体/%
镱（Yb）	0.000 449	0.000 192
磷（P）	0.126 000	0.039 960
镍（Ni）	0.001 230	0.000 536
溴（Br）	0.000 002	0.000 003
Fe_2O_3	0.100 000	0.060 000

续表

元素	蚁膏/%	蚁体/%
铬（Cr）	0.000 393	0.000 120
铕（Eu）	0.000 227	0.000 094
钒（V）	0.000 197	0.000 111
铌（Nb）	0.000 209	0.000 036
铜（Cu）	0.001 331	0.002 624
锑（Ti）	0.000 074	0.004 303
锆（Zr）	0.000 040	0.000 065
钪（Sc）	0.000 017	0.000 015
钇（Y）	0.000 044	0.000 051
MgO	0.490 000	0.110 000
CaO	0.590 000	0.017 000
Al_2O_3	0.110 000	0.140 000
镧（La）	0.000 204	0.000 115
锶（Sr）	0.001 275	0.000 457
钡（Ba）	0.000 619	0.001 642
SiO	0.000 000	0.540 000
锌（Zn）	0.032 320	0.011 610
镥（Lr）	0.3000μg	0.8200μg
（As）	0.6800μg	0.4900μg
钴（Co）	0.6800μg	0.6800μg
钼（Mo）	0.0070μg	0.0000μg
硒（Se）	0.0023μg	0.0013μg

2. 黄猄蚁

主要生物学特征：黄猄蚁又名黄柑蚁，我国分布于广东、福建、广西、云南、海南；东南亚、澳大利亚和新几内亚也有分布。对多种害虫有捕食作用。

黄猄蚁在树上由幼虫吐丝将树叶缀成蚁巢居住。巢外壁紧密，仅留数口供工蚁出入。蚁巢小的为橄榄形，只有 5～6cm；大的近圆形，可达 30 多厘米，有的长达 54cm。解剖 1 个体积为 24cm×14cm×5cm 的蚁巢，其中幼蚁 528 只，蛹 516 个，工蚁 4334 只，雌蚁 112 只，雄蚁 376 只。蚁巢多建在枝叶较密的树上，1 株树上可有 5 或 6 个蚁巢。当树叶焦枯或蚁巢受损时，即另建新巢。建巢时工蚁排列成行，以中、后足拉住叶片，头及前足抓住邻近叶片，逐渐缀合在一起。1 只蚁不够时，数只蚁连接起来搭成桥梁。另一部分工蚁由上颚咬着大龄幼虫，使其吐丝于两叶片内缘，来回移动使之粘结。工蚁昼夜活动，夜间活动少而缓慢，日出后活动增强。气温 20℃以上适宜黄猄蚁活动，高温时最为活跃，13℃以下时活动缓慢。一般在树上活动，食物不足时，也下树到十几米外觅食，但活动路线较稳定。工蚁食性杂，取食蚧虫等分泌的蜜露和小型节肢动物等。捕食能力强，对多种害虫有捕食作用。

研究及利用状况：黄猄蚁在云南俗称酸蚂蚁，云南彝族、哈尼族、傣族等少数民族常将黄猄蚁用于制成酸醋食用，一般方法是将黄猄蚁用沸水烫死后浸泡几小时即可作为酸醋食用。据当地居民介绍，食用蚂蚁醋能强身壮体，有养颜抗衰老等功效。经分析，黄猄蚁体内含有丰富的氨基酸和蛋白质，具有很高的营养价值。在云南民族地区，黄猄蚁除作为酸醋食用外，黄猄蚁虫体还常作为一种特殊的调味品与食品一起食用（陈晓鸣和冯颖，1999）。

3. 木盲切叶蚁 *Carebara lignata* West 蚁卵

蚁卵是食用昆虫中的珍品。我国云南西双版纳、瑞丽、思茅等地一直有食用蚁卵的习俗，用蚁卵制成蚁卵酒，用蚁卵蒸食，做蚁酱或烩蚁卵都是当地少数民族的食用珍品（图 9.5，彩图）。食用蚁卵在中国古籍中累有记载。唐朝刘恂《岭表录异》中记载“交广溪洞间酋长多收蚁卵，淘泽令净，卤以为酱。或其味酷似肉酱，非官客亲友不可得也”。南宋诗人陆游在《老学庵笔记》中写到“《北户泉》云，广人于山间掘取大蚁卵为酱，名蚁子酱”。明代邝露在《赤雅》中记载“山间得大蚁卵如蚌（一本作斗）者用以为酱，甚贵之”。这些书籍记载了中国古代在广东、广西等地食用蚁卵十分普及和珍贵。这一习俗迄今仍在我国云南等地流传。

图 9.5　木盲切叶蚁卵

主要营养成分：经分析，木盲切叶蚁卵含有 33.68%的粗蛋白，55.10%的粗脂肪，3.52%的总糖和 2.22%的灰分（表 9.55），含有 18 种氨基酸（表 9.56），氨基酸总量为 32.69%，人体必需的氨基酸含量为 16.91%，占氨基酸总量的 51.72%，木盲切叶蚁卵还含有丰富的微量元素等（表 9.57）。

表 9.55　木盲切叶蚁卵的主要营养成分分析（%）（陈晓鸣和冯颖，1999）

粗蛋白	粗脂肪	总糖	灰分
33.68	55.10	3.52	2.22

表 9.56　木盲切叶蚁蚁卵的氨基酸分析（%）（陈晓鸣和冯颖，1999）

氨基酸	含量	氨基酸	含量	氨基酸	含量
Asp 天冬氨酸	2.767	Cys 半胱氨酸	0.481	Phe 苯丙氨酸	1.711
Thr 苏氨酸	1.510	Val 缬氨酸	1.914	Lys 赖氨酸	2.718
Ser 丝氨酸	1.163	Met 蛋氨酸	0.540	His 组氨酸	1.454
Glu 谷氨酸	4.959	Ile 异亮氨酸	2.138	Arg 精氨酸	0.982
Gly 甘氨酸	1.424	Leu 亮氨酸	3.253	Trp 色氨酸	0.628
Ala 丙氨酸	1.150	Tyr 酪氨酸	2.070	Pro 脯氨酸	1.823

表 9.57　蚁卵的主要微量元素分析（陈晓鸣和冯颖，1999）

钾(K) /%	钠(Na) /%	钙(Ca) /%	镁(Mg) /%	磷(P) /%	铜(Cu) /(μg/g)	锌(Zn) /(μg/g)	铁(Fe) /(μg/g)	锰(Mn) /(μg/g)
0.236	0.069	0.042	0.441	0.327	82.6	277.4	226.2	19.2

4. 其他几种常见的食用和药用蚂蚁

蚂蚁是一类具有特殊价值的昆虫，除双齿多刺蚁和黄猄蚁外，还有许多蚂蚁被食用或药用，常见的有凹唇蚁 *Formica sanguinea* Latreille、北方蚁 *F. aquilonia* Yarrow、日本弓背蚁 *Camponotus japonicus* Mayr、黄毛蚁 *Lasius flavus* (Fabricius)、叶形刺蚁 *Polyrhachis lamellidens* Smith、石狩红蚁 *Formica yessensis* Forel、北京凹头蚁 *Formica beijingensis* Wu、乌拉尔蚁 *Formica uralensis* Ruzsky、日本黑褐蚁 *Formica japonica* Motschulsky、铺道蚁 *Tetramorium caespitum* (L.) 等，这些蚂蚁作为食用和药用蚂蚁在民间也较为普及。经分析研究，这几种蚂蚁体内含有丰富的蛋白质、氨基酸、脂肪酸、维生素和微量元素（表 9.58～表 9.60），作为食用昆虫，这些蚂蚁具有很高的营养价值，是难得的高蛋白食品；作为药品，这些蚂蚁能治疗许多疑难病症，有十分广阔的开发利用前景。

表 9.58　几种常见的食用和药用蚂蚁的蛋白质、脂肪和维生素分析
（刘红等，1997；吴坚和王长禄，1995）

种类	粗蛋白 /%	粗脂肪 /%	维生素/(mg/100g)			
			维生素 E	维生素 B_1	维生素 B_2	维生素 B_{12}
双齿多刺蚁	41.75	17.65	12.29	0.26	2.01	微量
黄猄蚁	68.49	未测	未测	未测	未测	未测
凹唇蚁	59.59	11.45	21.08	0.33	2.65	微量
黄毛蚁	41.17	未测	未测	未测	未测	未测
日本弓背蚁	50.90	未测	未测	未测	未测	未测
叶形刺蚁	37.13	未测	未测	未测	未测	未测
石首红蚁	68.31	未测	未测	未测	未测	未测
北方蚁	64.31	未测	未测	未测	未测	未测
北京凹头蚁	38.01	未测	未测	未测	未测	未测
乌拉尔蚁	50.62	未测	未测	未测	未测	未测
日本黑褐蚁	64.13	未测	未测	未测	未测	未测
铺道蚁	76.69	未测	未测	未测	未测	未测

表 9.59 几种常见的食用和药用蚂蚁的氨基酸分析(水解氨基酸含量以 g/100g 计,游离氨基酸以 mg/100g 计)(吴坚和王长禄,1995;刘红等,1997)

氨基酸	黄猄蚁	凹唇蚁	黄毛蚁	日本弓背蚁	铺道蚁		石狩红蚁		北方蚁		日本黑褐蚁		叶形刺蚁		北京凹头蚁		乌拉尔蚁	
	水解	水解	水解	水解	水解	游离	水解	游离	水解	游离	水解	游离	水解	游离	水解	游离	水解	游离
Asp 天冬氨酸	3.29	4.64	0.60	0.75	3.07	28.70	3.22	37.15	2.90	31.60	3.48	22.37	2.94	26.03	2.88	24.49	2.09	27.58
Thr 苏氨酸	2.16	2.53	1.13	0.69	1.90	20.97	2.73	109.74	1.69	105.13	1.99	44.17	1.39	38.27	1.30	64.29	1.00	36.23
Ser 丝氨酸	2.28	3.40	2.42	2.19	2.90	32.01	3.08	121.17	2.68	101.48	2.34	71.71	2.12	90.75	1.78	105.79	1.65	174.37
Glu 谷氨酸	6.10	5.49	1.61	1.32	6.51	152.32	6.70	309.21	6.61	244.90	6.25	99.24	4.93	58.94	3.75	140.00	3.08	109.49
Pro 脯氨酸	4.09	15.25	4.13	3.39	—	—	—	—	—	—	—	—	—	—	—	—	—	—
Gly 甘氨酸	4.66	6.71	2.24	1.67	3.94	30.91	4.05	63.44	3.84	55.30	3.57	28.11	3.66	27.76	2.78	47.96	2.37	39.82
Ala 丙氨酸	5.64	6.13	1.50	1.03	3.84	231.79	3.95	348.65	3.73	320.86	3.59	96.95	3.56	150.45	2.67	110.84	2.22	159.67
Cys 半胱氨酸	—	—	1.44	0.96	—	—	—	—	—	—	—	—	—	—	—	—	—	—
Val 缬氨酸	2.74	4.22	0.79	0.63	2.74	38.63	2.48	132.60	2.18	94.80	2.26	43.02	2.59	56.11	1.55	25.30	1.08	16.16
Met 蛋氨酸	1.14	1.26	1.17	1.30	0.13	7.73	0.13	11.43	0.12	57.12	0.12	8.03	0.18	11.38	0.10	31.58	0.07	25.67
Ile 异亮氨酸	3.23	3.10	1.33	1.19	2.23	17.66	2.50	297.21	2.09	104.52	2.02	41.30	1.73	31.66	1.58	25.47	1.25	27.11
Leu 亮氨酸	4.14	6.88	1.95	2.17	2.41	35.32	2.68	200.05	2.14	254.40	3.05	55.65	2.24	52.06	2.41	56.82	1.81	86.75
Tyr 酪氨酸	1.31	3.72	0.73	0.34	0.75	44.15	2.21	158.32	1.31	216.33	2.22	79.74	1.04	78.90	0.94	31.81	0.73	20.32
Phe 苯丙氨酸	1.23	1.84	0.55	0.42	2.01	60.71	2.25	133.75	2.19	250.97	1.98	79.17	2.11	78.40	0.91	35.46	0.83	36.86
Lys 赖氨酸	2.11	2.64	1.84	1.30	1.72	33.39	2.14	86.88	1.93	88.72	2.30	41.88	1.60	20.79	0.83	44.04	0.81	33.75
His 组氨酸	1.18	1.20	3.46	2.60	0.56	26.49	1.41	74.87	0.94	79.61	0.68	40.73	0.78	46.91	1.04	77.16	0.96	42.24
Arg 精氨酸	1.84	6.25	1.35	0.82	1.58	47.83	2.03	74.30	1.92	70.49	1.17	50.10	1.14	74.32	0.92	46.61	1.06	49.61
Trp 色氨酸	—	0.76	0.68	0.72	—	—	—	—	—	—	—	—	—	—	—	—	—	—
总计	44.77	76.02	28.92	23.49	36.27	808.59	41.57	2158.76	36.26	2020.92	37.19	802.16	31.97	42.70	25.44	67.65	21.00	865.62

表 9.60 几种常见的食用和药用蚂蚁的矿物元素分析(μg/g)(吴坚和王长禄,1995;刘红等,1997)

元素	黄猄蚁	黄毛蚁	日本弓背蚁	北方蚁	铺道蚁	石狩红蚁	日本黑褐蚁	叶形刺蚁	北京凹头蚁	乌拉尔蚁	凹唇蚁
铝(Al)	615.0	679.6	653.3	234.0	—	—	—	—	—	—	—
铁(Fe)	667.0	1042.1	757.0	545.8	437.83	301.79	372.00	821.75	1200.00	600.00	583.44
钙(Ca)	105.0	127.9	1528.0	2516.0	9100.00	2500.00	3100.00	2400.00	1700.00	2000.00	2700.00
镁(Mg)	807.0	1106.7	1081.0	1420.0	2500.00	2900.00	2600.00	2700.00	1400.00	1300.00	2300.00
铬(Cr)	—	8.5	42.2	46.9	—	—	—	—	—	—	
铜(Cu)	18.1	17.6	33.1	17.5	18.19	18.08	10.95	18.58	0.70	0.70	8.44
镧(La)	1.7	<1.0	<1.0	—	—	—	—	—	—	—	
锰(Mn)	552.0	382.4	414.4	832.0	45.79	246.61	154.63	211.48	80.50	340.80	439.82
钼(Mo)	—	8.0	<5.0	<5.0	—	—	—	—	—	—	—
铌(Ni)	5.5	1.8	2.2	<5.0	—	—	—	—	—	—	—
磷(P)	4260.0	5894.2	5928.0	8330.0	5700.00	8700.00	5900.00	4400.00	7700.00	8800.00	6400.00
钾(K)	7590.0	9699.3	7393.2	—	4300.00	6200.00	4400.00	5600.00	6500.00	7500.00	4800.00
锗(Ge)	—	—	0.2	—	—	—	—	—	—	—	—
钡(Ba)	24.9	5.6	23.5	83.7	—	—	—	—	—	—	—
铋(Be)	—	0.5	3.1	<1.0	—	—	—	—	—	—	—
镉(Cd)	0.2	1.2	0.4	3.3	—	—	—	—	—	—	—
钴(Co)	0.7	0.2	0.2	<1.0	—	—	—	—	—	—	—
铅(Pb)	—	—	4.3	<1.0	—	—	—	—	—	—	—
锶(Sr)	16.9	14.9	6.2	30.4	—	—	—	—	—	—	—
锑(Ti)	16.9	23.6	<50.0	<50.0	—	—	—	—	—	—	—
钒(V)	—	1.7	<5.0	<5.0	—	—	—	—	—	—	—
钇(Y)	—	—	<5.0	<5.0	—	—	—	—	—	—	—
锌(Zn)	232.0	293.5	195.5	337.4	198.52	147.46	108.37	91.82	490.00	321.00	126.79
硒(Se)	1.66	2.84	0.2	0.2	—	—	—	—	—	—	—

9.3.9　黄粉虫

黄粉虫 *Tenebrio molitor* L.，又称黄粉甲、面包虫，属鞘翅目拟步甲科粉虫属。在我国民间，黄粉虫主要作为饲料昆虫、养鱼、养鸟、养鸡等。作为一种高蛋白营养源，黄粉虫经过加工，可以作为食用昆虫，或将黄粉虫制成复合氨基酸食品。

主要生物学特征：黄粉虫 1 年 1～3 代，卵在温度 25～30℃时，5～8 天幼虫孵化；温度 15℃以下，卵不孵化。幼虫一般 10～15 龄，发育历时因温度而变化，生长期 90～480 天，平均 120 天，最适培养温度 25～30℃，最适相对湿度 65%～75%；成虫期 50～160 天，平均寿命 60 天，发育最适温度 24～34℃，最适相对湿度 55%～75%。

主要营养成分：据分析，黄粉虫幼虫含 48.9%的粗蛋白，28.8%的粗脂肪，10.7%的碳水化合物。黄粉虫的蛹含有 38.4%的粗蛋白，40.5%的粗脂肪，9.6%的碳水化合物（表 9.61），黄粉虫体内还含有 18 种氨基酸（表 9.62、表 9.63）、多种维生素、脂肪酸（表 9.65）、丰富的矿物质（表 9.64）等多种营养成分。可以制成各种高蛋白食品和饮品。

表 9.61　黄粉虫主要营养成分分析（%）（陈彤和王克，1997）

	粗蛋白	粗脂肪	水分	碳水化合物
黄粉虫幼虫	48.9	28.8	3.7	10.7
黄粉虫蛹	38.4	40.5	3.4	9.6

表 9.62　黄粉虫提取物的氨基酸分析（%）（杨兆芬和林跃鑫，1998）

氨基酸种类	虫粉	酶解滤粉	水解滤粉	酶解滤粉（游离）	水解滤粉（游离）
Asp 天冬氨酸	6.450	9.335	7.041	0.924	0.532
Thr 苏氨酸	2.460	4.857	3.547	0.728	0.392
Ser 丝氨酸	2.800	4.695	3.510	0.114	0.203
Glu 谷氨酸	10.000	16.574	14.078	0.608	0.619
Pro 脯氨酸	2.860	2.192	1.847	1.380	1.220
Gly 甘氨酸	3.670	6.127	4.699	0.614	0.321
Ala 丙氨酸	7.020	7.684	6.719	2.091	0.993
Val 缬氨酸	3.310	8.424	7.234	1.215	0.735
Met 蛋氨酸	0.720	2.600	2.186	0.356	0.220
Ile 异亮氨酸	2.320	6.464	4.726	0.800	0.421
Leu 亮氨酸	4.760	9.950	7.329	1.699	0.825
Tyr 酪氨酸	4.550	2.490	1.996	0.327	0.246
Phe 苯丙氨酸	1.490	4.322	3.422	0.844	0.810
Lys 赖氨酸	1.680	4.567	4.592	0.439	0.657
His 组氨酸	1.470	3.666	2.848	0.366	0.305
Arg 精氨酸	3.220	4.690	4.252	—	0.022
Cys 半胱氨酸	—	—	—	0.773	0.423
Trp 色氨酸	0.170	—	—	—	—
总计	59.17	98.64	80.03	13.23	8.945

表 9.63 黄粉虫提取物溶于酒中的氨基酸分析（mg/ml）（杨兆芬和林跃鑫，1998）

氨基酸种类	虫粉	酶解滤粉	水解滤粉
Asp 天冬氨酸	0.30	2.96	0.79
Thr 苏氨酸	0.11	0.76	0.40
Ser 丝氨酸	0.09	0.52	0.40
Glu 谷氨酸	0.44	4.16	1.63
Pro 脯氨酸	—	—	—
Gly 甘氨酸	0.13	1.88	0.62
Ala 丙氨酸	0.29	3.06	0.88
Val 缬氨酸	0.25	2.74	1.20
Met 蛋氨酸	0.02	0.06	0.51
Ile 异亮氨酸	0.09	1.52	0.76
Leu 亮氨酸	0.15	4.00	1.12
Tyr 酪氨酸	0.05	0.68	—
Phe 苯丙氨酸	0.01	0.36	0.60
Lys 赖氨酸	0.12	0.86	0.59
His 组氨酸	0.03	0.96	0.37
Arg 精氨酸	0.15	0.30	0.71
Cys 半胱氨酸	—	0.29	—
Trp 色氨酸	—	—	—
总计	2.23	29.14	10.81

表 9.64 黄粉虫体内的主要矿物质（mg/kg）（陈彤和王克，1997）

	钾（K）	钠（Na）	钙（Ca）	磷（P）	镁（Mg）	铁（Fe）	锌（Zn）	铜（Cu）	硒（Se）	锰（Mn）
黄粉虫幼虫	137	6.56	13.8	68.3	19.4	0.65	1.23	0.25	4.62	0.13
黄粉虫蛹	142	6.32	12.5	69.1	18.5	0.64	1.19	0.43	4.75	0.15

表 9.65 黄粉虫的主要脂肪酸（%）和维生素（mg/100g）（陈彤和王克，1997）

桂酸（C12：0）	棕榈酸（C16：0）	棕榈油酸（C16：1）	硬脂酸（C18：0）	亚麻酸（C18：3）	亚油酸（C18：2）	维生素 B_{12}	维生素 B	维生素 E
6.52	18.92	0.99	2.43	46.28	23.10	0.065	0.52	0.44

中国常见食用昆虫名录

（冯颖等，1999；陈晓鸣和冯颖，1999）

蜉蝣目 Ephemeroptera

小蜉科 Ephemerellidae

景洪小蜉 *Ephemerella jianghongensis* Xu et al.

蜻蜓目 Odonata

箭蜓科 Gomphidae

角突箭蜓 *Gomphus cuneatus* Needham

丝　科 Lestidae

舟尾丝　*Lestes praemorsa* Selys

蜻科 Libellulidae

红蜻 *Crocothemis servilia* Drury

等翅目 Isoptera

鼻白蚁科 Rhinotermitidae

台湾乳白蚁 *Coptotermes formosanus* Shiraki

白蚁科 Termitidae

隆头大白蚁 *Macrotermes acrocephalus* Ping

土垅大白蚁 *M. annandalei* (Slivestri)

黄翅大白蚁 *M. barneyi* Light

细齿大白蚁 *M. denticulatus* Li et Ping

景洪大白蚁 *M. jinghongensis* Ping et Li

勐龙大白蚁 *M. menglongensis* Han

云南大白蚁 *M. yunnanensis* Han

细额土白蚁 *Odontotermes angustignathus* Tsai et Chen

环角土白蚁 *O. annulicornis* Xia et Fan

锥颚土白蚁 *O. conignathus* Xia et Fan

凹额土白蚁 *O. foveafrons* Xia et Fan

黑翅土白蚁 *O. formosanus* (Shiraki)

粗颚土白蚁 *O. graveli* Silvestri

海南土白蚁 *O. hainanensis* (Light)

云南土白蚁 *O. yunnanensis* Tsai et Chen

直翅目 Orthoptera

蝗科 Acridiidae

中华稻蝗 *Qxya chinensis* (Thunberg)

蟋蟀科 Gryllidae

双斑大蟋 *Gryllus bimaculatus* De Geer

花生大蟋 *Tarbinskiellus portentosus* (Liehtenstern)

蝼蛄科 Gryllotalpidae

东方蝼蛄 *Gryllotalpa orientalis* Burmeister

单刺蝼蛄 *G. unispina* Saussure

同翅目 Homoptera

蝉科 Cicadidae

山蝉 *Cicada flammata* Dist

蚱蝉 *Cryptotympana atrata*（Fabricius）

山奈宽侧蝉（蟪蛄）*Platypleura kaempferi* Fabricius

蛾蜡蝉科 Flatidae

紫络蛾蜡蝉 *Lawana imitata* Melichar

角蝉科 Membracidae

云管尾角蝉 *Darthula hardwicki*（Gray）

半翅目 Hemiptera

负子蝽科 Belostomatidae

桂花蝉 *Lethocerus indicus* Lepeletier et Serville

负子蝽 *Sphaerodema rustica*（Fabricius）

缘蝽科 Coreidae

曲胫侎缘蝽 *Mictis tenebrosa*（Fabricius）

蝽科 Pentatomidae

小皱蝽 *Cyclopelta parva* Distant

硕蝽 *Eurostus validus* Dallas

异色巨蝽 *Eusthenes curpreus*（Westwood）

暗绿巨蝽 *E. saevus* Stål

荔枝蝽象 *Tessaratoma papillosa*（Drury）

鞘翅目 Coleoptera

豆象科 Bruchidae

紫茎甲 *Sagra femorata purpurea* Lichtenstein

天牛科 Cerambycidae

黄斑星天牛 *Anoplophora nobilis* Ganglbauer

粒肩天牛 *Apriona germari*（Hope）

桃红颈天牛 *Aromia bungii* Faldermann

长角栎天牛 *Stromatium longicorne*（Newman）

象虫科 Curculionidae

长足大竹象 *Cyrtotrachelus bugueti* Guer

长足牡竹象 *C. longimanus* Fabricius

长足巨臂竹象 *Macrochirus longipes* Drury

一字竹象 *Otidognathus davidis* Fabricius

犀金龟科 Dynastidae

椰蛀犀金龟 *Oryctes rhinoceros*（Linnaeus）

龙虱科 Dytiscida

日本吸盘龙虱 *Cybister japonicus* Sharp

具缘龙虱 *C. limbatus* Fabricius

三点龙虱 *C. tripunctatus* Olivier

牙甲科 Hydrophilidae

稻牙甲 *Hydrophilus acuminatus* Motschulsky

小蠹科 Scolytidae

纵坑切梢小蠹 *Tomicus piniperda* Linnaeus

广翅目 Megaloptera

齿蛉科 Corydalidae

东方巨齿蛉 *Acanthacorydalis orientalis*（Mclachlan）

鳞翅目 Lepidoptera

蚕蛾科 Bombycidae

家蚕 *Bombyx mori* Linnaeus

麦蛾科 Gelechiidae

蝙蝠蛾科 Hepialidae

虫草蝠蛾 *H. armoricanus* Oberthus

枯叶蛾科 Lasiocampidae

云南松毛虫 *Dendrolimus houi* Lajonquiere

思茅松毛虫 *D. kikuchii* Matsumura

马尾松毛虫 *D. punctatus* Walker

文山松毛虫 *D. punctatus wenshanensis* Ysai et Liu

刺蛾科 Limacodidae

灰双线刺蛾 *Cania bilineata* Walker

扁刺蛾 *Thosea sinensis*（Walker）

螟蛾科 Pyralidae

竹蠹螟 *Chilo fuscidentalis* Hampson

竹虫 *Chilo* sp.

亚洲玉米螟 *Ostrinia furnacalis* Guenée

大蚕蛾科 Saturniidae

柞蚕 *Antheraea pernyi* Guèrin-Mènevile

卷蛾科 Tortricidae

大豆食心虫 *Leguminivora glycinivorella*（Matsumura）

膜翅目 Hymenoptera

蜜蜂科 Apidae

中华蜜蜂 *Apis cerana* Fabricius

意大利蜜蜂 *A. mellifera* Linnaeus

排蜂 *Megapis dorsata* (Fabricius)

小蜜蜂 *Micrapis florea* Fabricius

蚁科 Formicidae

木盲切叶蚁 *Carebara lignata* Westwood

黄猄蚁 *Oecophylla smaragdina* (Fabricius)

双齿多刺蚁 *Polyrhachis dives* Smith

马蜂科 Polistidae

黄裙马蜂 *Polistes sagittarius* Saussure

哇马蜂 *P. sulcatus* Smith

胡蜂科 Vespidae

平唇原胡蜂 *Provespa barthelemyi* (Buysson)

拟大胡蜂 *Vespa analis nigrans* Buysson

基胡蜂 *V. basalis* Smith

黑盾胡蜂 *V. bicolor bicolor* Fabricius

大胡蜂 *V. magnifica* Smith

金环胡蜂 *V. mandarinia mandarinia* Smith

丘胡蜂 *V. sorror* Buysson

黑尾胡蜂 *V. tropica ducalis* Smith

变胡蜂 *V. variablis* Buysson

凹纹胡蜂 *V. velutina auraria* Smith

主要参考文献

陈即惠．1983．蚂蚁的药用研究——蛋白质和氨基酸的分析．广西中医药，6（2）：42

陈彤，王克．1997．黄粉虫等昆虫的营养价值与食用性研究．西北农业大学学报，25（4）：78～82

陈晓鸣，冯颖．1999．中国食用昆虫．北京：中国科学技术出版社．1～144

冯颖，陈晓鸣，王绍云等．1999．中国常见食用昆虫名录及利用状况．见：陈晓鸣．资源昆虫学研究进展．昆明：云南科学技术出版社．93～102

冯颖，陈晓鸣，王绍云等．1999a．食用昆虫营养价值评述．林业科学研究，12（6）：662～668

冯颖，陈晓鸣，叶寿德等．1999b．同翅目几种食用昆虫记述及营养分析．林业科学研究，12（5）：515～518

冯颖，陈晓鸣，王绍云等．2000a．竹虫营养分析与开发利用价值评价．林业科学研究，13（2）：188～191

冯颖，陈晓鸣，王绍云等．2000b．半翅目常见食用昆虫与营养价值．林业科学研究，13（6）：608～612

冯颖，陈晓鸣，叶寿德等．2001．云南常见食用胡蜂种类及其食用价值．林业科学研究，14（5）：578～581

黄亮文，林琼芳．1989．家白蚁体内氨基酸的研究．昆虫知识，26（3）：158～159

刘红，袁兴中，陈鹏．1997．吉林省蚂蚁资源及其实用价值的研究．自然资源学报，12（3）：276～281

刘立春，陈小波，陈建军等．1998．药用蜣螂的饲养及成虫微量元素和氨基酸测定．昆虫知识，35（2）：99～100

陆源，王达瑞，韩灯保等．1992. 大白蚁机体的蛋白质．氨基酸及脂肪酸分析．营养学报，14（1）103～106
乔太生，唐华澄，刘景晞等．1992. 中华稻蝗的营养成分分析及其蛋白质评价．昆虫知识，29（2）：113～117
容碧娴，甘绍虞，陈建华等．1987. 蚂蚁及其制剂的微量元素分析．中草药，18（7）：47
三桥一淳．1992. 世界の食用昆虫．东京：古今书院．1～242
沈平锐，罗光华．1991. 蜂王胚食用开发价值的研究．食品科技，2：21～26
王云珍，董大志，陆源．1988. 凹纹胡蜂与黑尾胡蜂蛋白氨基酸分析研究．动物学研究，9（2）：140～170
文礼章．1998. 食用昆虫学原理与应用．长沙：湖南科学技术出版社．1～198
吴坚，王长禄．1995. 中国蚂蚁．北京：中国林业出版社．1～214
杨兆芬，林跃鑫．1998. 黄粉虫复合氨基酸的提取及氨基酸虫酒的制作．昆虫知识，35（5）：290～292
叶兴乾，胡萃，王向．1998. 7种鞘翅目幼虫的食用营养成分分析（英文）．浙江农业大学学报，24（1）：101～106
张正松．1990. 土垅大白蚁营养分析．见：中国林学会第二届资源昆虫学术讨论会论文集．32～35
周尧．1980. 中国昆虫学史．西安：昆虫分类学报社．50～51
邹树文．1982. 中国昆虫学史．北京：科学出版社．180～186
Hiroyuki W，Rojchai S. 1984. A list of edible insects sold at the public market in Khon Kaen，Northeast Thailand．Southeast Asian Studies，22（3）：316～325
Kashoven L G E. 1965. Note on some injurious Lepidoptera from Jave. Tijdschrift voor Entomologie，108（4）：87～91

第10章　天 敌 昆 虫

10.1　天敌昆虫的主要类型

昆虫在长期的自然进化中，分化出了不同的生存方式，一些昆虫为植食性，靠取食植物生存，约占昆虫种类的48.2%；一些昆虫为肉食性，主要以寄生和捕食的方式生存，约占30%，其中寄生性昆虫约占2.4%，捕食性昆虫约占28%，寄生和捕食的对象大多数是昆虫；还有一些昆虫以腐烂的植物和动物为生，称为腐食性昆虫，约占17.3%。昆虫的食性决定了昆虫在生态系统中的重要性，在食物网中，昆虫既是消费者，又是捕食者和被捕食者，扮演着多重角色。在人类生活中，与人类争夺生存资源的大多是植食性昆虫，被人类称为害虫；另一类以寄生和捕食的方式生存的肉食性昆虫，在自然界中通过捕食和寄生性行为能够杀死另一类昆虫，降低其繁殖潜力，减少其种群数量，通常将具有捕食和寄生其他昆虫能力的这类昆虫称为天敌昆虫。天敌昆虫主要包括两种类型，即捕食性昆虫和寄生性昆虫。人类在认识自然的过程中，发现了昆虫的捕食和寄生行为能够应用于控制农作物和森林的虫害，成为生物防治中的一个重要组成部分。

10.1.1　捕食性昆虫

捕食性昆虫（phytophagous insect）是肉食性昆虫，主要靠捕食其他昆虫和小动物来维持种群的繁衍和生存。在昆虫纲中，大约有18个目，近200个科的昆虫具有捕食其他昆虫的能力。其中，常见的天敌有蜻蜓、螳螂、瓢虫、步行虫、食蚜蝇、草蛉、猎椿、食虫虻、胡蜂、蚂蚁等。几乎在所有的植物上，甚至在地下，都能发现捕食性昆虫，一些捕食性昆虫的捕食有较强的专一性，有的捕食性昆虫的捕食性较广，一些捕食性昆虫同时又是害虫。捕食性昆虫的主要特征：成虫和幼虫经常是广食性，而不是寡食性的；一般较被捕食者大；雌雄虫的幼虫和成虫都是捕食者；可以捕食被捕食昆虫的卵、成虫等所有虫期。捕食性昆虫在其一生中要捕食许多害虫，不同种类的捕食性昆虫对害虫控制效果不同，有的捕食性昆虫有很大的作用，有的捕食性昆虫控制害虫的效果较差。

（1）瓢虫：瓢虫属鞘翅目Coleoptera瓢虫科Coccinellidae。主要捕食蚜虫、介壳虫、粉虱和叶螨，有的还捕食鳞翅目昆虫的卵和低龄幼虫，取食对象具有一定的选择性。我国研究较多或利用面积较大的有澳洲瓢虫 *Rodolia cardinalis*（Mulsant）、孟氏隐唇瓢虫 *Cryptolaemus montrouzieri* Mulant、七星瓢虫 *Coccinella septempunctata* L.、龟纹瓢虫 *Propylea japonica*（Thunberg）、异色瓢虫 *Leis axyridis*（Pallas）、多异瓢虫 *Adonia variegate*（Goeze）、黑襟毛瓢虫 *Scymnus hoffmanni* Weise、深点食螨瓢虫

Stethorus punctillum Weise、大红瓢虫 *Rodolia rufopilosa* Mulsant、腹管食螨瓢虫 *Stethorus siphonulus* Kapur 等。

(2) 草蛉：草蛉属脉翅目 Neuroptera 草蛉科 Chrysopidae。可以捕食蚜虫、粉虱、螨类、棉铃虫等多种农业害虫。草蛉科现存分为三个亚科，即网蛉亚科 Apochrysinae、幻蛉亚科 Nothochrysinae 和草蛉亚科 Chrysopinae，其中草蛉亚科现已知有 90 属，约 1400 余种，广布世界各地。中国草蛉种类和数量均很丰富，已记载 18 属，共 109 种，绝大部分属于草蛉亚科。

(3) 蚂蚁：蚂蚁属膜翅目 Hymenoptera 蚁科 Formicidae。我国蚂蚁种类繁多，分布甚广。蚂蚁食性很杂，但不同种类食性不同。有些对人类有害，但多数蚂蚁直接或间接对人有益，可捕食多种害虫，有些还可用于制药。中国在生物防治上利用黄琼蚁防治柑橘害虫，利用红林蚁 *Formica sinae* 捕食蚜虫、介壳虫、松毛虫等农林害虫。

(4) 半翅目捕食性天敌：在半翅目种，不少昆虫具有捕食习性，最常见的是猎蝽科 Reduriidae，在花蝽科 Anthocoridae、蝽科 Pentatomidae、盲蝽科 Miridae、姬猎蝽科 Nabidae 等中也有一些捕食性昆虫。

(5) 鞘翅目捕食性天敌：步甲科 Carabidae、虎甲科 Cicindelidae、隐翅虫科 Staphylinidae 等部分昆虫有捕食性。

(6) 双翅目捕食性天敌：食蚜蝇科 Syrphidae、瘿蚊科 Cecidomyiidae 等昆虫具有捕食习性，其中食蚜蝇科的昆虫在生物防治中有较好的效果。

(7) 其他目捕食性天敌：缨翅目中具有捕食习性的主要是蓟马，已发现有 10 余种捕食性蓟马可捕食蚜虫、红蜘蛛、粉蚧、木虱等小型昆虫。螳螂目的螳螂科，膜翅目的胡蜂，直翅目的螽斯等都具有一定的捕食行为。

10.1.2 寄生性昆虫

寄生性昆虫（parasitic insect）通常以卵、幼虫等形态寄生在寄主昆虫的不同的发育阶段，有的寄生在昆虫体表，有的寄生在昆虫体内，最终杀死寄主昆虫。寄生性昆虫在成虫阶段一般脱离寄主昆虫，不营寄生生活，通常是捕食性的。寄生性昆虫种类较捕食性昆虫少，大约有 5 个目（双翅目 Diptera、膜翅目 Hymenoptera、革鞘翅目 Dermaptera、捻翅目 Strepsiptera 和鳞翅目 Lepidoptera），97 个科。大多数寄生性天敌种类属于膜翅目和双翅目，如寄生蜂、姬蜂、小茧蜂、小蜂和寄生蝇等（图 10.1，彩图）。常见的寄生性昆虫是小蜂类、寄蝇类等，还有一些甲虫类昆虫。大多数的寄生性昆虫只寄生在一个种或几个相关的种的特殊的阶段，在寄主昆虫体内发育，取食昆虫体液和器官，然后离开寄主化蛹、羽化为成虫。寄生昆虫与寄主的生活史通常是相一致的。寄生性昆虫的主要特征为：对寄主的选择是特异性的；一般都较寄主小；只有雌虫寻求寄主；不同的寄生

图 10.1 小蜂寄生蝴蝶幼虫

种类寄生在寄主的不同生活阶段；卵或幼虫通常被产于寄主的体内、体表或寄主附近；寄生昆虫的不成熟阶段一般在寄主体内或体表，寄生昆虫成熟后，可以自由移动，可能是捕食性的；寄生性昆虫在不成熟阶段杀死寄主，杀死寄主较慢，有的寄主甚至在被寄生后，仍然可以继续发育和产卵。寄生性昆虫一般完成生活史和增加种群数量较许多捕食性昆虫快，对于一些害虫寄生性昆虫的效果明显，通常从表面上难以看出。寄生性昆虫对杀虫剂十分敏感，比捕食性昆虫更敏感，而且比寄主更敏感。成虫对杀虫剂的敏感高于卵和蛹期，寄生性昆虫会随着寄主的死亡而死亡。

10.2　天敌昆虫的生态和经济价值

在人类发展的过程中，人类不断地与昆虫作斗争，从农药发明和使用以来，为了获得足够的农林产品来维持人类生存和发展，不惜大量使用农药，以牺牲环境和人类健康为代价，来获取短期的利益。为了控制农林病虫害，越来越多地依赖农药，其结果污染了环境，破坏了生态平衡，严重地影响了人类健康。在农业上，滥用农药和其他化学物质，由于农药的残留，食品安全问题极为严重。农药不仅杀死害虫和病源微生物，同时还杀死农业生态系统中的天敌和有益微生物，使本来就较为单一的农业生态系统中的生物多样性降低，导致更为严重的病虫害发生。森林是人类生存的绿色屏障，在森林生态系统中，通过长期的进化，昆虫与其他生物和环境形成了较稳定的结构，协同进化，共同发展，维系着自然平衡。在食物网中，昆虫既是捕食者和寄生者，又是被捕食者和被寄生者，在森林生态系统中扮演着十分重要的角色，维护森林生态系统的稳定。在林业上，使用大量的农药防治森林害虫，使众多种类的天敌昆虫和森林昆虫被农药杀死，生物多样性减少，森林生态系统的稳定性受到严重威胁。

环境与人类健康已经成为人类发展的一个十分重要的问题。尤其是从 20 世纪初以来，为了控制病虫害，农药使用量越来越大，对环境造成了巨大的污染，生态环境和人类健康问题日趋严重。虽然蕾切尔·卡尔逊（Rachel Carson）在 1962 年以《寂静的春天》（*Silent Spring*）一书导致了一场深刻的环境革命，但是，在人口剧增、资源短缺、生存压力的多重作用下，人类为了短期的经济利益，仍然大量使用农药，尤其是发展中国家，环境污染所带来的恶果已经到了触目惊心的地步。农药残留已经成为影响人类健康的重要因素。据报道，全世界每年使用将近 300 万 t 的农药（Park，1997）。中国 1995 年使用农药的总量为 33.4 万 t，防治面积约 3 亿 hm^2。在已公布的 67 种环境激素中，杀虫剂及其代谢产物、杀菌剂和除草剂就占了 44 种（王毓秀等，1999）。农药不仅污染环境，对人类健康带来不可估量的损失，而且农药还对许多非靶生物造成很大的杀伤，对生物多样性造成巨大的威胁，破坏生态平衡。人类在发展和进步的进程中逐步认识到环境的重要性和与自然和谐发展理念，遵循自然规律，减少农药对农林生态系统破坏，寻求建立健康、稳定、和谐、可持续发展的农林生态系统是人类发展的必然选择。生物防治成为了一种控制农林业病虫害的重要方式。

生物防治主要是利用生物的捕食和寄生习性对目的害虫进行控制的一种防治方法，主要包括了天敌昆虫（捕食性昆虫、寄生性昆虫）和害虫病源微生物等，天敌昆虫已经成为控制农林病虫害的现代生物防治的一个重要组成部分。利用天敌昆虫的捕食和寄生行为来控制害虫的种群数量，以达到农作物增产、维护森林生态系统稳定、保护环境的作用，在植物保护、森林保护和环境保护中扮演着十分重要的角色。利用天敌昆虫进行生物防治，不仅可以有效地控制农林业害虫，而且可以减少了化学农药的使用量，从而减少杀虫剂对环境的影响，减少食品中有害农药的含量，对人类健康有益，同时对农林业生态系统中的生物多样性的保护也具有十分重要的意义。利用现代科技手段，人工规模培育和释放天敌昆虫，在农林业生态系统中建立较稳定的天敌-害虫食物链结构，以达到较稳定、可持续地控制农林业害虫种群数量，维持生态平衡，减少环境污染的目的。

中国是利用天敌昆虫进行生物防治最早的国家，据考证（周尧，1980），中国最早的生物防治是稽含（公元 304 年前后）在《南方草木状》中记载了利用黄猄蚁防治柑橘害虫。国际上生物防治始于 1888 年，美国从澳大利亚引进澳洲瓢虫防治果园吹绵蚧取得了较好的成效，从而开始了较系统的生物防治研究。Smith 在 1919 年最先提出了“通过捕食性、寄生性天敌昆虫及病源菌的引入增殖和扩放来压制另一种害虫”的生物防治概念。Greathead（1994）和 Debach（1964）完善了生物防治的定义：“寄生性、捕食性天敌或病源微生物使另一种生物的种群密度保持在比缺乏天敌时的平均密度更低的水平上应用”。随着科学技术的发展，生物防治的定义不断地得到完善和补充，美国科学院（1987）将生物防治的定义扩展为：“利用自然或通过基因或基因产物来减少有害生物的作用，使其有利于有益生物，如作物、树木、动物和益虫及微生物”。但有不少科学家认为此定义过于宽泛（Nordlund，1996）。由于人类面临环境问题、食品安全及人类健康等问题，生物防治越来越受到重视，生物防治的理论和实践不断地进步，方法趋于多样化和综合性。

在生物防治中，天敌昆虫的繁殖和利用较为成功，取得了显著成效。美国从澳大利亚引进澳洲瓢虫防治果园吹绵蚧获得巨大成功后，利用天敌昆虫控制农林业害虫越来越受重视。日本冲绳在利用小蜂防治果树害虫，中国在赤眼蜂大量繁殖，欧美在赤眼蜂、丽蚜小蜂、草蛉、瓢虫、中华螳螂、小花蝽的人工培育和商品化等方面取得较好的成效，广泛应用于果园、大田、温室以及园艺作物的生物防治。有近 100 家天敌昆虫公司从事天敌昆虫的人工繁育，已经商品化生产的天敌昆虫大约有 130 余种。1990 年中国天敌昆虫在农作物上推广应用面积达 2360 万 hm^2，占全国病虫害防治面积的 10%～15%（万方浩等，1999；包建中和古德祥，1998）。国际上利用瓢虫、草蛉等捕食性昆虫和利用赤眼蜂和其他寄生蜂等寄生性昆虫防治农林业害虫，取得了较好的成效。据不完全统计，到 20 世纪 80 年代末，美国、英国、加拿大、日本等国家和地区的害虫生物防治业产值已达 500 亿～600 亿美元，而美国就占了全球害虫生物防治业产值的 60%左右。根据天敌昆虫的生物学生态学特征，利用高新技术规模培育天敌昆虫，天敌昆虫产业化、商品化已成为现代农业中生物防治的一个重要发展趋势。

10.3　农林业上应用的主要的天敌昆虫

10.3.1　草蛉

草蛉 Chrysopa 是脉翅目具有捕食蚜虫、粉虱、螨类、棉铃虫等多种农业害虫能力的一类昆虫，属脉翅目草蛉科，在生物防治中是一类非常重要的天敌昆虫。草蛉科分为三个亚科，即网蛉亚科、幻蛉亚科和草蛉亚科，其中草蛉亚科约有 90 属，1400 余种，世界各地均有分布。我国草蛉科已记载 27 属，共 246 种及亚种，绝大部分属于草蛉亚科。除草蛉科外，脉翅目中的粉蛉、蚁蛉、褐蛉、螳蛉等昆虫也有捕食害虫的能力，绝大多数种类的成虫和幼虫均为肉食性，捕食蚜虫、叶蝉、粉虱、蚧、鳞翅目的卵和幼虫。脉翅目分为粉蛉总科、翼蛉总科、螳蛉总科、褐蛉总科和蚁蛉总科 5 个总科，16 个科。全世界已记录 5000 余种，中国记载近 200 种。脉翅目昆虫在生物防治上具有十分重要的作用（杨星科，2005）。

1. 在生物防治上有重要作用的常见科

1）草蛉科

草蛉科较大，分为网蛉亚科、幻蛉亚科和草蛉亚科 3 个亚科。本科多数种类为绿色，具金属色或铜色复眼。触角长丝状。翅的前缘区有 30 条以下的横脉，不分叉。幼虫体长形，两头尖削，胸部与腹部两侧有毛瘤，捕食蚜虫。草蛉成虫通常栖居于农林草丛，草蛉的卵以细长的丝柄为主要特征，卵多产在植物的叶片、枝梢、树皮上，单粒散产或集聚成束。有些种类的幼虫有背负枝叶碎片或猎物残骸的习性。幼虫老熟后，马氏管分泌液经肛门抽丝做茧化蛹。成虫、幼虫主要捕食蚜、螨、蚧及鳞翅目、鞘翅目卵和幼虫，故有“蚜狮”之称。中国常见种类有大草龄 *Chrysopa septempunctata* Wesmael、中华通草蛉 *Chrysoperla sinica* Tjeder 等。

2）粉蛉科

粉蛉科 Coniopterygidae 分为囊粉蛉亚科 Aleuropteryginae 与粉蛉亚科 Coniopteryginae，共 24 属 450 余种。中国的粉蛉相当丰富，各省均有分布，已知有 11 属 70 余种。体小型，体翅被有白色蜡粉，故有粉蛉之称。触角念珠状。前后翅相似，翅脉简单，纵脉至多不超过 10 条，到翅缘不再分叉，前缘横脉至多 2 条。卵椭圆形、略扁，有网状花纹，一端有突起的受精孔。幼虫身体扁圆，两端尖削。触角 2 节。上颚和下颚组成粗短的吸管常被唇基和下唇包围，下唇须 2 节，棒状。

成虫栖居在果树和林木之间。成虫和幼虫均捕食蚜、螨、蚧和粉虱等。常见的种类有中华啮粉蛉 *Conwentzia sinica* Yang 等。

3）褐蛉科

褐蛉科 Hemerobiidae 广泛地分布于世界各地，已知 25 个属 800 余种，中国 11 属 110 种。体小至中型，体褐色或前翅有褐色斑纹，并常有金属光泽，翅展一般 15cm，小的 7cm，大的可达 34cm。触角长，为翅的一半或等长，念珠状。前后翅形状、脉序相似，脉上常多毛。卵长卵形，幼虫细长形，身体光滑，不具毛瘤。上颚内缘无齿，上、下颚形成弯曲的喙管。茧椭圆形，丝稀疏如网状。

成虫通常栖息在果园和林木中，卵单粒散产或成块，老熟幼虫在树皮下等隐蔽场所化蛹。成虫和幼虫主要捕食蚜、螨、蚧、粉虱、木虱等。

4）蚁蛉科

蚁蛉科 Myrmeleontidae 全世界已知 350 属 2000 余种，我国已知 39 属 120 余种。体型大，体翅狭长，形态与豆娘很相似。触角短，棍棒状；翅狭长，翅痣不明显，有长形的翅痣下室，前后翅的形状、大小和脉序相似，静止时前后翅覆盖腹背，呈明显的屋脊状。幼虫后足开掘式，幼虫行动是倒退着走，故又称为“倒退虫”，可入中药。卵球形，具有两个很小的精孔。幼虫体粗大，身上有毛。头小，上颌强大，呈长镰刀状，内缘具齿。足强大，后足胫节与跗节愈合。我国常见的有中华东蚁蛉 *Edrdeon sinicus* Naras 等。

成虫栖居于林木、草丛，捕食鳞翅目、鞘翅目幼虫，有趋光性。幼虫穴居沙地，筑漏斗状的陷阱，静伏其中捕食陷落穴中的蚂蚁等小动物，故有“蚁狮”之称。幼虫老熟后化蛹沙土中。

5）蝶角蛉科

蝶角蛉科 Ascalaphidae 世界已知 400 多种，中国 10 属，约 30 种，主要分布在温带地区。体型较大，外形似蜻蜓。触角长，末端膨大，与蝶类触角相类似，故称为蝶角蛉。头部多长毛。卵近圆球形，幼虫体粗壮，头大，上颚长而弯曲，内缘有齿。幼虫体侧有明显突起，腹部的背面和侧面有瘤突，上生棘毛。成虫多栖居于园林树木，飞行缓慢。常以数十粒卵成双行排列产于林木枝干上。幼虫生活于树上或树下，捕食小虫，并将猎物的残骸背负在身体的棘毛上。常见种类有黄花蝶角蛉 *Ascalaphus sibiricus* Evermann 等。

2. 草蛉的主要生物学特征

在生物防治中常用的草蛉有：大草蛉、丽草蛉、叶色草蛉、多斑草蛉、粘蛉草蛉、黄褐草蛉、亚非草蛉、白线草蛉、普通草蛉和中华草蛉等。这些草蛉主要捕食粉虱、红蜘蛛、棉蚜、菜蚜、烟蚜、麦蚜、豆蚜、桃蚜、苹果蚜、红花蚜等多种蚜虫，还能捕食棉铃虫、夜蛾、介壳虫等害虫的卵。

草蛉为完全变态，一生中经卵、幼虫、蛹和成虫 4 个阶段。草蛉幼虫为肉食性，又称为蚜狮，以蚜虫和其他昆虫的卵为食，一头蚜狮在幼虫期可以捕食几百头蚜虫。蚜狮在捕食蚜虫时，将有毒液体注入蚜虫的体内，使蚜虫组织溶解，然后吸食溶解的液体。有的种类，如亚非草蛉等，捕食害虫后，将害虫被吸空的虫体背在背上。草蛉成虫的食性有肉食性和植食性两种，如中华草蛉、亚非草蛉等在幼虫期是肉食性的，而在成虫期则变为植食性，有的草蛉幼虫和成虫都是肉食性的，如大草蛉、丽草蛉等，平均一天能吃一百多头蚜虫。草蛉一年发生的代数因种类、生态环境不同而异，通常为 1～6 代。但在人工饲养条件下，有的种类一年可达 8 或 9 代之多。

卵：草蛉一生产卵 800～1500 粒，不同的种类和不同的饲养条件产卵量有所不同。草蛉产卵一般选择在蚜虫或其他害虫较多的地方产卵，使幼虫孵化后，可以就近捕食。

在没有食物的情况下，草蛉孵化的幼虫会互相残杀。

草蛉的卵通常有一条长长的丝柄，柄基部固定在植物的枝条、叶片、树皮等上面，而卵则高悬于丝柄的端部，一般认为这是草蛉避免其他昆虫捕食它的卵的一种生态适应对策。草蛉产卵，有的集中，有的分散，如大草蛉产卵较集中，数十粒连成片，而丽草蛉和白线草蛉产卵则分散。

孵化：草蛉的卵经 3～4 天后孵化，刚孵出的幼虫通常在卵壳上停留 0.5～2h 后，顺着卵丝滑下来寻找食物。

幼虫：草蛉幼虫通常为 3 龄，幼虫期约 10 天，老熟幼虫停止捕食后，从尾部抽丝做茧化蛹。

蛹：草蛉通常在树叶背面、树皮下、枝杈间等避光的地方结茧。有前蛹期和蛹期。蛹期一般在 10 天左右，前蛹期则有长有短，越冬代的前蛹期可以长达半年。

羽化：草蛉羽化时用头部将茧顶部的一个圆盖顶开，从蛹壳爬出后，脱去虫体外一层透明质膜。经过 10～15min 后，翅膀慢慢展开，然后排除体内积累的粪便。

成虫：草蛉成虫捕食蚜虫或取食植物，进行补充营养，性成熟后寻找配偶交配，草蛉雌虫一生只交配一次。

滞育：草蛉成虫对光照的反应极为敏感，有着较强的趋光性。光照的长短会导致草蛉滞育。例如，草蛉成虫产卵时，光照减少，会导致成虫滞育，停止产卵，待光照增加时，才恢复产卵。在人工饲养草蛉时，给成虫每天以 16～18h 的长光照，可以使草蛉在一年四季中都能产卵繁殖。

体色：草蛉体色一般为浅绿色，但有的成虫越冬的草蛉，冬季时身体常变成黄色，随着天气变暖后，又变成绿色。

3. 常见的草蛉的主要种类

1）大草蛉

分布：大草蛉主要分布于欧洲、俄罗斯西伯利亚、日本、朝鲜半岛、中国。

主要生物学特征：一年 4 或 5 代，以预蛹在茧内越冬，次年 4 月上旬开始羽化，4 月中下旬大量羽化，6～10 月均有成虫发生，各世代有明显重叠现象，温度 20～30℃适于大草蛉生长发育。在 20～30℃条件下，卵期 3～6 天，卵在 20～32℃下均能孵化，在 30℃下孵化率最高，卵孵化率一般都在 90％以上，卵孵化 0.5～2h 后幼虫沿卵柄爬下开始寻找食物。幼虫期 7～15 天，大草蛉幼虫 3 龄，其中 1 龄幼虫期 2～5 天，2 龄幼虫期 2～4 天，3 龄幼虫期 2～5 天，老熟幼虫多在树皮缝、树洞穴、枝干伤口及枯枝落叶内化蛹越冬。蛹期 10～20 天；成虫期 35～58 天，世代历期 50～90 天。种群雌雄比大约为 1∶2。成虫白天和晚上均能活动，夏季上午 6∶00～9∶00 时和下午 17∶00～20∶00时活动较盛。成虫有趋光性。成虫羽化 1 天左右开始交尾，交尾后 11 天左右开始产卵，通常产卵于植物叶片正面或植株上部，产卵为丛状，一般每丛 20 粒卵左右，每头雌虫平均产卵 800 粒左右。大草蛉幼虫和成虫以捕食各种蚜虫为主，亦捕食其他害虫。1 头幼虫 1 代共捕食蚜虫 600～700 头，成虫能捕食 500 头左右，一生能消灭蚜虫 1000～1200 头（赵敬钊，1988）。1 头大草蛉可捕食桑红叶螨 *Tetranychus cinnabarinus*

(Boisduval) 48～118头、桑红叶螨卵89～261粒、棉蚜 *Aphis gossypii* Glover 600～700头、棉铃虫 *Helicoverpa armigera*（Hübner）卵500～600粒、棉铃虫1龄幼虫350～400头、小造桥虫 *Anomis flava*（Fabricius）700～800头、棉红蜘蛛350～400头。在群体饲养中，当水分和食物供应不足或密度过大时，成虫有取食自身卵的习性（黄红等，1990；杨建宁和杨万金，1994）。

2）丽草蛉 *Chrysopa formosa* Brauer

分布：朝鲜、日本、俄罗斯、欧洲其他国家，中国东北、华北和西北等地区。

主要生物学特征：丽草蛉以蛹越冬，1年发生4～5代，有世代重叠现象。4月下旬越冬蛹开始羽化，5～10月均有成虫发生。每头丽草蛉雌虫产卵较分散，产卵量630粒左右（最高可达1800粒）。卵期3～5天，幼虫期9～18天，通常在树根处入土化蛹结茧。蛹期10～14天，产卵前期6～9天，成虫期约30天，有趋光性，黑光灯及日光灯均可诱集大量成虫。第1代发育历期50～70天。幼虫和成虫都能捕食蚜虫、红蜘蛛等。幼虫期可取食300～400头棉蚜、350～400粒棉铃虫卵、250头左右棉铃虫1龄幼虫，600多头棉红蜘蛛。

3）中华通草蛉

分布：中国各地。

主要生物学特征：一年发生4～5代，以成虫越冬，体色由绿变黄为越冬的标志，成虫一般在植物的叶背、根隙或杂草丛内越冬，刚羽化的成虫需要补充营养才能达到性成熟交配，越冬代成虫一般越冬前不交配，翌年春天再进行交配。中华通草蛉成虫交配一般在晚上17：00～23：00时，20：00～21：00时为交配盛期，每次交配3～5min，一次交配终生可产受精卵。未交配的雌虫亦可产少量的未受精卵，未受精卵始终保持绿色，不能孵化。3月下旬至4月上旬越冬成虫出蛰，产卵前期一般5天左右，4月中下旬至5月上旬开始产卵，雌虫对产卵场所有一定选择性，一般把卵产在蚜虫比较多的地方，使幼虫孵化后就能有充足的食物，一头雌虫的产卵量在700～800粒，产卵时间主要集中在晚上19：00～23：00，产卵单粒、分散。7月发生第1代成虫，8～11月均有成虫发生，各代历期因气温不同而变化，气温13～19℃时，第1代历期64天；21～22℃时，历期30天；27～28℃时，历期24天。其中卵期3～12天，幼虫期8～27天，幼虫的活动力很强，在28℃条件下，1h能爬行60m，捕食范围广，蛹期8～17天，成虫的寿命春季为50～60天，夏季为30～40天，雌虫寿命比雄虫长（许永玉等，1999）。

幼虫、成虫均可捕食蚜虫、粉虱、蚧类、叶螨、地老虎、棉铃虫、斜纹夜蛾、造桥虫等害虫幼虫及卵，抗逆性和捕食能力强，属广食性天敌昆虫。中华通草蛉幼虫对柑桔全爪螨的捕食量在整个幼虫期为1013～2381头，平均为1435头；对麦蚜的捕食量为71～165头，平均为138头；对桔蚜的捕食量为164～673头，平均为349头，捕食柑桔红蜘蛛718.4～1435.1头（肖云丽等，2006）。

4）普通草蛉 *Chrysoperla carnea* Stephens

分布：主要分布于古北区，中国国内分布较广。

主要生物学特征：普通绿草蛉为完全变态，成虫灰绿色，翅大而透明，灰绿色，成虫越冬，成虫只取食花蜜、花粉和蚜虫排泄的蜜露，幼虫是捕食者。普通绿草蛉常常在田边的靠近猎物的植物叶和茎的嫩端上产卵，卵椭圆形，新产的卵灰绿色，几天后变为灰色。卵长小于1mm，一只草蛉雌虫可以产数百粒卵。卵3～6天孵化。幼虫3龄，幼虫期2～3周，幼虫较活跃，灰色或褐色，形状独特，像鳄鱼一样，初龄幼虫到成熟幼虫的体长约1mm至6～8mm，幼虫腿发育较好，具有一对较大的腿钳，以利于捕食。幼虫对干旱十分敏感，需要较高的湿度。3龄老熟幼虫在植物的隐蔽处结茧，10～14天羽化，成虫期在夏天大约4周，成虫产卵需要补充花蜜、蜂蜜等营养。生活周期受温度的影响较大，每年2代至几代。每只幼虫取食100～600只蚜虫。普通绿草蛉可以减少棉铃虫96%（Tauber and Tauber，1983；Hoffmann and Frodsham，1993）。草蛉对除虫菊酯、有机磷农药、西维因（胺甲萘）等农药有一定的耐药性（Pree et al.，1989）。

通常在棉花、玉米、马铃薯、油菜、番茄、茄子、白菜、苹果、草莓等蚜虫容易生长的作物上发现草蛉。草蛉幼虫常常以蚜虫、红蜘蛛、粉虱、毛虫和甲虫的幼虫、叶蝉和蛾子的卵为食。

5）褐草蛉 *Hemerobius stigma stephens*

分布：北美地区。

主要生物学特征：在自然界中，褐草蛉不像绿草蛉那样常见，但也是一类重要的捕食者，主要捕食蚜虫和其他小型昆虫。大多数的褐草蛉看起来都很相似。生活在针叶林，落叶林和果园中，在针叶林中最常见。虫体较大（5.0～7.5mm），前翅狭窄，长椭圆形，翅基部略尖，颜色浅红棕色至棕灰色。通常褐草蛉活动季节较绿草蛉早，褐草蛉的幼虫和成虫都是捕食者，主要取食蚜虫、球蚜和其他软体昆虫。褐草蛉以成虫或前蛹越冬，3～4月开始活动，成虫在春季交配后产卵，产卵期大约2周，卵非常耐寒，卵产在针叶上或芽孢上，卵期约11天。卵孵化与温度的关系较密切，温度高孵化时间短。大多数的褐草蛉的幼虫细长，有3龄，褐草蛉所有幼虫期取食都较活跃，老熟幼虫结茧化蛹。蛹期夏天9～14天。褐草蛉一般一年2代。温度是影响褐草蛉发育的主要因素（Garland，1981）。

10.3.2 猎蝽

猎蝽属于半翅目Hemiptera猎蝽科Reduriidae中的一类具有捕食能力的昆虫，为肉食性（carnivorous）昆虫，主要捕食昆虫等一些小动物，所以也称食虫蝽科。世界已知种类约6800种，中国已知的种类386种，分述于15个亚科118属。猎蝽分布广泛，暖热地带分布丰富，几乎全部为捕食性，捕捉昆虫、蜘蛛和多足类动物，不同种类对猎物有不同的选择和偏爱，主要捕食毛虫、蚜虫、叶蝉和甲虫的卵和幼虫。有的猎蝽为血吸吸虫，特别是热带地区的一些种类，会攻击哺乳动物、鸟类、爬行动物等，吸食这些动物的血。人在捕猎蝽时，如果不慎被攻击，受伤处会红肿、疼痛，甚至会持续几天。南美的一些种类还会传播寄生性疾病给人类。

猎蝽体中型至大型，体长最大可达40mm。体型多样。大多数种类体壁坚硬，黄色、褐色或黑色，不少种类有鲜红的色斑。头相对较小，狭长，触角细长，分为4节，喙细长，分为3节；腹部较宽，常常露在翅缘外，腹部3节，粗短而弯曲，端部尖锐。前胸腹板两前足间具有一横皱的纵沟，前胸背板由横凹分为两叶。前翅膜片基部有2或

3个翅室，端部伸出一纵脉。少数种类无翅。不少种类前足为捕捉足，足上有黏的毛垫，上面有许多绒毛，可以粘住猎物。猎蝽多数种类为捕食性，以各种昆虫及其他节肢动物为食（图10.2，彩图）。猎蝽取食时将猎物捕获后，将口器刺入猎物体内，注入有毒的液体，作用于猎物的神经系统，溶解猎物的肌肉和组织，然后将溶解的猎物肌肉和组织吸食。猎蝽口器中有一条大的管子既注射毒液，又吸食溶解的肌肉和组织。猎蝽的毒液十分厉害，在数秒钟内可以使体型大它许多的猎物，如螳螂、毛虫等昆虫毙命（曹诚一，1992）。

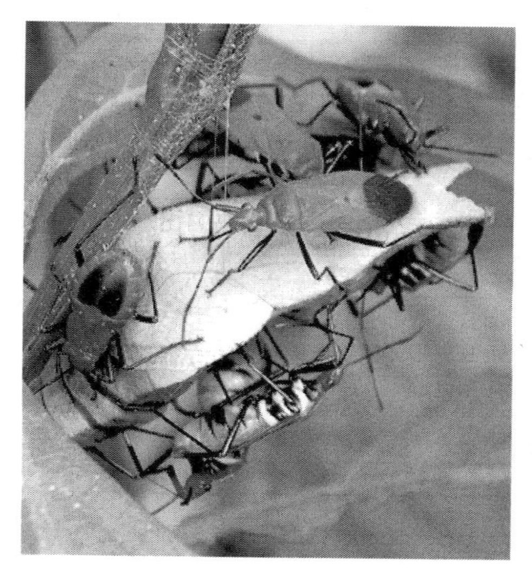

图10.2 猎蝽捕食昆虫蛹

主要生物学特征：猎蝽分布广泛，几乎全世界都能有分布。大多数猎蝽在秋天产卵，卵竖直紧密地排列成块状，一般产于有残叶的裂缝或土壤中。卵在春季孵化，孵化的幼虫与成虫非常相似，只是体型较小。猎蝽为不完全变态，若虫有5龄，从春天开始生长发育，以成虫越冬，6～8月活动较频繁。在捕食行为上，有的种类捕食活动较为频繁，有的种类则以静止的状态，守株待兔。猎蝽捕食其他昆虫，但也被鸟和其他爬行动物捕食。猎蝽受到攻击时，喷射出毒液，这种毒液对人的眼睛和鼻子有强烈的刺激作用，可以使人暂时失明（Ambrose，1999；The Columbia Encyclopedia，2001）。

1. 锥盾菱猎 *Isyndus reticulatua* St.

分布：国内分布于广东、海南、广西、云南、福建等省（自治区），国外分布于印度等。在广东省的松林、木麻黄沿海防护林、相思林、樟树林、多种阔叶混交林及灌木林中均有该虫活动。

主要生物学特征：成虫行动缓慢，飞翔能力不强。成虫5～10天便可交尾，交尾时间约1h，交尾后4～7天即可产卵，每头雌虫可产卵1～4块，每块卵22～57粒，产卵间隔时间8～10天，产卵可延续30～40天。一般成虫将卵产于松树的针叶上或其他阔叶树种树叶上，孵化率为70.4%～87.0%。卵块近圆块状，棕褐色，卵块上面稍突起，下面稍内陷，似弧形，卵块长5～8mm，高约3mm，卵粒竖立排列，孵化孔有白色状物粘住，孵化孔径约0.5mm。若虫5龄，初孵若虫端部鲜红色，随着虫龄增大而变为棕红色，头部、后胸背板、侧板、足均为黑色，触角基部淡黑色，喙基部红色，其余部分为黑色，高龄若虫背部有3个明显黑斑。初孵若虫很活跃，到处爬行，第2天便可以取食松蚜，有互相残杀现象，2龄若虫便可以取食1龄松毛虫幼虫或其他低龄幼虫。随着虫龄增大，捕食量随着增加。越冬的若虫无明显的休眠现象，仍然取食害虫。

锥盾菱猎蝽在湛江一年发生2代，以5龄若虫越冬。第1代发育完成所需时间为110～153天，平均131.5天，卵期14～20天，平均17天；若虫期56～83天，平均

69.5天；成虫期40～50天，平均45天。越冬代历期179～242天，平均210.5天；以5龄若虫于11月下旬开始越冬，5龄若虫越冬历期平均93.5天，比第1代历期长78.5天。成虫于次年4～5月份出现，卵期9～14天，平均11.5天；若虫期139～163天，平均151天；成虫期40～55天，平均47.5天（表10.1）。

表10.1 锥盾菱猎蝽的年生活史［据易观路（2004）改编］

世代	1月	2月	3月	4月	5月	6月	7月	8月	9月	10月	11月	12月
越冬代	△△△	△△△	△△△	+++	+++							
第1代				++●	●△△	△△△	△++	+++				
越冬代								●●△	△△△	△△△	△△△	△△△

注：+成虫，●卵，△若虫

锥盾菱猎是捕食性昆虫，食性广，主要捕食对象是鳞翅目Lepidoptera、同翅目Homoptem等害虫。锥盾菱猎蝽的若虫和成虫均可捕食害虫。捕食松毛虫时把喙向前伸出，插入虫体内吸体液，有时把松毛虫叼起来，边走边食。被取食的松毛虫只剩下躯壳。孵化第二天的若虫便可捕食蚜虫，1龄若虫平均每天可捕食蚜虫1～3头，2龄若虫每天可捕食蚜虫3～8头，可捕食1龄松毛虫1～3头，3龄若虫每天可捕食1龄松毛虫2～4头，4龄若虫可捕食2龄松毛虫2～4头，5龄若虫可捕食2龄松毛虫3～5头，成虫每天捕食2龄松毛虫4～6头，但无法捕食4龄以上的松毛虫。锥盾菱猎蝽捕食害虫量随虫龄的增大而增加（易观路，2004）。

2. 暴猎蝽 *Agriosphodrus dohrni*（Signoret）

分布：国内分布于陕西、甘肃、江苏、浙江、江西、湖北、四川、上海、福建、广东、云南；国外分布于印度、越南。

主要生物学特征：暴猎蝽在四川省为一年发生1代，以5龄若虫在树皮裂缝或枯枝落叶层内越冬，翌年4月上旬越冬若虫开始活动。5月中旬开始产卵，产卵期为25～31天，6月中旬结束，卵期25～28天，平均（27.08±1.00）天。孵化期5～15天，平均（9.64±4.15）天，6月中旬开始出现若虫，一直到翌年5月上旬仍可见到（表10.2）。若虫5龄。

表10.2 暴猎蝽的年生活史（姚德富等，1995）

1月	2月	3月	4月	5月	6月	7月	8月	9月	10月	11月	12月
				●●	●●						
△△△	△△△	△△△	△△△	△△	△△	△△△	△△△	△△△	△△△	△△△	△△△
			++	+++	+++	+					

注：+成虫，●卵，△若虫

成虫一般白天羽化较多，下午15：00～19：00时占57%。刚羽化的成虫停息0.5h左右开始活动，成虫多在白天捕食，尤以下午14：00～18：00时较多。雄虫比雌虫平均提前5天羽化。羽化率为82.3% 。羽化时三对胸足紧攀附着物，虫体先后脱出的部位与若虫蜕皮时相似，雄性和雌性羽化历时分别为150min和172min。初羽化的成虫体为黄褐色，经4～5h后渐变为黑色。成虫羽化前停食8～13h，羽化后经12～22h开始取食。雌雄性比为1：0.46。成虫交配期发生在5月上旬至中旬，一般雌虫羽化8天、雄虫羽化13天后开始交配。交尾历时15.1～30.0min。雌虫交配最少一次，最多3次。雄虫可交配3～5次。一般在白天交尾，17：00～19：00时占总交尾次数的87.0%。雌虫交配后，经历18～19天开始产卵。产卵一般在白天，以13：00～16：00时为多。1头雌虫产卵量平均（69.13±20.57）粒。一般可产2或3块卵，每块卵含卵（42.4±11.34）粒。1头若虫孵化出壳历时为9～18s，整个卵块孵化完毕约需1h。

初孵若虫群集于卵块附近，停留1～2h后，逐渐扩散。在野外烈日时常隐蔽于大的树皮裂缝中或树叶背面，雨天不活动。若虫孵化后3～6h开始捕食。1龄若虫可捕食蚜虫和扬扇舟蛾 *Clostera anachoreta*（Fabricius）的1龄幼虫。2龄后可捕食较大的幼虫。4龄前常有几头捕食1头害虫的现象。若虫可全天捕食，但以下午为多。经饲养观察，若虫除1龄外均有自相残杀习性，龄期越高，越严重，特别是在食料不足时。

暴猎蝽可捕食舞毒蛾 *Lymantria dispar*（L.）、扬扇舟蛾 *Clostera anachoreta*（Fabricius）、春尺蠖 *Apocheima cinerarius* Erschoff、北京杨锉叶蜂 *Pristiphora beijingensis* Zhou et Zhang、柳毒蛾 *Stilpnotia salicis*（L.）、刺槐蚜 *Aphis robiniae* Macchiati 等多种林木害虫（姚德富等，1995）。

3. 环斑猛猎蝽 *Sphedanolestes impressicollis* Stal.

分布：国内主要分布于辽宁（海城）、山东（乐山、昆嵛山）、陕西、江苏、浙江、湖南、江西、湖北、四川、贵州、福建、广东、广西、云南等省（自治区），国外印度、日本有分布。

主要生物学特征：环斑猛猎蝽在北京、山东（昆嵛山）、辽宁（海城）一年发生1代，以4龄若虫在枯枝落叶层和石缝内潜伏越冬，翌年3月下旬越冬若虫陆续开始活动。据室内观察，6月末开始产卵，产卵期为21～29天，7月下旬结束，卵期8～11天，平均（9.88+1.09）天。7月上旬开始出现若虫，一直到翌年5月下旬仍可见到。若虫共5龄，整个若虫期平均（31 5.0±4.9）天。成虫交配后，于6月下旬开始产卵（表10.3）。

表10.3 环斑猛猎蝽的年生活史（姚德富等，1993a）

1月	2月	3月	4月	5月	6月	7月	8月	9月	10月	11月	12月
					●	●●●					
△△△	△△△	△△△	△△△	△△△		△△△	△△△	△△△	△△△	△△△	△△△
				+	+++	+++					

注：+成虫，●卵，△若虫

若虫孵化出壳历时为10～23s，整个卵块孵化完毕约需1h。卵初产时橘黄色，后变为棕红色，微弯曲，下部略大。卵上端略窄似瓶颈部，顶端具圆形白色卵盖，卵盖中间具一丛白色毛状附属物。初孵若虫橘黄色，渐变为棕褐色。头为纺锤形。初孵若虫群集于卵块附近1～2h后逐渐扩散。3～7h开始捕食，1龄若虫可捕食蚜虫和杨扇舟蛾、黄刺蛾、杨叶蜂、舞毒蛾等的1龄幼虫。必须经过取食害虫才能完成龄期。2龄后可捕食较大的幼虫。若虫可全天捕食，但以下午为多。若虫蜕皮时3对胸足紧攀附着物，体背向下或头向上腹部下垂。从胸背中线裂开，蜕皮历时约0.5h，蜕皮后3～6min后开始活动。若虫有自相残杀习性，从2龄后，随龄期增加，在食料不足的情况下，自相残杀现象日益严重。以4龄若虫越冬。

5月末到7月下旬为成虫期，成虫全天可羽化，白天较多，以13：00～18：00时最多，占全天羽化的53%。雄性比雌性的平均提前5天羽化，羽化率为82.8%。刚羽化的成虫体为黄褐色，1h后体色变为黑色。成虫羽化前停食8～14h，羽化后经12～24h开始取食。6月下旬至7月上旬为成虫交配期，雌虫羽化7天，雄虫羽化25天后开始交配，交配历时为8h。雌虫交配1～3次，雄虫可3～6次。雌虫交配后22～23天开始产卵，以14：00～18：00时产卵最多，随产卵随分泌紫红色胶状物，将卵粒黏结在植物叶背、小枝，排列成整齐块状。每头雌虫可产8～12块卵，每卵块含卵（17.67±5.95）粒，平均产卵量215粒。从6月末到7月下旬为产卵期。

可捕食多种林木害虫，如杨扇舟蛾、黄刺蛾 *Cnidocampa flavescens*（Walker）、杨叶蜂 *Pristiphora* sp.、舞毒蛾、油松毛虫 *Dendrolimus tabulaeformis* Tsai et Liu、黄褐天幕毛虫 *Malacosoma neustria testacea* Motschulsky、刺槐蚜等（姚德富等，1993a）。

4. 黄带犀猎蝽 *Sycanus croceovittatus* Dohm

分布：国内分布于广东、广西、福建和云南等省（自治区），国外分布于缅甸、印度。

主要生物学特征：黄带犀猎蝽在广州一年发生2代，以4～5龄若虫于杂草丛生的石块、土块下和枯枝落叶中潜伏越冬，越冬若虫若遇气候温暖也可活动或捕食，至翌年3月下旬陆续开始活动，4月上旬开始羽化为成虫。第1代发生于5月上旬至10月下旬。第2代发生于8月中旬，并于12月中旬以若虫越冬，直至翌年6月中旬止。有少数若虫到10月下旬至11月中旬发育为成虫，成虫于12月上旬产卵（表10.4）。

卵经15天左右孵化，孵化历时10～22min，室内饲养的卵孵化率为97.1%。初孵若虫群集于卵块附近0.5～1.5天，1或2龄若虫常数头至十余头捕食一头害虫，3龄后分散活动或捕食。若虫孵化后1～1.5天取食，初时只猎食蚜虫、各种细小昆虫或猎物寄主汁液，2龄后可捕食较大的昆虫，甚至可捕食比自身体重重2～6倍的害虫，猎食较大的害虫时，需经几次搏斗后才将喙插入虫体吸食。若虫日夜均可捕食，但以白天为多。若虫栖息于猎物的寄主上或草丛中，烈日时躲于阴凉处，雨天不太活动。若虫5龄，每次蜕皮历时5～42min。蜕皮前停食0.5～2.5天，蜕皮后即可活动，经3h至4.5天开始捕食。若虫有互相残杀的习性，在食料不足时常自相残杀。

表10.4 黄带犀猎蝽的年生活史（黄增和等，1991）

世代	1月	2月	3月	4月	5月	6月	7月	8月	9月	10月	11月	12月
越冬代	△△△	△△	△△	△△△								
		△	△	+++	+++	++						
第1代					●●●	●●●	△△△	△△				
					△	△△△	+	+++	+++	+++		
第2代								●●	●●●	●●●	●	
								△	△△△	△△△	△△△	△△△
第2代										++	+++	+++
分化												●●●

注：+成虫，●卵，△若虫

成虫一般在白天羽化，以6：00～9：00时为多。雄虫比雌虫早羽化2～4天。成虫羽化前停食0.5～5.5天，羽化后7min～4.5天取食。成虫羽化5.0～12.5天后交尾。交尾时雌雄还可缓慢移动或雌虫捕食猎物，若遇惊扰即脱离。雌虫一生最少交尾1次，最多5次，雄虫交尾1～4次。每次交尾一般历时5～30min，长可达2h。交尾后11.5～25.5天开始产卵，产卵多在下午至夜间进行。产卵时随产随分泌黄色胶状物，将卵粒互黏在一起，卵成块，单层排列。每产一粒卵历时7～40s。每雌产卵历期平均为11.0天，一般可产2或3个卵块，每卵块有卵10～148粒，产卵量平均为181粒。成虫寿命一般为30天左右。

黄带犀猎蝽可捕食蚜虫、马尾松毛虫 *Dendrolimus punctatus* Walker 、丽缘刺蛾 *Latoia tepida* (Cramer)、纵带球须刺蛾 *Scopelodes contracta* Walker、竹斑蛾 *Artona funeralis* Butler、珊毒蛾 *Lymantria viola* Swinhoe、细皮夜蛾 *Selepa celtis* Moore、大锯龟甲 *Basiprionota chinensis* F.、两色绿刺蛾 *Parasa bicolor* (Walker)、松茸毒蛾 *Dasychira axutha* Collenette 和异歧蔗蝗 *Hieroglyphus tonkinensis* Bol. 等。

黄带犀猎蝽若虫、成虫特别喜食丽绿刺蛾、纵带球须刺蛾幼虫，其次为细皮夜蛾、竹斑蛾和马尾松毛虫幼虫。若虫捕食相同龄期的害虫（马尾松毛虫除外）时，4～5龄若虫一般每日每头可捕食2头以上，最多达13头。成虫的捕食量高于若虫，成虫捕食马尾松毛虫4龄幼虫比若虫多6.5倍，成虫捕食丽绿刺蛾4龄幼虫比若虫高4.3倍，成虫捕食纵带球须刺蛾4龄幼虫比若虫高2.6倍，成虫捕食细皮夜蛾4龄幼虫比若虫高2.1倍。成虫活动范围较大，捕食各种害虫幼虫的作用大于若虫（黄增和等，1991）。

5. 褐菱猎蝽 *Isyndus obscurus* Dallas

分布：国内分布于北京、山东、河北、陕西、安徽、江苏、江西、四川、福建等，国外分布于日本、印度、不丹。

主要生物学特征：褐菱猎蝽在北京、山东为一年发生1代，以成虫在枯枝落叶层和石缝内潜伏越冬，翌年春季越冬成虫陆续开始活动。据室内观察，5月中旬雌虫开始产卵，产卵期 60～70 天，至 7 月下旬结束产卵。卵期为 10～13 天，平均（12.1±1.0）天。5 月下旬开始出现若虫，一直至 9 月下旬仍可见到若虫。若虫共 5 龄，若虫期最短为 61 天，最长为 83 天，平均（72.6±6.2）天。成虫交配后越冬，到次年 5 月开始产卵（表 10.5）。

表 10.5 褐菱猎蝽的年生活史（姚德富等，1993b）

1月	2月	3月	4月	5月	6月	7月	8月	9月	10月	11月	12月
				●●	●●●	●●●	●●●				
				△	△△△	△△△	△△△	△△△			
+++	+++	+++	+++	+++	+++	+++		+++	+++	+++	+++

注：+成虫，●卵，△若虫

若虫孵化出壳历时为 12～21s，整个卵块孵化完毕约需 1h。早期卵孵化率较高，晚期卵孵化率较低。初孵若虫群集于卵块附近，停留 1～3h 后，逐渐扩散。若虫孵化后 4～8h开始捕食，1 龄若虫可捕食蚜虫和杨扇舟蛾、黄刺蛾、舞毒蛾等 1 龄幼虫。经观察 1 龄若虫必须经过取食害虫才能完成龄期。2 龄后可捕食较大的幼虫，甚至可捕食比自己体重重 2～5 倍的幼虫，捕食较大幼虫时需经几次与幼虫搏斗，才将喙插入虫体，注入毒液，待害虫麻醉后即可取食。若虫可全天捕食，但以下午为多。

1～4 龄若虫常几头或十余头捕食 1 头害虫。在野外，烈日时常隐蔽于植物的叶背面或阴凉处，雨天不大活动。若虫有自相残杀习性，1 龄若虫少有自相残杀现象，从 2 龄以后，虫龄越高，自相残杀越严重。特别是在食料不足的情况下，常有自相残杀现象。

成虫一般白天羽化较多，以下午 14：00～18：00 时最多，占全日羽化的 56%。雄成虫比雌成虫平均提前 6 天羽化。羽化率为 81.6%。成虫羽化前停食 10～15h，羽化后经 8～24h 开始取食。雌雄性比为 1：0.63。9 月下旬至 10 月上旬为成虫交配期。雌虫羽化 8 天后，雄虫羽化 27 天后开始交配，交尾历时 9h。雌虫最少交配 1 次，最多 4 次。雄虫可交配 4～6 次。雌虫交配后，经过越冬，到次年才开始产卵，产卵一般多在白天，尤以下午 14：00～18：00 时产卵最多。产卵时随产随分泌黄褐色胶状物，将卵粒黏结在一起。卵排列整齐，成块状，1 头雌虫一般可产 10～15 块卵，每块卵含卵 4～43 粒。每头雌虫产卵量平均 195 粒。从 5 月中旬到 7 月下旬为产卵期。在林内卵常产于叶片背面或林木小枝条上。

成虫羽化后 12～20min 开始活动，经 20～50min 开始取食。从 9 月上旬到翌年 7 月下旬为成虫期，由于成虫历期长，虫体大，其所捕食害虫的虫体也比较大。捕食时先将喙插入害虫的胸部或腹部并注入毒液，使害虫麻醉后取食。成虫多在白天捕食，以下午 14：00～18：00 时捕食较多。雌虫比雄虫寿命平均长 5.6 天。

褐菱猎蝽可捕食松毛虫幼虫、舞毒蛾、杨扇舟蛾、春尺蠖 *Apocheima cinerarius* Erschoff、榆毒蛾 *Ivela ochropoda* Eversmann、杨叶蜂 *Pristiphora* sp.、黄刺蛾、马尾松毛虫、油松毛虫、黄褐天幕毛虫和黄杨绢野螟 *Diaphania perspectalis* Walker 等多种林木害虫（姚德富等，1993b）。

10.3.3　瓢虫

瓢虫属于鞘翅目 Coleoptera 瓢虫总科 Coccinellidae，全世界记载的大约有5000，中国记载了10亚科85属680种（庞虹，2002）。瓢虫一生能产1000多粒卵。雄瓢虫通常大于雌瓢虫，瓢虫的寿命一般4～6周，春天产卵，卵常常产于蚜虫群体中，卵孵化一般2～5天，孵化的幼虫以蚜虫为食，3周后进入前蛹，蛹期7天，化蛹后一周羽化，新羽化的成虫在前24h基本上不活动。幼虫每天可以取食25头蚜虫，成虫每天可以取食50头蚜虫。卵乳白色、黄色或橘黄色，纺锤状，呈小片集中产卵，常常产于蚜虫堆中或蚜虫附近，卵期3～7天；瓢虫一生能产1000多粒卵。幼虫灰色或黑色上具有黄色和橙色的带和斑点，幼虫期2～4周，老熟幼虫化蛹前相对静止，不活动；蛹黑色至橘黄色，蛹期3～12天，通常5～7天，根据温度不同而有区别；成虫可以几个月至一年以上，通常，一年1或2代，成虫越冬，瓢虫对杀虫剂有一定的忍耐性（Hoffmann and Frodsham 1993；Gordon，1985）。

1. 红点唇瓢虫 *Chilocorus kuwanae* Silvestri

分布：中国、日本、朝鲜、俄罗斯，引入至美国、印度和意大利等国。中国国内分布广泛。

主要生物学特征：红点唇瓢虫在中国福建一年4代，以成虫越冬。越冬代成虫3月产卵，3月中下旬第1代幼虫出现，4月中旬化蛹，4月下旬到5月上旬第1代成虫开始出现。第1代成虫羽化盛期为4月下旬到6月上旬，第2代和第3代瓢虫卵在5月中旬和6月下旬开始出现，幼虫5月下旬和6月下旬孵化，6月上旬和7月中旬进入化蛹，6月中旬和8月上旬开始羽化。6～8月气温较高，瓢虫发育较快，各世代重叠严重，这时可看到各世代各虫态瓢虫活动。第四代瓢虫卵在9月中上旬出现，幼虫在9月下旬左右出现，蛹为10月上旬，成虫10月中旬出现。2～4代成虫一般12月中旬左右在树皮裂缝、石缝、枯枝落叶等处进入越冬。气温回升时仍可看见瓢虫出来活动（表10.6）。

红点唇瓢虫卵长椭圆形，淡黄至橘红色，卵孵化时呈黑褐色，卵期5～10天，平均6天。孵化时间一般在16：00到次日上午8：00，孵化率较高，可达95%以上。幼虫个体较为粗壮，体黑褐色，头部黑色，有3对发达的胸足，腹部末端有一个足突。初孵幼虫灰白色，头黄褐色，体上枝刺乳白色，几个小时后体呈黑褐色，幼虫为4龄，个别出现3龄或5龄，幼虫期12～20天。4龄末期的老熟幼虫一般集中在树杈和枝条下方，树干上突起部分的下缘，尤其在枯死的枝条上成群固定进入预蛹期，以腹部末端足突固定在松针或树枝上集体化蛹；蛹为裸蛹，纺锤形，暗棕色，化蛹时，末龄幼虫蜕皮壳包围在蛹体周围，硬化形成蛹的庇护物，蛹期为5～9天。成虫在20：00至次日8：00时羽化。羽化时，头部固定，蛹壳背部产生一纵裂，瓢虫腹部先脱出蛹壳，接着胸部和头部依次脱出。初羽化的成虫需静止休息，待体色正常后才开始爬行捕食。成虫羽化后7～18天交尾，交尾时间可持续1h以上，受惊吓后立即分开，雌雄虫可多次交尾。交尾

表 10.6　红点唇瓢虫的生活史（黄金水等，2006）

世代	1月	2月	3月	4月	5月	6月	7月	8月	9月	10月	11月	12月
越冬代	+++	+++	+++	+++	+++	+++	+++			+++	+++	+++
第1代			●●●	●●●								
			△	△△△	△△							
				⊙⊙	⊙⊙⊙							
				+	+++	+						
第2代					●●	●●						
					△	△△△						
						⊙⊙⊙	⊙					
						++	++					
第3代						●	●●					
						△	△△△					
							⊙⊙	⊙⊙				
								+++	+			
第4代									●●●	●●		
									△ △	△△△	△	
										⊙⊙⊙	⊙⊙⊙	
										++	+++	+

注：+成虫，●卵，△幼虫，⊙蛹

后 9～30 天开始产卵。成虫寿命较长，一般可达 120 天以上，越冬代成虫有的可存活 8 个多月。雌虫产卵量为 68～216 粒，多产于树皮缝隙及蚧虫空壳下等处；成虫活动高峰分别为 6：30～8：30 时和 16：00～18：00 时。红点唇瓢虫具假死性，当受到外界惊扰时，马上静伏，随即坠落、逃遁。每头幼虫大约取食 100 头蚧虫，成虫取食梨圆盾蚧 *Quadraspidiotus perniciosus* (Comstock)、马铃薯叶甲 *Leptinotarsa decemlineata* (Say)、松突圆蚧 *Hemiberlesia pitysophila* Takag、杨圆蚧 *Quadraspidiotus gigas* (Thiemet Gerneck)、桑白蚧 *Pseudaulacaspis pentagona* Targioni、牡蛎蚧 *Lepidosaphes* spp、朝鲜球蜡 *Didesmococcum koreanus* Borchs 等蚧虫，食物不足时，成虫会飞迁（黄金水等，2006）。

2. 七星瓢虫 *Coccinella septempunctata* L.

分布：广泛地分布中国、蒙古、朝鲜、日本、俄罗斯、印度及欧洲其他国家。

主要生物学特征：七星瓢虫每年发生世代数因地区不同而异。在黄河流域一年 4 或 5 代，在河南安阳地区每年发生 6～8 代，北方寒冷地区，每年发生世代数则较少。在新疆奎屯垦区一年发生 2 代，以成虫越冬。在长日照情况下出现生殖滞育和蛰伏越夏的习性，在 25～26℃温度条件下，七星瓢虫各虫态发育历期分别为：卵 2～34 天、幼虫期8～10 天。其中，1 龄幼虫 2～3 天、2 龄幼虫 2 天、3 龄幼虫 1～2 天、4 龄幼虫 3～5 天；蛹期 2～4 天，成虫寿命一般 1 个月左右，越冬代成虫寿命可长达 10 个月以上。成虫产卵前期 7～14 天，七星瓢虫产卵为块状，每块 8～57 粒卵。越冬代产卵量较低，平均每雌虫仅产卵19.4粒，第1代成虫平均每雌产卵量135.1粒（表10.7）（马野萍等，1999）。

表10.7 七星瓢虫的年生活史（马野萍等，1999）

世代	1月	2月	3月	4月	5月	6月	7月	8月	9月	10月	11月	12月
越冬代	+++	+++	+++	+++	+++	++						
第1代					●●	●●●						
					△△	△△△						
					⊙	⊙⊙⊙	⊙					
						++	+++	+++	+++	+++	+++	+++
第2代	+++	+++	+++	+++	+++	●●●	●●●					
						△△△	△△△	△△△	△			
						⊙⊙	⊙⊙⊙	⊙⊙⊙	⊙			
						+	+++	+++	+++	+++	++	+++

注：+成虫，●卵，△幼虫，⊙蛹

在北美地区成虫越冬，春季至夏初产卵，产卵期1～3个月，一般产卵200粒至上千粒。通常将卵产于猎物附近，以利于新孵化的幼虫取食，卵以小片集中于树叶和茎的隐蔽处。幼虫期10～30天，新孵化幼虫到老熟幼虫，体长通常为4～7mm，有的达12mm，蛹期3～12天，主要受温度影响。成虫期数周或数月，与环境中的猎物及生态条件有密切的关系，在实验室中，从卵到成虫只需要2～3周，在自然界中，一般一年1或2代。七星瓢虫对农药有一定的忍耐性，越冬休眠的成虫的耐药性高于幼虫和活动期的成虫（Hoffmanm and Frodsham，1993；Gordon，1985）。

七星瓢虫取食各种蚜虫，成虫和幼虫可捕食蚜虫、叶螨、白粉虱、玉米螟、棉铃虫、介壳虫、壁虱等害虫的幼虫和卵。七星瓢虫的幼虫1～2龄日食蚜量小，3～4龄食蚜量剧增，七星瓢虫幼虫期共捕食棉蚜490头、矛卫豆蚜410头。七星瓢虫对烟蚜的平均日取食量为1龄10.7头、2龄33.7头、3龄60.5头、4龄124.5头、成虫130.8头。

3. 隐唇瓢虫 *Cryptolaemus montrouzieri* Mulant

分布：印度、澳大利亚。引种定居于北美及西印度群岛。中国于1955年引入广州，散放于广东、福建等地。

主要生物学特征：隐唇瓢虫体型较小，头部从前到后，呈棕色至橘黄色。在广东、福建等地一年6代，完全变态，卵黄白色，卵期5～8天，幼虫5天左右孵化。幼虫4龄，幼虫期15（夏天）～80天（冬天），蛹期5～12天，世代历期26（夏天）～100天（冬天）（李丽英，1993）。雌成虫产卵于粉蚧棉絮状的卵袋中，每头雌虫产卵约400头，在27℃条件下，幼虫5天左右孵化。幼虫3龄，幼虫期12～17天。幼虫主要取食蚧虫的卵、幼虫和蚧虫排泄的蜜露。蛹期 7～10 天，羽化后 4 天左右成虫开始产卵。成虫期约 4 个月。成熟幼虫体长 13mm 左右，分泌蜡丝将腿覆盖，不易发现腿。形状上像粉蚧，但比粉蚧大 2 倍。卵黄色。

成虫和幼虫阶段都取食粉蚧，主要取食粉蚧和其他蚧虫。一只幼虫可以取食 250 头粉蚧幼虫，老熟幼虫可以取食粉蚧的任何阶段。成虫可以在较大的范围内捕食蚧虫。(Sadof，1995，1997)

4. 异色瓢虫 *Harmonia axyridis*（Pallas）

分布：中国、日本、俄罗斯远东、朝鲜半岛、越南，并引入到法国、希腊等欧洲国家和美国，最近还在南美的巴西有记录。中国国内广泛分布。

主要生物学特征：异色瓢虫发生代数因环境不同差异较大，在中国黑龙江一年发生 2 代，辽宁一年 3 代，在上海地区一年 5 代，江西一年可发生 8 代。异色瓢虫通常以成虫越冬，成虫交配前期平均为 10 天左右，有多次交配习性，平均 18 次，交配时间短则 45min，长可达 7.5h。雌虫的寿命平均为 86.9 天，而雄虫的寿命平均为 90.25 天。平均每头雌虫产卵 751 粒，最少 541 粒，最多可达 1089 粒，20 粒一组产于叶片下方，刚产下的卵呈黄白色，逐渐变成淡黄色，卵嫩黄色，孵化前变成灰色，幼虫孵化时将卵壳顶破，然后破壳而出。初孵幼虫在卵壳旁停留一至数小时后才开始活动，分散取食。幼虫长而扁平，虫体上有明显的小瘤和刺。幼虫 4 龄，老熟幼虫颜色鲜艳，黑色至深蓝灰色，腹部 1～5 节之间有一个明显的橘黄色的斑点。老熟幼虫在叶面上化蛹，24℃时异色瓢虫完成一世代需 30～32 天，其中卵期 3～4 天、幼虫期 9～10 天、蛹期 5～6 天、成虫产卵前期 13～14 天。在 17～19℃ 时，用棉蚜喂饲，雌、雄成虫平均寿命分别为 86.9 天和 90.25 天，有报道，成虫在理想条件下可以存活 2～3 年（何继龙等，1994；Knodel et al.，1996）。

异色瓢虫能捕食多种蚜虫、蚧虫和木虱。每头成虫可以捕食 90～270 头蚜虫，每头幼虫可以捕食 600～1200 头蚜虫。异色瓢虫幼虫随着龄期的增加，捕食量逐渐递增。1～2龄幼虫捕食量较小，4 龄幼虫取食量最大。1～2 龄幼虫对白杨毛蚜 *Chaitophoruz populeti*（Panzer）、禾谷缢管蚜 *Rhopalosiphum padi*（Linnaeus）和菜缢管蚜 *Lipaphis erysimi*（Kalteback）3 种蚜虫的日捕食量达 13.6～17.6 头；3 龄幼虫对 3 种蚜虫的日捕食量达 57.3～67.8 头；4 龄幼虫对 3 种蚜虫的日捕食量达 106.8～119.2 头；成虫对 3 种蚜虫的日捕食量达 96.8～109.2 头。异色瓢虫可取食禾谷缢管蚜 304 头，其中幼虫取食 200 头左右，4 龄幼虫取食量最大，约 110 头，成虫取食 100 头左右。取食白杨毛蚜 330～340 头，其中幼虫取食 220 头左右，4 龄幼虫取食量最大，120 头左右，成虫取食 110 头左右；取食菜缢管蚜约 300 头，其中幼虫取食 200 头左右，4 龄幼虫取食量最大，120 头左右，成虫取食 100 头左右（Knodel et al.，1996；张岩等，2006）

5. 澳洲瓢虫 *Rodolia cardinalis*（Mulsant）

分布：大洋洲，亚洲、非洲、拉丁美洲等热带及温带地区均有分布。中国从大洋洲引入南方各省。

主要生物学特征：澳洲瓢虫非常成功的生物防治范例是美国 1888 年从澳大利亚引入澳洲瓢虫防治加利福尼亚柑橘虫害，1889 年秋天基本上控制住了柑橘吹绵蚧的危害，拯救了加利福尼亚的柑橘产业。澳洲瓢虫成虫产卵于蚧虫体上或蚧虫卵囊中，在加利福尼亚一年 8 代，在较热和干燥的地区，一年 12 代，每头雌虫一生产卵 150～190 粒。成虫体形较小，长 2.5～4mm，虫体上布满绒毛，体色红黑相间。卵红色，幼虫深红色，4 龄；蛹灰色。主要取食吹绵蚧，幼虫主要取食吹绵蚧的卵，成虫和老熟幼虫取食吹绵蚧所有的虫态。该虫对 Baythroid 杀虫剂十分敏感，使用烟碱类吡虫啉（foliar neonicotinoid imidacloprid ）和拟除虫菊酯类（pyrethroid cyfluthrin）使成虫存活率降低；使用吡虫啉（imidacloprid）、氟氯氰菊酯（cyfluthrin）、甲氰菊酯（fenpropathrin）和联苯菊酯（buprofezin）使子代数量明显减少；联苯菊酯、蚊蝇醚（pyriproxifen）和吡虫啉除虫菊酯（foliar imidacloprid ）显著影响幼虫发育到成虫；用杀虫剂处理后的蚜虫饲养澳洲瓢虫的毒性大于杀虫剂直接与瓢虫接触。使用拟除虫菊酯类和较少量的烟碱类吡虫啉会导致成虫存活率显著降低；蚊蝇醚和拟除虫菊酯类严重影响子代数量和阻止幼虫发育到成虫（Caltagirone and Doutt，1989；Elizabeth et al.，2003）。

澳洲瓢虫于 1955 年引入中国广州和重庆。在重庆一年发生 8 代，世代重叠，世代历时与环境温度有关，最长 229 天，最短 19 天。成虫寿命雄虫 44～100 天，雌虫 80～153 天，在室温 25～36℃，成虫寿命 8～18 天，成虫交尾 1～2 天后开始产卵，成虫产卵 50～200 头，卵红色；幼虫深红色，2 龄后取食吹绵蚧幼虫，老熟幼虫在叶片内、叶背面或枝条上化蛹，蛹包被在老熟幼虫蜕皮内，成虫羽化后，需在蛹内休息一段时间后才出来活动。

研究表明（Grafton-Cardwell，2005），在 25～30℃温度范围内较适于澳洲瓢虫生长发育，在这个温度范围内，澳洲瓢虫的成虫存活率、产卵量、孵化率、幼虫存活率都较高，温度高于 34℃澳洲瓢虫产卵量和幼虫存活率都显著降低，37℃时卵不孵化。澳洲瓢虫在温度为 10℃时不发育，发育起点温度为 10.8℃，14～25℃温度范围内，完成一个世代需 79～18 天，有效积温约 279 日度（表 10.8～表 10.10）。

表 10.8 不同温度下澳洲瓢虫各龄期的有效积温* （Grafton-Cardwell，2005）

温度/℃	羽化	1 龄幼虫	2 龄幼虫	3 龄幼虫	4 龄幼虫	前蛹	蛹
14	50.27	87.49	116.47	138.64	153.49	189.94	253.60
18	82.20	113.08	145.96	165.13	183.24	221.76	299.13
22	75.78	122.86	148.87	164.57	178.02	210.53	283.17
26	70.58	125.94	149.06	166.40	185.26	211.42	280.17
平均	69.71	112.34	140.17	158.68	175.00	208.41	279.02

* 以发育起点温度为 10.8℃

表 10.9　不同温度下成虫存活率、产卵率及孵化率和幼虫存活率（72h）（Grafton-Cardwell，2005）

温度/℃	成虫存活率/%	产卵量/♀	卵孵化率/%	幼虫存活率/%
25	100	22.0 ±1.90a	99.7±0.27a	99.3 ±0.53a
28	100	26.8 ±2.29a	99.9±0.13a	98.8±0.51
31	97.5	23.7 ±1.87a	98.0±0.55a	94.7 ±1.08a
34	97.5	9.3±1.63b	71.4±6.61b	35.9 ±5.79b
37	95.0	1.2 ±0.30c	0.0c	—
F		68.51	104.13	113.48
df		4 195	4 162	3 142
P		<0.0001	<0.0001	<0.0001

表 10.10　不同温度条件下澳洲瓢虫各虫态的发育（天±SEM）（Grafton-Cardwell，2005）

	10℃	14℃	18℃	22℃	26℃	发育起点温度/℃	回归方程	*R*2	*N*
卵	—	15.66±0.20	11.40±0.26	6.7±0.07	4.64±0.08	9.74	$y=0.0129x-0.125$	0.91	186
1 龄幼虫	—	11.81±0.61	5.07±0.21	4.20±0.18	3.64±0.13	6.58	$y=0.0158x-0.104$	0.49	173
2 龄幼虫	—	6.69 ±0.30	4.56±0.22	2.32±0.12	1.52±0.08	12.01	$y=0.0520x-0.624$	0.55	173
3 龄幼虫	—	6.81 ±0.32	2.66±0.20	1.40±0.08	1.14±0.05	10.52	$y=0.0638x-0.671$	0.59	173
4 龄幼虫	—	4.63 ±0.38	2.51±0.15	1.20±0.06	1.24±0.06	8.48	$y=0.0553x-0.469$	0.52	173
前蛹	—	14.37±1.22	5.34±0.21	2.90±0.13	1.72±0.09	13.39	$y=0.0503x-0.673$	0.62	173
蛹	—	19.83±0.87	10.73±0.18	6.48±0.14	4.52±0.12	11.24	$y=0.0151x-0.170$	0.86	171
卵至成虫	—	79.00 ±1.31	41.4±0.43	25.26±0.26	18.42± 0.17	10.79	$y=0.0036x-0.038$	0.97	171

6. 深点食螨瓢虫 *Stethorus punctillum* LeCone

分布：广泛分布于古北区，中国主要分布于北京、黑龙江、辽宁、河北、新疆、浙江、四川、福建等地。

主要生物学特征：深点食螨瓢虫在贵阳地区一年发生 6 代，世代有明显的重叠现象。以成虫越冬，3～6 代成虫均可进入越冬。成虫一般在树干裂缝、地面枯叶内、树上卷叶内或叶上蜘蛛网下等隐蔽场所越冬。当气温低于 10℃时，成虫不活动。成虫多在白天羽化，羽化后 2～4 天开始交尾，一生可交尾多次。产卵前期 4～16 天，成虫有间隔产卵习性，间隔时间 1～17 天，卵多产于叶背近中脉附近，幼嫩叶背的凹陷处或蜘蛛网下，卵散产，一般每叶 1～3 粒。雌虫产卵量与食物的丰盛度有关，食物充足时产卵多，食物不足时雌虫产卵量明显下降或停止产卵，25℃ 为产卵的适宜温度，产卵期可长达 191 天，产卵量平均 210 粒，高可达 338 粒，卵的密度与桔全爪螨的螨口密度呈正相关。幼虫孵化大约需要 5 天，幼虫孵化时咬破卵壳而出，初孵幼虫淡褐色，在卵壳附近停留约 20min，然后开始活动取食。新孵化的幼虫灰色至黑色，有许多分枝的毛和黑斑，老熟幼虫体色从身体的边缘逐渐变成深红色，幼虫分为 13 节 ，身体被黄色的毛所覆盖。幼虫 4 龄，幼虫期大约 12 天，食料不足时，幼虫有自残现象。幼虫取食时咬住叶螨，吸取其体液。当猎物密度高时，常不待吸干又另寻新食。1～2龄幼虫食量小，对桔全爪螨成螨的捕食能力低。1龄幼虫每日捕食25～30粒桔全爪螨卵或成螨，4龄幼虫捕食量大，活动非常活泼，每日可捕食221粒桔全爪螨卵或66头成螨。成虫每日可捕食254粒桔全爪螨卵，或323头幼螨，或206头螨。幼虫老熟后以尾端黏附于叶片上，体躯收缩，先进入不食不动的预蛹期，然后进入蛹期。老熟幼虫化蛹期24～48h静止不动。蛹常见于叶背凹陷处或蜘蛛网下等隐蔽场所，蛹体初橘红色，后变为黑褐色，羽化前几乎黑色。蛹期大约5天，然后羽化成虫，成虫产卵与螨虫的密度相关，密度高产卵量高。

深点食螨瓢虫可取食柑桔叶螨、桔全爪螨 *Panonychus citri*（McGregor）、柑桔始叶螨 *Eotetranychus kankitus* Ehara、山楂红蜘蛛 *Tetranychus viennensis* Zacher、苹果红蜘蛛 *Panonychus ulmi*（Koch）和棉叶螨 *Tetranychus urticae* Koch等。

深点食螨瓢虫对所有的有机磷农药有耐药性。氨基甲酸酯类杀虫剂——Fenoxycarb对瓢虫的卵有较大的杀伤性，而且可以打乱从幼虫到蛹的生活节律。阿巴菌素（Abamectin）对成虫和幼虫都有毒杀作用。Teflubenozuron可以杀蛹（Larry，1995；Biddinger and Hull，1995）。

10.3.4 螳螂

螳螂分布较广，全世界均有分布，以热带地区的种类最丰富，全世界已知种类约有1560种，中国已知种类约有100种。

螳螂目的昆虫是一类重要的捕食性昆虫，在草地、树林、农作物、园林花木上都能发现。通常取食蝗、蝉、蝇、毛虫、甲虫卵和幼虫等（图10.3，彩图）。在生物防治中具有重要意义。螳螂体型较大，体色有绿色、棕色和棕褐色等，头较大，呈三角形，触角相对较短，眼睛突出，前胸延长，细长，前足位于前胸，特化为镰刀形的捕捉足。前足基节延长，腿节宽阔，腹面有槽，构成鞘状，槽的两旁各有一列齿刺，胫节腹面亦有小刺，中足和后足较细长。螳螂步行时，以中、后足着地。翅狭长，扇状折叠。螳螂有翅，但很少飞行，飞行一般在夜间，不迁移。

图10.3 螳螂捕蝉

螳螂为不完全变态，一生中只历经卵、若虫、成虫三种形态。若虫与成虫在形态习性上相似，只在于身体的大小和翅的完备程度上有区别。

通常螳螂一年1个世代。螳螂交配后，雄虫常常被雌虫吃掉。螳螂一般在秋天产卵，以卵越冬，螳螂产卵于卵鞘内，卵鞘外层为螳螂分泌的海绵状物，一雌虫能产卵鞘4或5块，每块卵鞘中一般有卵30～40个，排成4列，各列间以胶质黏附，易硬化为结实的混为一体的角质物，以保护卵不受捕食和寄生。卵鞘虽然坚实严密，也常被多种寄生蜂寄生。卵通常在夏天（6月中旬）孵化。从卵鞘孵化出来的若虫在腹部第10腹板上有一对突起腺体，能分泌纤维丝，幼虫可借助纤维扩散，2 龄幼虫蜕皮后，腺体不再分泌纤维。螳螂幼虫期 3～12 龄，不同的种类，幼虫龄期不同。螳螂的若虫与成虫相似，只是没有翅。螳螂大都是独居生活。螳螂的雌雄可以从腹部的分节来区分，雄虫 8 节，雌虫 6 节。螳螂的卵鞘称为螵蛸，是传统的中药，用于治疗小儿夜尿症。

10.3.5 寄生蜂

1. 亚洲玉米螟赤眼蜂 *Trichogramma ostriniae* Pang et Chen

分布：亚洲及西太平洋地区，其中包括印度、东南亚诸国、中国、朝鲜半岛、日本及西太平洋的若干岛屿。

主要生物学特征：微小，体长小于 0.5mm，浅褐色，身体紧凑，触角较短，眼红色，主要寄生寄主的卵。寄生后一般 4 天卵变为黑色。在欧洲主要寄生于小菜蛾 *Plutella xylostella*。在实验室中，有 13 种鳞翅目昆虫的卵被寄生，夜蛾科、螟蛾科和菜蛾科昆虫卵的寄生率较高。亚洲玉米螟赤眼蜂主要用于防治欧洲玉米螟 *Ostrinia nubilalis* 和亚洲玉米螟 *O. furnacalis*。

玉米螟赤眼蜂主要寄生害虫的卵，雌虫寻找寄主卵，产卵于寄主卵中，在每粒寄主卵中可以产多粒卵。赤眼蜂卵孵化后，幼虫取食寄主卵，在寄主卵中化蛹，成虫羽化咬破寄主卵壳爬出，在 27℃下，从寄生产卵到成虫羽化大约需要 10 天时间。在实验室，寄主美洲棉铃虫 *Helicoverpa zea*（Boddie）每粒卵中可以羽化 2.1 头成虫，每粒小菜蛾的卵可以羽化 1 头成虫。在食物缺乏时，雌成虫可以生活 2.7 天，繁殖 22 头子代。如果增加蜂蜜等食物，雌成虫可以生存 13.9 天，产子代 86 头。通常子代的雌雄比例为 4∶1，雌虫多于雄虫。亚洲玉米螟赤眼蜂的寄生率一般在 80%以上（Wang et al.，1984；Chui and Chen，1986；Hoffmann et al.，1995；Seaman et al.，1996）。亚洲玉米螟赤眼蜂成虫对农药敏感。

玉米螟赤眼蜂一年可发生十几代或数十代，因环境不同而不同。玉米螟赤眼蜂昼夜均能羽化，在温度为 25～26℃、相对湿度 83%～86 %条件下羽化历时为 7.5 天。羽化期内前 3 天为羽化盛期，羽化数量占总羽化量的 88.77%；雌蜂寿命为 0.5～7.5 天，平均寿命为 3.6 天，雄蜂寿命为 0.5～5 天，平均寿命为 2.4 天。玉米螟赤眼蜂产卵期最长为 7 天，最短为 0.5 天。每头平均产卵量为 55 粒，羽化后 12h 为产卵高峰期。玉米螟赤眼蜂的发育起点温度（11.81±1.78)℃，有效积温为（124.45±17.81）日度。玉米螟赤眼蜂有孤雌生殖现象，孤雌生殖羽化后代 100%属雄性（王金玲等，1990a；1990b；陈永明等，1993）。

2. 松毛虫赤眼蜂 *Trichogramma dendrolimi* Matsumura

分布：中国、俄罗斯、朝鲜、日本等国。

主要生物学特征：松毛虫赤眼蜂一年可发生数十代，发生代数与环境的温度等因子有关，广州一年发生 30 代，湖南一年发生 23 代，淮北一年发生 20 代，室内恒温下一年可繁殖 50 代以上。成虫在寄主卵壁咬孔羽化，羽化盛期为 8∶00～11∶00 时。松毛虫赤眼蜂羽化率很高，一般在80%以上。松毛虫赤眼蜂行两性生殖和孤雌生殖，未经交尾的雌蜂能孤雌生殖，其子代为雄蜂。成虫交尾可在寄主卵内，也可在出壳后交尾。松毛虫赤眼蜂羽化后立即寻找寄主产卵。产卵高峰以羽化后2天内最高，占总产卵量的80%～90%。1头雌蜂平均产卵100粒左右，最多能产卵225粒。成虫寿命与温度的高低和有无补充营养有密切关系，温度对寿命影响最大。温度超过32℃、相对湿度低于60%时，赤眼蜂羽化后24h内可死亡60%～80%；在25～30℃、相对湿度60%～80%时，赤眼蜂成虫寿命2～3天；温度23～24℃时，赤眼蜂成虫寿命4～5天；温度降到20～21℃时，成虫寿命5～10天；温度降到8～10℃，寿命可达15～18天，最长可活30天。成虫寿命还与补充营养有关，营养丰富寿命较长。一般松毛虫赤眼蜂雌性的寿命比较高，在自然界中雌性比在80%以上。赤眼蜂成虫趋光性强，在强光下，蜂特别活跃，消耗能量大，寿命也短。松毛虫赤眼蜂对白色、绿色和紫色光比较爱好。

松毛虫赤眼蜂的活动方式受温度和风的影响。温度在20℃以下时，活动较缓慢，依靠爬行扩散；在25℃以上时，成蜂十分活跃，多借飞翔扩散，最远可以扩散50m。松毛虫赤眼蜂较小，风速风向对野外放蜂有一定影响。在25℃的恒温条件下，发育历期10～12天，其中卵期1天、幼虫期1～1.5天、预蛹期3～3.5天、蛹期5～6天；30℃的恒温条件下，发育历期8～9天，其中卵期6～22h、幼虫期1～1.5天、预蛹期2～2.5天、蛹期3～4天。松毛虫赤眼蜂50℃以上为致死高温区，40～45℃为不活动高温区，20～30℃为适温区，15℃以下为不活动低温区，0～2℃可引起长期休眠。在相对湿度60%～90%的范围内，松毛虫赤眼蜂均能正常发育；而以80%～85%的相对湿度为最适宜；若湿度低于50%以下，易造成寄主卵干瘪，影响蜂的寄生率和羽化率，蜂的发育近于停滞。

松毛虫赤眼蜂对寄主卵有选择性，但在某一寄主上繁殖若干代后，会形成对该寄主偏好。赤眼蜂较喜欢新鲜卵，不论寄主卵是否受精均能寄生。每头雌蜂在松毛虫卵上最多可寄生15粒，平均5.1粒；在柞蚕卵上寄生1～6粒，平均2.1粒。每粒寄生卵发育成的子蜂数在松毛虫卵内为7～52头，平均20.6头；在柞蚕卵内为7～175头，平均77头；在蓖麻蚕卵内为15～59头，平均28头；在油茶枯叶蛾卵内最多可达60头，平均40头；在油茶尺蛾卵内最多5头，平均2.42头（彭建文和童新旺，1992）。

3. 平腹小蜂 *Anastatus japonicus* Ashmead

分布：中国、日本、美国（引进）及欧洲，中国分布于河北、内蒙古、山西、陕西、江苏、江西、湖南。

主要生物学特征：平腹小蜂在人工饲养下，一年可以繁殖8代，世代历时23～33天，以成虫越冬或老熟幼虫在寄生卵中越冬。成虫有取食花蜜、果汁补充营养的特性。成虫不补充营养可以存活3～7天，补充营养的成虫雄蜂可以存活5～10天，雌蜂可存活30～40天。温度对成虫寿命有显著影响。16℃时，平均寿命87.6天；20℃时，71.5天；25℃时，40天；35℃时，25天。在温度25～32℃、相对湿度54%～95%条件下，每天产卵5.7粒，平均每雌产卵228粒，产卵期的前20天左右，每天产卵量较高。在26～28℃条件下，平腹小蜂发育历期18～21天，其中，卵2天、幼虫期5～6天、蛹期

5～6 天（包建中和古德祥，1998）。

平腹小蜂在中国用于防治荔枝蝽象 *Tessaratoma papillosa* 取得了较好的效果。平腹小蜂可以用蓖麻蚕卵等进行人工繁殖。拟除虫菊酯类农药对平腹小蜂有一定的毒性，平腹小蜂对有机磷杀虫剂，如敌百虫、锌硫磷、敌敌畏及氧乐果等极度敏感（郑冬梅和谢钦铭，2005）。

4. 绒茧蜂巨颅金小蜂 *Catolaccus grandis* (Burks)

分布：绒茧蜂巨颅金小蜂主要分布于热带、亚热带地区。

主要生物学特征：绒茧蜂巨颅金小蜂在美国主要用于防治棉籽象鼻虫。雌虫长 4～5.5mm。头、前胸和触角的基节为亮黑色，触角的其他部分为黄色和浅棕色。复眼鲜红色。足黑色至褐色，附节位浅黄色。腹部较尖，深褐色具有金属般的蓝光或蓝绿光。雄虫较小，3.0～3.5mm 长，腹部椭圆形，白色至浅黄色。

绒茧蜂巨颅金小蜂属于抑生性（idiobiont）寄生，有以下特点：①外寄生，附属在寄主的外部，并不紧密地依赖于寄主，而其行为更像一个捕食者，不同的是它们需要寄主完成发育。②寄主标记（host cancelled）。寄主昆虫在植物上打洞，生活在植物组织内部，植物组织形成一道屏障保护寄主昆虫，许多拟寄生昆虫就是通过植物组织形成的屏障（如树洞等）找到寄主昆虫，没有植物组织形成的屏障，金小蜂就不能发现寄主昆虫。③长时间的麻痹寄主，抑生性寄生的小蜂通过毒液和共生的病毒来麻痹寄主，目的是阻止寄主发育，以利未成熟的寄生者取食寄主。④通常寄主都大于寄生蜂，一个寄生蜂一生只能取食一个寄主。⑤取食自身卵（synovigeny）。当寄主食物资源不能再利用，而成虫尚未发育成熟，小蜂会产卵并吸收这些卵直到小蜂发育成熟产卵。⑥大多数的小蜂靠寄主的体液获得营养来发育和产生后代，有的需要寄主营养的小蜂可以在没有寄主营养的条件下产第一批卵，绒茧蜂巨颅金小蜂在没有寄主营养的条件下能产 4～6 粒卵，但它们需要寄主的营养来继续产卵。⑦产卵。由于小蜂具有吸收自己卵来维持其发育的特征，它们的生活周期不一定与寄主相一致。抑生性寄生的小蜂的寿命较长。它们可以在大范围内收寻寄主，具有很好的飞行能力、寻找寄主能力和在寄主密度很低的条件下的生存适应能力。⑧具有选择后代性比的能力，金小蜂可以根据寄主的大小来产卵，如果寄主较小，雌虫常常会将雄卵产于寄主中，因为雄虫较小，对食物资源的消耗较少。小蜂的卵分为受精卵和不受精卵，受精卵发育成为雌虫，不受精卵发育为雄虫（孤雌生殖）。一般来说抑生性寄生更接近于捕食而不是真正的寄生，它们不与寄主的生理发育相关联，而是通过麻痹寄主使寄主发育停滞，为后代提供食物资源。金小蜂能在较广的范围中寻找寄主，雌虫寿命较长，以适应持续产卵（Waage and Greathead，1986；Godfray，1994；Quicke，1997）。金小蜂产卵前，先将洞穴中的寄主麻痹，通常是 3 龄幼虫或蛹初期，然后在寄主附近产卵，每一个寄主附近只产一粒卵。卵一般在 12～24h 孵化，卵孵化与温度密切相关。初龄幼虫十分活跃，不停地运动，直到找到寄主，附着在寄主上，从外部取食寄主。金小蜂的幼虫 5 龄，幼虫期 6～9 天。蛹期 7～9 天。成虫孵化后 1h 交配，雌虫一生只交配一次。雌虫在产卵前 2～5 天，有个相对静止、不取食寄主的阶段。绒茧蜂巨颅金小蜂是热带昆虫，在温带不能过冬（Morales-Ramos et al.

1992，1993，1995，1996）。

主要寄主：在自然界中，绒茧蜂巨颅金小蜂的自然寄主为棉铃象 *Anthonomus grandis* 和相近种 *Anthonomus hunteri*。在实验室中，四纹豆象鼻虫 *Callosobruchus maculatus*（F.）、豇豆象 *Chalcodermus aeneus* Boheman 和胡椒象鼻虫 *Anthonomus eugenii* Cano 可以饲养绒茧蜂巨颅金小蜂，大量释放金小蜂对控制象鼻虫十分有效，寄生率可达 70%～90%。金小蜂寻找寄主的能力很强，每周释放 500 头，连续释放 6 周，具有很好的防治效果。绒茧蜂巨颅金小蜂在温带地区不能过冬，需要每年释放。绒茧蜂巨颅金小蜂的人工饲养的主要问题是，需要大量的幼虫作寄主，虽然有合成人工饲料，但成本高，难以规模化饲养。金小蜂对农药的忍耐性差，较寄主昆虫对农药更为敏感，对有机磷农药特别敏感（Cate et al.，1990；Rojas et al.，1998，1999）。

5. 温室粉虱丽蚜小蜂 *Encarsia formosa* Gahan

分布：欧洲、以色列等国和地区，引种到美国等国。

主要生物学特征：温室粉虱丽蚜小蜂雌虫非常小，体长约 0.6mm，头和胸黑色，腹部黄色，雄虫少，体色黑色。野外生态学还不清楚。温室粉虱丽蚜小蜂为独居性的内寄生蜂，每天产 8～10 粒卵，产卵率和卵的成熟率随寄生蜂的年龄而下降。小蜂通过视觉和嗅觉来寻找寄主，成虫通过取食蜜露和寄主若虫获取营养。温室粉虱丽蚜小蜂取食温室粉虱 *Trialeurodes vaporariorum* 除卵以外的所有虫态，喜食 2 龄若虫和蛹。取食甘薯粉虱 *Bemisia tabaci* 所有的若虫和蛹。取食寄主时，小蜂常常用产卵器刺伤寄主，但并不是为了产卵，用延长的口器从伤口处取食寄主。温室粉虱丽蚜小蜂在温室粉虱除卵和 1 龄若虫（可以移动）以外的所有虫态产卵，在甘薯粉虱所有的虫态产卵。用温室粉虱饲养，一头温室粉虱丽蚜小蜂每天大约能产 5 粒卵，一生约能产 59 粒卵。每天可以取食 3 头若虫，一生大约能取食 95 头若虫。雌成虫从 4 龄若虫的背上咬出一个孔羽化，在 21℃ 下，以 3 龄若虫为寄主，温室粉虱丽蚜小蜂从产卵到成虫羽化大约需要 25 天。雄虫为孤雌生殖，从未受精的卵发育而来，内寄生。

温室粉虱丽蚜小蜂的利用始于 1920 年，从欧洲兴起，是一种全球范围利用来防治温室作物上的粉虱的天敌昆虫，到 1993 年，全球利用温室粉虱丽蚜小蜂的温室面积约 $4800hm^2$。

温室粉虱丽蚜小蜂能寄生在粉虱、温室粉虱、甘薯粉虱、银叶粉虱 *Bemisia argentifolii* 等害虫上。在防治温室粉虱上有很好的效果，每周每株植物上放 1 或 2 头寄生蜂成虫，防治银叶粉虱；每周每株植物上放 3～5 头寄生蜂成虫可以得到较好的防治效果。这种小蜂对联苯菊酯（buprofezin）、azadirachtin、abamectin 和 resmethrin 等农药有一定的忍耐性（Van Lenteren and Woets，1988；Hoddle et al.，1998）。

6. 大螟钝唇姬蜂 *Eriborus terebranus*（Gravenhorst）

分布：中国、朝鲜、日本，欧洲。中国国内分布较广。

主要生物学特征：幼虫在玉米螟体内过冬，春季开始发育，22～37 天羽化，羽化后成虫在 1h 内交配，在一天内产卵，产卵通常选择玉米螟的 2～4 龄幼虫。成虫在适宜的温度（24～27℃）和充足的食物（花蜜和若虫）下可以存活 7～10 天。高温对姬蜂不利，在温度较高和食物缺乏的情况下，只能生存 3～5 天。大螟钝唇姬蜂一年 2 代，第 1 代发生时间与欧洲玉米螟的第 1 代幼虫同步。姬蜂靠玉米螟的排泄物和分泌物等中的化学物质寻找寄主。通常第 1 代的寄生率高于第 2 代，第 1 代的寄生率在 4.9%～18.7%；第 2 代的寄生率在 10%左右。防治效果：姬蜂对欧洲玉米螟的防治效果一般在 10%以下，也有高达 37.4%和 55.8%。大螟钝唇姬蜂被从亚洲和欧洲引入美国防治欧洲玉米螟，主要寄生于欧洲玉米螟 *Ostrinia nubilalis*，是控制欧洲玉米螟的重要天敌（Winnie and Chiang，1982；Landis and Haas，1992）。

7. 茶足柄瘤蚜茧蜂 *Lysiphlebus testaceipes* Cresson

分布：北美洲和南美洲，引种至亚洲和欧洲。

主要生物学特征：茶足柄瘤蚜茧蜂体长大于 3mm，通常为黑色。蚜小蜂主要寄生于蚜虫。寄生后的蚜虫死亡，形成干的虫尸，颜色棕色，为蚜小蜂的一个典型特征。幼虫和蛹期寄生在蚜虫体内。成虫羽化后交配，寻找寄主产卵，一般产卵于麦蚜体内，大约 2 天，幼虫孵化，在内部取食蚜虫，幼虫期 6～8 天，在幼虫期使寄主死亡。死亡后的蚜虫肿大，颜色从绿色变成棕色，幼虫在蚜虫体内分泌丝和黏性物质使蚜虫尸体附着在树叶上，然后在里面化蛹，蛹期 4～5 天，羽化时从蚜虫尸体上咬孔爬出。从卵到成虫大约需要 14 天。

茶足柄瘤蚜茧蜂通过两种方式抑制蚜虫：一是将蚜虫刺死，二是通过寄生降低蚜虫的繁殖能力。茶足柄瘤蚜茧蜂的寄生效果：一般大约有 20%的蚜虫形成干尸，但还有不少蚜虫被寄生，只是还未致死形成干尸，所以实际的寄生率要高得多。一般茶足柄瘤蚜茧蜂寄生产卵后 8～10 天出现蚜虫干尸。茶足柄瘤蚜茧蜂有重寄生现象，重寄生影响茶足柄瘤蚜茧蜂的防治效果。温度对茶足柄瘤蚜茧蜂的防治效果影响很大，温度高于 18℃使茶足柄瘤蚜茧蜂发育迅速，温度低于 14℃茶足柄瘤蚜茧蜂不活动。蚜虫比茶足柄瘤蚜茧蜂耐低温，在低温下，茶足柄瘤蚜茧蜂的防治效果较差。杀虫剂和杀菌剂对茶足柄瘤蚜茧蜂有毒杀作用，甲基 1065、毒死蜱等比乐果和乙拌磷对茶足柄瘤蚜茧蜂的毒杀作用更严重（Wright，1995；Knutson et al.，1993）。

10.3.6 双翅目昆虫

双翅目 Diptera 昆虫中不少具有捕食性和寄生性特征，是一类重要的天敌昆虫资源。双翅目中常见的食蚜蝇科 Syrphidae、寄蝇科 Tachinidae 和盗虻科 Aslidae。食蚜蝇科体中型，常有黄、黑相间的横纹，性状似蜂。成虫常在阳光下的花朵上聚集取食花蜜及花粉，幼虫为捕食性或腐食性。全世界已知约 4000 种，我国记载约 200 种。幼虫捕食蚜、蚧、叶蝉、蓟马或鳞翅目、膜翅目的小幼虫，幼虫的捕食性特征使其作为天敌昆虫应用于生物防治。常用的种类有黑带食蚜蝇 *Episyrphus balteatus*（De Geer）、狭带食蚜蝇 *Syrphus serarius* Wiedemann、月斑鼓额食蚜蝇 *Lasiopticus selenitica* Meigen、斜斑鼓额食蚜蝇 *Scaeva pyrastri*（L.）、六斑食蚜蝇 *Metasyrphus corollae* L. 等。主要捕食苹果黄蚜 *Aphis pomi* DeGeer、苹果瘤蚜 *Myzus malisuctus* Matsumura、梨二叉蚜

Toxoptera piricola Matsumura、桃蚜 *Myzus persicae* Sulzer、桃瘤蚜 *Tuberocephallus momonis* (Matsumura)、玉米蚜 *Rhopalosiphum maidis* (Fitch)、麦蚜等各种蚜虫。寄蝇科全世界已记载约5200种。中国有近500种。寄蝇外形很像家蝇，身体多毛，体色灰暗。识别寄蝇有两个特征，一是触角芒上光滑无毛，而家蝇有毛；二是在靠近后胸气门的下侧片的骨片上有一列鬃毛，而家蝇光裸。幼虫形似蝇蛆，多寄生在其他昆虫的体内。盗虻科全世界已知约5600种，我国已知250余种。盗虻又叫食虫虻，是中、大型的昆虫。身体细长多毛，本科最显著的特征是头顶在两复眼之间向下凹陷。足很长，爪间突刺状。它的幼虫在地下生活，与它们的成虫一样，多以捕食其他昆虫为生，是一类有益昆虫。

1. 黑带食蚜蝇 *Episyrphus balteatus* (De Geer)

分布：中国、日本、印度、澳大利亚、欧洲、北非极普遍。在中国分布广泛，从东北自至西南均有分布。

主要生物学特征：黑带食蚜蝇（双翅目食蚜蝇科）是蚜、蚧等同翅目害虫的重要捕食性天敌。在上海地区黑带食蚜蝇在室内条件下一年发生5代左右，以蛹和成虫越冬，在6月上旬至9月下旬以蛹在土壤中越夏。在15～24℃范围内能正常生长发育，在24℃时，完成一世代需28～29天，其中卵期1～2天，幼虫期3龄，幼虫期5～6天，蛹期6～7天和成虫产卵前期15～16天。第1代的发育起点温度为8.23℃，有效积温为449.05日度。成虫从上午8：00时起开始活动，10：00时达到高峰，中午12：00时起活动逐渐减少。用25%的蔗糖水喂养，雌成虫寿命15～16天，雄成虫寿命12～13天，越冬期的成虫寿命可长这2个月左右。成虫在飞行中交配，交配时间很短，大约1s。雌虫喜在蚜虫聚集的叶片背面、菜梗、花瓣和花梗上分散产卵，未受精的卵不能孵化。成虫采食花蜜，幼虫捕食蚜虫，以口器抓住蚜虫，举在空中，吸尽体液后，扔掉蚜虫尸体。

黑带食蚜蝇幼虫主要捕食桃蚜 *Myzus persicae* (Sulzer)、萝卜蚜 *Lipaphis erysimi* (Kaltenbach)、棉蚜 *Aphis gossypii* Glover、桃粉大尾蚜 *Hyaloptera amygdali* Blanchard、禾谷缢管蚜 *Rhopalosiphum padi* (L)、菊小长管蚜 *Macrosiphoniella sanborni* Gillette 等。黑带食蚜蝇每头幼虫平均每天捕食桃粉大尾蚜60～70头、萝卜蚜35～40头，3龄幼虫捕食量最大。整个幼虫期间平均可捕食桃粉大尾蚜328.4头和萝卜蚜276.4头（何继龙等，1994）。

2. 狭带食蚜蝇 *Syrphus serarius* Wiedemann

分布：中国、朝鲜、日本、尼泊尔、斯里兰卡、印度、印度尼西亚。中国国内自南至北均有分布。

主要生物学特征：狭带食蚜蝇属双翅目食蚜蝇科，是蚜虫的重要天敌昆虫。1年发生4或5代，以蛹或成虫越冬。6月上旬发生第1代成虫，以后7～10月均有成虫发生。狭带食蚜蝇幼虫捕食蚜虫。在20～25℃、相对湿度80%～85%，12h光照条件，幼虫3龄，幼虫发育历期8～9天，蛹期11～12天，成虫寿命和产卵量与补充营养密切相关，取食花粉比取食蜂蜜水和蔗糖水的寿命长，产卵量高。成虫期 11～16 天，产卵前期 2～5 天,产卵期 6～13 天。取食花粉产卵量为 800～900 粒/♀，取食蜂蜜水的产卵量为 60～70 粒/♀和取食蔗糖水的产卵量为 70～80 粒/♀（戴轩，1993）。

狭带食蚜蝇 1 龄幼虫对烟蚜最大捕食量为 8.4 头、2 龄幼虫捕食量为 38.80 头、3 龄幼虫捕食量为 72.80 头。狭带食蚜蝇幼虫对多虫畏的敏感性最强，其次是康福多、来福灵和赛丹。成虫对赛丹最为敏感，其次是来福灵，再次是康福多、敌敌畏和敌杀死，对多虫畏和保得的敏感性相对较低（罗佑珍等，2001）。

3. 食蚜瘿蚊 *Aphidoletes aphidimyza*（Rondani）

分布：中国及欧洲、美洲等国和地区。

主要生物学特征：食蚜瘿蚊属双翅目瘿蚊科，能捕食多种蚜虫，是控制蚜虫危害的有效天敌。食蚜蝇蚊成虫较小，2～3mm，形状像蚊子，有细长的足和较长的触角。卵椭圆形，0.1～0.3mm，橙黄色。幼虫蛆状，3 龄，体型较小，狭长至头部，体长 2～3mm，体色从橙黄色至红色，有强壮的颚用于夹住猎物。主要捕食蚜虫，可以捕食 60 多种蚜虫。食蚜蝇以蛹越冬，成虫在晚春时节孵化，雌成虫可以生活 1～2 周，在夜间飞行，在夜幕降临时交配，交配后寻找蚜虫产卵，单粒或成串产卵于蚜虫中，最多产卵约 70 粒，羽化后的头几天产卵较多。卵橙色，2～4 天孵化，幼虫用足刺攻击蚜虫，使蚜虫麻痹，然后吸干蚜虫体内营养物质，在叶片上留下干瘪、黑色、空壳的死蚜虫。在温室中，幼虫孵化后一周以内，潜入土壤中化蛹，1～2 周后羽化。在野外，幼虫期 1～2 周，蛹期约 3 周，生活周期 3～6 周。一年有 3～6 个世代，世代的多少与光照时间长短有关。高温、高湿和强风都可以促进食蚜蝇活动，在温室内，在 20～26℃，高湿度条件下，食蚜蝇最活跃。可以用蜂蜜来饲养成虫，促进产卵。较高的土壤湿度有利于化蛹。食蚜蝇对农药敏感，成虫的敏感度高于幼虫。

食蚜蝇成虫对控制蚜虫十分有效，一头食蚜蝇幼虫至少取食 7 头蚜虫才能完成龄期，最高可以取食 80 头蚜虫。此外食蚜蝇幼虫除取食外，还杀死许多蚜虫。在加拿大用食蚜蝇防治温室蚜虫有很好的效果（Hoffmann and Frodsham，1993；Gilkeson and Hill，1986；Meadow，1984）。

主要参考文献

包建中，古德祥．1998. 中国生物防治．太原：山西科学技术出版社．1～12
曹诚一．1992. 云南瓢虫志．云南：云南科学技术出版社．1～242
陈永明，傅达昌，黄佩中等．1993. 玉米螟赤眼蜂发育起点温度和有效积温的研究．昆虫知识，30（3）：141
戴轩．1993. 狭带食蚜蝇的饲养研究初报．昆虫天敌，15（3）：68～70
何继龙，马恩沛，沈允昌等．1994. 异色瓢虫生物学特性观察．上海农学院学报，12（2）：119～124
何继龙，孙兴全，叶文娟．1992. 黑带食蚜蝇生物学的初步研究．上海农学院学报，10（1）：35～43
黄红，晏建章，李代芹．1990. 大草蛉对棉花害虫捕食作用的研究．昆虫天敌，12（1）：7～12
黄金水，汤陈生，郭瑞鸣等．2006. 红点唇瓢虫生物学特性及其捕食功能的研究．武夷科学，22：155～160
黄增和，伍建芬，张宗强．1991. 黄带犀猎蝽的生物学及应用研究．林业科学研究，4（1）：57～64
李丽英．1993. 我国孟氏隐唇瓢虫研究及应用展望．昆虫天敌，15（3）：142～150
罗佑珍，李学燕，邱云红等．2001. 狭带食蚜蝇对烟蚜的捕食作用及对药剂的敏感性．西南农业学报，14（2）：

49～51

马野萍，孙洪波，王瑞霞等．1999．七星瓢虫生物学特性及人工饲养的初步研究．新疆农业大学学报，22（4）：331～335

庞虹．2002．中国瓢虫科的物种多样性分析．中山大学学报（自然科学版），41（2）：68～71

彭建文，童新旺．1992．松毛虫赤眼蜂．见：肖刚柔．中国森林昆虫．第2版．北京：中国林业出版社．1248～1250

万方浩，王韧，叶正楚．1999．我国天敌昆虫产品产业化的前景分析．中国生物防治，15（3）：135～138

王金玲，杨长城，张荆．1990a．玉米螟赤眼蜂生物学特性研究．昆虫天敌，12（2）：56～61

王金玲，张荆，杨长城．1990b．玉米螟赤眼蜂孤雌生殖试验．沈阳农业大学学报，20（1）：91～92

王毓秀，张利民，邹敏．1999．化学农药与环境激素．农村生态环境，15（4）：37～41

肖云丽，郭海波，李明贵等．2006．中华通草蛉幼虫对麦蚜捕食作用的初步研究．昆虫天敌，28（3）：109～113

许永玉，牟吉元，胡萃．1999．中华通草蛉的研究与应用．昆虫知识，36（5）：313～316

杨建宁，杨万金．1994．大草蛉捕食桑红叶螨试验．蚕桑通报，24（2）：50

杨星科．2005．中国动物志．昆虫纲．第39卷．脉翅目 草蛉科．北京：科学出版社．1～398

姚德富，刘后平，严静君．1993a．环斑猛猎蝽生物学特性的研究．林业科学研究，6（5）：517～521

姚德富，严静君，刘后平．1993b．褐菱猎蝽生物学特性的研究．林业科学，29（6）：497～502

姚德富，严静君，李广武等．1995．暴猎蝽形态特征和生物学特性的研究．林业科学研究，8（1）：442～446

易观路．2004．锥盾菱猎蝽生物学特性的研究．昆虫天敌，26（2）：92～94

张岩，刘顺，秦秋菊等．2006．异色瓢虫对菜缢管蚜、禾谷缢管蚜和白杨毛蚜的捕食作用．中国农学通报，22（12）：323～326

赵敬钊．1988．大草蛉生物学特性研究．植物保护学报，15（2）：124～128

郑冬梅，谢钦铭．2005．两种寄生蜂对几种农药的敏感性测定．华东昆虫学报，14（4）：362～366

周尧．1980．中国昆虫学史．西安：昆虫分类出版社．77～79

Ambrose D P. 1999. Assassin Bugs. Science Publishers，Inc，Enfield，New Hampshire. 337

Biddinger D J，Hull L A. 1995. Effects of several types of insecticides on the mite predator，*Stethorus punctum*（Coleoptera：Coccinellidae），including insect growth regulators and abamectin. Journal of Econ Ent，88（2）：358～366

Caltagirone L E，Doutt R L. 1989. The history of the vedalia beetle importation to California and its impact on the development of biological control. Ann Rev Entomol，34：1～16

Cate J R，Krauter P C，Godfrey K E. 1990. Pests of cotton. *In*：Habeck D H，Bennett F D，Frank J H. Classical Biological Control in the Southern United States. South. Coop. Ser. Bull，355：197

Chui Shui-chen，Chen Chien-chung. 1986. Biological control of the Asian corn borer in Taiwan. Plant Prot Bull，28：23～30

Debach P. 1964. Biological Control of Insect Pests and Weeds. London：Champman and Hall. 844

Elizabeth E，Grafton-cardwell A N D，Ping G U. 2003. Conserving vedalia beetle，*Rodolia cardinalis*（Mulsant）（Coleoptera：Coccinellidae），in citrus：a continuing challenge as new insecticides gain registration. Journal of Economic Entomology，96（5）：1388～1398

Garland J A. 1981. Effect of low-temperature storage on oviposition in *Hemerobius stigma* Steph（Neuroptera：Hemerobiidae）. Entomol Mon Mag，116：149～150

Gilkeson L A，Hill S B. 1986. Diapause prevention in *Aphidoletes aphidimyza*（Diptera：Cecidomyiidae）by low-intensity light. Environ Entomol，15：1067～1069

Godfray H C J. 1994. Parasitoids，Behavioral and Evolutionary Ecology. Princeton，MA：Princeton University Press

Gordon R D. 1985. The Coccinellidae（Coleoptera）of America North of Mexico. J NY Entomol Soc，93：1～912

Grafton-Cardwell E E，Gu P，Montez G H. 2005. Effects of temperature on development of vedalia beetle，*Rodolia cardinalis*（Mulsant）. Biological Control，32（2005）：473～478

Hoddle M S，VanDriesche R G，Sanderson J P. 1998. Biology and use of the Whitefly parasitoid *Encarsia formosa*. Annual Review of Ent，43：645～669

Hoffmann M P, Walker D L, Shelton A M. 1995. Biology of *Trichogramma ostriniae* (Hymenoptera: Trichogrammatidae) reared on *Ostriniae nubilalis* (Lepidoptera: Pyralidae) and survey for additional hosts. Entomophaga, 40: 387～402

Hoffmann M P, Frodsham A C. 1993. Natural Enemies of Vegetable Insect Pests. Cooperative Extension, Cornell University, Ithaca, NY. 63

Knodel J J, Hoebeke E R. 1996. IPM Fact Sheet 101. 00, Cornell Cooperative Extension. Cornell University

Knutson A, Boring III E P, Michaels Jr G J et al. 1993. Biological control of insect pests in wheat. Texas Agric Ext Service Publ, B-5044: 8

Landis D A, Haas M J. 1992. Influence of landscape structure on abundance and within-field distribution of European corn borer larval parasitoids in Michigan. Environ Ent, 21: 409～416

Larry Hull. 1995. Know your friends: stethorus punctum. Midwest Biological Control News Online, II (12)

Meadow R H. 1984. The effect of the aphid midge *Aphidoletes aphidimyza* (Rond.) on populations of green peach aphid (*Myzus persicae*) (Sulz.) on tomatoes and bell peppers. Masters thesis, Cornell University, Ithaca, NY

Morales-Ramos J A, Rojas M G, King E G. 1995a. Venom of *Catolaccus grandis* (Hymenoptera: Pteromalidae) and its role in parasitoid development and host regulation. Ann Entomol Soc Am, 88: 800～808

Morales-Ramos J A, Cate J R. 1992. Laboratory determination of age-dependent fecundity, development, and rate of increase of *Catolaccus grandis* (Burks) (Hymenoptera: Pteromalidae) . Ann Entomol Soc Am, 85: 469～476

Morales-Ramos J A, Cate J R. 1993. Temperature-dependent developmental rates of *Catolaccus grandis* (Burks) (Hymenoptera: Pteromalidae) . Environ Entomol, 22: 226～233

Morales-Ramos J A, Rojas M G, King E G. 1996. Significance of adult nutrition and oviposition experience on longevity and attainment of full fecundity of *Catolaccus* grandis (Hymenoptera: Pteromalidae) . Ann Entomol Soc Am, 89: 555～563

National Academy of Science. 1998. Research Briefings 1987. Report of the Research of Briefings Panel on Biological Control in Managed Ecosystem. Washington , D. C. : National Academy Press

Nordlund D A. 1996. Biological control, integrated pest management and conceptual models. Biocontrol News and Information, 17: 35～44

Park S R, Lovell D J, Royle D J. 1997. The important of accurate risk prediction reliable control of *Septori tritici* leaf blotch in winter wheet. Aspect of Applied Biology , 48: 143～150

Paul Lagasse. 2000. The Columbia Encyclopedia. New York: Columbia University Press

Pickett C H, Pickett S E, Schoenig et al. 1996. Establishment of the squash bug parasitoid, *Trichopoda pennipes* Fabr. (Diptera: Tachnidae), in northen California. Pan _ Pacific Entomologist, 72: 220～226

Pree D J, Archibald D E, Morrison R K. 1989. Resistance to insecticide of the common green lacewing *Chrysoperla carnea* (Neuroptera: Chrysopidae) in southern Ontario. J Econ Ent, 82: 29～34

Quicke D L J. 1997. Parasitic Wasps. New York: Chapman and Hall

Rojas M G, Morales-Ramos J A, King E G et al. 1998. Use of a factitious host and supplemented adult diet to rear and induce oogenesis in *Catolaccus grandis* (Hymenoptera: Pteromalidae) . Environ Entomol, 27: 499～507

Rojas M G, Morales-Ramos J A, King E G. 1999. Response of *Catolaccus grandis* (Hymenoptera: Pteromalidae) to its natural host after ten generations of rearing on a factitious host (*Callosobrucus maculatus*) (Coleoptera: Bruchidae) . Environ Entomol, 28: 137～141

Sadof C. 1995. Know your Friends: Mealbug Destroyer. Midwest Biological Control News Online. II: 5

Sadof C. 1997. Applied Bio Pest. Lifecycle of Cryptolaemus montrouzieri, Oxnard, CA 93035

Seaman A, Hoffmann M, Gardner J et al. 1996. Pilot testing of *Trichogramma ostriniae* releases in fresh market sweet corn for control of European corn borer. In 1996 New York State Vegetable Project Reports Relating to IPM. NY IPM Publication. 121. 149～154

Tauber M J, Tauber CA. 1983. Life history traits of *Chrysopa carnea* and *Chrysopa rufilabris* (Neuroptera: Chrysopidae): influence of humidity. Ann Entomol Soc Am, 76: 282～285

Van Lenteren J C, Woets J. 1988. Biological and integrated control in greenhouses. Ann Rev of Ent, 33: 239～269

Waage J, Greathead D. 1986. Insect Parasitoids. New York: Academic Press

Wang Cheng lun, Wang Huixian, Gui Chengming et al. 1984. Studies on the control of the Asian corn borer, *Ostrinia furnacalis* (Guenee), with *Trichogramma ostriniae*. *In*: Adkisson P L, Ma S. US. National Academy of Sciences Joint Symposium on Biological Control of Insects. Beijing: Science Press. 268～273

Winnie W V, Chiang H C. 1982. Seasonal history of *Macrocentrus grandii* and eriborus terebrans, two parasitoids of the European corn borer, *Ostrinia nubilalis*. Entomophaga, 27: 183～188

Wright R. 1995. Know your friends: wasp parasites of green bugs. Midwest Biological Control News Online, II: 9

第11章 授粉昆虫

11.1 授粉昆虫的种类及特性

昆虫授粉是指昆虫在访花时，将一株植株的花粉带到另一植株，起到帮助花粉受精作用的行为，有授粉行为的昆虫称为授粉昆虫（pollination insect），或称为传粉昆虫。在自然界中，授粉昆虫的种类繁多，大约有7个目200 000种昆虫。常见的有蜜蜂、熊蜂等蜂类，苍蝇等蝇类，蝴蝶和蛾类，甲虫，蚂蚁等昆虫。授粉昆虫主要分布于膜翅目、双翅目、鳞翅目、鞘翅目。在其他昆虫中，如直翅目、半翅目、缨翅目的昆虫，也有授粉作用。据Knuth（1899）观察，在395种植物上采得838种授粉昆虫，其中膜翅目43.7%、双翅目26.4%、鞘翅目14.4%，半翅目、缨翅目和直翅目所占比例较小。

授粉昆虫中，以膜翅目中蜂类的种类最多、数量最大、传粉效果最明显。在长期的进化过程中，蜜蜂与植物的花相互适应，协同进化，蜜蜂体表被大量的细毛所覆盖，在采集花粉时，蜜蜂的体毛容易将花粉带到另外的植物花中，从而产生授粉作用，由于蜂类的种类繁多，种群数量大，访花频率高，授粉作用较明显，对农作物的增产效果显著。除蜜蜂外，其他昆虫也有授粉价值，小蜂对榕树的授粉有独特而不可替代的作用，在热带雨林中，高山榕 *Ficus altissima*、聚果榕 *F. racemosa* Linn. 的花序较特殊，呈果状，圆形、椭圆形或梨形，花朵小而密，生长在花序腔的内壁，隐头花序，俗称无花果。榕树的授粉主要靠榕小蜂，当花成熟开放时，榕树花序的顶部打开通道，榕小蜂等昆虫进出传粉。在双翅目中，蜂虻科Bombyliidae是较典型的授粉昆虫，这些昆虫有较长的喙管，能吸食筒形花基部的蜜汁。眼蝇科Conopidae和花蝇科Anthomyiidae的昆虫体表有大量的毛，在采食花粉的活动中，容易携带花粉。

在鳞翅目中，蝶类和蛾类都有吸食花蜜补充营养的习性，蝴蝶在白天活动，喜欢色泽鲜艳的花朵，蛾类一般在晚上活动，主要访花对象是夜间开放的香气浓郁的花朵，在取食花蜜时，蛾类昆虫的身体携带花粉给植物授粉。在鞘翅目中，不少甲虫也有授粉行为，通常甲虫授粉的植物一般是花朵较大、不特化、无蜜腺、气味强烈、花粉所处位置易于采食等特征，如木兰科Magnoliaceae的木兰属 *Magnolia*。常见的有授粉行为的甲虫主要有叩头甲科Flateridae、金龟子科Scarabaeidae、郭公虫科Cleridae、露尾甲科Nitidulidae、叶甲科Chrysomelidae、隐翅甲科Staphylinidae、芫菁科Meloidae和天牛科Cerambycidae等昆虫。在半翅目中，不少昆虫有授粉作用，如盲蝽科Miridae、姬蝽科Nabidae、长蝽科Lygaeidae、缘蝽科Coreidae和蝽科Pentatomidae等的一些昆虫常常访花，但趋花性不显著，主要以菊科Asteraceae、伞形科Apiaceae植物为主。在缨翅目中，有的昆虫具有喜花习性，有一定的授粉作用。例如，蓟马是喜花昆虫，虽然在花中停留时间长，数量多，但活动能力差，只能在自花授粉的植物中起到一定的传粉作用（郭柏寿等，2001）。Kephart和Theiss（2003）在研究昆虫对三种牧草的授粉作用时发现，膜翅目授粉昆虫占60%左右、鳞翅目占27%左右、鞘翅目占10%左右、双翅目占0.5%左右（表11.1）。

表11.1　马利筋属 *Asclepias* 3种植物上授粉昆虫的种类（Kephart and Theiss，2003）

昆虫种类	叙利亚马利筋 *A. syriaca*			沼泽乳草 *A. incarnata*		*A. verticillata*	
	整个季节	开花季节	昆虫	整个季节	昆虫	整个季节	昆虫
N（访花昆虫数量）	946		867	726		366	
膜翅目昆虫（蜜蜂类）	58.1	59.3	7.0±0.32	59.1	2.6±0.15	45.6	1.6±0.09
熊蜂 *Bombus* sp.	28.8	29.5	4.3±0.28	32.2	3.8±0.25	19.1	1.2±0.06
意大利蜂 *Apis mellifera*	27.4	27.9	4.0±0.54	4.1	1.9±0.51	12.3	2.3±0.20
童女木蜂 *Xylocopa virginica*	1.2	1.3	1.0±0.00	20.2	1.7±0.10	9.8	1.1±0.04
膜翅目昆虫（黄蜂类）	3.5	2.9	1.1±0.07	14.4	1.2± 0.04	36.3	1.3±0.07
大金掘泥蜂 *Sphex ichneumoneus*	1.3	0.6	1.4±0.25	6.6	1.2±0.06	16.1	1.6±.14
泥蜂 *S. pennsylvanicus*	0.1	0.1	1.0±0.00	1.5	1.2±0.12	6.3	1.0±0.04
节腹泥蜂 *Cerceris* sp.	0.7	0.8	1.1±0.14	0.7	1.0±.00	4.9	1.0±0.00
斑沙蜂 *Bembix* sp.	0.5	0.5	1.0±0.00	4.3	1.1±.06	1.6	1.0 0.00
花黄蜂 *Myzinum* sp.	0.0	0.0	0.0	0.6	1.3± 0.33	4.6	1.0±0.00
鳞翅目（蝴蝶类）	22.1	22.2	1.1 ± 0.03	24.1	1.2 ± 0.04	10.4	1.0 ± 0.03
北美黄斑凤蝶 *Battus philenor*	1.0	1.0	1.0 ± 0.00	7.6	1.5 ± 0.11	0.0	0.0
Epygaeus clarus	3.7	3.9	1.1 ± 0.06	0.1	1.0 ± 0.00	0.0	0.0
大西洋赤蛱蝶 *Vanessa atalanta*	3.5	3.7	1.3 ± 0.11	0.0	0.0	0.3	1.0 ± 0.00
斑豹蛱蝶 *Speyeria cybde*	2.6	2.3	1.0 ± 0.00	1.0	1.0 ± 0.00	0.0	0.0
君主斑蝶 *Danaus plexippus*	2.7	2.9	1.0 ± 0.00	2.9	1.1 ± 0.04	0.0	0.0
豆粉蝶 *Colias philodice*	0.7	0.7	1.0 ± 0.00	2.9	1.0 ± 0.05	3.8	1.1 ± 0.07
鳞翅目（蛾类）	5.1	5.3	1.2 ± 0.06	1.7	1.0 ± 0.00	1.9	1.0 ± 0.00
鞘翅目							
Chaulignathus 属	10.7	9.9	2.6 ± 0.23	0.7	1.0 ± 0.00	5.5	1.8 ± 0.36
C. pennsylvanicus	10.7	10.0	2.6 ± 0.23	0.3	1.0 ± 0.00	5.5	1.7 ± 0.10
双翅目	0.4	0.5	2.5 ± 1.5	0.0	0.0	0.3	1.0 ± 0.00

在自然界中，不同种类的植物花的颜色、气味、结构以及分布环境等对传粉昆虫的种类、数量和携带花粉的效果都会产生影响。昆虫授粉主要是访花时昆虫体毛和附肢将花粉携带到其他植物花上完成授粉过程，昆虫的身体结构和花粉的结构对授粉有较大的影响，不同昆虫种类在不同植物上访花所携带的花粉和授粉的效果往往有较大的区别。授粉昆虫的种类、种群数量及访花频率都会影响植物授粉的效果。

Kephart和Theiss（2003）在三种牧草上对不同昆虫授粉时身体携带的花粉数量进行了研究。结果表明，在沼泽乳草和 *A. verticillata* 上多种昆虫的足附肢毛携带花粉最多，占50%～94%，爪、中垫和口器能携带部分花粉。在叙利亚马利筋草上访花时中垫携带花粉最多（表 11.2）。

表 11.2　昆虫在 3 种牧草上访花时携带花粉的部位（Kephart and Theiss，2003）

昆虫体附肢		意大利蜂 *Apis mellifera*			熊蜂 *Bombus* sp.			童女木蜂 *Xylocopa virginica*		泥蜂 *Sphex* sp.			鳞翅类 *Lepidoptera*		
		I	V	S	I	V	S	I	V	I	V	S	I	V	S
	N	77	30	58	119	48	84	46	17	53	7	23	57	19	87
前足	附肢毛	11.60	20.40	0.48	23.90	34.40	5.13	9.43	24.80	44.10	48.20	5.83	7.38	32.70	0.24
	爪	9.02	0.99	0.12	4.37	2.06	0.24	2.12	0.38	1.52	4.93	0.97	7.63	0.00	0.24
	中垫	6.14	9.16	35.20	1.86	2.21	35.50	0.11	0.00	2.27	5.53	48.50	0.00	0.00	32.50
中足	附肢毛	20.50	28.90	0.24	24.70	30.80	1.71	33.90	37.30	23.50	23.90	0.00	39.20	30.60	1.94
	爪	9.21	1.83	0.12	1.45	2.65	0 .00	1.51	0.29	0.54	2.40	0.00	6.11	0.00	1.21
	中垫	7.49	10.80	32.10	0.72	0.59	25.40	0.00	0.00	0.49	2.76	34.00	0.00	2.04	27.10
后足	附肢毛	18.50	22.10	0.60	35.50	24.20	7.82	49.90	36.00	24.80	9.74	0.00	38.20	34.70	4.60
	爪	7.32	0.99	0.00	1.72	0.88	0.49	1.07	0.00	1.19	0.96	0.00	0.51	0.00	1.69
	中垫	3.94	3.52	23.60	0.68	0.29	21.80	0.03	0.10	0.77	0.96	9.71	0.00	0.00	23.00
所有足	附肢毛	50.60	71.40	1.32	84.10	89.40	14.66	93.20	98.10	92.40	81.80	5.83	84.80	98.00	6.68
	爪	25.60	3.81	0.24	7.54	5.59	0.73	4.47	0.67	3.25	8.29	0.97	14.25	0.00	3.14
	中垫	17.60	23.48	90.90	3.26	3.09	82.70	0.14	0.10	3.53	9.25	92.21	0.00	2.04	82.60
口器		6.31	1.27	7.52	5.14	1.92	1.96	1.50	0.38	0.88	0.60	0.97	1.02	0.00	7.51

注：S 为叙利亚马利筋，I 为沼泽乳草，V 为 *A. verticillata*，*N* 为访花昆虫数量

昆虫对植物授粉有多种形式，表现为多种昆虫对一种植物授粉或一种昆虫对多种植物授粉。蜜蜂等昆虫有多种蜜源植物，可以为多种植物授粉；有些植物与昆虫在长期的进化过程中形成了较为密切的关系，形成较专一的授粉关系，如热带地区生长的榕树，只需要一种或几种榕小蜂通过特殊的方式授粉。Ramirez（2004）研究了委内瑞拉热带平原上的授粉昆虫，发现有 1～5 种昆虫为植物授粉的模式，以蜜蜂等一种昆虫对植物授粉的植物种类较多，占调查种类的 60%左右，2 种昆虫对同一植物授粉的植物占 26%左右，3 种昆虫对同一植物授粉的植物占 10%左右，4 种昆虫对同一植物授粉的植物占 4%左右，5 种昆虫对同一植物授粉的植物仅占 0.6%（表 11.3）。一般来说，1 种昆虫授粉的植物较多，多种昆虫同时为植物授粉的植物少于 1 种昆虫授粉的植物。

表 11.3 不同授粉昆虫模式与授粉植物 (Ramirez, 2004)

单一授粉模式		2 种生物授粉模式		3 种生物授粉模式		4 种生物授粉模式		5 种生物授粉模式	
授粉者	授粉植物	授粉者	授粉植物	授粉者	授粉植物	授粉者	授粉植物	授粉者	授粉植物
蜂	53 (34.19)	蝙蝠-鸟	1 (0.6)	蝴蝶-蝇类-黄蜂	1 (0.6)	蜜蜂-蝇类-黄蜂-蝶类	5 (3.2)	蜜蜂-蝇类-黄蜂-蛾类-蝶类	1 (0.6)
蝙蝠	2 (1.29)	蝙蝠-蛾类	2 (1.3)	蜜蜂-黄蜂-蝇类	9 (5.8)				
蛾类	6 (3.87)	蜜蜂-蝇类	7 (4.5)	蜜蜂-蝶类-蝇类	2 (1.3)				
甲虫	4 (2.58)	蜜蜂-蝶类	10 (6.5)	蜜蜂-蝶类-鸟类	1 (0.6)	蜜蜂-黄蜂-蛾类-蝶类	1 (0.6)		
鸟类	2 (1.29)	蜜蜂-蛾类	1 (0.6)	蜜蜂-蝶类-黄蜂	3 (1.9)				
蝇类	2 (1.29)	蜜蜂-黄蜂	5 (3.2)						
蝶类	3 (1.94)	蜜蜂-鸟	1 (0.6)						
风	19 (12.26)	甲虫-蝇类	1 (0.6)						
		甲虫-蛾类	1 (0.6)						
		鸟-蝶类	3 (1.9)						
		蝶类-蛾类	4 (2.6)						
		蝶类-蝇类	2 (1.3)						
		蝇类-黄蜂	3 (1.9)						
合计	91 (58.71)	合计	41 (26.2)	合计	16 (10.2)	合计	6 (3.8)	合计	1 (0.6)

注：括号中数据为植物所占百分比

11.2 昆虫授粉的生态和经济价值

在自然界长期的进化过程中，昆虫与植物相互适应，协同进化，形成了较稳定的互利关系，昆虫授粉行为就是其中的一例。在地球上，已知植物种类大约有 50 万种，有花植物 25 万～30 万种。在自然界中，植物需要通过授粉来繁殖后代，而授粉分为两种方式：自花授粉和异花授粉。自花授粉的植物一般较为原始，容易退化，而异花授粉植物基因易产生新的组合和变异，对环境的适应能力较强。大部分植物是异花授粉植物。异花授粉植物需要借助于昆虫、鸟类、风等作为传媒来授粉，才能繁衍后代。

昆虫授粉具有重要的生态价值和经济价值。在自然界中，在食物网中扮演着多种角色，生活在不同的生态环境中（如水生昆虫幼虫生活在水中、土壤昆虫生活在土壤中、蛀干昆虫生活在树干中），授粉昆虫的幼虫阶段（甚至成虫阶段）主要以植物或其他生物为食物，只有在成虫阶段，为了补充营养采食花蜜，昆虫发生授粉行为。授粉昆虫既是植物的取食者，又为植物的繁育和生存做贡献。植物授粉 80%以上是靠生物授粉，而生物授粉中 80%以上是靠昆虫授粉，风、水等非生物授粉的比例较小。据估计，在自然界中大约有 80%高等植物的花授粉靠昆虫来进行，许多异花授粉植物的授粉是靠昆虫来完成的，有些植物在夜间开花，只有夜间活动的某些鳞翅目昆虫才能为之授粉，这些植物与昆虫息息相关，不可分离。没有授粉昆虫，许多植物将会在地球上消失。昆虫授粉不仅在为异花授粉植物的生存和繁衍扮演重要角色，而且，在自花授粉的植物中，通过昆虫授粉，加强了自花授粉植物的基因流动和交流，提高自花授粉植物种子质量和数量，对农作物和果树的增产效果十分明显。可以说，昆虫授粉是地球生态系统健康的一个重要的支撑者，如果没有昆虫授粉，大量的异花授粉植物将会从地球上逐渐消失，不少植物将发生严重的退化，随着环境压力的增大，生存压力将更大。很难想象，没有昆虫授粉，地球上能有一个健康稳定的生态系统。

昆虫授粉的经济价值极高，昆虫授粉容易形成杂种优势。许多农作物都是靠昆虫来授粉的，Free（1993）《作物昆虫授粉》一书中列出了56个科352种需要昆虫授粉的农作物，而且昆虫授粉的效果通常好于机械授粉，对提高农作物的产量和质量有十分重要的意义。人类日常食用的蔬菜、水果大多数都与昆虫授粉相关（表11.4）。

表 11.4 常见蔬菜水果对授粉昆虫的依赖程度（Gordon and Davis，2003）

常见作物	依赖程度/%	常见作物	依赖程度/%)
杏	100	柠檬	20
苹果	90	莴苣	10
杏李	70	羽扁豆	10
芦笋	90	澳大利亚坚果	90
鳄梨	100	柑橘	30
豆	10	芒果	90
越桔	100	油桃	60
椰菜	100	洋葱	100
球芽甘蓝	30	橘子	30
卷心菜	30	番木瓜	20
胡萝卜	100	桃	60
花椰菜	100	花生	10
芹菜	100	梨	50
樱桃	90	李子	70
棉花	20	南瓜	90
黄瓜	90	草莓	40
柚子	80	西瓜	70
猕猴桃	90		

人类食用油资源大约一半以上来自于椰子、棉花、大豆、菜籽、花生、向日葵、橄榄、棕榈等植物，而这些植物大多数是由昆虫授粉的，人类所利用的植物和动物资源中，大约有1/3是由昆虫直接和间接授粉的，人类的肉类资源，牛、羊、猪、家禽等资源所需的饲料，如紫花苜蓿、三叶草、胡枝子属、车轴草等植物都是由昆虫授粉的。Soldatov（1976）研究了前苏联的授粉昆虫后指出，蜜蜂授粉可使紫花苜蓿增产65%、荞麦增产39%、胡萎增产35%、棉花增产28%、黄瓜增产11%、葫芦增产25%、亚麻增产35%、葡萄增产29%、亚麻子增产19%、油菜增产30%、红三叶草增产82%、红豆草增产60%、树和灌木的果实增产35%、向日葵增产40%～45%、温室番茄增产22%～40%。据估计（Levin，1983），在美国，蜜蜂一年为49种农作物授粉的价值为189亿美元，其中果品和瓜类为33亿多美元，种子和纤维类为25亿多美元，茶类和苜蓿草为60亿美元，相关的牛和奶制品等畜牧产品产值为70多亿美元。蜂蜜和蜂蜡等蜂产品的产值为1.4亿美元。农作物增产值远远高于蜂产品价值。美国2000年蜜蜂为农

作物授粉的价值估计为 146 亿美元（Morse and Calderone，2000）。加拿大方面估计（Wiston and Scott，1984），仅是蜜蜂授粉带来的经济价值为 12 亿美元，大约是蜜蜂产蜜和蜂蜡价值总和的几十倍。1998 年估计蜜蜂授粉的价值大约为 7.8 亿美元，40%的主要农作物需要昆虫授粉（Agriculture and Agri-Food Canada，2001）。新西兰方面估计（Motheson et al.，1987），蜜蜂授粉的价值大约为 22 亿美元，1992 年估计为 31 亿美元。澳大利亚 1999～2000 年蜜蜂授粉的价值大约为 38 亿美元，大约 65%的主要农作物需要昆虫授粉（Gibbs and Muirhead，1998；Gordon and Davis，2003）。中国农业部 1993 年不完全统计，全国油菜、向日葵、棉花、油茶 4 种农作物充分利用蜜蜂授粉，其增产效益超过 80 亿元人民币。据估计（Southwick and Southwick，1992），全球授粉昆虫的价值高达 1120 亿美元。

授粉昆虫在生态系统中扮演着十分重要的角色，与人类的生存和发展密切相关。在农业上，授粉昆虫能够使农作物增产，减少化肥使用，改善土壤环境；在森林生态系统中，授粉昆虫维护着森林的繁衍和健康发育。但是由于人口剧增、生存环境压力增大和粮食短缺等问题困扰着人类发展，人类活动频繁，过度开发破坏了生态环境，特别是大量地使用农药、杀虫剂、杀菌剂、除草剂等对授粉昆虫的影响十分严重，传授花粉的昆虫数量和种类大量减少。据报道，美国、加拿大和墨西哥 1990～1998 年的 8 年间，蜜蜂数量下降了 25%（Allen-Wardell，1998；Loper，1995）；在欧洲，特别是德国和法国，1992～2000 年蜜蜂数量下降了 10%；全球其他种类的授粉昆虫也有下降的报道。杨大荣（1999）在调查了云南澜沧江流域的熊蜂资源后指出，由于人类的开发活动和树木的砍伐，熊蜂的生物多样性受到严重威胁，从 1977～1998 年的 21 年间，云南澜沧江流域热带地区的熊蜂生物多样性减少了 66.7%，寒温带地区的熊蜂生物多样性减少了 33.3%，数量也急剧减少。据估算，由于熊蜂种群数量下降，造成每年 57 亿美元损失（Southwick and Southwick，1992）。

在自然生态系统中，人类面临发展与生态平衡的矛盾，人类在发展过程中，严重影响了授粉昆虫生存的栖息地。生境受到干扰、失去栖息地和生境破碎化使得授粉昆虫的种类和数量下降；全球气候变化、外来物种入侵、单一的农业种植系统、蜜蜂的病虫害等因素，特别是农药的滥用，造成了授粉昆虫种类和数量的下降。授粉昆虫种类和数量的减少使大量的植物面临着灭绝的危险。在农业上，授粉昆虫种类和数量减少将使农作物、蔬菜和水果大量减产。在森林生态系统中，授粉昆虫的减少，如热带雨林中常见树种榕树主要靠一两种榕小蜂授粉，榕小蜂数量的减少将会导致许多植物绝种，森林生态系统发生巨大的灾难。授粉昆虫不仅与人类的衣食住行密切相关，而且还影响人类赖以生存的环境。授粉昆虫生物多样性的保护已经成为人类生存的一个严重挑战。

11.3　主要的授粉昆虫

11.3.1　蜜蜂

在自然界中，蜜蜂种类丰富，一般估计，全世界的蜜蜂种类共有 2.5 万～3.0 万种，其中已记载和定名的大约 1.2 万种。我国估计蜜蜂总科种类有 3000 种。蜂总科

图 11.1 蜜蜂访花授粉

Apoidae 约有一半种类分布于古北区（欧、亚），另一半分布于新北区（北美）。新热带区（南美）有 1500 种，澳洲区有 5000 种。其种类和数量以热带和亚热带较丰富，向北数量逐渐减少（吴燕如，1965）。蜜蜂总科常见的授粉昆虫有蜜蜂、熊蜂、切叶蜂、壁蜂等。

蜜蜂取食植物的花粉和花蜜（图 11.1，彩图）。蜜蜂的食性可分为 3 类。①多食性：可以取食多种植物的花粉和花蜜，如意蜂和中蜂；②寡食性：取食近缘科、属植物的花粉和花蜜，如苜蓿准蜂；③单食性：只取食某一种植物或近缘种的花粉和花蜜，如矢车菊花地蜂。在长期的生物进化中，蜜蜂的口器与蜜源植物花结构形成了十分紧密的关系，如蜜蜂访花与蜜蜂的口器长短有关，隧蜂科、地蜂科、分舌蜂科等口器较短的蜜蜂主要访蔷薇科、十字花科、伞形科、毛茛科开放的花朵；切叶蜂科、条蜂科和蜜蜂科等种类的蜜蜂口器较长，主要采访豆科、唇形科等具深花管的花朵。

蜜蜂的生活方式分为 3 种。①社会性：种群群居生活，像一个社会一样，种群中的个体有明确分工，各司其职。营社会性生活的蜜蜂主要有蜜蜂属 *Apis* 中的中蜂和西蜂，还有熊蜂属 *Bombus*、无刺蜂属 *Trigona*、麦蜂属 *Melipona* 等蜜蜂。②独栖性：蜜蜂总科中绝大多数野生蜜蜂为独栖性，独栖性蜜蜂没有“等级”的分化，一般为成熟的雌蜂独自筑巢和采粉储粮，在一个小生境中可能建有上千个独自不相干的巢室，每一个巢室是开放的，室中储存足够的蜂粮，雌蜂在蜂粮上产卵后封闭巢室，幼虫在巢内取食蜂粮成长。独栖性蜜蜂有分舌蜂科 Colletidae、地蜂科 Andrenidae、隧蜂科 Halictidae、切叶蜂 Megachilidae 和蜜蜂科的大多数种类。③寄生性：这类蜜蜂的雌蜂不筑巢，在其他种类的蜜蜂巢内产卵，幼虫取食寄主巢内储存的食物，取食完寄主巢内储存的食物后，常常杀死寄主幼虫，如拟熊蜂属 *Psithyrus*、红腹蜂属 *Sphecodes*、暗蜂属 *Stelis* 等。

社会性昆虫和独栖性昆虫在植物授粉上都具有十分重要的意义。在自然界中，社会性昆虫和独栖性昆虫对不同的植物授粉有不同的效果，研究发现，独栖性昆虫在某些植物上授粉的效率高于社会性昆虫（Corbet et al.，1991）。Klein 等（2003）研究了中果咖啡 *Coffea canephora* 的社会性昆虫和独栖性昆虫授粉昆虫的种类、访花频率及坐果率，发现社会性昆虫的访花频率高于独栖性昆虫；而独栖性昆虫授粉后的坐果率则高于社会性昆虫（表 11.5）。一般认为，独栖性昆虫授粉后的坐果率高于社会性昆虫主要是由于：①独栖性昆虫在植物之间的转换率高于社会性昆虫，所以提高了授粉率（Willmer and Stone，1989）；②社会性昆虫访花时采集花蜜较独栖性昆虫多，携带花粉较独栖性昆虫少，与花的柱头接触较独栖性昆虫少（Corbet，1987；Freitas and Paxton，1998）；③多数的独栖性昆虫有较长的口器，所以接触花的柱头较多（Corbet，1996）；④社会性昆虫，如无刺蜂，在访花时会损害植物花，所以导致坐果率下降（Maloof and

Inouye，2000；Irwin et al.，2001）。

表 11.5　社会性昆虫和独栖性昆虫在咖啡上的访花频率及坐果率（Klein et al.，2003）

蜜蜂种类	观察样本数	坐果率/%	访花频率
社会性蜜蜂			
印尼蜂（苏威拉西蜂）*Apis nigrocinta*	72	72.22	404
大蜜蜂 *Apis dorsata binghami*	60	71.66	271
中华蜜蜂 *Apis cerana*	16	68.75	156
顶无刺蜂 *Trigona*（Lepidotrigona）*terminata*	25	84.00	224
无刺蜂 *Trigona* sp.	17	74.71	27
无刺蜂 *Trigona*（*Heterotrigona*）sp. 1	15	66.66	83
无刺蜂 *Trigona*（*Heterotrigona*）sp. 2	38	55.26	198
	合计 243	平均 70.47	合计 1363
独栖性蜜蜂			
无垫蜂 *Amegilla* sp.	12	83.33	89
切叶蜂 *Megachile* sp.	10	63.33	62
芦蜂 *Ceratina* sp.	13	84.61	56
多齿切叶蜂 *Creightonella frontalis*	28	89.29	115
隧蜂科 Halictidae	14	87.57	161
孔蜂 *Heriades* sp.	34	94.12	50
木蜂 *Xylocopa aestuans*	4	100.00	22
木蜂 *Xylocopa dejeanii nigrocerulea*	10	90.00	45
	合计 125	平均 86.53	合计 600

1. 蜜蜂属

蜜蜂属的蜜蜂有7个种，主要营社会性生活。蜜蜂根据访花习性可分为单访花性种类（monolectic）和多访花性种类（polylectic）。单访花性种类蜜蜂采集一种植物的花粉，高度特化且种类较少见；多访花性种类的蜜蜂采集花粉的植物种类十分广泛。在自然界中，蜜蜂是最重要的一类授粉昆虫，估计蜜蜂授粉占昆虫授粉的80%左右。蜜蜂在作物授粉中扮演如此重要的作用是与蜜蜂的结构和特性分不开的。在长期的进化过程中，蜜蜂形成了一些有利于授粉的身体结构，蜜蜂的体表长满了体毛，这些体毛在蜜蜂采蜜时可以沾上花粉，蜜蜂访花时所携带的花粉因植物花的结构不同有所区别，通常一只蜜蜂携带的花粉可达100～500多粒（表11.6）。蜜蜂的访花次数较高，蜂群数量大，所以有很高的授粉价值。中国是世界养蜂大国，有蜂群600万～700万群，除了给人类带来蜂产品外，蜜蜂授粉对农林业的发展具有重大而不可替代的意义。

表 11.6　蜜蜂身体所携带花粉粒的数量（$\times10^6$ 粒）

植物	胸部	腹部	后胸及足	总数
圆醋栗 *Ribes grosssularia*	1.07	0.67	0.44	2.18
醋栗 *Ribes nigrum*	0.30	0.18	0.28	0.76
苹果 *pyrus malus*	2.00	1.20	0.75	3.95
酸樱桃 *Pyrus cerasus*	3.00	1.20	1.25	5.45
西洋梨 *Pyrus communis*	1.50	1.00	1.25	3.75
野草莓 *Fragaria vesca*	1.00	0.50	1.30	2.80
树莓 *Rubus idaeus*	1.20	0.60	1.40	3.20
荞麦 *Fagopyrum esculentum*	1.62	0.85	0.62	3.09

蜜蜂访花采蜜时，身上的毛携带花粉，蜜蜂在不同植株的花上采蜜，将花粉带到其他植株的花上，为植物授粉。意大利蜜蜂可为几百种植物授粉，增产效果十分明显；中华蜜蜂可为 25 科 328 种植物授粉；小蜜蜂可为葫芦科、豆科、唇形科、蔷薇科、十字花科、大戟科、芭蕉科等 24 科 134 种植物授粉；黑小蜜蜂可为芭蕉、香蕉、南瓜、辣椒、茄子、砂仁、柑橘等 25 种植物授粉；黑色大蜜蜂可为玉米、南瓜、野坝子、杜鹃、柑橘等 52 种植物授粉。人类利用的果蔬、肉食等资源中，不少与蜜蜂授粉直接或间接相关，蜜蜂种群多，数量大，对农作物的增产效果明显（表 11.7），是农作物不可缺少的增产关键环节（蜜蜂属蜜蜂的生物学特征等详见产蜜昆虫章节）。

表 11.7　蜜蜂授粉对常见农作物的增产效果（匡邦郁和匡海鸥，2003）

植物	增产效果/%	植物	增产效果/%
苹果	220（国内试验）；209（国外试验）	向日葵	27.2～34（国内）；20～64（国外）
梨	800～900（国内）；200～300（国外）	油菜	18.7～37（国内），出油率提高 10%；12～15（国外），含油率显著提高
蜜橘	200（国内）	草莓	21.74～38（国内）；15～20（国外）
李子	坐果率提高 50%（国内）	野豌豆	74～229（国外）
樱桃	200～400（国外）	芜菁	10～15（国外）
柑橘	24～35（国内）	甜瓜	200～500（国外）
荔枝	坐果率提高 2.9%（国内）	醋栗	700（国外）
猕猴桃	32.3（国内）	黑莓，树莓	200（国外）
甜瓜	200～500（国外）	水稻	2.5～7.1（国内）
大豆	92（国内）；14～15（国外）	蓝花子	38.5（国内）
荞麦	25～64.3（国内）；43～60（国外）	花菜	440（国内）
棉花	22.7～38（国内），纤维长增加 8.6%；23.2～25.9（国外），纤维长增加 60%	甘蓝	1720～1820（国内）

续表

植物	增产效果/%	植物	增产效果/%
黄瓜	27.27～38（国内）；76（国外）	茗子	700（国内）
西瓜	170（国外）	乌桕	60（国内）
洋葱	80～100（国外）	大白菜	65.84
咖啡	24（国外）	油葵	934
紫花苜蓿	133～200（国外）	砂仁	坐果率提高88%（国内）
红苜蓿	52（国外）	油茶	300～500（国内），坐果率提高到87%～98%
光野紫花苕	499.6（国内）	萝卜	88.68（国内）
紫云英	48.9（国内）	西红柿	10.20
莲花	6.2～22.22（国内）	西葫芦	14.06～34.9

2. 熊蜂属

熊蜂在分类上属于膜翅目蜜蜂总科熊蜂属 *Bombus*，其进化程度处于从独居蜂到半社会性蜜蜂的中间阶段，是豆科、茄科等多种植物的主要授粉昆虫，这个属已记载大约300余种熊蜂。熊蜂广泛分布于寒带、温带地区，特别是高纬度较寒冷的地区种类丰富。

中国的熊蜂约有150种，分布于全国各地，北方种类多于南方。在新疆和东北地区，种类极为丰富，新疆有典型的草原荒漠种松熊蜂，大兴安岭和长白山区有针叶林种藓状熊蜂和森林草原种乌苏里熊蜂，在青海、西藏高原有典型的高山种类猛熊蜂，云南、四川有喜温的种类鸣熊蜂，中国南方和西南方的平原上熊蜂很少。中国分布的一些长口器种类，如红光熊蜂 *Bombus igrnitus* Smith、明亮熊蜂 *B. lucorum*（L.）、欧洲熊蜂 *B. terrestris* 等都具有很好的利用前景。

1）外部形态特点

熊蜂体中型至大型，粗壮，黑色，全身密被黑色、黄色或白色、火红色等各色相间的长而整齐的毛。口器发达，中唇舌较长，吻长9～17mm，但也有较短的个体；唇基稍隆起，而侧角稍向下延伸；上唇宽为长的2倍，颚眼距长；单眼几乎呈直线排列。胸部密被长而整齐的毛；前翅具3个亚缘室，第1室被1条伪脉斜割，翅痣小。雌性后足跗节宽，表面光滑，端部周围被长毛，形成花粉筐；后足基胫节宽扁，内表面具整齐排列的毛刷。腹部宽圆，密被长而整齐的毛；雄性外生殖器强甲壳素化，生殖节及生殖刺突均呈暗褐色。雌性蜂腹部第四与第五腹板之间有蜡腺，其分泌的蜡是熊蜂筑巢的重要材料。

2）授粉特性

熊蜂是多种植物特别是豆科、茄科植物的重要授粉者。熊蜂体大毛多，有较长的吻，在访花时可以携带较多的花粉；熊蜂对低温、低光适应能力强，驱光性差、耐湿性强，是温室中理想的授粉昆虫。

熊蜂授粉有一些独特的优点，熊蜂有较长的吻（9～17mm），对于一些深冠管花朵的蔬菜和植物，熊蜂能起到较好的授粉效果；熊蜂个体大，寿命长，飞行距离长，具有很强的访花和花粉采集能力；熊蜂具有较强的耐寒性、耐湿性和对光要求不高等特性，在较恶劣的环境中也能访花授粉，特别适合于温室蔬菜授粉；熊蜂的进化程度低，信息交流系统不发达，能专心地采集花粉与授粉，具有较高的授粉效率；熊蜂一年四季均可繁育，可以全年利用熊蜂授粉；熊蜂访花时飞翔的震动声较大，一些植物的花只有当被昆虫的嗡嗡声震动时才能释放花粉，如草莓、茄子、番茄等植物，熊蜂有利于这类植物的授粉（安建东和彭文君，1999）。一些试验表明，熊蜂使番茄增产 16.4%，黄瓜坐果率增加了 33.5%、产量提高了 29.4%，授粉桃树的产量提高了 9.14%、畸形果率下降了 24.32% ，油桃坐果率提高 25.5%，金太阳杏坐果率提高 1.02 倍，李子坐果率提高 10.81%，大樱桃坐果率提高 66.41%，草莓坐果率提高 13.6%。据估计，英国熊蜂在温室中为番茄授粉的价值高达 1 亿多美元。

3）主要生物学特征

（1）熊蜂筑巢习性：熊蜂筑巢一般在土表、土穴、干草下或土缝隙中，巢室由熊蜂分泌的蜡制成，一般呈罐状，巢室的大小差异较大，排列不规则。一个巢由十几至几十个，甚至上百个巢室黏结组成。不同种类的熊蜂的蜂巢大小差异较大，蜂巢直径 80～230mm。熊蜂在蜂巢中贮存花蜜及花粉，产卵及哺育幼虫。

（2）熊蜂种群结构：熊蜂是社会性昆虫，每群熊蜂由 1 只蜂王、若干只雄蜂及数十只至数百只工蜂组成，与蜜蜂相比种群数量较少。

蜂王：蜂王由受精卵孵化发育而成，是蜂群中唯一生殖器官发育完全的雌性蜂，个体最大，不同种类熊蜂体长为 15～22mm，差异较大。蜂王营两性生殖和孤雌生殖，孤雌生殖繁育雄蜂，两性生殖繁育工蜂或蜂王。熊蜂蜂王有冬眠习性，一般在地面以下 60～150mm，直径约 30mm 的洞穴中冬眠。蜂王在春季蛰居醒来后，开始到野外访花、采食、筑巢、产卵和育虫，第一批工蜂出房后，蜂王则专职产卵，一般在夏天，当蜂群发展到最大群势，巢内贮存丰富的花粉蜜时，蜂群便开始繁殖新蜂王和雄蜂。新蜂王通常在雄蜂羽化一周后出房，出房 5 天左右性成熟，开始婚飞，新蜂王交配后，补充大量蜂蜜和花粉营养后冬眠。蜂王的寿命一般为 1 年。

工蜂：工蜂由受精卵发育而成，工蜂是雌性器官发育不完全的雌性个体，不同种类的熊蜂的工蜂个体差异较大，体长 10～15mm，工蜂的寿命一般为两个多月。工蜂从卵到成虫一般历时 21～28 天，其中卵期为 4～6 天，幼虫期为 10～19 天，蛹期为 10～18 天。工蜂泌蜡筑巢、饲喂幼虫、采集食物和防卫等。熊蜂的授粉主要靠工蜂来进行。

雄蜂：雄蜂是由未受精卵发育而成，雄蜂个体比工蜂大，比蜂王小，一般为 11～16mm，雄蜂的作用是与新蜂王交配。雄蜂出房后，食用巢内贮存的蜂蜜，2～4 天后离巢，否则就会被工蜂杀死。雄蜂出巢后，寻找处女王交配，交配后不立即死亡，寿命约为 30 天。

（3）繁殖特性：春季熊蜂蜂王休眠越冬后，一般需经过 3 周左右的补充营养后寻找合适的地点筑巢，蜂王采集和贮存大量的花蜜和花粉在巢内，然后在花粉上产卵，产卵数量一般为 4～16 粒，卵孵化和幼虫发育的适宜温度为 30～32℃，温度低于 30℃时卵内胚胎和幼虫的发育都会延缓。蜂王通过快速振动胸部和腹部产热，提高巢内温度，孵卵期间蜂王取食积蓄的饲料，一般不出巢采集，偶有出巢采集，通常不超过 2h。熊蜂卵在30℃的温度下，经4～6天后孵化，幼虫在30～32℃的巢室内生长发育，以花粉和蜂王反刍吐在巢室中的食物为食，幼虫经几次蜕皮吐丝做茧进入蛹期。幼虫期蜂王经常出巢采集食物。幼虫化蛹后，蜂王将巢室上部的蜡咬除，开始在茧上部外侧用蜡筑造培育第2批熊蜂的巢室，并在新筑的巢室内产下第2批卵培育第2批熊蜂。培育第2批熊蜂的巢室一般2～18个，每个巢室产卵6～14粒，开始新一代子代的繁殖。当熊蜂群达到高峰群势时，会产生有性个体蜂王和雄蜂。一般蜂王产第3批卵时，熊蜂的群势已达到高峰，蜂王开始产未受精卵培育雄蜂。同时，群内出现王台，开始培育新蜂王（梁诗魁等，1999；方文富，2003）。

3. 切叶蜂属

切叶蜂属于蜜蜂总科切叶蜂科切叶蜂亚科切叶蜂属 *Megachile*，全世界的切叶蜂种类大约有2000种，中国大约有100多种切叶蜂，切叶蜂分布很广，在世界各地都有分布。切叶蜂是一类重要的授粉蜂昆虫，能为牧草、果树和蔬菜授粉，利用最广泛的有苜蓿切叶蜂 *M. rotundata*，在欧美利用苜蓿切叶蜂给苜蓿植物、果树、蔬菜、牧草等授粉，取得了较显著的经济效益。

切叶蜂头和胸体毛长，较密，通常为黑色，有的种类红黄色或腹部红黄色，体大型或中型。切叶蜂头部宽大，口器发达，中唇口器长一般达腹部。头和胸部具有浓密的毛。切叶蜂雄性前足跗节宽大而扁平，浅黄色，爪不具中垫。腹部宽扁，雌性腹部排列有密密的体毛，为采粉器官，是切叶蜂采粉的主要部位。雄性腹部背板被毛或背板端缘具浅色毛带。雌蜂具螫刺，很少主动攻击，雄蜂不具螫刺。

1）主要生物学特征

切叶蜂为独栖性昆虫，有多食性和寡食性等不同食性种类。切叶蜂交配后，雌性切叶蜂利用树干上的洞穴、建筑物的洞或裂缝，以及壁蜂、木蜂和其他切叶蜂出巢后留出的空巢、枝干等地做巢，偶尔在地穴中筑巢。筑巢时，切叶蜂从植物（多为蔷薇科植物）叶片上切下直径约为20mm的圆形叶片，带回巢穴后卷成筒状，并将其一端封闭，形成巢室。切叶蜂将采集的花粉和花蜜贮于巢室内，每个巢室产下1粒卵，然后再另切圆形叶片封闭巢室顶部。第2个巢室直接筑于第1室上，直至巢穴或巢管筑满巢室。当巢穴筑满巢室后，用树脂、木块或泥土封闭巢口。通常切叶蜂较喜爱在朝南或东南向的巢穴筑巢。切叶蜂的巢穴深度达100～200mm，呈管状。每个巢穴由4～12个或更多巢室组成，后代切叶蜂在巢室中发育成长。

切叶蜂一年繁殖1或2代，以新羽化的成虫越冬。切叶蜂分雄蜂和雌蜂两种，雌蜂产卵繁殖后代，为主要的授粉者，雌蜂交配后主要筑巢、采集和培育后代。雄蜂主要职责是交配，春季雄蜂与雌蜂交配后在几日内死亡。成年切叶蜂的寿命约为60天，产35～40粒卵。在巢穴中的卵经过2～3天孵化成幼虫，幼虫取食巢室内的蜂粮经约14天生长发育，以末龄幼虫冬眠越冬，翌年春季化蛹羽化。一般雌性切叶蜂在化蛹后5～7天羽化成虫出房，雄性切叶蜂约在化蛹后5天羽化。雌性切叶蜂在3～4月份出房，出房后即与等候在巢穴周围的雄蜂交配。通常，雄蜂可与几只雌蜂交配，而雌蜂只交配1次。苜蓿切叶蜂 *Megachile rotundata* 一年1代，较温暖的地区可能发生2或3代，以成熟幼虫在巢中越冬，幼虫发育成熟一般需要3周时间，成虫出巢野外活动一般40～50天。蔷薇切叶蜂一年3或4代，在室温22～25℃下饲养，卵期3～4天，幼虫期20～22天，蛹期13～15天，从卵到羽化出成虫的历期36～41天。蔷薇切叶蜂20℃开始出巢活动，10：00～15：00时为活动盛期（陈合明等，1992）。

2）采集习性

苜蓿切叶蜂喜在气温高于20℃、干燥、有阳光的晴天活动。采花较专一，采集半径为30～50m，访花速度极快，每分钟访花11～25朵，传粉效率极高，一年在田间活动40～50天。切叶蜂雌蜂在采集花粉时首先将花朵打开，再钻进花朵内采集花蜜，切叶蜂腹部与花蕊紧密接触，将花粉粒黏在绒毛上，然后在访其他花时，将携带的花粉带到其他花上，完成授粉过程。切叶蜂为苜蓿花授粉，每亩放蜂2000～3000只，可使苜蓿产量增加2～4倍，同时也采集草木樨、白三叶草、红三叶草等多种豆科牧草的花蜜（陈合明和李瑞军，1996；方文富和陈大福，2004）。

4. 壁蜂属

壁蜂属是蜜蜂总科切叶蜂科壁蜂属 *Osmia* 昆虫，全世界约有70余种，中国发现和利用的壁蜂种类有5种以上。壁蜂分布较广，除澳大利亚和新西兰外，世界各地均有分布。常见的壁蜂有凹唇壁蜂 *Osmia excavata* Alfken、紫壁蜂 *O. jocoti* Cockerell、角额壁蜂 *O. cornifrons*（Rodoszkowski）、壮壁蜂 *O. taurs* Smith 和叉壁蜂 *O. pedicornis* Cockerell 5种。其中被人工饲养利用于作物授粉最多的壁蜂是角额壁蜂和凹唇壁蜂。

1）主要形态特征

壁蜂体毛呈灰黄色或灰白色，个体略小于意大利蜂工蜂。角额壁蜂雌蜂体长10～12mm，凹唇壁蜂雌蜂体长12～15mm，叉壁蜂雌蜂体长14mm。雌蜂腹部具有多排排列整齐的橘黄色至金黄色腹毛刷，在壁蜂授粉中携带花粉；雄蜂头、胸及腹部第1～6背板有灰白色或灰黄色毛，可携带花粉，腹部腹面没有腹毛刷。壁蜂卵长椭圆形，略弯曲，白色透明，长2～3mm。老熟幼虫体粗肥，呈"C"形，体表半透明光滑，长10～15mm。前蛹乳白色，头胸较小，腹部肥大呈弯曲的棒槌状。蛹初期为黄白色，以后逐渐加深。茧暗红色，茧壳坚实，外表有一层白色丝膜，茧直径5～7mm，长8～12mm。

2）主要生物学特征

（1）营巢习性：壁蜂类昆虫具有独栖习性，交配后的雌性壁蜂，各自寻找适合的地方筑巢。壁蜂一般在原巢或蜜源附近，选择木材和树上比其身体稍大的蛀孔、石头缝隙或土墙上的孔洞等内筑巢。壁蜂喜在朝南或东南向筑巢，常见多只壁蜂在较集中的天然巢穴上各自筑巢。壁蜂的蜂巢由一系列巢室组成，筑巢时，先用泥土封堵天然洞穴的底部，采集花粉等食物存放在巢底部，在上面产下1粒卵，再用泥土封闭，完成第1个巢室的建造。每个巢室长约20mm，一般1只雌蜂1天可筑1个巢室。完成一个巢室后再筑造其他巢室，通常在一个洞内可筑7～10个巢室，形成长度为150～200mm的巢穴（巢管），巢口用泥土封闭。1只雌蜂可建造3或4个巢，产30～40粒卵。

（2）生活史：壁蜂一年1代，每年3～4月新出房的壁蜂交配，交配后，雌蜂筑巢产卵，繁育后代。交配后的雌蜂会产受精卵和未受精卵，受精卵发育成雌蜂，未受精卵发育成雄蜂，壁蜂雌雄性比为 1：2 以上。雌蜂先产受精卵在巢管中、后部，后在近巢口产不受精卵。壁蜂在巢管内生活 300 多天，成蜂在自然界活动时间为 30～60 天。凹唇壁蜂产卵量为 30 粒，卵期平均 6～7 天，幼虫期平均 18～23 天，前蛹期 66 天，蛹期为 19 天，滞育期和冬眠期约 200 天，出巢活动的成蜂寿命约 60 天。叉壁蜂卵期 4～7 天，幼虫期 20～21 天，蛹期 122～126 天，滞育期和冬眠期 184～186 天，出巢活动的成蜂寿命约 29 天。角额壁蜂产卵量约为 30 粒，卵期 6～7 天，幼虫期 15～20 天，前蛹期 60 天，蛹期为 25～30 天，滞育期和冬眠期约 200 天，出巢活动的成蜂寿命约 60 天。叉壁蜂的卵期平均为 10 天，幼虫期 15～20 天，前蛹期约 60 天，蛹期 25～30 天，滞育期和冬眠期约 190 天，出巢活动的成蜂寿命约 20 天（魏枢阁等，1991；杨连方等，1994；白教育和田芬云，1999）。

（3）授粉习性：壁蜂主要在蜂巢附近 60～100m 内访花授粉，壁蜂授粉活动与环境温度和风的影响密切相关。叉壁蜂在气温达 10℃以上开始活动，1 天的访花采粉时间约 12h，10：00～15：00 时采集达到高峰，18：00 时后陆续回巢，当温度在 20～26℃时，30min 飞行次数达 40～140 次；凹唇壁蜂较耐低温，在温度为 12～13℃时开始访花，授粉时间约每天 12h；角额壁蜂的起飞温度为 14～15℃，授粉时间约 10h；紫壁蜂的起飞温度为 15℃，授粉时间约 10h。凹唇壁蜂成虫对苹果、梨、李、樱桃 4 种果树，每分钟访花数为 8～16 朵，在苹果花期日访花数 5486 朵，梨花期日访花数 5184 朵，李花期为 5616 朵，樱桃花期为 4882 朵。壁蜂授粉后秦冠平均单株产量提高 11.96%～32.28%，平均产量提高 5.92%～30.70%；红富士单株平均产量提高 5.11%～27.96%，平均亩产提高 11.11%～15.98%。1 只叉壁蜂平均每分钟访花 26.1 朵，全天访花约 15 660 朵，约为普通蜜蜂访花量的 3.8 倍；1 只蓝壁蜂每天可为 2000 多株苹果授粉，1 只蜜蜂每天只能为 30 株苹果授粉；角额壁蜂每分钟访花 10～20 朵，日访花达 5000～7000 朵；紫壁蜂每分钟访花 7～12 朵，采集的苹果花粉占花粉总量的 91.4%。壁蜂访花柱头接触率为 100%。凹唇壁蜂 1 次访花坐果率达 92.9%，紫壁蜂达 77.6%，蜜蜂仅为 42.5%。壁蜂授粉放蜂数量，一般每公顷放蜂量 1000 只左右为宜，而且较蜜蜂授粉效果好（杨龙龙等，1997；张富龙和袁锋，1997；魏永平等，2000）。

11.3.2　苍蝇

双翅目中苍蝇是一类重要的授粉昆虫，苍蝇能为数千种植物授粉，苍蝇周年都能发生，世代和种类较多，一些植物完全依赖于苍蝇授粉，在一些植物中，苍蝇授粉的效果甚至好于蜜蜂（图 11.2，彩图）。苍蝇授粉主要有两种模式：花媒蝇授粉（myophily）和腐食性蝇授粉（sapromyophily）。①花媒蝇授粉：一般来说，典型的花媒蝇授粉的花不是有规律地开放，而只有一点开放。苍蝇访花的花颜色一般是带有暗色条纹的灰白色，苍蝇访花主要是靠花蜜吸引，

图 11.2　苍蝇访花授粉

花蜜是开放的，容易发现。最常见的授粉苍蝇的种类是食蚜蝇，它们经常访花，取食花蜜和花粉，为大戟属 *Euphorbia*、景天属 *Sedum* 和景天科 Crassulaceae、十字花科 Brassicaceae 和兰科 Orchidaceae 等多种植物授粉。②腐食性蝇授粉：这类苍蝇主要是靠花所产生的气味访花，一些植物的花产生腐败性气味吸引苍蝇授粉，这类苍蝇对花没有“兴趣”，主要是花释放的腐败性气味吸引苍蝇。苍蝇在植物的花上没有找到腐败的蛋白质后飞走，同时将花粉带到其他花上，完成授粉过程。一般腐食性蝇授粉的植物的花呈灯笼状，较深等，使苍蝇不易马上飞走，苍蝇通过花的开口进入花内，爬出时携带更多的花粉。这类花没有花蜜的香味，花的颜色通常为黑褐色、紫色和绿色。

图 11.3 蝴蝶访花授粉

11.3.3 蝴蝶和蛾类

蝴蝶和蛾类昆虫是授粉昆虫的一个重要组成部分，对某些类群的植物授粉十分重要。但一般认为蝴蝶授粉的效果不是十分理想，这是由于蝴蝶和蛾类昆虫访花和采集花蜜的方式所决定的，蝴蝶和蛾类靠它们的虹吸式口器（喙）访花采蜜，身体对花粉的接触有限，虽然蝴蝶和蛾类访花的次数和频率不低于其他授粉昆虫，但它们携带的花粉量不如膜翅目的蜜蜂、双翅目的苍蝇和其他授粉昆虫，所以授粉效果不像蜜蜂那样显著。

蝴蝶白天活动，有较好的视觉，能看到红色，但是味觉较差。蝴蝶主要对花色艳丽的植物授粉，这些植物一般无气味，花成群成片地丛生，花朵一般为管状，适于蝴蝶的虹吸式口器。菊科 Compositae 植物是蝴蝶经常授粉的植物（图 11.3，彩图）。

与蝴蝶不一样，蛾类昆虫主要晚上活动，嗅觉十分敏感，靠蛾类昆虫授粉的植物的花一般是白色或灰白色，以便于蛾类昆虫在月光下能看见花朵，这些花朵只在夜间开放，在黑暗中释放强烈的芳香气味吸引蛾类昆虫，一般在白天不释放芳香气味。蛾类昆虫的口器为虹吸式，盘旋在花朵上方访花采蜜，口器的长度与所授粉的花管的深度相适应。蛾类昆虫授粉植物的花瓣一般是扁平的，以利于蛾类昆虫盘旋访花采蜜。一些种类的植物与蛾类昆虫形成特殊的协同进化关系，如丝兰属 *Yucca* 植物和丝兰蛾科 Prodoxidae 的丝兰蛾的互相依存、互相适应和协同进化。丝兰的花夜间开放，释放出奇香，吸引丝兰蛾访花采蜜。丝兰蛾在夜间先飞到丝兰雄蕊上，采集花粉后飞到其他花的雌蕊上，使丝兰受精。同时，丝兰蛾将细长的产卵管插入丝兰的子房，产卵于胚珠之侧。当丝兰受精发育的种子成熟后，一些种子作为丝兰蛾幼虫的食料，丝兰蛾的幼虫孵化后取食丝兰的胚球生长发育；另一些种子又发育成为新的丝兰植物。这种昆虫与植物互惠互利，协同进化的方式在自然界中并不鲜见。

11.3.4 甲虫

鞘翅目甲虫是昆虫纲中最大的类群，可以为地球上240 000种有花植物中的88%的植物授粉。甲虫是最初和最原始的授粉昆虫，化石记载，甲虫在中生代（mesozoic）最为繁盛，是最早的被子植物的授粉者，现在仍然在授粉中扮演着重要的角色，特别是对一些古老物种的授粉十分重要，如木兰类植物、苏铁、西洋腊梅等。甲虫对半沙漠地区的植物授粉十分重要。甲虫授粉植物典型的花一般是：花朵一般较大，形态扁平或盘状，性器官暴露，白天开放，分泌适度的花蜜，颜色白色、灰白色或绿色；释放强烈的气味，常有果实味、香味或类似发酵腐烂的臭味。常见有较大的单生花，如玉兰、百合等植物，或较小的丛生花植物，如绣线菊属 *Spiraea* 的植物。甲虫有视觉能力，但授粉主要依靠嗅觉，甲虫喜爱辛辣、甜味、发酵味或类似有机体腐败的气味。有的甲虫会咬花瓣、取食花粉，一般甲虫传粉的花，胚珠多深埋在子房深处，以避免甲虫咀咬。

主要参考文献

安建东，彭文君．1999. 熊蜂的生物学特性及其授粉应用前景．蜜蜂杂志，(9)：3～5

白教育，田芬云．1999. 授粉昆虫叉壁蜂生物学特性观察研究．西北园艺：1：4～5

陈合明，李瑞军．1996. 用苜蓿切叶蜂授粉的增产效果．中国养蜂，5：19

陈合明，李少南，陈宏等．1992. 蔷薇切叶蜂的生物学研究．昆虫知识，29 (1)：26～29

方文富．2003. 熊蜂的生物学．养蜂科技，1：5～9

方文富，陈大福．2004. 切叶蜂的人工饲养与授粉应用．中国养蜂，55 (4)：25

郭柏寿，杨继民，许育彬．2001. 传粉昆虫的研究现状及存在的问题．西南农业大学学报，14 (4)：102～108

匡邦郁，匡海鸥．2003. 蜜蜂生物学．云南科学技术出版社，225～227

梁诗魁，吴杰，彭文君等．1999. 熊蜂的生物学观察及其室内繁育．中国养蜂，50 (5)：17～18

刘晨曦，秦玉川，陈红印等．2004. 苜蓿切叶蜂在我国的研究与应用现状．昆虫知识，41 (6)：519～522

魏枢阁，魏守礼，玉韧等．1991. 果树授粉昆虫角额壁蜂的形态和生物学研究．昆虫知识，25 (2)：106～108

魏永平，袁锋．2000. 凹唇壁蜂的访花习性及必要放蜂量．西北农业大学学报，28 (5)：76～79

魏永平，袁锋，张雅林等．2000. 凹唇壁蜂繁殖特性研究．西北农业大学学报，9 (3)：35～38

吴燕如．1965. 中国经济昆虫志（膜翅目蜜蜂总科）．北京：科学出版社．1～83

杨大荣．1999. 云南澜沧江流域传粉昆虫——熊蜂多样性现状与保护对策．生物多样性，7 (3)：170～174

杨连方，刘新，赵春明．1994. 凹唇壁蜂生物学特性及对杏树坐果的影响．河北农业技术师范学院学报，8 (2)：77～80

杨龙龙，徐环李，吴燕如．1997. 凹唇壁蜂和紫壁蜂筑巢、访花行为和传粉生态学的比较研究．生态学报，17 (1)：1～6

张富龙，袁锋．1997. 凹唇壁蜂的授粉效果研究．中国农学通报，13 (4)：18～20

张巍巍，蔡青年，陈合明等．1999. 苜蓿切叶蜂授粉扩散行为及苜蓿种子增产效应的研究．应用生态学报，10 (5)：606～608

Allen-Wardell Gordon，Allen-Wardell，Peter Bernhardt et al. 1998. The potential consequences of pollinator decline on the conservation of biodiversity and stability of food crop yields. Conservation Biology，12：8～17

Corbet S A，Williams I H，Osborne J L. 1991. Bees and the pollination of crops and wild flowers in the European community. Bee World，72：47～59

Corbet S A. 1987. More bees make better crops. New Scientist，115：40～43

Corbet S A. 1996. Which bees do plants need? *In*：Matheson A，Buchmann S L，O'Toole C et al. The Conservation of

Bees. London: Academic Press. 105 ~ 114

Free J B. 1993. Insect Pollination of Crops. N. Y. : Academic Press

Freitas B M, Paxton R J. 1998. A comparison of two pollinators: the introduced honey bee *Apis mellifera* and an indigenous bee *Centris tarsata* on cashew *Anacardium occidentale* in its native range of NE Brazil. Journal of Applied Ecology, 35: 109～121

Gibbs D M H, Muirhead I F. 1998. The Economic Value and Environmental Impact of the Australian Beekeeping Industry. Arepot prepared for the Australian beekeeping industry. Australian Honey Bee Industry Council, Sydney

Gordon J, Davis L. 2003. Valuing honeybee pollination. A Report for the Rural Industries Research and Development Corporation, RIRDC Publication No 03/077

Gordon J, Davis L. 2003. Valuing honeybee pollination. A Report for Rural Industries Research & Development Corporation, 1～36

Horticulture and Special Crops Division of Agriculture and Agri-Food Canada. 2001. The value of honey bee pollination in Canada. Hivelights, 14 (4): 15～21

Irwin R E, Brody A, Waser N M. 2001. The impact of floral larceny on individuals, populations, and communities. Oecologia, 129: 161～168

Kephart S, Theiss K. 2003. Pollinator-mediated isolation in sympatric milkweeds (Asclepias): do floral morphology and insect behavior influence species boundaries? New Phytologist, 161: 265～277

Klein A M, Steffan-Dewenter I, Tscharntke T. 2003. Pollination of *Coffea canephora* in relation to local and regional agroforestry management. Journal of Applied Ecology, 40: 837 ~ 845

Knuth P. 1899. Apocynaceae. Handbuch der Blütenbiologie, 2 (2): 68～72

Levin M D. 1983. Valuve of bee pollination to U. S. agriculture. Bulletin of the Entomological Society of America, 29: 50 ~ 51

Loper G M. 1995. A documented loss of feral bees due to mite infestations in Southern Arizona. American Bee Journal, 12: 823

Maloof J E, Inouye D W. 2000. Are nectar robbers cheaters or mutualists? Ecology, 81: 2651～2661

Morse R A, Calderone N W. 2000. The value of honeybees as pollinators of U. S. Crops in 2000, March, 2000. http: //bee. airoot. com//beeculture/pollination 2000/, accessed 12 April 2002

Motheson A G, Schrader M. 1987. The Value of Honey Bees to New Zealand's Primary Production. Nelson, New Zealand: Ministry of Agriculture and Fishery

Ramirez N. 2004. Pollination specialization and time of pollination on a tropical Venezuelan plain: variations in time and space. Botanical Journal of the Linnean Society, 145: 1～16

Soldatov V I. 1976. Economic effectiveness of bees as pollinators of agricultural crops. *In*: Kozin R B. Pollination of Entomophilous Agricultural Crops by Bees. New Delhi (India): Amerind Publishing Co, 125～134

Southwick E E, Southwick L. 1992. Estimating the economic value of honey bees (Hymenoptera: Apidae) as agricultural pollinators in the United States. Economic Entolmology, 85 (3): 621～633

Willmer P G, Stone G N. 1989. Incidence of entomophilous pollination of lowland coffee (*Coffea canephora*); the role of leaf cutter bees in Papua New Guinea. Entomologia Experimentalis et Applicata, 50: 113～124

Wiston M L, Scott C D. 1984. The value of bee pollination to *Canadian apicture*. Canadian Beekeeper, 11: 134

第12章 观赏昆虫

12.1 观赏昆虫及其美学价值

观赏昆虫（ornamental insect）是指具有绚丽的色彩、美丽的姿态、奇特的形状，能给人类带来感官上的享受的一类昆虫。观赏昆虫最常见、最熟悉的是蝴蝶，其他还有颜色鲜艳、姿态优美的蜻蜓，形状奇特的甲虫等昆虫。

人类对昆虫的溢美之词不多，通常将昆虫作为一种不好的东西来看待，英文中昆虫一词“insect”就有卑下、卑鄙的人这样的词义，一般都视为不洁的东西。唯独只有对昆虫中的蝶类、家蚕和蜜蜂等赋予了众多的赞美之词。人们赞美家蚕，是因为家蚕给人类带来了经济和实用价值，美丽的绢丝织出的衣服装点了人类的生活，中国用“春蚕到死丝方尽”的诗句赞美家蚕用生命去织茧的鞠躬尽瘁的精神。人们赞美蜜蜂，是为蜜蜂的勤劳所感动。而人们对蝴蝶的赞美则是因为蝴蝶的美丽。古今中外，人类面对这五彩缤纷的蝴蝶世界，无不感叹蝴蝶的绚丽，给这类昆虫赋予了许多的诗情画意。蝴蝶与诗歌、绘画、传说、寓言形影相随，代代相传。

中国在文学作品中对蝴蝶有大量的描述和和记载，留下了许多脍炙人口的诗句。蝴蝶象征着美丽和爱情，早在1400多年前梁简文帝就有“复此从凤蝶，双双花飞上；寄语相知者，同心终莫违”（《咏蝴蝶》）的诗句。我国家喻户晓的、千古绝唱的爱情悲剧《梁山伯与祝英台》，男女主人公化成蝴蝶，飞向天空，追求爱情与幸福的故事，感动着一代又一代人。

“穿花蛱蝶深深见，点水蜻蜓款款飞”（杜甫，《曲江二首》），“狂随柳絮有时见，舞入梨花何处寻”（北宋谢逸，《蝴蝶》），“蝶散摇轻露，莺衔入夕阳”（唐代卢纶，《咏玫瑰花寄赠徐侍郎》），“蜻蜓怜晓露，蛱蝶恋秋花”（元稹，《景申秋八百》），“粉翅嫩如水，绕砌乍依风。日高霜露解，飞入菊花中”（王建，《晚蝶》），“小荷才露尖尖角，早有蜻蜓立上头”（南宋，杨万里）等描述了蝴蝶和蜻蜓的美妙姿态，传递着美丽动人的意境，这样的诗句在中国古诗中屡见不鲜。世界上许多国家的文学艺术中都有与蝴蝶相关的作品，蝴蝶被誉为“会飞的花朵”。

昆虫在几乎每一种文学、语言、音乐、艺术、宗教、哲学、心理学等方面扮演着十分重要的角色，1984年在德国汉堡召开的第十七届国际昆虫学大会上，第一次提出了文化昆虫学的概念，开始了“昆虫与文化”的研究，形成了昆虫学中的一个重要领域——文化昆虫学（Hogue，1987）。

12.2 观赏昆虫的经济和生态价值

昆虫是地球上一个巨大的动物类群，在长期的生态适应和演化过程中，形成了许多独特的特征，一类昆虫为了繁衍、生存和防御形成了色彩斑斓的特殊类群，最为典型的是蝴蝶。以蝴蝶为主的观赏昆虫的研究、开发和利用已经形成了一个独特的观赏昆虫产业，每年蝴蝶产业产值高达数百亿美元。

由于观赏昆虫具有很高的艺术性和观赏性，因而具有巨大的商业开发价值，近年来备受重视。对观赏昆虫的开发利用主要有蝴蝶生态园，昆虫（蝴蝶、甲虫等）标本，蝴蝶画，蝴蝶书签、照片、VCD等多种形式。世界上许多国家都建有规模不等的蝴蝶园，向人们展示蝴蝶从“毛毛虫”变成美丽的蝴蝶的过程，既得到了美的享受、陶冶了性情、普及了科学知识，又带来不菲的利润。用蝴蝶和甲虫制成的各类标本，不仅具有极高的科学价值，而且还有巨大的经济利益，据统计，每年全世界大约有数百亿美元的蝴蝶和甲虫标本交易。五彩缤纷的蝴蝶的翅片可以制成各种蝴蝶画，价值极高。以昆虫照片出版的画册、VCD等具有较高的艺术价值。许多蝴蝶幼虫体内含有昆虫毒素，昆虫毒素是重要的天然药物，在治疗许多疑难病症，研发抗癌新药等方面具有广阔的开发利用前景。

观赏昆虫的开发及发展较快，其中对蝴蝶需求的数量巨大，人们在自然界中直接捕捉蝴蝶，使自然界的蝴蝶的种类和数量急剧下降，对地球上的生物多样性带来严重的威胁。由于蝴蝶是传粉昆虫的一个重要组成部分，自然界中蝴蝶数量的减少，对农作物的生产和靠异花授粉的植物带来严重的后果，不仅导致农作物减产，甚至导致异花授粉的植物的灭绝。为了给人类提供丰富的蝴蝶资源，蝴蝶的人工规模养殖成为资源昆虫学的一个研究和开发的热点，以蝴蝶养殖、蝴蝶生态园建设、蝴蝶标本开发等技术为特征的蝴蝶产业正方兴未艾，成为一项特殊的生物产业。但是，蝴蝶也是一类主要靠取食植物而生存的昆虫，对农作物、森林、花卉、蔬菜、水果等有一定的危害，在发展蝴蝶产业中，必须充分考虑到室外规模养殖和放飞的风险，采取有效措施，健康地培育蝴蝶产业。

蝴蝶访花补充营养是蝴蝶的一种生物学特性。在蝴蝶访花的过程中，将植物的花粉从一株植物带往另一株植物，促进植物之间的基因交流，可以提高农作物产量，对植物的进化，特别是对异花授粉的植物的生存和进化具有十分重要的价值。在自然界的食物链中，蝴蝶是捕食者，也是被捕食者，昆虫是许多鸟类和动物必不可少的食物来源，在生态系统的物质循环和能量流动中扮演着十分重要的角色，昆虫数量的多少直接影响着这些鸟类和动物的生存和种群数量。由于这方面的研究还较少，其生态价值尚无法估量，但可以推测，蝴蝶在自然生态系统中，尤其是森林生态系统中，是维护生态系统稳定的一个不可忽略的因素。

蜻蜓作为一类捕食性昆虫，主要捕食蝇蚊、飞虱、叶蝉等，如晨暮蜓，1h可吃40多只苍蝇或上百只蚊子。蜻蜓对环境污染极为敏感，尤其是对水环境，蜻蜓的稚虫在水中生活，水体污染会对蜻蜓的稚虫的生存带来极大的危害，污染严重的水体中蜻蜓的稚虫不能生存，所以蜻蜓可以作为生态环境的指示生物来判断环境污染，具有重要的生态价值。

不少甲虫具有奇特的形态和靓丽的色彩，有很高的观赏价值，同时还具有重要的经济价值和生态价值。例如，瓢虫类不仅具有观赏价值，而且在生物防治中具有重要的经济和生态价值；金龟子类的不少种类具有重要的观赏价值，还具有重要的生态价值，如粪蜣螂 *Canthon pilularius*、羚羊粪蜣 *Onthophagus gazella* 能将草原上的畜牧粪便清理到土壤中，减少了草原污染和畜牧疾病的传染，具有重要的生态价值和经济价值。甲虫的鞘翅由甲壳素组成，可以利用鞘翅提取纯度较高的甲壳素，加工成为壳聚糖系列产品，广泛地应用于医药、食品、保健品、化工等行业。

12.3 蝴　　蝶

蝴蝶是观赏昆虫中最重要、种类最多、最普及的一个大类群。蝴蝶属于鳞翅目蝶亚目，世界上已知有 16 000～18 000 种蝴蝶，按照周尧（1998）《中国蝶类志》的分类体系，蝶亚目分为 4 个总科，17 个科，记载的中国蝴蝶的已知种类为 1317 种。

12.3.1　具有重要观赏价值的蝴蝶科属

有较高观赏价值的种类大多属于凤蝶科、粉蝶科、斑蝶科、环蝶科和蛱蝶科 5 个科。

1. 凤蝶科 Papilionidae

凤蝶科主要分布于热带和亚热带，多为大、中型种类，包括了许多体型最大、色彩最美和最珍稀的种类。全世界已记载 548 种，《中国蝶类志》记述 94 种。按照《中国动物志》凤蝶科的分类系统，将凤蝶科与绢蝶科合并为凤蝶科，记载了我国 19 属 167 种和亚种凤蝶、2 属 120 种和亚种绢蝶（武春生，2001）。观赏价值较高的属有裳凤蝶属 *Troides*（图 12.1，彩图）、麝凤蝶属 *Byasa*、凤蝶属 *Papilio*、青凤蝶属 *Graphium*、尾凤蝶属 *Bhutanitis* 和喙凤蝶属 *Teinopalpus* 等。绢蝶亚科的大多数绢蝶美丽，体型中型或小型，有较高的生态价值和工艺价值，大多只适应在寒冷地带生活，世代周期过长。常见的具有观赏的种类有阿波罗绢蝶 *Parnassius apollo*（它是世界上第一种受到立

图 12.1　裳凤蝶 *Troides helena*

A. ♂（正）；B. ♀（正）

法保护的昆虫，得名于古希腊著名神话中的太阳神阿波罗，在中国被列为二级重点保护动物)，以及君主绢蝶 *Parnassius imperator* 和红珠绢蝶 *Parnassius bremeri* 等（图12.2，彩图）。

图 12.2　君主绢蝶（A）；红珠绢蝶（B）

2. 粉蝶科 Pieridae

粉蝶科昆虫分布较广，世界各地均有分布，该科蝴蝶属于中小型种类，色彩素雅，多白色、黄色，分布于热带、亚热带地区的斑粉蝶属有不少鲜艳种类。粉蝶科多为色彩素雅或艳丽的中、小型蝴蝶，成虫访花，飞行缓慢。《中国蝶类志》记载中国粉蝶科种类104种，具有较高观赏价值的属有菜粉蝶属 *Pieris*、绢粉蝶属 *Aporia*、尖粉蝶属 *Appias*、迁粉蝶属 *Catopsilia*、斑粉蝶属 *Delias* 和鹤顶粉蝶 *Hebomoia glaucippe*（图12.3，彩图）等。常见的种类有迁粉蝶 *Catopsilia pomona*、隔黄迁粉蝶 *C. scylla*、梨花迁粉蝶 *C. pyranthe*、报喜斑粉蝶 *Delias pasithoe*、红腋斑粉蝶 *D. acalis*（图12.4，彩图）、优越斑粉蝶 *D. hyparete*、隐条斑粉蝶 *D. subnubila*、红翅尖粉蝶 *Appias nero*（图12.5，彩图）、灵奇尖粉蝶 *A. lyncida*、大翅绢粉蝶 *Aporia largeteaui*、绢粉蝶（山楂绢粉蝶、树粉蝶）*A. crataegi* 和鹤顶粉蝶 *Hebomoia glaucippe* 等。

图 12.3　鹤顶粉蝶（♂）

图 12.4　红腋斑粉蝶（♂）

A

B

图 12.5 红翅尖粉蝶
A. ♀；B. ♂

3.

多
为中、大型美丽种类，翅宽大，色彩艳丽丰富，主要为黄色、红色、黑色、灰色或白色，有些种具有金属光泽。《中国蝶类志》收载26种。本科蝴蝶寿命长，容易养殖。常见的具有极高观赏价值的有金斑蝶 *Danaus chrysippus*（图 12.6，彩图）、虎斑蝶 *D. genutia*（图 12.7，彩图）、青斑蝶 *Tirumala limniace*（图 12.8，彩图）、啬青斑蝶 *T. septentrionis*（图 12.9，彩图）、大绢斑蝶 *Parantica sita*、黑绢斑蝶 *P. melanea*、绢斑蝶 *P. aglea*、幻紫斑蝶 *Euploea core*、异型紫斑蝶 *E. mulciber*、蓝点紫斑蝶 *E. midamus*、双标紫斑蝶 *E. sylvester*、妒丽紫斑蝶 *E. tulliola*、默紫斑蝶 *E. klugii* 和白壁紫斑蝶 *E. radamantha* 等。

图 12.6 金斑蝶（♀，正）

图 12.7 虎斑蝶（♂，正）

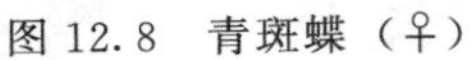

图 12.8　青斑蝶（♀）

图 12.9　啬青斑蝶（♀）

4. 环蝶科 Amathusiidae

本科蝴蝶多属中型至大型的蝶种，全世界记载的环蝶约有 80 种，我国《中国蝶类志》记载 14 种，多为大型蝴蝶，有的十分美丽。具有重要观赏价值的属有箭环蝶属 *Stichophthalma*、方环蝶属 *Discophora*、斑环蝶属 *Thaumantis* 和带环蝶属 *Thauria* 等，都是大型美丽的珍贵蝴蝶。常见具有较高观赏价值种类有惊恐方环蝶 *Discophora timora*、紫斑环蝶 *Thaumantis diores*（图 12.10，彩图）、斜带环蝶 *Thauria lathyi*、灰翅串珠环蝶 *Faunis aerope*、串珠环蝶 *F. eumeus*、箭环蝶 *Stichophthalma howqua*、白袖箭环蝶 *S. louisa*（图 12.11，彩图）、白兜箭环蝶 *S. fruhstorfer* 和双星箭环蝶 *S. neumogeni* 等。

图 12.10　紫斑环蝶（♂，正）

图 12.11　白袖箭环蝶（♂，正）

5. 蛱蝶科 Nymphalidae

本科蝴蝶种类多，多为中、小型美丽种类，有的有强烈的金属光泽。全世界已记载的约3400种，《中国蝶类志》记载288种，具有较高观赏价值的属为锯蛱蝶属、翠蛱蝶属、环蛱蝶属、枯叶蛱蝶属、豹蛱蝶类等。常见的种有二尾蛱蝶 *Polyura narcaea*、大二尾蛱蝶 *P. eudamippus*（图12.12，彩图）、忘忧尾蛱蝶 *P. nepenthes*、环带迷蛱蝶 *Mimathyma ambica*（图12.13，彩图），白带螯蛱蝶 *Charaxes bernardus*、螯蛱蝶 *C. marmax*、红锯蛱蝶 *Cethosia bilbis*（图12.14，彩图）、白带锯蛱蝶 *C. cyane*、紫闪蛱蝶 *Apatura iris*、柳紫闪蛱蝶 *A. ilia*、傲白蛱蝶 *Helcyra superba*、黑脉蛱蝶 *Hestina assimilis*、蒺藜纹脉蛱蝶 *H. nama*、黑紫蛱蝶 *Sasakia funebris*、大紫蛱蝶 *S. charonda*、文蛱蝶 *Vindula erota*、孔雀蛱蝶 *Inachis io*、黄帅蛱蝶 *Sephisa princes*、帅蛱蝶 *S. chandra*、金斑蛱蝶 *Hypolimnas missipus*、幻紫斑蛱蝶 *H. bolina*、大红蛱蝶 *Vanessa indica* 等。

图12.12　大二尾蛱蝶（♂，正）

图12.13　环带迷蛱蝶（♂，正）

A

B

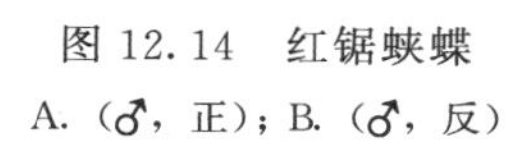

图12.14　红锯蛱蝶

A.（♂，正）；B.（♂，反）

12.3.2 养殖的主要蝴蝶种类

1. 裳凤蝶 *Troides helena*

分布：分布于陕西、四川、云南、广西、广东、香港、海南等。

主要生物学特征：裳凤蝶在云南西双版纳关坪一年发生 4 或 5 代，第 1 代成虫在 4 月上旬至 5 月中旬出现，历期 54～68 天；第 2 代成虫 6 月上旬至 7 月上旬出现，卵期 6～7 天，幼虫期 22～31 天，蛹期 20～25 天，历期 50～66 天；第 3 代 7 月下旬出现；第 4 代 8 月下旬至 9 月上旬出现；第 5 代以蛹越冬，成虫在次年 3～4 月出现。初龄幼虫取食嫩叶或当年生的成熟叶，1～5 龄幼虫栖息在叶片反面或枝干上，取食时常将嫩枝咬断。因虫体很大，老熟幼虫常寻找适宜大小的枝条化蛹；若是在平面下化蛹，前蛹极易脱落产生畸形蛹。成虫喜访臭牡丹、美人蕉和马缨丹等植物的花。由于虫体较大，飞行速度较低，易被鸟类捕食。在繁殖园内总是停栖在顶部等较高的位置，尤其在交配时，易受惊逃逸。成虫卵散产在耳叶马兜铃 *Aristolochia tagala* 当年生成熟叶的反面，极少在嫩叶上产卵（陈晓鸣等，2008）。

裳凤蝶污斑亚种在海南儋州室内饲养及野外定期观察结果表明：一年发生 6 代，无越冬、越夏现象，世代重叠，全年均可见该虫的各虫态出现。一般卵期 6～7 天，幼虫 15～16 天，蛹 17～18 天，雌成虫 7～9 天，雄成虫 6～7 天。

成虫一般在上午 6：00～12：00 时羽化，8：00～10：00 时为盛期，自蛹壳开始裂开到成虫羽化需 20min，刚羽化的成虫翅小，柔软。从羽出至飞翔这一阶段历时 1.5～2.5h。在晴天有微风的情况下成虫活动性强，在高空一般滑翔飞行，振翅次数少，追逐时振翅次数为每秒 4～8 次。羽化后 1～2 天即可交尾。成虫交尾一般在晴天上午 10：00～13：00 时。交尾前，雌、雄蝶在花间、林间追逐飞行，后停于高大乔木叶上交尾，交尾的姿势有雄性抱握雌性、一字形等多种。交尾后 1～2 天开始产卵，产卵期为 2～4 天，卵散产于寄主叶片、嫩茎上，也产在寄主植物缠绕的物体上，每雌可产 8～22 粒。幼虫 5 龄，初孵幼虫从卵壳顶部爬出需 8～14h，取食嫩叶，前期以表皮叶肉为主，稍大则咬食成孔状或缺刻。5 龄老熟幼虫停止取食，不活动，虫体缩短进入预蛹期。蛹有两种颜色：一种为黄绿色，背纹紫红色，腹部腹面金黄色；另一种为黄褐色，腹部腹面也为金黄色（表 12.1）（黄光斗等，2002）。

表 12.1 裳凤蝶污斑亚种的年生活史（黄光斗等，2002）

世代	月份											
	1	2	3	4	5	6	7	8	9	10	11	12
第 1 代	⊙+●	△△⊙	⊙⊙+	+								
第 2 代				●●△	⊙⊙+							
第 3 代					●	△⊙⊙	+					
第 4 代							●△	△⊙⊙	+			
第 5 代									●△△	●●●	++	
第 6 代											●●△	△⊙⊙

注：+成虫，●卵，△幼虫，⊙蛹

寄主植物：耳叶马兜铃 *Aristolochia tagala*、港口马兜铃 *A. zollingeriana*、美丽马兜铃（彩花马兜铃）*A. elegans* 和戟叶马兜铃 *A. foveolata* 等［Igarashi Suguru（五十岚 迈），1997］。

2. 金裳凤蝶 *Troides aeacus*（Felder et Felder）

分布：国外分布于印度、不丹、缅甸、泰国、斯里兰卡、马来西亚、印度尼西亚及巴布亚新几内亚等地。国内主要分布于四川、陕西、江西、浙江、云南、贵州、广西、广东、福建、海南、台湾等地。

生物学特征：一年2～7代，在广州一年6或7代，在中国南方全年都能见到成虫。在重庆每年3、4月及9、10月成虫数量最多。在24～32℃环境条件下，卵期4～8天，幼虫期18～24天，其中，1龄2～3天，2龄2～3天，3龄3～4天，4龄3～5天，5龄6天，从停食到化蛹2～3天，蛹期16～25天（越冬蛹102～118天），成虫期6～14天。

成虫飞行能力极强，在云南西双版纳4～8月成虫活动较多，常见其在林冠上访花，或沿河谷长时间飞行、交配、取食和产卵时飞到近地面，此时成虫飞行比较缓慢，警惕性较差。成虫寻找蜜源植物补充营养，好访红色、橙色花，如马缨丹、海檬果和朱槿花。交配后飞翔较低，活动范围小，成虫分散地产卵于寄主叶片背面，多位于嫩叶和新梢上，产卵量36～45粒。幼虫孵化后，先吃掉卵壳再活动取食嫩叶，幼虫总停留在寄主植物叶片的下表面，取食叶后，留下表皮和叶脉。低龄虫取食的叶片成缺刻状，大龄虫则取食全叶和叶梗，4～5龄食量猛增，个体迅速增大。蛹为带蛹，橄榄绿色，附着在寄主植物的茎上或附近的枝条上（陈永佳和陈锡昌，1997；武春生，2001；杨萍等，2006）。

寄主植物：主要为马兜铃科 Aristolochiaceae 的植物，如宝兴马兜铃 *Aristolochia moupinensis*、异叶马兜铃 *A. kaempferi f. heterophylla*、大叶马兜铃 *A. kaempferi*、琉球马兜铃 *A. liukiuensis*、美丽马兜铃、西藏马兜铃（藏木通）*A. griffithii*、耳叶马兜铃、广西马兜铃 *A. kwangsiensis*、港口马兜铃 *A. zollingeriana* 等。在人为条件下幼虫还取食马兜铃 *A. debilis* 和北马兜铃 *A. contorta*，但发育出的成虫体型小。

3. 麝凤蝶 *Byasa alcinous*（Klug）

分布：国外分布于日本、韩国等国，我国全国各地均有分布。

主要生物学特征：在四川峨眉山、河南信阳和浙江天目山，麝凤蝶一年发生3代，以蛹越冬。在峨眉山，成虫始见于4月中旬。麝凤蝶一般在清晨羽化，在白天飞翔活动，取食花蜜、交配和产卵，上午9：00～10：00时、下午15：00～16：00时活动最盛，多栖息在阴蔽处。卵多产于叶背，边飞边产，每次仅产1粒。幼虫孵化后一般先取食卵壳，再取食嫩叶。1～4龄幼虫的蜕皮多数被幼虫取食掉，5龄虫的蜕皮连旧头壳一起遗留在蛹壳下。3龄后的幼虫食量大增，体长、体重增长也较快。老熟幼虫化蛹前停止进食，寻找到合适化蛹场所后不食不动，身体急剧收缩，进入预蛹时期。吐丝作尾垫，再以白色丝带环绕腹部2或3节，经过1～2天，蜕皮成缢蛹。卵起点温度为13.7℃，有效积温为43.8日度；幼虫期的相应值为7.9℃和398.0日度；越冬蛹发育起点温度为8.0℃，所需的有效积温为279.4日度（吕龙石等，2004；王金平和卢东升，1998；陈志兵等，2002；2004；袁雨等，2003）。

寄主植物：为马兜铃科马兜铃属和防己科木防己属植物，已知寄主为宝兴马兜铃和异叶马兜铃。

4. 多姿麝凤蝶 *Byasa polyeuctes* (Doubleday)

分布：我国华北、华南、华中、华东、西南等地。

主要生物学特征：在四川峨眉山，生活在海拔800～2600m的阔叶林地带。一年2代，以蛹越冬。幼虫以宝兴马兜铃和异叶马兜铃为寄主。成虫访花，只在林缘开阔地活动，飞行缓慢但距离地面较高。卵褐色，直径1.7～2.0mm，单产在寄主叶片背面。老熟幼虫在寄主植物上化蛹，一般不离开寄主。蛹粉红色，近似麝凤蝶。

在云南高原，生活在海拔1900～2800m的地带。在昆明附近，多生活在石坡灌丛和疏林地，估计一年发生3代，以蛹越冬。第一次，也是最大一次成虫高峰期在5～6月间。成虫访花，活动起始很早，多在上午8：00～12：00时。直线飞行，高度很低，速度缓慢。卵单产在寄主叶片背面、叶柄甚至茎干上。1～4龄幼虫栖息在叶片背面取食，5龄幼虫有时转移到茎干栖息，但绝不在叶片正面。老熟幼虫常化蛹在寄主附近石缝或其他杂物内，长约28mm。

寄主植物：寄主为一种马兜铃属植物 *Aristolochia* sp.、琉球马兜铃、大叶马兜铃、西藏马兜铃、瓜叶马兜铃 *Aristolochia cucurbitifolia*、管兰香 *A. cathcartii*、蜂窠马兜铃 *A. foveolata* 和港口马兜铃（陈晓鸣等，2008）。

5. 褐斑凤蝶 *Chilasa agestor* Gray

分布：产于我国西南、华南和华东各地。在四川峨眉山，生活在海拔450～2500m的地带，尤以有樟科风景树和野生植物的地点为多。

主要生物学特征：一年1代，以蛹越冬、越夏，蛹期长达10个月。在海拔450～800m地带，成虫始见于3月中旬，4月上旬达到高峰期，到5月中旬仍有活动，可见其寿命较长。成虫喜在高空飞行，姿势类似大绢斑蝶。访十字花科植物，尤其是萝卜花。在野外，雌蝶常在极高的楠木 *Phoebe zhennan* 和樟 *Cinnamomum camphora* 树冠上部产卵，每次产1粒。在人工繁殖园内，雌蝶也在高约2m的樟上产卵，一次产卵1～5粒。卵近球形，黄绿色，直径约1.56mm。所有的卵都产在嫩梢的叶柄附近，从未有雌蝶将卵产在叶片上。1～4龄幼虫栖息在叶片正面，5龄期转到背面。幼虫在寄主枯枝下或附近房屋边缘化蛹，蛹类似一根枯枝。

寄主植物：樟科樟属 *Cinnamomum*、楠属 *Phoebe*、润楠属 *Machilus* 的各种植物。在云南，常见寄主植物是红楠 *Machilus thunbergii*（陈晓鸣等，2008）。

6. 斑凤蝶 *Chilasa agestor matsumurae* (Fruhstorfer)

分布：主要产于我国云南、广西、广东、福建、海南和台湾。

主要生物学特征：在云南西双版纳，这是一种十分普遍的蝴蝶，从海拔约1000m

的山林到澜沧江边都随处可见。幼虫生长迅速，估计一年能发生5或6代，以蛹越冬。成虫访花，喜在阳光下活动，飞行缓慢，雄蝶常下到地面汲水。雌蝶将卵散产在嫩叶背面，不在老叶上产卵，而对于寄主的高度没有要求。把一根40cm高、带嫩梢的寄主枝条插在塑料瓶内，雌蝶同样在上面产卵。卵黄褐色，直径约1.2mm，表面多黏液。幼虫栖息在叶片正面，似乎并不怕烈日暴晒。老熟幼虫在寄主枝干和附近杂物内化蛹。蛹的形态非常近似褐斑凤蝶。

寄主植物：幼虫寄主为樟科樟属（如红楠、樟树和土肉桂等）、楠属、润楠属和木姜子属 *Litsea* 植物，常见的有钝叶桂 *C. bejolghota* 和潺槁木姜子 *Litsea glutinosa*（陈晓鸣等，2008）。

7. 美凤蝶 *Papilio memnon* L.

分布：产于我国南方各地，多见于柑橘栽植区。美凤蝶是著名的观赏蝶种。

主要生物学特征：多化性种类，在四川峨眉一年可发生3代，第1代发生时间为4月下旬至8月上旬，历期43～58天；第2代为6月下旬至9月上旬，历期38～49天，卵期4～6天，幼虫期21～38天，蛹期14～18天，越冬代的蛹期较长；第3代始于7月下旬，9月上旬至10月中旬化蛹，大部分蛹滞育越冬，少量在9月上旬化的蛹可在9月下旬至10月上旬羽化，但下一个世代已无法完成。以蛹越冬，越冬蛹于4月中下旬羽化，历时200多天（陈晓鸣等，2008）。

成虫和幼虫习性与玉带凤蝶接近。幼虫口器发达，能取食上一年生的老叶。雌雄蝶尤喜访臭牡丹 *Clerodendrum bungei* 的花，雌蝶将卵产在当年生寄主成熟叶反面，极少在嫩叶、嫩芽和树干上产卵（表12.2）。

表12.2 美凤蝶的年生活史（陈晓鸣等，2008）

世代	月份											
	1	2	3	4	5	6	7	8	9	10	11	12
越冬代	⊙⊙⊙	⊙⊙⊙	⊙⊙⊙	⊙⊙⊙	⊙							
				+	++							
第1代				●	●●●							
					△△△	△△						
						⊙⊙⊙	⊙⊙					
						++	+++	+				
第2代						●●	●●●	●●				
						△△	△△△	△△				
						⊙	⊙⊙⊙	⊙⊙⊙				
							++	+++				
第3代							●●	●●●	●●●			
（越冬代）							△	△△△	△△△			
								⊙	⊙⊙⊙	⊙⊙⊙	⊙⊙⊙	⊙⊙⊙
									++	+		

注：+成虫，●卵，△幼虫，⊙蛹

寄主植物：主要寄主为芸香科柑橘属种类，如柚 *Citrus maxima*、甜橙 *C. sinensis* 和柑橘 *C. reticulata* 的各种栽培品种。

8. 玉带凤蝶 *Papilio polytes* L.

分布：产于我国青海、甘肃、陕西、山西和河北以南的广大地区。

主要生物学特征：在四川峨眉，玉带凤蝶一年 4 代，第 1 代从 4 月中旬至 7 月中旬，历期 41～61 天；第 2 代从 6 月下旬至 9 月上旬，历期 39～57 天；第 3 代从 7 月下旬至 9 月下旬，历期 37～54 天，其中卵期 3～4 天，幼虫期 19～32 天，蛹期 13～15 天，以蛹越冬，越冬蛹 4 月中旬开始羽化；第 4 代始于 8 月下旬，9 月中旬以滞育蛹越冬，第 4 代部分蛹于 9 月中旬羽化，交配产卵，但幼虫不再能化蛹，总体历时 200 多天。玉带凤蝶产卵通常从早上 8：30 时开始，到下午 18：00 时左右结束，气候对产卵影响不大，有时阴天也较活跃。雌蝶喜在酸柚等柑橘类植物和过山香叶上产卵，卵主要产在成熟叶的背面，其次是嫩芽、嫩叶花芽或花上，叶的正面和树干上相对较少（陈晓鸣等，2008）。其他习性与碧凤蝶和巴黎翠凤蝶近似（表 12.3）。

表 12.3　玉带凤蝶的年生活史（陈晓鸣等，2008）

世代	月份											
	1	2	3	4	5	6	7	8	9	10	11	12
越冬代		⊙⊙⊙	⊙⊙⊙	⊙								
				+++	++							
第 1 代				●●●	●●							
				△△	△△△	△						
					⊙	⊙⊙⊙	⊙					
						+++	+++					
第 2 代						●●●	●●					
						△△△	△△△	△△				
							⊙⊙⊙	⊙⊙⊙				
							+	+++	+			
第 3 代							●	●●●				
							△	△△△	△			
							⊙	⊙⊙⊙	⊙⊙			
								+++	++			
第 4 代								●●●	●●●			
								△△	△△△	△△		
								⊙	⊙⊙⊙	⊙⊙⊙	⊙⊙⊙	⊙⊙⊙
									+	+++		

注：+成虫，●卵，△幼虫，⊙蛹

在浙江一年 4 代，室内 25～28℃ 的环境中饲养观察，各虫态的历期分别是：卵期 5～6 天，幼虫期 25～31 天，蛹期 14～32 天，成虫期 2～3 周（陈志兵等，1998）。

寄主植物：芸香科植物，主要有柑橘属和花椒属 *Zanthoxylum* 植物。

9. 达摩凤蝶 *Papilio demoleus* L.

分布：国外分布于从印度到澳大利亚的广大地区，是热带地区的常见蝶种，尤其在柑橘种植区，是当地的优势凤蝶种之一。我国分布于长江流域以南各地。

主要生物学特征：在云南西双版纳自然保护区关坪站，达摩凤蝶一年发生5或6代。第1代历期37～51天；第2代卵期2～3天，幼虫期16～25天，蛹期14～16天，历期34～44天；第3代历期29～41天；第4代为28～38天。而在云南元江河谷一年可发生6或7代。

成虫性情温和，能很好地适应人工繁殖园的小生境。成虫和幼虫都对干热环境有极强的耐受力，在潮湿环境中生长不良。成虫常在开阔地近地缓慢飞行，喜访臭牡丹、马利筋 *Asclepias curassavica* 和马缨丹 *Lantana camara* 的花。雄蝶夏季常群集在潮湿的砂地上汲水。雌蝶尤喜在香橼和实生柚树上产卵，卵主要产在嫩叶的反面，其次是嫩芽上。在人工繁殖园内，成熟叶正面产的卵也较多，树干上有少量卵。其他习性与玉带凤蝶近似。幼虫栖息在叶片正面，1～4龄幼虫喜光、耐热，是典型的高温适应种。末龄幼虫躲避强烈阳光直射，并寻找阴凉处化蛹。幼虫的体色常随取食的植物种类而变化。

寄主植物：芸香科柑橘属、金橘属 *Fortunella*、芸香属 *Ruta*、九里香属 *Murraya*、酒饼簕属 *Atalantia*、黄皮属 *Clausena*、飞龙掌血属 *Toddalia*、花椒属、澳橘檬属 *Microcitrus*、山小橘属 *Glycosmis*、柚、橙、酒饼簕 *Atalantia buxifolia* 和假黄皮（过山香）*Clausena excavata* 等（陈晓鸣等，2008）。

10. 碧凤蝶 *Papilio bianor* Cramer

分布：国外分布在俄罗斯东部、朝鲜半岛、日本至印度的广大地区。我国大部分地区都有分布，生境广泛，从农区到林区均可见到其踪迹，种源获得相对容易，是目前繁育最为成功的凤蝶之一。

主要生物学特征：一年发生4代，世代重叠。第1代越冬蛹于3月上中旬开始羽化、交配和产卵，4月上中旬为产卵高峰，历期41～55天。由于春季气温变化大，越冬代成虫活动期可长达2个月，在5月上旬仍可见到，因而造成第1代跨越3、4、5、6四个月。第2代个体出现于5月中旬至8月上旬，成虫高峰期在7月下旬至8月上旬，历期30～38天，第2代是一年中成虫数量最多的时期。第3代个体出现于7月上旬至10月上旬，9月上中旬为成虫高峰期，历期40～48天。第4代的卵始产于8月上旬，幼虫于9月中旬至10月上旬化蛹，大部分蛹滞育越冬。个别蛹于10月上中旬羽化，交配产卵，形成一数量不大的残余世代，但因气温迅速降低而无法完成，绝大多数幼虫在12月间死亡（表12.4）。

雄蝶寿命比雌蝶的长。成虫的寿命与天气以及交配时间的早晚有关，尤其是雌成虫，若缺少雄蝶或遇连续阴雨天气无法交配时，其寿命延长。在夏季和中秋前的晴朗天气，成虫羽化时间最早开始于早上6：30时，最晚结束于16：45时，而集中在上午9：00～11：00时段。在春季和晚秋以及阴雨天，羽化开始时间推迟。羽化时，首先是背中线破裂，成虫伸出前足和触角，然后前足攀附在其他物体上将虫体从蛹壳内拖出。

表 12.4 碧凤蝶的年生活史（陈晓鸣等，2008）

世代	月份											
	1	2	3	4	5	6	7	8	9	10	11	12
越冬代	⊙⊙⊙	⊙⊙⊙	⊙⊙⊙	⊙⊙								
			+	+++	+							
第 1 代			●	●●●	●							
			△	△△△	△△△							
				⊙⊙	⊙⊙⊙	⊙⊙⊙						
					++	+++						
第 2 代					●●	●●●						
					△△	△△△	△△					
						⊙⊙	⊙⊙⊙	⊙⊙				
							++	+++				
第 3 代							●●	●●●				
							△	△△△	△△△	△		
								⊙⊙	⊙⊙⊙	⊙⊙		
								++	+++	++		
第 4 代								●●	●●●	●●		
（越冬代）								△△	△△△	△△△	△△	
									⊙⊙	⊙⊙⊙	⊙⊙⊙	⊙⊙⊙
										+		

注：+成虫，●卵，△幼虫，⊙蛹

从蛹壳破裂至成虫完全脱离蛹壳只需 1min 左右。初羽化成虫，翅柔嫩，缩成一团，5～15min后翅完全伸展，0.5h 后半硬化，具备微弱的飞行能力，1.5～2h 后具备完全的飞行能力。

成虫喜光，多在晴天活动，常在开阔地带疾速飞行。春季和晚秋有晒太阳的习性，气温低于 20℃时多不活动。在野外雌蝶活动以山林中的寄主为中心。雄蝶为了寻找雌蝶，活动范围较广。未见雌成虫下到地面取食。通常羽化第 2 天以后交配，一般雌蝶只交配一次，而雄蝶则可进行 1～3 次交配。交配前，雄蝶求偶过程，俗称“婚飞”，时间 5～20min。繁殖园内若缺少雄蝶，雌蝶长时期未得到交配，亦会显得不活跃。交配场所多在僻静处的灌丛上面，或繁殖园的边上，距地面 1.5～2m 处。18∶00 时后停止活动。

成虫喜访忍冬科 Caprifoliaceae 的金银花 *Lonicera japonica*、臭牡丹和马缨丹等植物的花。成虫喜产卵于臭辣树和黄柏，其次是吴茱萸和野椒。雌蝶喜在园内边缘尤其是角落的寄主上产卵，很少将卵产在园内中心位置的寄主上。卵多产寄主植物下部成熟叶片反面，在叶的正面、嫩叶、树干和寄主附近物体（如杂草表面）也有分布，呈散生状。在一次产卵飞行中，雌蝶可连续产卵 2～8 粒。从雌蝶接触寄主叶片始，产下一粒卵的时间最短约为 7s，最长约为 15s。气温在 28～33℃时，产卵活跃。观察到的雌蝶产卵最低气温是 22℃，最高是 35.6℃。产卵时间从上午 8∶30 时开始，可以持续到 18∶00 时，集中在 10∶00～13∶00 时段。

卵孵化多在上午 9∶00～12∶00 时进行，初龄幼虫直接以上颚咬破卵壳爬出。初孵幼虫取食卵壳，然后爬到附近较幼嫩的叶上定栖。初龄幼虫不能取食较厚或较硬的叶片，4龄以前的幼虫（包括4龄）食量很小。随着龄期增长，幼虫逐渐向枝条下部的成熟叶转移。至5龄进入暴食期，食量很大。上午露水干后及下午16：00时以后取食活跃，中午时分多静息，不取食。

幼虫1～4龄时形状与颜色似雀鸟粪便，末龄幼虫的体色则与背景的绿色融为一体。幼虫后胸背面两侧的暗红色眼状斑，如同一些大型捕食者张开的眼睛。前胸背板前缘有一个孔，内藏一"Y"形分叉的鲜黄色臭腺，当幼虫受到惊扰便忽地伸出，其鲜艳的颜色和强烈的气味能吓退天敌。幼虫蜕皮前静伏10～15h，而自头壳脱落至完全脱离旧表皮仅需要2～5min。绝大多数情况下，幼虫会将旧皮吃掉。幼虫怕强光，一般栖居在寄主下部和背阴的叶片上及分泌丝形成的丝垫上。老熟幼虫在阴凉隐蔽地化蛹，多在寄主植物上，也有远离寄主的。

寄主植物：芸香科花椒属、柑橘属、吴茱萸属、黄檗属、黄皮属、飞龙掌血属、川黄檗 *Phellodendron chinense*、臭辣吴萸 *Evodia fargesii*、吴茱萸 *E. rutaecarpa* 和花椒属（陈晓鸣等，2008）。

11. 绿带翠凤蝶 *Papilio maackii* Ménéiriès

分布：国外分布于日本、朝鲜、俄罗斯东西伯利亚。我国分布于四川、云南、湖北、江西、浙江、河北、北京、吉林、黑龙江、台湾等省（自治区）。

主要生物学特征：成虫在山林区寄主植物附近的小溪边，常常成群结队地飞舞，有趋牲畜粪便、吸取其汁液的习性，可见到数只乃至数十只落在一块或几块牛粪上。成虫羽化后1～2天即可交尾，一般寿命20天左右，雌蝶一生产卵百粒左右，卵球形，直径1.2mm左右，卵大多单独、分散产在寄主叶背面，个别在叶正面和枝芽附近。卵初产白色，逐渐成淡黄色，孵化前黑色，无光泽。幼虫咬破卵壳爬出，初孵幼虫不久就可取食叶片，不取食卵壳。幼虫共5龄，低龄幼虫食量很小，发育缓慢，幼虫发育到5龄时，食量大增，进入暴食期，老熟幼虫则爬到适宜地方化蛹。蛹初化蛹草绿色，逐渐加深成红褐色。

在吉林长白山地区，一年2或3代，第1代从5月下旬至7月中旬，历期60天左右，其中，幼虫29天，1～5龄历期分别为6、5、5、4、9天，蛹期11天，成虫期20天；第2代从7月中旬至8月下旬，历期50天左右，其中，幼历期虫22天，1～5龄历期分别为4、4、4、3、7天，蛹期8天，成虫期20天；第3代从8月下旬至次年5月中下旬，历期300多天，其中，幼虫22天，幼虫1～5龄历期分别为3、3、4、3、8天，越冬蛹9个月，成虫期20天（袁荣才等，1996）。

寄主植物：黄檗 *Phellodendron amurense* Rupr。

12. 柑桔凤蝶 *Papilio xuthus* L.

分布：主要分布于东亚地区，我国各地均有分布。

主要生物学特征：多化性种类，在四川峨眉一年发生5代。第1代最早发生于3月中旬，止于6月下旬，历期37～47天；第2代发生于5月中旬至8月上旬，历期30～

38天；第3代发生于6月下旬至9月上旬，历期26～31天；第4代发生于7月下旬至10月上旬，历期28～42天；第5代是越冬代，较复杂，卵最早见于8月中旬，大多数幼虫在9月中旬至10月中旬化蛹越冬，少部分幼虫因低温于10月下旬后死亡，早期的一部分幼虫可在9月下旬至10月中旬羽化，并交配产卵并孵化，但大部分幼虫受低温影响不能化蛹。3月上旬即可见越冬代成虫活动，但此期所产卵和孵化的初龄幼虫因寒潮而很难成活。雌蝶喜在寄主植物上部的叶片和幼嫩叶片反面产卵，其次是叶的正面（表12.5）（陈晓鸣等，2008）。

表12.5　柑桔凤蝶的年生活史（陈晓鸣等，2008）

世代	月份											
	1	2	3	4	5	6	7	8	9	10	11	12
越冬代	⊙⊙⊙	⊙⊙⊙	⊙⊙⊙	⊙⊙								
			+	+++								
第1代			●●	●●●								
			△	△△△	△△							
				⊙⊙	⊙⊙⊙	⊙						
					+++	+++						
第2代					●●	●●●						
					△△	△△△	△△					
					⊙	⊙⊙⊙	⊙⊙⊙					
						++	+++	+				
第3代						●●	●●●	●				
						△△	△△△	△△				
							⊙⊙	⊙⊙⊙				
							+	+++	+			
第4代							●	●●●	●			
							△	△△△	△△△	△		
								⊙⊙⊙	⊙⊙⊙	⊙⊙		
								++	+++	++		
第5代								●●	●●●	●●●		
（越冬代）								△	△△△	△△△	△△△	△△
									●●	●●●	●●●	●●●
									+	+++	+	

注：＋成虫，●卵，△幼虫，⊙蛹

在河南信阳，柑桔凤蝶一年5代。成虫羽化时，蛹体胸背开裂，头和足依次伸出，然后胸腹部随之而出，并短时间停息在蛹壳上。成虫在上午羽化较多，一般雄蝶先羽化，雌蝶后羽化，羽化后即可交配，交配多在天气晴朗的9：00～13：00时，交配后2～3天开始产卵。幼虫孵出后先吃掉卵壳，低龄幼虫多在寄主植物叶背或茎上静伏，取食时爬至叶缘，老龄幼虫化蛹前不停地爬动并排尽粪粒，不久即在茎秆、枯枝上先吐丝成垫化蛹（卢东升，1999）。

寄主植物：芸香科柑橘属、黄檗属、花椒属、吴茱萸属、山小橘属、金橘属、枳属、黄柏 *Phellodendron amurense* 等植物。

13. 金凤蝶 *Papilio machaon* L.

分布：国外分布于欧亚大陆、非洲北部、北美洲。我国广大地区有分布。

主要生物学特征：多化性种类，在四川峨眉一年发生 5 代。第 1 代发生在 3 月下旬至 6 月中旬，历期 38～49 天；第 2 代 5 月下旬至 7 月上旬，历期 33～44 天；第 3 代 6 月下旬至 8 月下旬，历期 32～43 天；第 4 代 7 月下旬至 10 月上旬，历期 34～47 天；第 5 代卵始产于 8 月中旬，大部分幼虫在 9 月中下旬化蛹越冬，较早孵化的第 5 代幼虫出现在 9 月中旬，可发育成为成虫，交配产卵，形成局部世代。多数越冬代成虫出现于 3 月中旬至 5 月上旬，历时 200 多天（陈晓鸣等，2008）（表 12.6）。

表 12.6　金凤蝶的年生活史（陈晓鸣等，2008）

世代	月份											
	1	2	3	4	5	6	7	8	9	10	11	12
越冬代	⊙⊙⊙	⊙⊙⊙	⊙⊙⊙	⊙⊙								
			＋	＋＋＋	＋							
第 1 代			●	●●●	●●●							
			△	△△△	△△△	△△						
				⊙	⊙⊙⊙	⊙⊙						
					＋	＋＋＋						
第 2 代					●	●●●						
					△	△△△	△△					
						⊙	⊙⊙⊙	⊙				
						＋	＋＋＋	＋				
第 3 代						●	●●●	●				
						△	△△△	△△				
							⊙⊙	⊙⊙⊙				
							＋＋	＋＋＋				
第 4 代							●●	●●●	●●●			
							△	△△△	△△△	△		
								⊙⊙⊙	⊙⊙⊙	⊙⊙		
								＋＋＋	＋＋＋	＋		
第 5 代								●●	●●●	●		
（越冬代）								△△	△△△	△△△	△△	
								⊙	⊙⊙⊙	⊙⊙⊙	⊙⊙⊙	⊙⊙⊙
									＋＋	＋		

注：＋成虫，●卵，△幼虫，⊙蛹

幼虫散栖、喜光、耐烈日暴晒。除老熟化蛹时，极少躲在阴凉处。雄蝶活跃，喜在强烈阳光下活动，大范围急速飞行，常在开阔地带疾速飞行，极少到地面活动。雌蝶最喜产卵在茴香叶上，其次是胡萝卜。卵散产于叶、芽、花和花芽上。喜访金银花、臭牡丹和马缨丹等植物的花。铺有红布的塑料盘能很好地吸引其取食。

金凤蝶在长白山区一年 2 或 3 代，在自然界只能零星见到，不见有成群出现，交尾时间约 1h，雌蝶一生产卵近百粒。初产卵乳黄色，以后随着幼虫在卵壳内形成发育，卵色加深，在中部出现一圈红斑，红斑逐渐上移，孵化前卵变黑色，卵期 5～8 天。初孵化的幼虫有取食卵壳的习惯，平均温度 24.1℃条件下，室内饲养第 2 代幼虫期为 12～17 天；在平均温度 22.5℃条件下，第 3 代幼虫期 15～19 天。蛹草绿色，顶部两尖突，胸部突起钝角，胸背有一大突起。在平均温度 22.3℃条件下，室内饲养第 1 代蛹历期 12～13 天；平均温度 24.7 ℃条件下，第 2 代蛹历期8～9 天；平均温度 21.9 ℃条件下，第 3 代的部分蛹历期 10 天左右；另一部分蛹越冬要待翌年 5 月羽化（袁荣才等，2000）。

寄主植物：主要为伞形花科植物，如茴香属 *Foeniculum* 的茴香 *F. vulgare*、当归属 *Angelica*、芹属 *Apium* 和胡萝卜属 *Daucus* 等属植物，也见在柑橘树上产卵。

14. 巴黎翠凤蝶 *Papilio paris* L.

分布：国外分布于印度、印度尼西亚等地。我国主要分布于秦岭淮河以南地区，多见于山区。

主要生物学特征：巴黎翠凤蝶野生数量较为稀少，为珍贵观赏蝶种。在四川峨眉，巴黎翠凤蝶一年 3 代，第 1 代发生于 4 月上旬至 8 月上旬，成虫出现于 6 月中旬至 8 月上旬，世代历时 44～69 天，第 1 代的成虫数量是全年成虫数量最高的时期。在四川峨眉，完成一代 38～69 天，其中卵期 4～6 天，幼虫期 21～48 天，蛹期 13～18 天，越冬代的蛹期较长，第 1 代历期 44～69 天。第 2 代发生于 7 月上旬至 10 月上旬，成虫于 8 月中旬至 10 月上旬出现，历期 38～56 天。第 3 代自 8 月中旬始，9 月下旬至 10 中旬化蛹越冬，次年 3～4 月成虫羽化，历期 200 多天（表 12.7）。

表 12.7 巴黎翠凤蝶的年生活史（陈晓鸣等，2008）

世代	月份											
	1	2	3	4	5	6	7	8	9	10	11	12
越冬代	⊙⊙⊙	⊙⊙⊙	⊙⊙⊙	⊙⊙⊙								
				+++	++							
第 1 代				●●	●●●							
				△△	△△△							
						⊙⊙⊙	⊙⊙⊙					
						+	+++	++				
第 2 代						●	●●●	●●				
							△△△	△△△	△△			
								⊙⊙⊙	⊙⊙⊙			
								+	+++	++		
第 3 代								●●	●●●			
（越冬代）								△	△△△	△△△	△△	
									⊙	⊙⊙⊙	⊙⊙⊙	⊙⊙⊙
										+		

注：+成虫，●卵，△幼虫，⊙蛹

幼虫孵化时间、取食和栖息及化蛹习性均与碧凤蝶一致。雌蝶喜在竹叶花椒和飞龙掌血上产卵，常产在叶的反面，其次是嫩芽、嫩叶、花芽、花和树干上，极少产卵于叶的正面。

寄主植物：花椒属、柑橘属、吴茱萸属和飞龙掌血属的植物。在四川峨眉主要是柚、温州蜜柑、脐橙、花椒、飞龙掌血等。幼虫取食臭辣吴茱萸能正常完成个体发育，取食吴茱萸发育不良，死亡率极高（陈晓鸣等，2008）。

15. 宽尾凤蝶 *Agehana elwesi* Leech

分布：我国浙江，是我国特有的一种珍稀蝶类。

主要生物学特征：中华宽尾凤蝶在福建光泽一年发生 2 代，以蛹在檫树 *Sassafras tsumu* 1.5m 以下主干，侧枝或杂灌上越冬。翌年 4 月中旬开始羽化，5 月上旬初为羽化高峰期，第 1 代幼虫 5 月上旬孵出，6 月中旬开始化蛹，7 月上旬成虫羽化，7 月下旬第 2 代幼虫孵出，8 月下旬末开始化蛹，9 月中旬为化蛹盛期。

成虫羽化高峰期在 10：00～12：00 时和 13：00～15：00 时，羽化后 0.5h 左右，翅平展伸开，而后成虫往上爬行一段距离后，静伏不动 1～2h，然后开始飞翔活动，羽化历期 18 天。成虫羽化后 1～2 天开始补充营养，喜食伞形花科植物之花蜜，有时也停留在牛粪上吸食，在晴天飞翔活动十分频繁，雌虫产卵量 12～26 粒。卵散产于檫树嫩叶面的主脉附近，每叶多为 1 粒，个别 2 粒，多分布在路边及林缘长势良好的檫树上，卵孵化高峰为 13：00～15：00 时。幼虫 5 龄，出壳后取食卵壳，孵化后 5～6h 取食叶片，昼夜均可取食。幼虫蜕皮前停食 1～2 天，体色变淡，蜕皮多在中午和傍晚，蜕皮后先取食蜕皮，而后才食叶。老熟幼虫在主干、侧枝或灌木上化蛹（张潮巨等，1991）。

宽尾凤蝶在浙江松阳一年 1 或 2 代，多数一年 2 代，均以蛹越冬。室内饲养，越冬代成虫 3 月中旬至 5 月上旬陆续羽化，第 1 代成虫 6 月中旬至 8 月中旬羽化，第 1 代历期较短，卵 6～8 天，幼虫 30～50 天，其中，前蛹 3～5 天，蛹 14～25 天；第 2 代从 8～9月至次年 3～5 月，第 2 代卵期 5 天，幼虫期 29～46 天，前蛹 2～3 天，蛹期 164～228 天，成虫期 12～15 天（表 12.8）（陈汉林和黄永生，1993）。

表 12.8　中华宽尾凤蝶的年生活史（张潮臣等，1991）

世代	月份											
	1	2	3	4	5	6	7	8	9	10	11	12
越冬代	⊙⊙⊙	⊙⊙⊙	⊙⊙⊙	⊙⊙⊙	⊙							
				++	+++							
第 1 代				●	●●●	●						
						△△	△△					
							+++	+				
第 2 代							●●	●●				
							△	△△△	△△△	△△△		
									⊙⊙⊙	⊙⊙⊙	⊙⊙⊙	⊙⊙⊙

注：+成虫，●卵，△幼虫，⊙蛹

寄主植物：木兰科 Magnoliaceae 的鹅掌楸（马褂木）*Liriodendron chinense*、厚朴 *Magnolia officinalis*、凹叶厚朴 *M. biloba*、黄山木兰 *M. cylindrica*、天女花 *M. sieboldii*、紫玉兰 *M. liliflora*、玉兰（木兰）*M. denudata*、深山含笑花 *Michelia maudiae*、白玉兰 *M. alba* 等植物。

16. 木兰青凤蝶 *Graphium doson*（Felder et Felder）

分布：国外分布于日本、尼泊尔、印度、缅甸、泰国、马来西亚、越南、印度尼西亚等国。我国分布于浙江（丽水、松阳、庆元、景宁、泰顺）、江西、福建、广东、广西、海南、陕西、云南、台湾、香港等地。

主要生物学特征：木兰青凤蝶在浙江丽水一年 3 或 4 代，以蛹越冬。翌年 4 月上旬成虫羽化。第 1 代卵 4 月中旬出现，卵期 7 天左右，幼虫 4 月中旬孵化，幼虫期 30 天左右，5 月中旬化蛹，5 月下旬成虫羽化，成虫 7 天。第 2 代卵 6 月上旬出现，6 月上旬幼虫孵化，6 月下旬化蛹，蛹期约 15 天，7 月上旬成虫羽化，部分蛹有滞育现象，蛹期长达 45～53 天，7 月中旬出现，8 月上旬化蛹，8 月中旬成虫羽化。越冬代卵 8 月下旬出现，9 月上旬幼虫孵化，9 月下旬化蛹越冬，翌年 4 月上旬成虫羽化。第 2、3 代卵期 2～4 天，幼虫期 14～16 天，蛹期 9～11 天，成虫期 3～5 天。第 4 代卵3～5 天，幼虫期 20～30 天，蛹期 190 天左右，成虫期 7 天。各虫态发生不整齐，有世代重叠现象（表 12.9）。

表 12.9　木兰青凤蝶的年生活史（余德松和冯福娟，2003）

世代	月份											
	1	2	3	4	5	6	7	8	9	10	11	12
越冬代	⊙⊙⊙	⊙⊙⊙	⊙⊙⊙	⊙⊙⊙								
				+++	+							
第 1 代				●●	●●							
				△△	△△△	△△						
					⊙⊙	⊙⊙⊙						
					+	+++	+					
第 2 代						●●●	●●					
						△△△	△△△	△				
						⊙	⊙⊙⊙	⊙⊙⊙	⊙⊙			
							+++					
第 3 代							●●	●●●				
							△△	△△△	△△			
								⊙⊙⊙	⊙⊙⊙			
								++	+++	+		
第 4 代								●	●●●	●●		
									△△△	△△△	△	
									⊙	⊙⊙⊙	⊙⊙⊙	⊙⊙⊙

注：+成虫，●卵，△幼虫，⊙蛹

成虫通常在下午羽化，飞翔迅速，较喜在树冠上部活动，雌虫边飞翔边产卵，卵产在嫩叶的正面叶缘处，一般一张叶片产1粒卵。幼虫取食其嫩叶、芽，还有取食卵壳和蜕皮的习性。1龄幼虫取食时不能吃穿叶面，留下表皮，2龄幼虫能吃穿叶片造成叶片穿孔，3龄幼虫开始从叶缘取食造成叶片缺刻，4龄幼虫以后食量大增，能取食整张含笑叶片，5龄幼虫每天能取食4～6张含笑嫩叶。1～2龄幼虫常停息在取食的叶面上，3龄以后取食结束后转移到其他老叶上休息。老熟幼虫虫体缩短，排干粪便，选择老叶的叶背吐丝，将腹部末端黏着于叶片上，再以一束细丝束于胸部，将虫体牢牢地系在叶片上化蛹（余德松和冯福娟，2003）。

寄主植物：木兰科 Magnoliaceae 的广玉兰（荷花玉兰）*Magnolia grandiflora* 和含笑 *Michelia figo*。

17. 黎氏青凤蝶 *Graphium leechi* (Rothschild)

分布：主要分布于我国江西、浙江、湖南、四川、云南。

主要生物学特征：在浙江一年发生2或3代，以蛹越冬。在饲养条件下，第1代于7月中下旬羽化；第2代部分蛹滞育越冬，到次年3月下旬后才开始羽化，部分于当年9月中下旬羽化；第3代蛹于11月至次年5月羽化。

成虫通常在上午羽化，常见聚集水洼地汲水。成虫善飞翔。夜间和雨天多倒挂于树丛隐蔽处。室内饲养的成虫寿命9～19天；冬天羽化的成虫可停在地面枯枝落叶内，寿命长达19天。卵产于新萌发的嫩叶正面，散产，虫口密度大时，一张新萌发的小叶片上可不规则地着卵数十粒。幼虫5龄，初孵幼虫取食卵壳后，再食叶片，2龄以后从叶缘蚕食叶片，老熟后移向叶背，吐丝将腹部末端黏着于叶片上，再以一细丝束于胸部，将身体牢固地系在叶片上化蛹。幼虫期21～37天。蛹多在叶背，颜色青绿。越冬蛹可随叶片落到地面。笼中观察，落到泥土上枯叶中的蛹，越冬后照常羽化。养虫笼中也有些个体化蛹在笼壁上越冬。羽化前蛹体变成黑色。第1代蛹历期11～15天，第2代越冬蛹220天左右，第3代越冬蛹160天左右（表12.10）（陈汉林等，1997）。

表12.10 黎氏青凤蝶的年生活史（陈汉林等，1997）

世代	月份											
	1	2	3	4	5	6	7	8	9	10	11	12
越冬代	⊙⊙⊙	⊙⊙⊙	⊙⊙⊙	⊙⊙⊙	⊙⊙							
			+	+++	+++							
第1代			●	●●●	●●●	●						
				△△	△△△	△△△	△△					
						⊙	⊙⊙⊙					
							++	++				
第2代							●	●●●				
								△△△	△△			
									⊙⊙⊙	⊙⊙⊙	⊙⊙⊙	⊙⊙⊙
									++	++		
第3代									●	●●●		
										△△△	△	
										⊙	⊙⊙⊙	⊙⊙⊙

注：+成虫，●卵，△幼虫，⊙蛹

寄主植物：木兰科 Magnoliaceae 的鹅掌楸（马褂木）*Liriodendron chinense*（Hemsl.）Sarg.、凹叶厚朴 *Magnolia biloba*（Rehd. et Wils.）Cheng、樟科 Lauraceae 的檫木 *Sassafras tsumu* Hemsl.。

18. 统帅青凤蝶 *Graphium agamemnon*（L.）

分布：我国主要产于云南、广西、广东、福建和海南。

主要生物学特征：统帅青凤蝶在福建省福州一年 4 代，以蛹越冬，翌年 3 月成虫羽化。第 1 代卵 3 月下旬出现，4 月上旬幼虫孵化，4 月下旬开始化蛹，预蛹期 4 天，成虫 5 月中旬羽化。第 2 代卵 5 月中旬出现，5 月下旬为幼虫盛发期，6 月上旬化蛹，成虫 7 月上旬羽化。第 3 代卵 7 月中旬出现，幼虫 7 月下旬孵化，8 月下旬化蛹，预蛹期 1～2 天，成虫 9 月上旬羽化。第 4 代卵 9 月中旬出现，幼虫 9 月下旬孵化，11 月上旬开始化蛹越冬。成虫羽化多发生在晴天 15：00～21：00 时，羽化时蛹壳在胸背呈“T”形裂开，成虫自裂口爬出，经 1～2h 才逐渐展翅飞翔，晴天风小在寄主植物附近活动频繁，以 10：00～16：00 时、气温在 30℃左右最活跃。野外 7 月中旬至 9 月中旬见成蝶飞翔最多。成虫羽化与气温有密切的关系，如遇台风阴雨气温明显下降时就会推迟羽化。成虫羽化后需进行多次补充营养，喜取食山芝麻、扶桑等的花蜜。在野外于11：00 时和 15：00 时观察到在树冠上交尾 2 次，交尾时间长于 30min，交尾后即产卵，成虫较喜欢产卵于种植在阴坡的寄主植物嫩叶上，但越冬代的成虫则喜在较向阳的寄主树叶上产卵，边飞翔边产，每隔 3～5min 产一粒卵，卵产于嫩叶的背面靠近叶缘处，少数产于叶的正面，每叶一粒；初产卵 2～3 天内浅绿色，后变为淡黄色。幼虫 5 龄，初孵化的幼虫取食卵壳，经 2～4h 爬到叶片正面活动，再经过 1～2h 开始取食叶片，幼虫一天取食 2 次，通常在 8：00～10：00 时和 17：00～21：00 时，5 龄幼虫食量大，每次 1～2 片叶，整个幼虫期取食 20～32 片叶片。幼虫有爬到叶片反面、枝条下面树冠内部避风雨、高温的习性。蜕皮前 1～2 天停止取食，有取食蜕皮现象，蜕皮后第一天食量剧增。老熟幼虫化蛹前 20～38h 停止取食。寻找化蛹场所，在树冠中、下部的老叶片背面基部固定下来，体缩短发亮。经 2～3h 虫体由浓绿色变为翠绿色进入预蛹阶段，经 2～4天后正式化蛹，化蛹过程约需 5min，然后倒悬于背面（王海松等，2000）。

寄主植物：荷花玉兰 *Magnolia grandiflora*、白兰花 *Michelia alba*、牛心番荔枝 *A. reticulata*、银钩花 *Mitrephora froggattii*、暗罗 *Polyalthia nitidissima*、刺果番荔枝 *Annona muricata* 等以及木兰科的含笑属 *Michelia*、木兰属 *Magnolia*，番荔枝科番荔枝属 *Annona*、暗罗属 *Polyalthia*、紫玉盘属 *Uvaria*、银钩花属 *Mitrephora*、哥纳香属 *Goniothalamus*、鹰爪花属 *Artabotrys* 和假鹰爪属 *Desmos* 等属植物。

19. 铁木剑凤蝶 *Pazala timur*（Ney）

分布：我国的浙江、江苏、江西 、福建和台湾等省（自治区）。

主要生物学特征：铁木剑凤蝶在浙江一年发生 1 代，以蛹在寄主植物叶片背面越冬，翌年 3 月下旬至 4 月初羽化为成虫，4 月中下旬幼虫孵化，幼虫共 7 龄，5 月下旬化蛹。成虫一般在晴天早上 8：00～9：00 时羽化，一般经 3～4 天越冬蛹就羽化完毕。

第一天羽化的基本上为雄蝶，第二天开始有部分雌蝶羽化，第三天羽化达高峰，雌雄性比为1∶1.3～1∶1.4。成虫喜访蔷薇科植物的花，活动缓慢，较易捕捉。成虫从8∶00～17∶00时都有活动，活动盛期10∶00～15∶00时。雌性交尾后寻找寄主产卵，产卵时如蜻蜓点水，一叶一粒，产于寄主植物嫩叶表面或背面。初孵幼虫取吃卵壳2～3h后爬到正面叶缘啃食叶片，幼虫蜕皮后先吃完蜕皮，再吃叶片。取食时间一般在18∶00时和6∶00时，进入老龄幼虫后，因食量增大，中午也取食叶片。幼龄幼虫常在同一叶片取食和休息，3龄后，休息时远躲在较隐蔽的叶片表面。老熟幼虫停食2天后爬到较隐蔽的枝叶处，在叶片基部及其背面吐丝做垫，然后头朝叶柄，静伏在主脉上，经2～3天预蛹期，而后蜕皮化蛹，越夏并越冬（潜祖琪和童雪松，1998）（表12.11）。

表12.11 铁木剑凤蝶的生活史（潜祖琪和童雪松，1998）

卵/天	幼虫/天								预蛹/天	蛹/天	成虫/天
	1龄	2龄	3龄	4龄	5龄	6龄	7龄	幼虫期			
7～12	4～5	2～4	2～4	3～4	4～6	6～7	9～10	30～37	2～3	320～330	7～15

寄主植物：樟科Lauraceae的樟树*Cinnamomum camphora*（L.）等樟属植物。

20. 丝带凤蝶 *Sericinus montelus* Gray

分布：为东亚特有种。国外分布于朝鲜半岛和日本。我国主要分布于东北和华北平原地区。

主要生物学特征：中小型纤弱凤蝶，夏型前翅长32～42mm。后翅有长尾突1根。雌雄异型，雄蝶颜色较浅，常呈乳白色至淡黄色；雌蝶颜色较深，有黑褐色斑纹。颈部有红毛，触角短，端部膨大不显著。

在长白山区的丝带凤蝶每年至少3代。越冬蛹在5月中旬羽化，成虫访花，喜在阳光下开阔地活动，飞行低矮、缓慢。羽化出的蝴蝶当天就可交尾产卵，卵聚产于寄主叶片反面或茎干上或寄主北马兜铃刚刚出土的芽茎上，产卵量200多粒，交尾后1～3天之间将卵产完。卵近球形，表面光滑，初产时淡黄色，有珍珠光泽。卵期6～22天，卵期发育速度随着温度升高而缩短。幼虫5龄，幼虫历期16～20天，其中，1龄幼虫2～5天、2龄幼虫3～4天、3龄幼虫3～5天、4龄幼虫2～3天、5龄幼虫3～8天。老熟幼虫分散化蛹，蛹期6～10天。初孵化幼虫群居生活，栖息在叶片反面取食叶肉，仅留下叶脉。幼虫群集生活保持到3龄末，脱离群体的幼虫将会死亡。4龄以后分散独栖。老熟幼虫头壳黑色，宽约2.4mm。虫体黑色，头、前胸背板、臀板漆黑，着生黑色毛。因为其野生寄主植物的地上部分在冬季死亡，幼虫常在附近其他物体上化蛹。缢蛹黄褐色，圆柱形（袁荣才等，1996；陈晓鸣等，2008）。

寄主植物：马兜铃属的北马兜铃和马兜铃。

21. 中华虎凤蝶 *Luehdorfia chinensis* Leech

分布：中国秦岭山脉和长江中下游浙江杭州、江苏南京等地。

主要生物学特征：国家二级重点保护动物，中国特有种。在浙江杭州，3月上中旬越冬蛹羽化，成虫产卵于3月中下旬，幼虫始见于4月上旬，并于5月中旬化蛹，并以此虫态度过夏季、秋季和冬季。

中华虎凤蝶在杭州一年发生1代，以蛹越夏、越冬，部位多在树皮上、枯枝落叶下及石块缝隙中。成虫在10℃以上开始羽化，羽化盛期在7：40～11：00时，羽化时间一般需15min，羽化2～4h后飞翔、交尾。在晴朗天气下，成虫在上午8：00时左右开始活动，10：00时前成虫常在枯枝落叶或灌丛上晒太阳以提高体温，飞行能力不强。10：00时后，活动能力增强，开始活动。成虫访花，主要蜜源植物有堇菜科的堇菜属 *Viola*、唇形科 Labiatae 的活血丹属 *Glechoma* 和报春花科 Primulaceae 的报春花属 *Primula* 的植物。雄蝶有占域习性，在其领地内不断驱逐其他雄蝶，并寻求雌蝶交配，交配时间一般为20～30min，雄性可以交尾多次。交配后雌蝶腹部末端长出一片圆形的革质片，以阻止再次交配的发生，交配时间一般在11：00～14：00时。产卵一般在14：00～17：00时进行，高峰期在12：00～14：00时。雌蝶产卵前做缓慢贴地飞行搜索寄主植物产卵。天气晴朗时，成虫交尾、产卵，活动性强；雨天气温偏低，基本不活动，成虫寿命10～15天。喜将卵产于新叶背面，卵排列成行，通常每叶一块，15～40粒。每头雌成虫产卵量在120粒左右，一次产卵6～24粒，平均约10粒。每产1粒卵的间隔时间为20～30s。卵近球形，初产时浅绿色，有珍珠光泽。成虫寿命一般为12～20天，雌蝶寿命比雄虫的长。卵期一般10～15天，卵发育起点温度为7.68℃，有效积温111.40日度。在自然条件下，卵孵化率在90%以上。幼虫5龄，孵化主要在8：00～14：00时，初孵幼虫群集叶背取食，1龄前期取食下表皮和叶肉，残留上表皮，稍大则咬食成孔洞或缺刻，最后有的只剩下叶缘，幼虫在2～4龄期维持群居生活，在4龄末期开始逐渐分散开。1龄幼虫食量很小，常将卵所在叶片的边缘吃出不规则的缺刻。随着幼虫长大，它们逐渐将整片叶的叶肉食尽，仅残留部分下表皮、叶柄。在野外，幼虫只在白天气温高时取食，夜间停息在叶片反面、叶柄、寄主基部或附近落叶下。幼虫历期30～40天，其中，1龄幼虫7～8天、2龄幼虫5～6天、3龄幼虫4～5天、4龄幼虫5～6天、5龄幼虫8～9天。老熟幼虫四处爬动，在寄主植物或其他植物基部、秸叶下、树皮上等土表弱暗处或石块缝隙中化蛹（童雪松和潜祖琪，1991；胡翠等，1992）。

寄主植物：杜衡 *Asarum forbesii*、细辛 *A. sieboldii* 等。

22. 绢粉蝶 *Aporia crataegi* L.

分布：全国各地都有分布，主要产于山区1000～2000m地带。

主要生物学特征：绢粉蝶又称山楂绢粉蝶、树粉蝶。中型白色种类，翅膀半透明，卵圆形，前翅长33～40mm。绢粉蝶一年发生1代。成虫5月下旬开始羽化，6月上旬为羽化盛期。成虫在8：00～17：00时活动，中午为高峰期，成虫在晴朗无风时，飞行在林缘、花丛、杂草间，喜访白色花，取食多种植物的花蜜，雄蝶常聚集在水塘、水沟及有积水的山路上汲水，常成百上千聚集山间大路上汲水，遇惊动起飞。羽化当天即可交尾，交尾时间延续2～3h，卵产于嫩叶上，成块状，每块38～56粒，单雌产卵量190～510粒。卵6月孵化，6月下旬进入盛期，卵期11～18天，平均14.6天。初孵幼虫群集啃食叶片，仅残留表皮，每食尽一叶群体另转叶。幼虫5龄，3龄幼虫越冬，3龄幼虫越冬时在树冠1～2年生枝条上吐丝与叶片形成虫巢，以11～17头3龄幼虫群集于巢内越冬。越冬幼虫于次年4月中旬开始活动，群集取食花芽和叶芽，而后取食花蕾、叶片及花瓣，夜间和阴雨刮风等低温天气仍躲入巢中，幼虫进入4龄后食量大增，便离巢分散活动，5月下旬老熟幼虫开始在树干或老枝条上化蛹，5月中旬为化蛹盛期，蛹期15～23天，平均18.5天（姜双林，2001）。

寄主植物：苹果、山楂、海棠、花红、杏、梨、李、樱桃、杜梨、山荆子、楸子、甸子、绣线菊、珍珠梅14种。最喜寄主为山楂、苹果、海棠、花红等。

23. 鹤顶粉蝶 *Hebomoia glaucippe* L.

分布：中国、印度、缅甸、越南、菲律宾、斯里兰卡等国。我国分布于福建、广西、云南、海南等地。

主要生物学特征：在云南昆明，鹤顶粉蝶一年3代。第1代历期45～51天。第2代的卵期5～6天，幼虫期16～23天，蛹期14～17天，历期39～47天。在西双版纳关坪管理站（海拔约1000m），一年至少发生5代（陈晓鸣等，2008）。

成虫喜访马缨丹花。飞行疾速，在繁殖园内多栖息在低矮灌丛上。雌蝶主要将卵散产在寄主当年生成熟叶的正面，其次是嫩叶和树干上，极少产在叶片反面和嫩芽上。幼虫散栖在叶片正面中脉附近，取食稍失水的叶片也能正常生长。其蛹羽化时需要悬挂起来，若分离平放，羽化的成虫多为畸形。

在广州地区，鹤顶粉蝶实验种群在6～7月份平均卵期为（5.29±0.39）天，幼虫5龄，幼虫期为（27.43 ±1.92）天，其中，1龄幼虫4天、2龄幼虫3～4天、3龄幼虫4～5天、4龄幼虫5天、5龄幼虫8～9天，蛹期为11～12天，成虫寿命为4～11天（刘光华和曾玲，1999）。

鹤顶粉蝶是粉蝶科中最大的种类，前翅长约50mm。前翅顶角尖出，顶角区红色或橙红色；后翅圆形，正面乳白色，反面有枯叶花纹的保护色。主要分布于热带和南亚热带地区，幼虫以白花菜科的鱼木属和山柑属植物为寄主，在云南元江的已知寄主是树头菜和野香橼花。观赏价值极高，无论用于蝴蝶园放飞还是工艺制作都十分适合。

寄主植物：山柑属 *Capparis*、鱼木属 *Crateva* L. 的植物。

24. 金斑蝶 *Danaus chrysippus*（L.）

分布：南欧、非洲、亚洲西部到东西部及澳大利亚。我国全国广为分布。

主要生物学特征：在云南元江，一年至少10代，因成虫寿命较长，世代重叠十分严重。第1代历期28～40天；第2代历期24～31天；第3代22～26天；第4代的卵期2～4天，幼虫期11～21天，蛹期6～11天，历期19～41天；第5代20～22天。随着气温升高，世代生活史大幅度缩短，各发育阶段的历期也相应缩短。

成虫喜在开阔向阳的林缘、山坡、废弃农田和河谷活动，有时也能在城镇附近发现。喜访马利筋和马缨丹花。性情温和，飞行低缓，姿态优雅，十分适应繁殖园内小生境。夏季早晨7：00时即开始活动，产卵可待续到下午19：00时。取食时间多在上午

9：00～12：00时和下午14：00～17：00时。中午炎热时躲在阴凉处，夜间有群集过夜的习性。雌蝶产卵对受卵植物的位置选择并不十分苛刻，主要将卵散产在寄主叶反面，也产在主干和附近杂物表面，嫩叶、嫩芽和地面相对较少。

幼虫孵化时直接以上颚咬破卵壳爬出。幼虫栖息在叶片正面，1～2龄幼虫常在叶缘附近吃出半圆形齿痕。初龄幼虫有将其栖居叶片的叶柄基部维管束咬断的习性，叶片萎蔫后，常移居到别的叶片取食。一片叶上可栖居1～3头幼虫。随着龄期增长，幼虫逐渐向枝条下部的成熟叶转移。幼虫常栖息在叶片反面或枝干上；耐高温，喜在明亮开阔的场所化蛹。在野外，老熟幼虫就在寄主叶片或附近杂物上化蛹，套袋放养时喜在放养袋上结蛹（陈晓鸣等，2008）。

寄主植物：萝摩科 Asclepiadaceae 有毒植物，牛角瓜属 *Calotropis*、马利筋属 *Asclepias* 和娃儿藤属 *Tylophora* 的多种植物，萝摩科的鹅绒藤属 *Cynanchum*、吊灯华属 *Ceropegia*、钉头果属 *Gomphocarpus*、牛奶菜属 *Marsdenia*、大花藤属 *Raphistemma*、杠柳属 *Periploca*、鲫鱼藤属 *Secamone* 和豹皮花属 *Stapelia*，以及旋花科 Convolvulaceae、大戟科、蓝雪科 Plumbaginaceae、蔷薇科、无患子科 Sapindaceae 和玄参科 Scrophylariaceae 的一些种类。

25. 幻紫斑蝶 *Euploea core*（Cramer）

分布：我国广东、台湾 、云南。

主要生物学特征：在云南元江，一年发生7或8代。以成虫越冬。第1代历期30～41天；第2代的卵期2～3天，幼虫期11～18天，蛹期10～12天，历期27～33天；第3代历期26～30天；第4代27～29天；第5代25～28天。

幼虫常分散栖息在叶片反面或枝干上。老熟幼虫在寄主叶片或枝干下面阴暗的场所化蛹，成虫喜在阴凉潮湿的山谷活动，对干热环境耐受力差；喜访马缨丹花，在红布上喷洒蜂糖水能很好地吸引其前来取食。成虫性情温和，适应繁殖园内环境，有群栖性。雌蝶主要将卵散产在寄主植物成熟叶的反面、嫩叶和嫩芽上，在成熟叶的正面、枝干上和附近杂物等其他物体表面相对较少，不在地面产卵（陈晓鸣等，2008）。

寄主植物：桑科和萝藦科的多种植物，主要有桑科榕属的垂叶榕 *Ficus benjamina*、萝摩科的弓果藤 *Toxocarpus wightianus* 和马利筋等。

26. 红锯蛱蝶 *Cethosia biblis*（Drury）

分布：国外分布于缅甸、泰国、马来西亚、尼泊尔、不丹、印度等。我国分布于江西、福建、广东、海南、广西、云南、四川、重庆。

主要生物学特征：红锯蛱蝶在云南西双版纳关坪管理站一年发生7或8代。第1代历期33～41天；第2代历期31～37天；第3代的卵期5～8天，幼虫期11～22天，蛹期7～11天，历期29～35天，随着温度的增加，第3代各发育阶段的发育时间明显缩短；第4代历期29～32天；第5代历期28～34天；第7代卵期延长，幼虫生长发育缓慢，12月以3龄幼虫在寄主植物上越冬，次年2月下旬越冬幼虫恢复生长，蜕皮进入4龄，3月上旬老熟幼虫化蛹，3月中旬越冬代成虫羽化、产卵，历期130～140天。其余各代历期 28～35 天。在室内 21～28℃的条件下，各虫态历期分别为：卵期 8～11 天、幼虫期 12～16 天、蛹期 8～9 天、雌成虫寿命 12～18 天，雄成虫寿命 6～10 天（陈晓鸣等，2008）。

成虫多在晴朗的天气下 8：00～11：00 时羽化，9：00～10：00 时为高峰期；可在 1～2h内即可全部羽化完，羽化时蛹体前端盖状开裂，成虫头和前足伸出后约 10min，整个身体随之而出，整个过程约 25min。成虫羽化后访花取食，喜访马缨丹、仙丹花（龙船花）*Ixora chinensis*、九重葛 *Bougainvillea glagra* 等有花植物，也取食发酵的香蕉、菠萝等水果的汁液，取食后交配，交配时间一般 0.5 ～1.0h，少数长达 2h，雌蝶仅交配 1 次，雄蝶可多次交配。卵呈螺旋状产于寄主植物嫩枝上，平均每雌产卵量为 80 粒，单雌产卵量最高的为 128 粒，最低的为 20 粒，平均孵化率为 96.67%。幼虫 5 龄，先孵化的幼虫多在卵块附近静伏，待多数幼虫孵化后，集体爬行至附近的同一嫩叶上取食；初孵幼虫仅取食叶肉，一天后连叶脉一同食尽。幼虫在 3 龄前群集性较强，一片嫩叶上常聚集 15～25 头低龄幼虫，共同食尽一片嫩叶后，再转移到另一嫩叶取食，不取食嫩枝，1～2 龄幼虫仅在白天取食，夜间不取食时，多在叶背面栖息。3 龄幼虫则可取食嫩枝、嫩叶和大叶片，一张大叶片上常有 3 或 4 头幼虫聚集取食。4 龄幼虫食量大增，不仅可取食老叶，在食物缺乏时，还可啃食枝条绿色的皮层，仅留下白色木质部，无相互残杀现象。老熟幼虫离开寄主植物，寻找到较隐蔽的非寄主植物枯枝化蛹（表 12.12）（吴伟等，2003）。

表 12.12　红锯蛱蝶的年生活史（吴伟等，2003）

世代	月份											
	1	2	3	4	5	6	7	8	9	10	11	12
第 1 代	△△△	△△△	△△△									
			⊙⊙⊙									
			++	+								
第 2 代			●●	●								
			△	△△△								
				⊙⊙⊙	⊙							
				++	++							
第 3 代				●●	●●							
				△	△△△							
					⊙⊙⊙	⊙						
					++	++	+					
第 4 代					●●	●●						
					△	△△△						
						⊙⊙⊙	⊙					
						++	++					
第 5 代						●●	●●					
						△	△△△					
							⊙⊙⊙	⊙				
							++	++				

续表

世代	月份											
	1	2	3	4	5	6	7	8	9	10	11	12
第6代							●●	●●				
							△	△△△				
								⊙⊙⊙	⊙			
								++	++			
第7代								●●	●●			
								△	△△△	△△△	△△△	△△△

注：+成虫，●卵，△幼虫，⊙蛹

成虫观赏价值较高，飞行低矮、缓慢，非常适合在蝴蝶观赏园中使用；世代周期短，卵聚产，幼虫群集取食，适合室内饲养，是目前养殖最为容易、最成功的蛱蝶种类之一，在南方各地都可以大量养殖。

寄主植物：西番莲科 Passifloraceae 蒴莲属的三开瓢 *Adenia cardiophylla* 和滇南蒴莲 *A. penangiana* 及杯叶西番莲 *Passiflora cupiformis* 等。

27. 白带锯蛱蝶 *Cethosia cyane* (Drury)

分布：我国云南、广西、广东和海南。

主要生物学特征：在云南西双版纳关坪一年 7 或 8 代，在云南元江一年至少 9 代。在西双版纳关坪第 1 代历期 33～42 天；第 2 代历期 32～35 天；第 3 代的卵期5～8 天，幼虫期 12～16 天，蛹期 7～11 天，历期 29～31 天；第 4 代历期 28～31 天；第 5 代 26～29 天。

幼虫孵化时顶破卵盖，爬出卵壳。初孵幼虫取食卵壳，孵化后并不向外扩散，常有等候其他幼虫孵化的习性。同一卵块的所有幼虫常群集在幼嫩叶片反面，有时多达上百只。将该叶片食尽后一同转移，很少单独行动。幼虫也取食嫩枝的表皮。蜕皮前，所有幼虫转移到一张新叶片背面，密集聚在中部。3 龄以后常聚集在幼嫩枝干和叶柄处，直到化蛹前也保持这种聚集习性，但群体数量变少，老熟幼虫喜在开阔明亮的地方化蛹。

成虫多活动于林间空地、林缘向阳开阔地带，有时也在平原地区寻找蜜源植物，最喜访马缨丹花，有时也取食发酵水果汁液。性情温和，飞行低缓，常在阴凉山谷活动。交配产卵对空间要求不严格，不需太大空间；在繁殖园内常停栖在低矮灌丛上。如无惊扰，雌蝶一天内只产一次卵；卵主要聚产在寄主叶片反面、嫩叶、叶须和嫩枝上，嫩芽上较少；卵常呈片状或串状，每片或串可多达 134 粒（陈晓鸣等，2008）。

寄主植物：幼虫寄主为三开瓢。

28. 文蛱蝶 *Vindula erota* (Fabricus)

分布：我国云南至海南的热带林区。

主要生物学特征：在云南西双版纳热带季雨林区，文蛱蝶一年发生 3 或 4 代。第 1 代历期 41～53 天；第 2 代的卵期为 4～5 天，幼虫期为 14～17 天，蛹期为 7～9 天，一代历期36～40天。

成虫访马缨丹花，也食发酵水果汁液；多在林缘和林间草地上活动，飞行急促，常停栖在阴暗角落或灌丛下，有时达到惊人数量。雌蝶从不远离寄主活动，野外很难见到，将卵聚产在叶片背面，其次是嫩叶上，在嫩芽、叶须和靠近寄主的其他物体上也较多，尤其是一些细小的枯枝上，但不在树干和地面产卵。即使在产卵时，雌蝶也非常警觉，每次产卵2～20粒，受到惊扰立即飞离。

1～3龄幼虫有群集性，初龄幼虫栖息于叶尖背面，3龄幼虫仍栖息在叶反面，但可栖息于叶片的任何位置，由叶缘向中部取食。4龄以后，幼虫逐渐向叶面转移，食量也大大增加。爬行迅速，遇到惊扰即离开所在位置或掉落地面。在云南西双版纳，夏季幼虫生长非常快。1～4龄期平均2～3天就可以蜕皮。在自然条件下，老熟幼虫就在寄主叶片下靠近叶柄处化蛹，而在人工饲养条件下，更喜在阴暗场所化蛹（陈晓鸣等，2008）。

寄主植物：三开瓢和滇南蒴莲。

29. 孔雀蛱蝶 *Inachi io* L.

分布：我国分布于秦岭淮河以北，包括东北和西北地区。

主要生物学特征：孔雀蛱蝶在吉林省东部一年2代，以成虫越冬，在自然界中，5月上旬可采到越冬成虫。成虫羽化盛期为上午5：00～8：00时，成虫喜欢高空飞翔，极不易捕捉。在晴朗的天气，喜欢访花。成虫交尾时间长，3～4h。成虫产卵时间较长，可达75min，雌蝶产卵成块状，卵块长可达12mm，最宽处8mm，厚约5mm，每块含200余粒卵。第1代卵的历期13天左右。初孵幼虫可取食卵壳，幼虫喜群聚生活，并吐丝。初龄幼虫蜕皮后，把皮和头壳残留在丝网上，极易被发现。幼虫蜕皮前，体色变暗，群聚不食不动，幼虫随着龄期增加食量也增加，1～3龄食量不大，4～5龄食量猛增。老熟幼虫有化蛹前分散寻觅化蛹地点的习性，老熟幼虫化蛹前有0.5～1天的预蛹期，可离开寄主100m以外地方化蛹。幼虫从孵化到化蛹24～30天，少数需36天。蛹草绿色至草黄色，蛹历期8～11天（袁荣才等，1993）。

寄主植物：荨麻 *Urtica* sp. 和桑科的葎草 *Humulus scandens*。

30. 黄帅蛱蝶 *Sephisa princes* Fixsen

分布：主要分布于我国西南和华南地区。

主要生物学特征：在四川峨眉，黄帅蛱蝶分布于海拔500～1600m的栎类林地，幼虫寄主是壳斗科Fagaceae栎属 *Quercus* 植物。一年1代，以3龄幼虫群栖越冬，越冬幼虫在5月下旬化蛹。成虫发生期在6～8月，以树液、腐烂水果为食。雄蝶喜在林内开阔地、林缘灌木上、山路和溪沟边活动，有占域性，飞行急速；雌蝶在较高的树叶上停息，取食阔叶树中上部枝条上流出的树液，很少下到地面。卵聚产于寄主枯叶和虫蛀叶内，30～50粒一组。幼虫绿色，群栖于寄主叶片表面直到4龄末，5龄期幼虫分散栖息。老熟幼虫在寄主叶片下化蛹。黄帅蛱蝶在西双版纳一年可能发生2或3代，也以幼虫在寄主树叶上越冬（陈晓鸣等，2008）。

寄主植物：麻栎 *Quercus acutissima* 和青冈 *Q. glauca* 等栎类植物。

31. 枯叶蛱蝶 *Kallima inachus* (Doubleday)

分布：主要产于我国西南和华南地区。《中国蝶类志》（1998 年，修订版）中记述了中国的 3 个亚种：中华亚种 *K. inachus chinensis* Swinhoe，分布于四川至江西一带的长江中下游地区；海南亚种 *K. inachus alicia* Joicey et Talbot，分布于海南；台湾亚种 *K. inachus formosana* Fruhstorfer，分布于台湾岛。

主要生物学特征：在四川峨眉，枯叶蛱蝶主要生活在海拔 500～1200m 的阔叶林地，成虫多在林内和林缘活动。枯叶蛱蝶一年可发生 2 或 3 代，以第 1、2 代为主。第 1 代发生于 3 月上旬至 8 月上旬，卵期为 4～6 天，幼虫期为 21～36 天，蛹期 10～21 天，历期第 1 代为 45～54 天；第 2 代始于 6 月上旬，由于受光照周期变化的诱导，大多数第 2 代成虫在 7 月下旬至 8 月上旬滞育，尽管此时气温还很高。极少一部分仍继续发育、交配产卵，在秋季形成数量很低的一个局部世代（第 3 代）。该局部世代的大多数幼虫能在冬季到来前化蛹并羽化成为越冬成虫，少部分会死于低温。因此，枯叶蛱蝶的越冬代实际上由两个世代的个体组成，以成虫越冬，越冬成虫于 2 月中旬开始活动，3 月上旬开始交配。

幼虫 5 龄，初龄幼虫孵化时顶破卵盖爬出，然后取食卵壳，当大量的卵堆积在一起，幼虫往往咬破侧面的卵壳爬出，不能取食卵壳。刚出卵壳的幼虫迅速爬到枝稍的嫩叶上取食，一片叶上通常只有一头幼虫。1～3 龄幼虫在嫩梢上取食。4 龄幼虫生活习性上有所改变，喜栖阴暗的地方并取食较老的叶片。5 龄幼虫开始暴食，傍晚时分取食量最大，身体迅速长大，长度可达 6cm 以上，不取食时则停息于阴暗的地面。5 龄幼虫蜕皮变蛹前停止取食，常寻找僻静、阴暗的角落，化蛹，气温高时，前蛹期只有 1～2 天，反之可持续数日，前蛹蜕皮即变成真蛹，蛹期 10～22 天，蛹不耐低温和冷藏。

在仲夏和秋初的晴天，羽化自清晨 6：30 时左右开始，14：00 时左右结束，集中在 8：00～10：30 时；阴雨天推迟 3～4h。初夏和晚秋，羽化多在 9：00～15：00 时进行。成虫在羽化后的当天不活跃，多处于停栖状态。第 2～3 天开始补充营养。自然条件下，成虫取食阔叶树干流出的渗出液或发酵水果，人工喂养时可以蜂糖水溶液为食，能满足生命需要。对酒精有强烈的趋性，加在食物中可吸引其前来取食。羽化后一至数周交配，雌成虫极少发生重复交配，雄成虫积极寻求交配机会，最多观察到 8 次交配。交配时间一般 3～5h，有时也长达 24h 以上。气温低于 19℃时，即使天气晴朗也不产卵。卵主要产在寄主附近较高的物体表面，其次是寄主成熟叶正面、嫩叶和嫩芽上，在寄主成熟叶的反面、卵分布较散，地面和树干上产的卵较少（周成理等，2005；2006）。

寄主植物：爵床科的水蓑衣 *Hygrophila salicifolia*、狗肝菜 *Dicliptera chinensis*、鳞花草 *Lepidagathis incurva*、马蓝 *Strobilanthes cusia*、耳叶马蓝 *S. auriculatus* 和顶头马蓝 *S. affinis* 等。

12.4 蜻蜓和甲虫

12.4.1 蜻蜓

蜻蜓目昆虫是一类原始有翅昆虫，通称为蜻蜓、豆娘等。多数种类体型较大或中等，也有一些体型较小。身体细长，体壁坚硬，成虫色彩大多艳丽，两对翅膜质透明，翅多横脉，翅前缘近翅顶处常有翅痣。全世界分布，尤以热带地区为多。全球已知有3亚目：差翅亚目（蜻蜓类）、束翅亚目（豆娘类）和间翅亚目，分为14科，约6500种，我国已知有400余种（随敬之和孙洪国，1986）。

蜻蜓（图12.15，彩图）为不完全变态，经历卵、稚虫、成虫3个时期，卵产在水中，稚虫营水生生活，常见于溪流、湖泊、塘堰和稻田等处，栖息于砂粒间或泥水中，稚虫为肉食性，喜食蟋蟀及蚊类幼虫，有时还有同类相残的现象发生，体型较大的稚虫还能取食小鱼和蝌蚪等。稚虫蜕皮次数因种类而异，一般10～20次，稚虫期1～2年，长者3～5年。成虫陆生，老熟稚虫出水面后爬到石头、植物上，常在夜间羽化，羽化后在空中飞翔、交配，许多蜻蜓没有产卵器。它们在池塘上方盘旋，或沿小溪往返飞行，在飞行中将卵撒落水中；有的种类贴近水面飞行，用尾“点水”，将卵产到水里。成虫在飞行中捕捉大小适宜的昆虫为食，雌虫可产卵数百至数千粒。雌虫卵产于水面或水生植物体内。成虫飞行迅速敏捷，喜欢在稚虫生活的环境附近活动。蜻科昆虫多在开阔地的上空飞翔。蜓科的昆虫为肉食性，常在黄昏时出来捕食蚊类、小型蛾类、叶蝉等，是一类可利用的益虫。

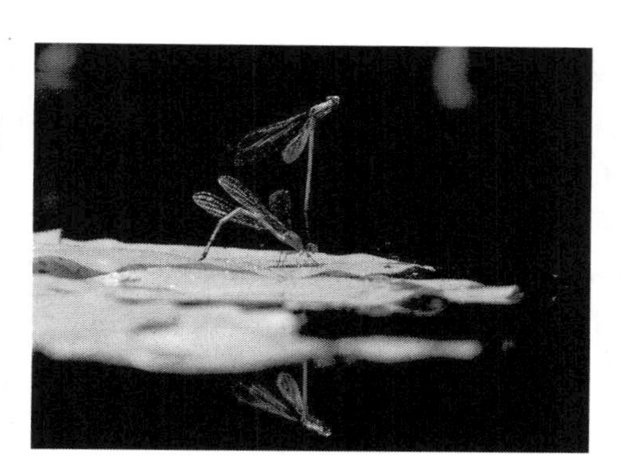

图12.15 蜻蜓

蜻蜓有的种类体型较大，雄伟挺拔，具有较宽的翅膀和彩色条纹，如黄斑宽套大蜓 *Chlorogomphus papilio*、双斑巨圆臀大蜓 *Anotogaster kuchenbeiseri*、巨圆臀大蜓 *Anotogaster sieboldii*、闪蓝丽大蜻 *Epophthalmia elegans* 等；有的色彩丰富，绚丽多姿，如截斑脉蜻 *Neurothemis tullia tullia*、斜斑脉蜻 *Neurothemis tullia feralis*、斑丽翅蜻 *Rhodothemis variegata variegata*（Linnaeus et Johansson）、红蜻蜓 *Crocothemis servilia* Drung等；有的纤细柔弱，婀娜多姿，如欧洲瑞青豆娘 *Calopteryx splendens*、透顶色蟌 *Agrion grahami*、贞色蟌 *Agrion virgo*、心斑绿蟌 *Enallagama cyathigerum* 等，不胜枚举。蜻蜓轻盈善舞，多彩多姿，具有很高的观赏价值。蜻蜓透明和多色彩的翅不仅具有很高的观赏价值，在做书签、工艺品、做画等方面具有很高的经济价值。

12.4.2 甲虫

鞘翅目昆虫因体壁坚硬，特别是前翅角质化，统称为甲虫，是昆虫纲中最大的一个目。世界记载约33万种，占已记载得昆虫总数的1/3，中国已知约近7000种。甲虫分布广泛，在陆地、空中和各种水域均有分布，陆生种类最多。甲虫的食性较复杂，有腐食性、粪食性、尸食性、植食性、捕食性和寄生性等多种食性。大多数植食性的种类是农林业的重要害虫，如天牛、小蠹虫等。捕食性的甲虫中，有很多是对人类有益的，如瓢虫科、步甲科和虎甲科等的一些甲虫。不少甲虫具有十分重要的医药价值，如芫菁科的一些甲虫能分泌芫菁素（亦称斑蝥素），可以用来治疗某些癌症。有的甲虫是重要的环境昆虫，可以清洁环境中的动物粪便，如 *Canthon pilularius*、*Onthophagus gazella* 能将草原上的畜牧粪便清理到土壤中，减少了草原污染和畜牧疾病的传染，具有重要的生态和经济价值。

甲虫形态千奇百怪，色彩斑斓，不少种类具有较高的观赏价值，体型较大，威武雄壮的有帝锹甲 *Rhaetulus didieri*、山锹甲 *Cyclommatus montanellus*、拉科齿颚锹甲 *Odontolabis lacordairei*、大剑齿黑锹甲 *Odontolabis bellicose*、长颚锹甲 *Prosopocoilus giraffa*、叉颚锹甲 *Prosopocoilus elephus*、茶色长臂金龟 *Euchirus longimanus*、双犄角兜虫 *Dynastes gideon* 等；形态怪异，奇特的有群斑带花金龟 *Taeniodera coomani*、宽带丽花金龟 *Euselates tonkinensis*、藏龟铁甲 *Cassidispa femoralis*、黄黑趾铁甲 *Dactylispa xanthospila*、并蒂掌铁甲 *Platypria aliena*、狭叶掌铁甲 *Platypria alces*、素带台龟甲 *Taiwania postarcuata*、老街锯龟甲 *Basiprionota laotica*、云南梳龟甲 *Aspidomorpha yunnana*、甘薯腊龟甲 *Laccoptera quadrimaculata* 等；色彩斑斓的有水天牛 *Pseudomyagrus waterhseiou*、彩虹长臂天牛 *Acrocinus longimanus*、紫粪金龟 *Phanaeus lancifer*、花金龟、丽金龟等，还有半翅目 Hemiptera 的盾蝽（图 12.16，彩图；图 12.17，彩图）和各类萤火虫等。

图 12.16　尼泊尔宽盾蝽 *Poecilocoris nepalensis*

图 12.17　油茶宽盾蝽 *Poecilocoris latus*

主要参考文献

蔡月仙，廖森泰，吴福泉等 . 2003. 金裳凤蝶和裳凤蝶的人工饲养观察 . 广东农业科学，(5)：51～53

陈汉林，黄永生 . 1993. 中华宽尾凤蝶的生物学特性 . 浙江农业大学学报，19 (2)：128

陈汉林，王根寿，黎氏青 . 1997. 凤蝶的初步研究 . 森林病虫通讯，1：35～36

陈晓鸣，周成理，史军义等．2008. 中国观赏昆虫．北京：中国林业出版社

陈永佳，陈锡昌．1997. 金裳凤蝶与裳凤蝶的生物学观察．昆虫天敌，19（2）：55～58

陈志兵，顾凌云，裴恩乐等．2004. 麝凤蝶的发育起点温度和有效积温．昆虫知识，41（5）：480～482

陈志兵，裴恩乐，段华荣等．2002. 麝凤蝶形态观察及生物学特性．昆虫知识，39（2）：141～143

陈志兵，裴恩乐，俞渊等．1998. 玉带凤蝶的饲养和繁殖研究．上海农学院学报，16（3）：204～208

胡翠，吴晓晶，王选民．1992. 珍稀濒危昆虫中华虎凤蝶的生物学．昆虫学报，35（2）：195～199

黄光斗，晏坤乾，周伟等．2002. 裳凤蝶污斑亚种的生物学特征．昆虫知识，39（3）224～226

姜双林．2001. 山楂绢粉蝶的生物学及防治．昆虫知识，38（30）：198～199

卢东升．1999. 信阳地区柑橘凤蝶生物学特性．昆虫知识，36（5）：286～288

刘光华，曾玲．1999. 碎斑青凤蝶及鹤顶粉蝶幼期形态描述及生物学特性研究初报．仲恺农业技术学院学报，12（4）：43～46

吕龙石，金大勇，朴锦．2004. 温度与光周期对麝凤蝶生长发育的影响．昆虫知识，41（6）：572～574

潜祖琪，童雪松．1998. 铁木剑凤蝶的生物学习性观察．昆虫知识，35（5）：267～269

随敬之，孙洪国．1986. 中国习见蜻蜓．北京：中国农业出版社．1～328

童雪松，潜祖琪．1991. 中华虎凤蝶的生物学特性观察．动物学研究，13(2)：4～24

王海松，何学友，杨希等．2000. 统帅青凤蝶生物学特性的初步研究．福建林业科技，27（2）：55～57

王金平，卢东升．1998. 信阳麝凤蝶人工饲养初步观察．信阳师范学院学报（自然科学版），11（3）：278～230

吴伟，蔡村旺，陈静．2003. 红锯蛱蝶生物学特性研究．西南林学院学报，23（4）：54～57

武春生．2001. 中国动物志：昆虫纲·鳞翅目·凤蝶科．北京：科学出版社

杨萍，刘琼，吴平辉等．2006. 金裳凤蝶 *Troides aeacus*（Felder et Felder）生物学特性．重庆林业科技，(3)：13～14

余德松，冯福娟．2003. 木兰青凤蝶生物学特性研究．中国森林病虫，22（6）：17～20

袁荣才，李晓光，罗森．1998. 长白山区丝带凤蝶的研究．农业与技术，18（3）：37～42

袁荣才，李晓光，王晓强等．1996. 长白山区绿带翠凤蝶研究初报．吉林农业科学，2：92～95

袁荣才，张富满，文贵柱等．1993. 孔雀蛱蝶研究初报．吉林农业科学，3：36～38

袁荣才，宗秋菊，袁雨．2000. 长白山区金凤蝶的研究．农业与技术，20（1）：36～41

袁雨，宗秋菊，周剑锋等．2003. 长白山区麝凤蝶的研究．农业与技术，23（5）：81～83

张潮巨，卢福生，陈顺立等．1991. 中国宽尾凤蝶的研究．福建林学院学报，11（1）：59～66

周成理，史军义，陈晓鸣等．2006. 枯叶蛱蝶规模化人工繁育研究．北京林业大学学报，28（5）：107～113

周成理，史军义，易传辉等．2005. 枯叶蛱蝶 *Kallima inachus* 的生物学研究．四川动物，24（4）：445～450

周尧．1998. 中国蝶类志（修订版）．郑州：河南科学技术出版社．1～402

Fincher G T, Wang G T. 1992. Injectable moxidectin for cattle-effects on 2 species of dung burying beetles (Coleoptera, Scarabaeidae). Southwest Entomol, 17: 303～306

Fincher G T. 1981. The potential value of dung beetles in pasture ecosystems. J Georgia Entomol Soc, 16 (1): 316～333

Habeck D H, Bennett F D, Frank J H. 1990. Classical biological control in the southern United States. Southern Cooperative Series Bulletin, (355): 1～8

Hogue C. 1987. Cultural entomology. Annual Review of Entomology, 32: 181～199

Holter P, Strong L, Wall R et al. 1994. Effects of ivermectin on pastureland ecology. Veterinary Record, 135: 211～212

Igarashi Suguru（五十岚 迈）. 1979. Papilionidae and their early stages. Tokyo: Kodansha Limited

Igarashi Suguru（五十岚 迈）, Haruo F. 1997. The life histories of Asian butterflies. Vol. 1. Tokyo: Tokai University Press

Igarashi Suguru（五十岚 迈）, Haruo F. 2000. The life histories of Asian butterflies. Vol. 2. Tokyo: Tokai University Press

第 13 章　昆虫与环境

13.1　昆虫在环境中的作用

在长期的自然进化中，昆虫为适应环境形成了许多独特的环境适应机制，昆虫既是生态系统中的捕食者，又是被捕食者，同时还扮演分解者。在食物网中，植物和其他生物为昆虫的生存和繁衍提供了丰富的食物资源，作为一级消费者，昆虫取食植物和其他小动物；同时昆虫本身又是二级生产者，为其他动物的食物资源；昆虫的腐食习性使之又成为分解者，作为分解者，昆虫可以起到清洁环境，促进生态系统的营养循环等作用；在维持生态系统平衡中扮演着主要的角色。在地球演变和进化过程中，昆虫以其独特的方式去感知环境，适应环境。昆虫种类繁多，在环境的压力下，形成了千变万化的适应机制，这些特性为人类提供了可利用的资源，如昆虫对环境特殊适应和感知能力可为人类检测环境质量、预测气候变化等提供可能。

在食物网中，昆虫作为重要的组成部分，在生态系统中扮演着不可忽略的作用。昆虫从食性上可分为植食性（phytophagous）、肉食性（carnivorous）和腐食性（saprophagous）三大类。据估计，腐食性昆虫占昆虫总种数的 17.3 %。昆虫既取食植物、捕食其他昆虫和小动物，还取食腐败的动物尸体和植物有机体，有的昆虫甚至还取食金属和塑料。所以，昆虫在生态系统中既是捕食者，又充当分解者。昆虫的腐食食性又可以细分为：取食死的有机物质，如植物的根、腐烂的植物等；取食动物粪便（其中含有大量的有机物质）；取食动物尸体；取食森林中的枯立木等。昆虫的腐食者特性，在生态循环中有清理环境、促进营养循环的作用。在森林生态系统中，昆虫帮助分解动植物有机体，分解森林中的枯朽木；在牧场生态系统中，昆虫分解畜牧粪便；在农村有机肥的堆积过程中，参与和促进有机物的分解；在城市垃圾处理中，可以清理腐败有机物质，加速垃圾分解。昆虫的腐食习性对环境有益，能促进系统中的营养循环，昆虫的这种习性逐渐受到人类的重视，并利用到环境保护中。通常将这类能分解有机物质、清洁环境的腐食性昆虫称为环保昆虫。常见的这类昆虫主要是鞘翅目的金龟子成虫和幼虫、皮蠹虫、埋葬虫、蝇类幼虫等。

昆虫对环境变化十分敏感，利用昆虫对环境污染的不同的忍耐程度，可以指示环境质量，检测环境变化。例如，利用水生昆虫对环境污染的忍耐程度不同，反映出水生环境的质量，所以水生昆虫可以用于指示河流、水库、湖泊等水体质量。通常选择水生昆虫作为指示昆虫常见种类有石蚕、蜉蝣、石蛉、蜻蜓幼虫等。

昆虫独特的感觉机能和对环境的敏感性远远超过人类，昆虫能感知许多人类不能感知的变化。许多昆虫在环境变化前会产生一些独特的变化，如白蚁成虫飞行出巢、蜻蜓低飞捕食等预示有大雨或暴雨降临。这些特性可以用于预测环境气候变化，利用昆虫对环境的感知能力预测自然灾害，如暴雨、干旱、泥石流，甚至地震预测都不是不可能的，这方面的研究还十分薄弱，涉及的研究不多。

13.2　昆虫的腐食性与环境保护

昆虫的许多行为和机能都有可能作为资源利用，昆虫的食性也可以作为资源利用。昆虫的腐食性特征使昆虫成为大自然一类特殊的分解者。据估计，大约有 1/5 的昆虫具有腐食性，昆虫具有种类多，种群数量大，繁殖迅速等特征，所以，昆虫作为分解者，与微生物一样，在生态系统的物质循环和能量流动中的作用不可忽视。

图 13.1　粪金龟推粪球

地球上已知的金龟子种类有 80 000 多种，不少金龟子是腐食性的。通常将取食动物粪便的一类金龟子统称为粪金龟(图 13.1，彩图)，粪金龟种类繁多，在分类上分属于鞘翅目不同的科中，主要分布于蜣螂科 Scarabaeidae 和粪蜣科 Geotrupidae 两个科中。这类金龟子主要取食动物粪便，对环境保护，尤其是对草原生态系统的保护，具有重要意义。粪金龟有取食动物粪便的独特习性，喜欢取食粪便中的“汁液”，将粪便埋入地下的特性主要是为了保持粪便的湿度和产卵繁殖后代。不同种的粪金龟挖掘的洞穴深浅不一，从十多厘米到几十厘米不等。粪金龟取食动物粪便的习性可以细分为三类：一类是雌雄一起滚粪球，将粪球推走，远离粪堆，然后埋入土中，如 *Canthon pilularius*；另一类是在粪堆底部或粪堆边缘埋粪球，如羚羊粪蜣 *Onthophagus gazella*；还有一类是生活在粪便中，基本上不挖坑埋粪便，如 Aphodiidae 科的多数种类有这样的习性。澳大利亚科学家观察到，最多的一堆粪便上有 100 多只粪金龟，几小时内将粪便全部埋入地下（Fincher，1981，1992；Fincher and Wang，1992；Holter et al.，1994；Habeck et al.，1990）。

粪金龟一般为中大型昆虫，但不同种类体型变化较大，2～60mm 不等。体色通常为黑色至棕红色，一般雄虫体型大于雌虫。粪金龟有较强的飞行能力，可以飞行 16km 去觅食。雌虫在一个粪球上产一粒卵，然后封住洞口让卵孵化，一般一个星期，卵就能孵化幼虫，幼虫能取食粪球的 40%～50%。在理想条件下，幼虫平均在 3 周内化蛹和出现成虫，并出洞，开始觅食，滚粪球、挖坑和埋粪球，这些新的成虫一般 2 周后繁殖，6 周后又产生新一代。降雨量和温度是影响粪金龟生长发育的主要因素，雨量多、温度高，可以促进粪金龟生长。大多数粪金龟是喜欢湿度高的环境，也有一些种类在干旱环境中生活，如 *Euoniticellus intermedius*（Behrens，1994）。

粪金龟在草原生态系统中扮演十分重要的角色，粪金龟清除畜牧粪便，可以清洁环境，减少由粪便滋生的卫生昆虫，如减少角蝇 *Haematobia irritans* 和秋家蝇 *Musca autumnalis* 的种群数量，阻断这些昆虫对疾病的传播，减少由粪便导致草原和水源污染而产生的畜牧寄生虫病（Knutson，2000）。粪金龟埋粪的特殊行为还可以改善土壤结构，促进氮等营养循环（Lumaret and Errouissi，2002）。美国科学家（Patricia and Richardon，2000）研究了粪金龟与土壤的关系，在俄克拉何马州的多个试验点观察羚羊粪蜣 *Onthophagus gazella* 对土壤的作用，观察结果表明，粪金龟每天埋葬粪便大约 2.5t/hm^2，平均增加水分渗透 129%，每公顷土壤大约多吸收41 705L 的水（表 13.1）。粪金龟的活动使土壤结构发生改变，有利于土壤蓄水和排水，减少了洪涝和干旱的威胁。粪金龟的活动促进了氮等营养循环，科学家观察了两种粪金龟羚羊粪蜣 *O. gazella* 和 *O. taurus* 活动对土壤营养的改变，结果表明，有粪金龟参与活动的土壤的 P、K、Mg 和阳离子总和的含量明显增加（Knutson，2000）（表 13.2）。在草原生态系统中，粪金龟不仅有生态效益，而且还具有重大的经济价值，据 Fincher（1981）计算粪金龟潜在的价值，认为粪金龟在一年迅速埋畜牧粪便所产生的总的潜在价值可以从增加牧草、氮循环、减少疾病和减少害虫 4 个方面来计算，总价值在 20 亿美元以上（表 13.3）。一些学者认为，这个计算还不全面，如环境效益、美学价值等没有估算在内，粪金龟的价值还应该更高，应该作为一类重要的昆虫资源加以保护和利用。但在草原的管理中，粪金龟的价值往往被忽略，为了获得看得见的效益，大量的化学农药和兽药在使用，杀虫剂、除草剂、杀菌剂、兽药等的大量使用使粪金龟的数量明显减少（Floate，1998；Patricia and Richardson，2000）。

表 13.1　粪金龟活动的 6 个点的水渗透率（Patricia and Richardson，2000）

试验地	对照/（in/h）	埋粪/（in/h）	超过对照/（in/h）	超过对照的百分比/%
1	2.25	6.35	4.10	182
2	2.55	11.38	8.83	346
3	10.75	17.19	6.44	60
4	2.76	3.92	1.16	42
5	10.75	17.39	6.64	62
6	1.50	2.74	1.24	83
平均	5.09	9.83	4.74	129

注：in/h 指英寸/小时

表 13.2　粪金龟活动后的土壤状况分析（$p<0.01$）（Matt et al.，2004）

处理	P /(mg/dm^3)	K /(meq/100cm^3)	Mg /(meq/100cm^3)	阳离子总和 /(meq/100cm^3)
沙土一肥土 预处理	99.40	0.08	0.53	1.66
沙土一肥土＋粪便	174.73	0.18	0.87	2.64
沙土一肥土＋粪便＋*O. gazella* 羚羊粪蜣	204.57	0.25	1.06	3.35
沙土一肥土＋粪便＋*O. taurus*	196.01	0.23	0.98	3.04

注：meq/100cm^3 指毫克当量/100cm^3

表13.3　粪金龟一年迅速埋畜牧粪便所产生的总的潜在的价值（单位：美元）

1. 增加牧草	肉牛	603 196 580
2. 氮循环	肉牛	208 164 384
3. 减少寄生虫病	肉牛	428 061 500
	奶牛	163 937 690
	其他畜牧	150 000 000
4. 减少害虫		515 000 000
总价值		2 068 360 154

资料来源：Fincher，1981

利用昆虫的腐食性来清洁环境的一个成功的例子是，利用粪金龟清理澳大利亚牧场的畜牧粪便的实践。澳大利亚是世界畜牧业大国，由于大规模地草场放牧，产生了大量的粪便，使得草原上畜牧粪便成灾，到处弥漫着臭味，污染了草原，滋生了大量的苍蝇，苍蝇传播疾病，导致牲畜疾病，严重地影响了澳大利亚畜牧业发展。当地的金龟子主要取食干硬的袋鼠粪，不食牛粪。由于缺乏分解者，牛粪在草原上风干硬化，多年都难以分解，牛粪覆盖并破坏大面积草原，形成草原上的一块块秃斑。每年被毁的牧场竟达3600万亩。1979年，澳大利亚引入了羚羊粪蜣 *O. gazella* 和神农蜣螂 *Catharsius molossus* 等粪金龟，成功地解决了草原污染问题。由于蜣螂有一个独特的习性，喜欢以畜牧粪便为食，蜣螂的头前长着一排坚硬的角，可以将畜牧粪便推成团，不断将粪球越滚越大，然后挖坑将粪球藏进地下洞中，蜣螂的这一特性是在为繁殖后代做准备，粪球藏入洞中后，蜣螂在上面产卵，幼虫孵化后，取食粪球。据实验报道，两头蜣螂能将100g牛粪在30～40h内滚成球，埋入土层里。蜣螂在适合的环境中，繁殖速度快，很快形成较大的种群数量，由于这种特性，很快地将草原上的畜牧粪便清理一空，粪便转入地下后，不仅清除了草原的污染，减少疾病发生，同时，粪便在地下通过蜣螂取食和消化后，加上微生物的分解，形成肥力较高的农家肥，使草场更加肥沃和茂盛，促进了畜牧业的发展（Fincher，1981；1992；Holter et al.，1994；Habeck et al.，1990）。

蜣螂属于粪金龟的一种类型，蜣螂在分类学上属于鞘翅目蜣金龟科（或称黑蜣科和蜣螂科），是鳃角类甲虫中较小的类群之一。全球已知近600种，我国已记录5属9种，多数分布于热带地区。蜣螂较大，体较狭长扁圆，鞘翅背面常较平，全体黑而亮。头部前口式，头背面多凹凸不平，有多个突起。上唇显著，上颚有1枚可活动的小齿，下唇颏深深凹缺，下颚外颚叶钩状。触角10节，常弯曲不呈肘形，末端3～6节栉形。前胸背板大，小盾片不见。鞘翅有明显的纵沟线。腹部背面全为鞘翅覆盖。

昆虫在森林生态系统中，除了人类熟知的作为消费者，取食植物，破坏森林外，还扮演分解者的作用，昆虫参与大量的森林有机物质的分解，分解动物尸体、植物枯木及残余有机物质，促进物质循环和能量流动。这一类昆虫以分解长势较差的不健康林木和枯木为主，主要是蛀干甲虫。一般认为这类昆虫是一类潜在巨大危害的昆虫，在局部地区来说，特别是一些质量较差的人工林，容易大面积发生蛀干甲虫，引起重大损失；这类昆虫的另外一个潜在的威胁是，通常昆虫携带病源微生物，林木本身健康状况就差，更为病菌的侵入提供了可趁之机，导致森林大面积毁害，但在健康的森林中，很少发生这类虫灾。尽管这类昆虫对森林有潜在的威胁，但它们在森林生态系统中的分解者作用却不容忽略。这类昆虫能取食和分解不健康林木和枯立木，能分解一般的微生物，如真菌和细菌等不易分解的枯立木，能改善土壤条件，加速森林中养分的循环和再利用。对这类昆虫在森林生态系统中作用越来越得到肯定，美国佐治亚大学的 G. Csóka（1999）指出，蛀干性昆虫（xylophagous insect）在森林生态系统中作为分解者的重要功能不能忽略，应该科学地评价这类昆虫在养分循环中的价值。

在农业上，一般认为微生物是农家肥的发酵和熟化的主要原因，实际上，昆虫在农家肥的形成过程中也起到不小的作用，特别是对一些腐败有机物的取食，加速了农家肥形成，而微生物要分解这些有机物质需要更长时间，常见的这类分解粪便的昆虫有金龟子、丽蝇科和水虻科昆虫。吴珍泉（1997）研究了取食猪粪的腐食性昆虫，诱集到取食猪粪的昆虫 10 多种，1 种丽蝇和 2 种水虻是取食和分解猪粪的优势种。在城市生态系统中，昆虫对城市垃圾处理也有很大作用，昆虫可以加速垃圾中的有机物质的分解，从而达到清洁环境的作用。昆虫的这类作用与环境保护有关，所以又将有腐食性、对环境保护有益的昆虫称为环保昆虫。

13.3 水生昆虫作为环境评价的指示生物

昆虫对其生存的环境质量非常敏感，昆虫对环境污染忍耐度不同，有的昆虫只能生活在较洁净的环境，有的昆虫能忍耐有一定污染的环境，利用昆虫对环境污染敏感的特性，在环境监测和保护中，水生昆虫常常作为指示生物来判断环境质量。在江、河、湖泊中，生物与水体污染程度有非常直接的关系，能反映水体的质量，通常可以用昆虫、藻类、蜉蝣生物、软体动物等检测水体质量，由于昆虫容易捕捉和辨别，所以水生昆虫通常作为判断水体质量的指示生物。

利用水栖生物指标来评价水体质量是由德国科学家 Kolkwitz 和 Marson（1971，1975）提出，由 Liebmann、Beck、Tsuda、Cairns 和 Dickson、Hilsenhoff 等学者发展而形成的。全世界采用水生昆虫来评价水体质量已经成为一个较成熟的方法，各国采用的方法有所不同。常见的有快速生物评估法（rapid bioassessment protocol，RBP）（Plafkin et al.，1989）和科级生物指数评估法（Family biotic index，FBI，Hilsenhoff）（1988）等方法。

快速生物评估法（RBP）：在美国，水质监测方法主要采用 Plafkin 等所提出的快速生物评估法，这个方法通常采用蜉蝣目、 翅目和毛翅目丰富度（Ephemeroptera、Plecoptera and Trichoptera，EPT 丰富度）来评价水体质量，一般认为，快速生物评估法的优点为：反映了多重压力下所积累的环境影响，而不只是反映水的质量；生物群落状况既反映短期又反映长期的影响，可以直接评估水资源状况；可以依据地域性的相关状况来分析和解释生物状况；方法较简单，容易量化和标准化；成本较低，方便实施（Hilsenhoff，1977，1988；Resh，1995；Somers et al.，1998；Barbour et al.，1999）。

科级生物指数评估法（family biotic index，FBI）是一种数值计算的方法，较简单，采用昆虫对环境的忍耐性来反映水体质量（表13.4、表13.5），根据不同科或种水生昆虫对污染的忍耐程度，将昆虫的忍耐值分为1～10，高的分值表示污染忍耐程度较高，分值低表示不忍耐污染，统计和分析该科昆虫在整个水栖昆虫群聚中的相对数量，统计生物指数，配合其他生物指标来综合分析水体质量和污染状况（表13.6）（Hilsenhoff，1981，1982，2001，1987；Lenat，1993；Plafkin et al.，1989；Zhou and Zheng，2004）。

表 13.4　忍耐值表(Hilsenhoff，1988)

目	科	忍耐值	科	忍耐值
Plecoptera　翅目	Capniidae 黑石蝇科(黑　科)	1	Perlidae　科	1
	Chloroperlidae 黄石蝇科(绿　科)	1	Perlodidae 网石蝇科(网　科)	2
	Leuctridae 卷石蝇科(卷　科)	0	Pteronarcidae 大石蝇科(大　科)	0
	Nemouridae 短尾石蝇科(叉　科)	2	Taeniopterygidae 冬石蝇科(带　科)	2
	Peltoperlidae 扁石蝇科(扁　科)	?		
Ephemeroptera 蜉蝣目	Baetidae 四节蜉蝣科	4	Metretopodidae 长跗蜉科	2
	Baetiscidae 圆裳蜉科	3	Oligoneuriidae 寡脉蜉科	2
	Caenidae 细蜉科	7	Polymitarcyidae 多脉蜉科	2
	Ephemerellidae 小蜉科	1	Potamanthidae 河花蜉科	4
	Ephemeridae 蜉蝣科	4	Siphlonuridae 短丝蜉科	7
	Heptageniidae 扁蜉科	4	Tricorythidae 毛蜉科	4
	Leptophlebiidae 细裳蜉科	2		
Odonata 蜻蜓目	Aeshnidae 蜓科(晏蜓科)	3	Gomphidae 箭蜓科	1
	Calopterygidae 色蟌科(珈蟌科)	5	Lestidae 丝蟌科	9
	Coenagrionidae 蟌科(细蟌科)	9	Libellulidae 蜻蜓科	9
	Cordulegastridae 大蜓科(勾蜓科)	3	Macromiidae 大蜻科	3
	Corduliidae 伪蜻科	5		
Trichoptera 毛翅目	Brachycentridae 短石蛾科	1	Molannidae 细翅石蛾科	6
	Glossosomatidae 舌石蛾科	0	Odontoceridae 齿角石蛾科	0
	helicopsychidae 钩翅石蛾科	1	Philopotamidae 等翅石蛾科	3
	Hydropsychidae 纹石蛾科	4	Phryganeidae 石蛾科	4
	Hydroptilidae 小石蛾科	4	Polycentropidae 多距石蛾科	6
	Lepidostomatidae 鳞石蛾科	1	Psychomyiidae 管石蛾科	2
	Leptoceridae 长角石蛾科	4	Rhyacophilidae 原石蛾科	0
	Limnephilidae 沼石蛾科	4	Sericostomatidae 毛石蛾科	3
Megaloptera 广翅目	Corydalidae 齿蛉科	0	Sialidae 泥蛉科	4
Lepidoptera 鳞翅目	Pyralidae 螟蛾科	5		
Coleoptera 鞘翅目	Dryopidae 泥甲科	5	Psephenidae 扁泥甲科	4
	Elmidae 溪泥甲科	4		
Diptera 双翅目	Athericidae 伪鹬虻科	2	Psychodidae 毛蠓科	10
	Blepharoceridae 网蚊科	0	Simuliidae 蚋科	6

续表

目	科	忍耐值	科	忍耐值
Diptera 双翅目	Ceratopogonidae 蠓科	6	Muscidae 蝇科	6
	Chironomidae 摇蚊科	8	Syrphidae 食蚜蝇科	10
	Chironomidae 摇蚊科	6	Tabanidae 虻科	6
	Dolichopodidae 长脚虻科	4	Tipulidae 大蚊科	3
	Empididae 舞虻科	6		
	Ephydridae 水蝇科	6		
Amphipoda 端足目	Gammaridae 钩虾科	4	Talitridae 击钩虾科	8
Isopoda 等足目	Asellidae	8		

注:“?”表示忍耐值未定

表 13.5 一些蜉蝣昆虫的忍耐值 (Zhou and Zheng, 2004)

分类	在中国已知或可能分布	忍耐值
Austremerellidae 澳洲小蜉科		
Vietnamella 越南蜉属	南部、中部	很低 (0～0.5)
Baetidae 四节蜉蝣科		
Acentrella 小鲤蜉蝣属	—	3.6*
Baetis 四节蜉属	全国	1.2～8.0*
Centroptilum 刺翅蜉属	—	6.3*
Cloeon 二翅蜉属	全国	7.4*
Caenidae 细蜉科		
Brachycercus 短尾蜉属	南部、西部、东北部	3.5*
Caenis 细蜉属	全国	7.6*
Clypeocaenis 突唇蜉属	南部	中等 (3.5～5.0)
Ephemerellidae 小蜉科		
Cincticostella 带肋蜉属	全国	低 (0～1.0)
Drunella 弯握蜉属	北部、西部	0～1.3*
Ephacerella 锐利蜉属	全国	很低 (0～0.5)
Ephemerella 小蜉属	北部	0～4.0*
Serratella 锯形蜉属	全国	0～2.7*
Torleya 大鳃蜉属	全国	很低 (0～0.5)
Uracanthella 天角蜉属	全国	低至中等 (1.5～4)
Ephemeridae 蜉蝣科		
Ephemera 蜉蝣属	全国	0～2.2*
Heptageniidae 扁蜉科		
Afronurus 亚非蜉属	全国	中等 (3.0～5.0)
Cinygma 动蜉属	—	很低 (0～0.5)
Cinygmina 拟动蜉属	全国	中等 (3.0～5.0)
Cinygmula 微动蜉属	西部	0*

续表

分类	在中国已知或可能分布	忍耐值
Ecdyonurus 扁蚴蜉属	—	低（0～1.0）
Epeorus 高翔蜉属	全国	1.0～2.0*
Heptagenia 扁蜉属	全国	0.5～2.8*
Paegniodes 自赞蜉属	南部	很低（0～0.5）
Rhithrogena 溪颏蜉属	全国	0～0.4*
Thalerosphyrus 短丝蜉属	南部	很低（0～0.5）
Isonychiidae 等蜉科		
Isonychia 等蜉属	全国	3.8*
Leptophlebiidae 细裳蜉科		
Choroterpes 宽基蜉属	全国	很低（0～0.5）
Choroterpides 似宽基蜉属	南部	低（0～1.0）
Habrophlebiodes 柔裳蜉属	南部	很低（0～1.0）
Isca 伊氏蜉属	南部	很低（0～0.5）
Leptophlebia 细裳蜉属		6.4*
Paraleptophlebia 拟细裳蜉属	北部、中部	1.2*
Thraulus 思罗蜉属	南部	低（0.5～1.5）
Neoephemeridae 新蜉科		
Neoephemera 新蜉属	西部	2.1*
Potamanthellus 小河蜉属	全国	高（5～7）
Oligoneuriidae 寡脉蜉科		
Oligoneuriella 寡脉蜉属	东北部	很低（0）
Palingeniidae 褶缘蜉科		
Anagenesia 禽基蜉属	东北部	很低（0）
Polymitarcidae 网脉蜉科		
Ephoron 埃蜉属	南部	1.5*
Potamanthidae 河花蜉科（花鳃蜉科）		
Potamanthus 河花蜉属	全国	1.6*
Rhoenanthus 红纹蜉属	全国	低（1.0～1.5）
Prosopistomatidae 鲎蜉科		
Prosopistoma 鲎蜉属	南部、中部	很低（0）
Siphlonuridae 短丝蜉科		
Ameletus 属	北部、西部	2.1*
Siphlonurus 短丝蜉属	北部、西部	2.6*
Teloganodidae 晚蜉科		
Teloganodes 晚蜉属	南部	很低（0～0.5）

注：表中资料来源于周长发公开未发表资料。“—”表示未知，但有可能在中国分布

* 数据来自北加利福尼亚蜉蝣昆虫分类（Lenat，1993）

表 13.6　FBI 的分值解释（Hilsenhoff，1988）

FBI	水质	有机污染的程度
0.00～3.5	优	无明显的有机污染
3.51～4.5	很好	可能有轻微的有机污染
4.51～5.50	好	有一些有机污染
5.51～6.50	较好	相对重的有机污染
6.51～7.50	较差	严重的有机污染
7.51～8.50	差	非常严重的有机污染
8.51～10.00	非常差	特别严重的有机污染

河流平均污染忍耐值的计算公式：

$$\mathrm{FBI} = \sum \mathrm{TV}_i n_i / N$$

式中，TV_i＝每一个种的忍耐值；n_i＝种的个体数量；N＝采集的个体总数。

水生昆虫用于环境监测已经较为成熟，国外发达国家普遍使用，我国的水环境监测中也采用水生昆虫作为一个重要的指标。我国在水环境监测规范《中华人民共和国行业标准 SL219—98 条文说明》中的第 7 条生物监测中明确提出："底栖动物是指栖息在水体底部的静水沉积物内、流水石块或砾石表面或其间隙中的大型无脊椎动物，主要指水生昆虫、大型甲壳类、软体动物、环节动物等；着生生物是指生长在浸存于水中各种基质表面上的生物群落，主要是藻类、原生动物和轮虫类等；水生维管束植物是指生长、扎根于水底的挺水植物、沉水植物、浮叶植物以及浮漂水面的高等植物等"。在中国水生昆虫已经作为一个重要的指标来利用。中国台湾在环境评价标准中，也采用水生昆虫作为一个重要的评价指标。台湾对水生昆虫的调查结果表明，水生昆虫按照水体质量反映出不同的种类，一般在未受污染的水体中，常见的水上昆虫种类有流石蚕、长须石蚕、网蚊、泽蟹、扁蜉蝣、石蝇等。在轻度污染的水体中，常见的水生昆虫种类有扁泥虫、双尾小蜉蝣、流石蚕、豆娘幼虫、石蛉、蜻蜓幼虫等。在严重污染的水体中，常见的水生昆虫种类有水蛭、姬蜉蝣、红虫、管尾虫等。不少生活在水中、石头下的水生昆虫的幼虫，反映水体质量更为精准。水上昆虫的种类是反映水体质量的重要指标，昆虫的数量也是代表水体质量的因素，所以在水体质量监测和评价中，昆虫的种类和数量都有很大的参考作用。

13.4　昆虫与自然现象的预测预报

昆虫能感知环境的细微变化，对环境的变化特别敏感，会产生不同的反应。昆虫行为变化、体色变化、种群数量的变化、迁飞等特征都与气候变化紧密相关。这些细微的特点有着不平凡的作用，可以广泛地应用于气象预测预报，甚至可以应用于一些重大灾害的预测预报，遗憾的是这方面的研究较少，尚未引起足够重视。

我国民间用昆虫的一些现象来预测天气，有较好的效果，作为一种常见的物候现象被民间所利用，如白蚁成虫飞行出巢、蜻蜓低飞捕食都是大雨或暴雨降临的先兆。蚂蚁对气候的变化也特别敏感，它们能预感到未来几天内的天气变化，如小黑蚂蚁外出觅食，巢门不封口，预示24h之内天气可能为晴天；蚂蚁下午5：00时仍不回巢，黄蚂蚁含土筑坝，围着巢门口，估计四五天后有连续四天以上阴雨；大黑蚂蚁筑坝、迁居、封巢，小黑蚂蚁连续四天筑坝，预示未来将有一次冷空气到来；大黑蚂蚁间断性筑坝三天以上，并有爬树、爬竹现象，黄蚂蚁含土筑坝，有升温、升湿、降压等现象，未来48h有一次大雨或暴雨；大黑蚂蚁从树上搬迁到阴湿地方，并将未孵化的卵一起搬走，预示未来有较长时间干旱。蜣螂在夜间外出活动，寻找食物，预示第二天仍旧是个晴天。如果蜣螂夜间躲在洞里不肯出来，可能不久将会有大雨来临。国外也有类似的民间传说，如蟋蟀的鸣叫声可以反映气候的变化，认为蟋蟀的鸣叫声减少预示着将变为阴天；一种灯蛾 *Isia isabella* 的体毛会随着环境湿度变化而改变，湿度越高，体毛越深。一些昆虫对大气压力十分敏感，大气压力发生改变时，昆虫会有相应的反应，通常是活动减少或不活动，或归巢，如蜜蜂在降雨前，都会纷纷归巢。澳大利亚土著人相信，在暴雨降临前，白蚁会开始选择比平常高的地方筑巢。在18世纪，Guboo Ted Thomas 通过观察白蚁预言了暴雨，澳大利亚政府成功地采纳。1885年在英国，通过对白蚁异常活动的观察，也成功地预测了暴雨。昆虫的迁飞与气候变化相关，如君王蝶每年要飞数百英里寻找过冬地方，因为这种蝶对环境较敏感，只能适应较凉的气候条件，迁飞的时间与气候的变化密切关联。康奈尔大学的 Mark Wysocki 博士指出，蟋蟀的鸣声与温度有关，一般蟋蟀在一秒钟内鸣叫14声，如果鸣叫40声，温度将提高华氏1度（Pam and Winegar，1992）。

利用昆虫对环境的变化有较强的预感的特性研究自然现象是一门十分有趣的学科，特别是利用昆虫对自然灾害进行预测的研究，对于减灾防灾，保证国土安全有重要意义。

主要参考文献

吴珍泉．1997. 利用昆虫净化猪场生态环境 Ⅰ．食粪昆虫种类及优势种利用评价．应用生态学报，8（5）：515～518

中华人民共和国水利部．1998. 中华人民共和国行业标准．水环境监测规范 SL219-98 条文说明

Barbour M T，Gerritsen J，Snyder B D et al. 1999. Rapid bioassessment protocols for use in streams and wadeable rivers：periphyton，benthic macroinvertebrates，and fish. 2nd Ed. EPA 841-B-99-002. US Environmental Protection Agency；Office of Water；Washington，D. C.

Behrens P W. 1994. Dung beetles：beetle mania in action. Acres USA，24（10）：10～12

Csóka G，Kovács T. 1999. Xilofág rovarok-Xylophagous insects. In：Hungarian Forest Research Institute. Erdészeti Turományos Intézet，Budapest：Agroinform Kiadó. 189

Fincher G T. 1981. The potential value of dung beetles in pasture ecosystems. J Georgia Entomol Soc，16（1）：316～333

Fincher G T. 1992. Injectable ivermectin for cattle：effects on some dung-inhabiting insects. Environ Entomol，21：871～876

Fincher G T，Wang G T. 1992. Injectable moxidectin for cattle-effects on 2 species of dung burying beetles（Coleoptera，Scarabaeidae）. Southwest Entomol，17：303～306

Floate K D. 1998. Off-target effects of ivermectin on insects and on dung degradation in southern Alberta，Canada. Bull Entomol Res，88：25～35

Habeck D H，Bennett F D，Frank J H. 1990. Classical biological control in the southern United States. Southern Cooperative Series Bulletin No. 355

Hilsenhoff W L. 1977. Use of arthropods to evaluate water quality of streams. Technical Bulletin No. 100, Department of Natural Resources, Madison, Wisconsin

Hilsenhoff W L. 1981. Aquatic insects of Wisconsin. Keys to Wisconsin genera and notes on biology, distribution, and species. Pub Natural History Council, University Wisconsin, Madison. 60

Hilsenhoff W L. 1982. Using a biotic index to evaluate water quality in streams. Technical Bulletin No. 132, Department of Natural Resources, Madison, Wisconsin

Hilsenhoff W L. 1987. An improved index of organic stream pollution. Great Lakes Entomologist, 20 (1): 31～39

Hilsenhoff W L. 1988. Rapid field assessment of organic pollution with a family-level biotic index. J North Am Benthological Soc, 7 (1): 65～68

Hilsenhoff W L. 2001. Diversity and classification of insects and collembola. *In*: Thorpe J H, Covich A P. Ecology and Classification of North American Freshwater Invertebrates. 2nd Ed. Florida Academic Press. 661～733

Holter P, Strong L, Wall R et al. 1994. Effects of ivermectin on pastureland ecology. Veterinary Record, 135: 211～212

Knutson A. 2000. Dung beetles-biological control agents of horn flies. Texas Biological Control News. Winter. Texas Agricultural Extension Service. The Texas A&M University System

Lenat D R. 1993. A biotic index for the southeastern United States: derivation and list of tolerance values, with criteria for assigning water-quality ratings. J North Am Benthological Soc, 12 (3): 279～290

Lumaret J P, Errouissi F. 2002. Use of anthelmintics in herbivores and evaluation of risks for the non target fauna of pastures. Vet Res, 33: 547～562

Marson W T Jr, Lewis P A, Anderson J B. 1971. Macroinvertebrate collections and water quality monitoring in the Ohio River Basin 1963～1967. Office of Technical Programs, Ohio Basin Region, and Analytical Quality Control Laboratory, U. S. Environmental Protection Agency, Cincinnati, OH. 52

Masron W T Jr. 1975. Chironomidae (Diptera) as biological indicators of water quality. *In*: King C C, Elfner L E. Organisms and Biological Communities as Indicators of Environmental Quality. Circular 8. Ohio Biological Survey, Columbus. 40～51

Matt B, Watson W, Stringham M. 2004. Dung Beetles of Central and Eastern North Carolina Cattle Pastures and their implications for pasture improvement. A thesis of Degree of Master of Science of North Carolina State University

Pam, Richard Winegar. 1992. Insects and weather. Young Entomologists Society Quarterly, 9 (1): 1～3, 218～221

Patricia Q, Richardson R H. 2000. Dung beetles improve the soil community (Texas/Oklahoma) . Ecological Restoration Summer, 18 (2): 116～117

Plafkin J L, Barbour M T, Porter K D et al. 1989. Rapid Bioassessment Protocols for Use in Streams and Rivers: Benthic Macroinvertebrates and Fish. U. S. Environmental Protection Agency, Office of Water. Washington, DC. EPA/440/4-89/001

Resh V H. 1995. Freshwater benthic macroinvertebrates and rapid assessment procedures for water quality monitoring in developing and newly industrialized countries. *In*: Davis W S, Simon T. Biological Assessment and Criteria. Chelsea, Michigan: Lewis Publishers. 167～177

Somers K M, Reid R A, David S M. 1998. Rapid bioassessments: how many animals are enough? Journal of the North American Benthological Society, 17 (3): 348～358

第 14 章　昆虫细胞的科学价值及应用

细胞是生命活动的基本单位。所有生物都是由细胞构成的，机体的代谢和功能通过细胞来完成，生物的生长与发育同样通过细胞的增殖分化来实现，生物细胞还具有遗传全能性。由于细胞在生命活动的重要性，细胞学研究成为生命科学研究的基础。随着生命科学研究的发展，现代生物技术得到了快速的发展。在生物技术（生物工程）的发酵工程、酶工程、细胞工程、基因工程、生物化学工程、蛋白质工程 6 大技术中，细胞工程是其他工程的基础和重要的公用平台，在现代生物技术领域扮演着重要的角色。由于昆虫细胞的显著特性，作为细胞工程组成部分的昆虫细胞工程近年来受到了广泛的关注。

14.1　昆虫细胞特性

昆虫细胞培养研究起源于 20 世纪 20 年代，但与其他细胞培养相比发展较慢，直到 1960 年才由 Grace 建立第一个可以连续传代的昆虫细胞系。20 世纪 80 年代后，由于重组蛋白质技术的发展和昆虫-杆状病毒表达系统的建立，昆虫细胞培养技术的重要性已逐渐被人类所认识，昆虫细胞培养已经成为生物技术、基础分子生物学、生物化学和基因科学研究的重要手段，引起了广泛的关注。

昆虫-杆状病毒表达系统是目前外源 DNA 表达常用的 4 种表达系统（细菌、酵母、哺乳动物细胞和昆虫-杆状病毒表达系统）之一，与微生物细胞和哺乳动物细胞比较，昆虫细胞有其显著的特点。

14.1.1　昆虫细胞培养特性

尽管昆虫细胞在细胞系建立培养方面较难，但成熟的昆虫细胞系在人工培养基中一般较易培养和生长，通常培养的昆虫细胞对培养基的 pH、温度、渗透压等敏感性较低，部分昆虫细胞系，如来源于鳞翅目昆虫草地夜蛾 *Spodoptera frugiperda* Smith 细胞系 Sf-21 及其克隆株 Sf-9、克隆自杆状病毒低易感型细胞系 BTI-TN-5B1-28（来源于鳞翅目夜蛾科粉纹夜蛾 *Trichoplusia ni* 卵）的 BTI-TN-5B1-4、商品名为 High five 的细胞系等，可悬浮培养，从而显示出了其与哺乳动物细胞相比的优越性。近年来昆虫细胞大规模培养采用了转瓶培养、发酵罐培养和灌注式培养技术，开展了大规模培养的工艺研究、大规模培养的连续和半连续培养系统的研究；通过对血清替代物培养基、低血清和无血清培养基研究，大大降低了昆虫细胞培养的成本。随着昆虫细胞的大规模培养研究、昆虫细胞的低血清和无血清培养研究的深入，昆虫细胞的易培养、低成本等特点将会更加显著。

14.1.2 昆虫-杆状病毒表达系统的优势

某些基因不断进行转录和翻译，产生出蛋白质，称为基因表达。基因工程研究中常用的表达系统有原核生物的细菌表达系统，真核生物的酵母、昆虫-杆状病毒和哺乳动物细胞表达系统。以杆状病毒为载体在昆虫细胞中表达外源基因的表达系统是在 20 世纪 80 年代发展起来的。昆虫-杆状病毒表达系统的病毒基因组较大，如苜蓿银纹夜蛾杆状病毒 AcMNPVC6 株的基因组全长 133 846bp（Ayres，1994）、棉铃虫病毒 HaSNPV 基因组全长 130 760bp（张传溪等，2001），因而具有可容纳较大外源 DNA 插入的能力，还可同时表达多个外源基因，可高效表达外源基因。昆虫杆状病毒系统的蛋白质产生与高等真核生物（哺乳动物）类似，蛋白质表达水平较高。杆状病毒只在无脊椎动物体内复制且在自然界存活短暂，具有很好的生物安全性和环境友好性。由于昆虫细胞较易培养和生长、成本较低，杆状病毒只能在无脊椎动物内复制，对人、畜、植物安全，无公害等，昆虫杆状病毒系统已被用于外源基因表达、药品、疫苗、蛋白质生产等方面。

用杆状病毒表达系统大量表达重组蛋白的主要步骤为：①准备昆虫细胞（如 Sf-9、Sf-21 等）培养，制备野生型杆状病毒 DNA，同时将目标基因克隆到适当的转移载体中；②将野生型病毒 DNA 与重组转移载体共转染昆虫细胞，通过昆虫细胞进行同源重组；③收集含野生型和重组病毒的培养上清液，进行空斑纯化，分离出重组病毒；④观察鉴别出重组子，检测这些重组子是否表达目的蛋白；⑤进一步纯化重组子直到完全没有野生型病毒；⑥重组病毒感染昆虫细胞或昆虫虫体，表达重组蛋白。

14.2 昆虫细胞在基础研究方面的价值

昆虫细胞培养由于在人为控制的培养基等条件下培养，借助显微镜可进行观察，为生理学、遗传学、病理学和毒理学研究提供了很好的研究手段和实验材料，在基础研究方面得到了广泛的利用。

14.2.1 媒介昆虫细胞的应用

引起动物、植物生病的病毒、微孢子虫等只能在活细胞内成活、繁殖，它们的传播通常需要媒介生物的帮助，部分昆虫在刺吸寄主体液时可将病毒等从一个生物体带到另一个生物体，从而造成疾病的传播和流行。蚊子通过刺吸人体血液，可将病原从一个个体带到另一个体而传播疾病，如人类的疟疾、丝虫病、登革热、乙脑等都是由媒介昆虫传播的疾病。畜禽的流行病（如鸡白冠病等）也由媒介昆虫传播。植物病毒病的水平传播常通过蝉等刺吸式口器昆虫刺吸感病植物而传播。通过这些昆虫细胞的培养，可以研究病原生物和疾病的发生和发展。医学昆虫，如双翅目的伊蚊、库蚊的细胞系，可用来研究以蚊子为媒介传播的人体病毒、立克次体、原生动物等，通过在体外培养蚊虫的细胞，人为感染病毒、原生动物，研究其在昆虫细胞的发育、发展和侵染过程。植物病毒病的中介寄主昆虫（如叶蝉）细胞培养和细胞系的建立，可有效地研究植物病毒病的发生、发展和传播。

14.2.2　昆虫病理学研究

在昆虫的发育和繁殖过程中，常常会受到真菌、细菌、病毒、微孢子虫等的感染，使昆虫感病，昆虫流行病的传播会导致昆虫种群大量死亡。昆虫病原微生物引起的昆虫病流行，已经成为害虫生物防治的有效手段。另一方面，在资源昆虫的利用中，昆虫流行病是影响昆虫产业化的主要因素之一，如家蚕的微孢子虫病是家蚕养殖的主要病害，蝴蝶养殖中的真菌、细菌、病毒、感染会给蝴蝶养殖带来毁灭性的灾难，需要对昆虫病理学进行研究。利用昆虫细胞系能方便地研究昆虫病毒在细胞中的扩增繁殖，鉴定昆虫病毒，利用新建昆虫细胞系或原有的昆虫细胞系对人工培养条件下病毒的感染能力和增殖能力可以进行系统的研究，如利用桉蚕细胞系、家蚕细胞系、粘虫细胞系等昆虫细胞等都可方便地研究昆虫微孢子虫的侵染、增殖和生殖圈等（钱永华等，2003）。

14.2.3　药物和生物杀虫剂的毒力检测

在人工培养条件下，昆虫细胞系的培养环境容易人为控制，培养的细胞生长较快，同批试验细胞特性基本相同，可以准确控制药物作用时间和剂量，所以昆虫细胞可用来测定化学药物和生物杀虫剂的毒力，确定药物对细胞的毒性剂量范围和毒性作用（Yanagimoto et al.，1996）。例如，用家蚕胚胎细胞系测定杀虫剂的毒力（陈曲候等，1990；毛黎娟等，2005），利用菜青虫细胞系检测有机磷农药的毒力（杨红等，1996）。利用昆虫细胞检测药物和生物杀虫剂的毒力的方法具有准确、方便、快速、灵敏等优点。有的昆虫细胞系具有与动物细胞类似或更高的对抗癌物质敏感性，可用于人类抗癌药物的筛选和研究。

14.2.4　昆虫生理学和生物化学研究

昆虫细胞系通常来源于特定的已分化的组织，如肌肉、心脏等，培养过程中，具有其分化的组织的特点，为昆虫组织研究提供了有价值的研究手段。例如，对昆虫的神经细胞进行培养，采用全细胞膜片钳技术等研究细胞的离子通道，从而研究神经毒剂和麻醉剂的电生理学特性（贺秉军等，2001；尹毅青等，2002）。昆虫体可以诱导出多种抗菌肽等活性物质，如在一种麻蝇细胞系的培养中，细胞可分泌几乎所有在虫体中发现的抗菌肽（Imanishi，1996）。昆虫体内活性物质的研究具有十分诱人的前景，国内外学者利用双翅目、鞘翅目、鳞翅目昆虫细胞系抗菌肽进行了大量的研究（Gao et al.，1999）。例如，利用灭活的大肠杆菌为诱导物从粉纹夜蛾、甜菜夜蛾、斜纹夜蛾离体培养的细胞系中诱导到了抗菌活性物质，并对诱导动力学、抗菌物质的抑菌活性和性质进行了研究（洪华珠等，1999；彭蓉等，2006）。

14.2.5　昆虫表达系统

昆虫表达系统是具有广泛应用前景的真核表达系统，具有同大多数高等真核生物类似的翻译后修饰、加工、转移外源蛋白的能力。目前常用的是昆虫-杆状病毒表达系统，该系统与细菌、真菌和动物蛋白表达系统相比，具有较高的蛋白质表达水平、方便而快速的基因工程操作、可容纳较大外源DNA插入的能力、蛋白质的产生与高等真核生物即哺乳动物细胞类似，以及昆虫细胞较易培养和生长等特点。利用昆虫病毒可插入较大外源基因的特点构建重组病毒DNA，经过感染昆虫细胞，使这些外源基因在昆虫细胞中得到了高效表达。另一类昆虫表达系统的细胞主要来源于双翅目的果蝇和蚊子，它的利用建立在使用适当的启动子驱动外源基因对昆虫细胞进行稳定的转化。研究人员已用昆虫细胞杆状病毒表达系统开展了包括昆虫本身在内的植物、动物和人的外源基因和重组蛋白研究（Murhammer，1991）。例如，利用昆虫细胞表达系统表达了烟草天蛾 *Manduca sexta*（Linnaeus）保幼激素环氧化水解酶（Stephane et al.，1998）；利用昆虫细胞表达系统开展了植物自交亲和相关蛋白质的研究（Letham et al.，1999）；在昆虫细胞表达系统中获得了蛙酰胺酶的表达（Suzuki et al.，1990）。在人类疾病和基因方面，已利用昆虫细胞表达系统对乙肝病毒S基因（周耐明等，1995）、人α型肿瘤坏死因子基因（李晓平等，1995）、SARS冠状病毒S蛋白（李志杰等，2005）、人β-葡萄糖醛酸酶（Bernhard et al.，2002）、肝细胞生长因子（Wang et al.，2000）、人丁酰胆碱酯酶（Platteborze and Broomfield，2000）、人胃脂肪酶（Stephane et al.，1998）等多种基因和蛋白质进行了研究。这些研究在生物的遗传学研究、基因工程研究和生物化学研究方面具有十分重要的意义。特别是人类基因研究方面，由于昆虫细胞培养技术的应用和昆虫细胞表达系统的发展，使得科研人员能够更有效地研究人类疾病的产生、发展和控制等。

14.3 昆虫细胞在应用研究方面的作用

昆虫细胞培养应用研究主要在昆虫细胞扩增昆虫病毒和微孢子虫作为生物杀虫剂、利用昆虫-杆状病毒表达系统生产各种有用物质等方面。

14.3.1 生物杀虫剂的研究

昆虫病毒具有对寄主昆虫有高度的毒性、致病性和专一性，害虫极少产生抗性，对人、畜、植物安全，不污染环境等特点，被认为是一种无公害的生物农药。由于病毒只能在活细胞内存活和繁殖，目前，昆虫病毒杀虫剂的生产均采用人工饲养寄主昆虫，在适宜的时机人工感染病毒，从感染病毒的虫体中经研磨、过滤、洗涤等程序后提取病毒颗粒，制成一定的制剂使用。这种生产方法由于需要人工饲养寄主昆虫，费时费力，产量低、成本高。而用昆虫细胞培养生产病毒农药，不受季节、昆虫生长期的限制，病毒杀虫剂的生产可在完全人为控制的条件下进行，使得病毒颗粒易提取，制剂方便。而且，通过基因工程技术改良的病毒可在昆虫细胞表达，生产应用效果更好的昆虫病毒制剂。近年来，国内外都开展了利用昆虫细胞培养法制昆虫病毒的研究，如利用昆虫细胞培养开展了棉铃虫核型多角体病毒（钟江等，2000）、油桐尺蠖的核型多角体病毒、粉纹夜蛾的核型多角体病毒等昆虫病毒的研究，研究了昆虫病毒在昆虫细胞系培养中感染状况、病理变化、病毒多角体的产量等，对昆虫病毒感染同源或不同源昆虫细胞系的感染状况也进行了研究（钱锋等，1995；于洪春等，2000，2003）。国外也在敏感昆虫细胞系的筛选、核型多角体病毒和颗粒体病毒在昆虫细胞系中大量繁殖等方面开展了研究，利用重组基因技术，还开展了重组病毒杀虫剂的研究，在杆状病毒中插入昆虫激素基因、毒素基因等外源基因，改造昆虫杆状病毒，从而提高病毒的杀虫速度和杀虫毒力，扩大病毒的杀虫谱，提高病毒在自然界的稳定性，使得病毒杀虫剂的防治害虫效果更好（Inceoglu et al.，2001）。

微孢子虫是专性寄生活体细胞的单细胞原生动物，与昆虫病原病毒相比，微孢子虫的寄主范围广，目前已发现400多种昆虫感染微孢子虫，昆虫的各个发育阶段都可感染微孢子虫，一种微孢子虫可感染同科的不同种昆虫。微孢子虫通过水平传播和垂直传播途径在昆虫种群中传播流行，引起昆虫的病害发生。微孢子虫具有专性寄生昆虫，对人畜安全、不污染环境等特点，利用这个特点，国内外都开展了微孢子虫防治蝗虫、美洲棉铃虫、玉米螟、云南松毛虫、夜蛾、菜心野螟、火红蚁等的研究和利用。目前常用微孢子虫繁殖方法为活虫体繁殖，近年来开展了利用昆虫细胞培养昆虫病原微孢子虫杀虫剂的研究，通过用微孢子虫的孢子感染昆虫细胞系，研究了微孢子虫对培养的昆虫细胞的感染率、繁殖、孢子产生率等（Yasunaga et al.，1994，1995；李艳红等，2005）。

尽管目前利用昆虫细胞培养增殖昆虫病毒和微孢子虫还没有实现商业化生产，但是，随着昆虫细胞培养技术研究的不断加强，特别是低成本培养基研究和昆虫细胞大规模培养技术的改进，大规模培养系统的建立和生产工艺等研究的深入，可以预测，昆虫病毒、微孢子虫杀虫剂将会实现真正意义上的工厂化生产，并用于农、林害虫的防治。

14.3.2　昆虫-杆状病毒表达系统的利用

由于昆虫-杆状病毒表达系统具有的对外源基因的容量大、表达产量高、安全、成本较低等特点，成为一个极有价值的外源基因表达系统。通过构建转移载体、重组病毒筛选、穿梭载体的方法和技术的不断成熟，昆虫-杆状病毒表达系统可广泛地应用于药物、疫苗等多方面。

利用病毒昆虫细胞表达系统可开展基因药物研究，高效表达人体基因，获得具有治疗疾病的干扰素等蛋白质、多肽和其他具有生物活性的物质，还可利用昆虫细胞系作为生物反应器，生产基因工程药物和疫苗等。除了与人类健康相关的蛋白质、药物、疫苗等研究外，昆虫-杆状病毒表达系统还可生产各种动物疾病的诊断试剂盒、免疫疫苗、药物等。H5N1亚型禽流感病毒 *HA* 基因（张晓霁等，2007）、猪轮状病毒 *vp4* 基因（宋岩等，2005）、猪瘟病毒 *E2* 基因（张文杰等，2007）、口蹄疫病毒（李向东等，2006）、新城疫病病毒（闻晓波等，2007）等多种动物病毒基因在昆虫-杆状病毒表达系统中表达和纯化，显示出昆虫-杆状病毒表达系统具有广阔的应用前景。

14.4　昆虫细胞培养

14.4.1　昆虫细胞培养的条件

昆虫细胞培养与其他生物细胞培养一样需要具有生长必需的无机盐、糖类、氨基酸、维生素、水分等营养条件和温度、pH、渗透压等生存条件。由于昆虫细胞的特点不同，其培养条件与动物细胞和植物细胞培养的条件有所也不同。

（1）培养基

选择合适的培养基对昆虫细胞的生长和增殖起到极其重要的作用，昆虫细胞培养基与其他动物细胞培养基的差别较大，昆虫培养基中的组分配置常常是根据昆虫血淋巴细胞中的氨基酸组成、盐分组成和渗透压等来设计的。设计合理的培养基，可以获得较好的培养效果，使原代培养能维持高密度、贴壁的单层细胞。昆虫细胞培养基的特点是氨基酸含量较高，pH 较低，渗透压高。在培养基的配制中，酸碱度、添加血清及渗透压都是非常重要的因素，研究表明昆虫细胞培养的培养基偏酸性，一般 pH 在 6.00～6.70。血清是昆虫细胞培养基中的一个重要的组成部分，在昆虫细胞培养中的血清浓度一般在 0～20%内，而且细胞生长的速度与培养基中血清的浓度呈正相关。细胞必须在等渗溶液中才能生长，但在具体的培养过程中往往不注意或不容易控制培养液的渗透压，尤其是在往合成培养基中添加其他成分时忽视培养液的渗透压问题。而渗透压的改变往往对昆虫细胞造成较大的影响。一般来说，大多数昆虫细胞适宜的渗透压范围为 260～320mOsm/kg①，鳞翅目昆虫细胞培养基渗透压以316mOsm/kg 最为适宜。

（2）培养条件

动物细胞培养时，应在该动物生长时适宜的温度范围内维持细胞的生长，离体培养的无脊椎动物细胞在 25～30℃温度生长。昆虫为冷血动物，其体内温度在 25℃上下，培养温度在 25～30℃最适宜，在适宜生长的范围内，温度越高，细胞就越容易增殖。一般在 20℃以下，细胞生长缓慢，37℃时，昆虫细胞会发生形态的改变。培养细胞的气相环境对培养细胞的生长具有影响，O_2 参与细胞的能量代谢，一般脊椎动物细胞需要 5%的 CO_2 气相环境，以维持培养液的酸碱度。而昆虫细胞培养时不用碳酸盐缓冲系统，可在正常大气条件下培养。与其他脊椎动物细胞相比，昆虫细胞的培养环境比较简单，只需在密闭及无光照的条件下即可，而不需要使用 CO_2 及光照培养箱。

14.4.2 昆虫细胞培养的基本方法

昆虫细胞的培养过程通常分为原代培养（primary culture）阶段和传代培养（subculture）阶段。

1）昆虫细胞的原代培养

原代培养阶段是指从虫体获取组织后的首次培养阶段，其过程包括组织的取材、细胞的分离以及培养。取材过程是昆虫细胞原代培养的最初环节，决定着实验的成败。昆虫各虫态不同组织均可进行原代培养，但不同虫种、组织的取材方法不相同。例如，以蛹卵巢或脂肪体为培养材料，需要经过虫体消毒、显微解剖才能得到需要的组织材料，血淋巴的获取则可通过剪幼虫腹足使血淋巴自然滴落而获得。细胞的分离是指将得到的组织块通过机械或消化法，使大块组织变为细胞团，利于营养的供给和新分裂细胞的迁出。最后将得到的细胞团接种于培养瓶中进行恒温培养。随着培养过程的继续，培养基中营养物质被消耗，需进行换液，加入新鲜培养基，以利细胞生长。

---

① “mOsm/kg”表示“每千克毫渗量”，下同。

2）昆虫细胞的传代培养

当培养细胞的数量增加到一定程度后，由于接触性抑制、培养空间限制，以及营养物质的消耗，细胞的生长会逐渐减慢、停止甚至死亡。这时需要对其进行传代培养，即将细胞从原培养瓶内分出一部分至新瓶，并补加新鲜培养基以降低细胞密度的过程。传代培养阶段分为第一次传代（原代培养之后的首次传代）和常规传代。第一次传代的时间并没有严格的规定，取决于原代培养的方法以及组织细胞的特性。通常来说，对于贴壁生长的昆虫细胞生长布满培养瓶底 80%的面积时可进行第一次传代。此后，根据细胞的特性及生长状况进行定期的常规传代。传代培养的细胞称为细胞系，在体外生存期有限的细胞系为有限细胞系，在体外可持续生存、具有无限繁殖能力的细胞系为无限细胞系。细胞系在完成了细胞系的鉴定和建立档案后，可进行低温冷冻保存，以备研究利用。

3）昆虫细胞的大规模培养

由于基础生物学研究、生物农药研究的深入，特别是近年来昆虫杆状病毒表达系统的发展，大规模培养昆虫细胞变得非常必要，昆虫细胞大规模培养技术成为利用昆虫细胞产业化生产重组蛋白、生物农药的关键技术之一。根据昆虫细胞在培养中有贴壁细胞和悬浮细胞的不同特性，大规模培养技术也有所不同，对贴壁细胞的培养主要采用滚瓶培养和微载体培养，通过滚瓶培养可大大增加昆虫细胞的培养空间和贴附面积，从而降低培养成本，节约时间。近年来，已在动物细胞培养中应用的微载体培养在昆虫细胞培养得到应用，由于微载体的利用增大了昆虫细胞的贴附面积，可取得较好的培养结果。悬浮细胞的大规模培养可采用转瓶培养、发酵罐培养、气升式生物反应器和灌注式培养技术等。转瓶培养主要考虑培养中不同气体对细胞的影响，在培养基中加入甲基纤维素可保护细胞在培养过程中受到的搅拌剪切力破坏。发酵罐培养采用在罐中加入甲基纤维素、抗泡沫剂，控制通气速率和气泡大小等手段，改善培养条件，扩大培养规模。灌注式培养通过连续加入培养基，并注入无菌空气，为昆虫细胞生长提供良好的条件。

主要参考文献

常留华，孙洪亮，李佐虎．1998. 降低血清用量对昆虫细胞培养增殖杆状病毒的影响．中国生物防治，14（2）：62～64

陈曲候，洪华珠，肖明．1990. 苏云金杆菌蜡螟变种制剂毒力的离体生物测定．生物防治通报，（增刊）：34～38

程家安，唐振华．2001. 昆虫分子科学．北京：科学出版社

邓宁，陈曲候，洪华珠．1995. 昆虫细胞大规模培养和杆状病毒的生产．昆虫知识，32（4）：236～239

邓小昭，刁振宇，朱应等．1998. 家蚕 BmN 细胞的微载体培养及 HBeAg 的高效表达．中国病毒学报，13（3）：237～241

贺秉军，刘安西，陈家童等．2001. 棉铃虫幼虫神经细胞的急性分离培养及其电压门控通道的膜片钳研究．昆虫学报，44（4）：422～426

洪华珠，Fallon Ann Marri. 1999. 粉纹夜蛾离体细胞抗菌肽的诱导和抗菌活性测定．华中师范大学学报（自然科学版），33（4）：564～569

李德葆．1994. 重组 DNA 的原理和方法．杭州：浙江科学技术出版社．1994

李君浩，祁志军，陈华保等．2006. 粘虫细胞培养及苦皮藤素Ⅳ、Ⅴ对其毒力的研究．西北农林科技大学学报（自然科学版），34（11）：207～211

李向东，刘怀然，张文杰等. 2006. O型口蹄疫病毒 *VP1* 基因在昆虫细胞/杆状病毒中的表达. 中国比较医学杂志，16 (3)：174～178
李晓平，李元，刘菊萍等. 1995. 人 α 型肿瘤坏死因子基因在昆虫细胞中的表达. 生物工程学报，11 (1)：73～76
李艳红，潘国庆，胡军华等. 2005. 家蚕微孢子虫 (*Nosema bombycis*) 侵染草地贪夜蛾卵巢细胞 (Sf21) 体系的建立. 蚕业科学，31 (2)：151～154
李育阳. 2001. 基因表达技术. 北京：科学出版社
李志杰，要国华，刘靖华等. 2005. SARS 冠状病毒 S 蛋白在昆虫细胞中的表达和纯化. 病毒学报，21 (4)：303～304
毛黎娟，魏方林，朱国念. 2005. 利用 MTT 法测定杀虫剂对家蚕细胞的毒力. 农药学学报，7 (1)：45～48
彭建新，陈曲候. 1993. 两种昆虫细胞的微载体培养. 昆虫知识，30 (2)：118～119
彭建新，董庆华，胡婕等. 1994. 小菜蛾细胞的微载体培养. 华中师范大学学报 (自然科学版). 28 (2)：235～238
彭建新，杨红，洪华珠等. 1996. 粉纹夜蛾 5BI 细胞的悬浮培养. 华中师范大学学报 (自然科学版)，30 (4)：472～475
彭蓉，杨忠，刘凯于等. 2006. 鳞翅目昆虫细胞抗菌肽的诱导、筛选及抗菌活性的研究. 华中师范大学学报 (自然科学版)，40 (2)：240～243
钱锋，余华泽，陈曲候. 1995. 芹菜夜蛾核型多角体病毒感染 5 种昆虫细胞系的研究. 华中师范大学学报 (自然科学版)，29 (3)：360～363
钱永华，鲁兴萌，金伟等. 2003. 家蚕微孢子虫 (*Nosema bombycis*) 向家蚕 BmN 细胞接种与增殖的观察. 蚕业科学，29 (3)：260～263
宋德伟，马艳，冯颖等. 2004. 昆虫细胞工程研究进展，林业科学研究，17 (1)：116～124
宋岩，师东方，樊琛等. 2005. 猪轮状病毒 *vp4* 基因的克隆及其在昆虫细胞中的表达. 中国病毒学报，20 (1)：61～64
温发园，张永安，王玉珠等. 2005. 微孢子虫防治农业害虫研究进展. 植物保护，31 (3)：5～10
闻晓波，闫丽辉，曹殿军等. 2007. 新城疫病毒 *F*、*NP*、*M* 和 *HN* 基因在昆虫细胞内的共表达. 中国预防兽医学报，29 (4)：257～262
小池胜. 1993. 利用昆虫细胞大量培养法生产天敌病毒. 农业科技情报，4：10～14
薛庆善. 2001. 体外培养的原理与技术. 北京：科学出版社
杨红，周青春，王家坤等. 1996. 利用菜青虫细胞检测几种有机溶剂和有机磷农药的毒力. 植物保护学报，23 (1)：79～83
尹毅青，薛玉良，刘进. 2002. 果蝇三龄幼虫中枢神经元细胞培养. 天津医科大学学报，8 (1)：48～52
于洪春，王晓云，李国勋. 2000. 四株昆虫细胞系对粘虫核型多角体病毒敏感性的测定. 东北农业大学学报，31 (4)：342～344
于洪春，郑桂玲，王晓云等. 2003. 粘虫胚胎细胞系的建立及对 MsNPV 敏感性的测定. 中国病毒学报，18 (1)：31～34
余华泽，刘冬连，陈曲候. 1995. 昆虫细胞低血清和无血清培养基的研究. 华中师范大学学报 (自然科学版)，29 (1)：85～89
张传溪，武家才. 2001. 棉铃虫核型多角体病毒基因组结构及 *p10* 基因. 生物化学与生物物理学报，33 (2)：179～184
张文杰，李向东，赵铁柱等. 2007. 猪瘟病毒 *E2* 基因在昆虫细胞/杆状病毒中的表达. 中国实验动物学报，15 (1)：30～34
张晓霁，刘明，刘春国等. 2007. H5N1 亚型禽流感病毒 *HA* 基因在昆虫细胞中的表达及其生物活性鉴定. 中国生物工程杂志，27 (3)：42～46
郑丙莲，杨红，洪华珠等. 2000. 八种昆虫离体细胞系对灭多威农药的敏感性研究. 生物技术通报，5：30～32
钟江，乐云仙，苏德明. 2000. 棉铃虫单粒包埋核型多角体病毒在细胞系中持续感染的建立和特性. 病毒学报，16 (2)：167～172

周耐明，张颖，金伟等．1995. 乙肝病毒 *S* 基因在家蚕细胞及蚕体内高效表达．生物工程学报，11（3）：211～216

朱江，吴祥甫．2003. 昆虫杆状病毒表达系统研究进展及其应用展望．蚕业科学，29（2）：114～118

Ayres M D，Howard S C，Kuzio J et al. 1994. The complete DNA sequence of *Autographa californica* nuclear polyhedrosis virus. Virology，202（2）：586～605

Bernhard S，Murdter T E，Backman J T et al. 2002. Expression of active human beta-glucuronidase in Sf9 cells infected with recombinant baculovirus. Life Sciences，71（13）：1547～1557

Choo A B H，Dunn R D，Broady K W et al. 2002. Soluble expression of a functional recombinant cytolytic immunotoxin in insect cells. Protein Expression and Purification，24（3）：338～347

Gao Y，Hernandez V P，Fallon A M. 1999. Immunity proteins from mosquito cell lines include three defensin A isoforms from *Aedes aegypti* and a defensin D from *Aedes albopictus*. Insect Mol Biol，8：311～318

Goosen M F A. 1992. Large scale insect cell culture. Current Opinion in Biotechnology，3（2）：99～104

Imanishi S. 1996. Use of insect cultured cells. Farming Japan，30（2）：34～36

Inceoglu A B，Kamita S G，Hinton A C et al. 2001. Recombinant baculoviruses for insect control. Pest Management Sciences，57：981～987

Kamen A A，Tom R L，Caron A W et al. 1991. Culture of insect cells in a helical ribbon impeller bioreactor. Biotechnology and Bioengineering，38（6）：619～628

Koval T M，Suppers D L. 1990. pH dependency of cell attachment and growth at both clonal and subculture densities of cultured Lepidoptera cell. In Vitro Cell Dec Biol，(26)：665

Letham D L D，Blissard G W，Nasrallah J B. 1999. Production and characterization of the Brassica oleracea self-incompatibility locus glycoprotein and receptor kinase in a baculovirus infected insect cell culture system. Sexual Plant Reproduction，12（3）：179～187

Mitsuhashi J. 2002. Invertebrate Tissue Culture Methods. Tokyo：Springer-Verlag

Murhammer D W. 1991. The use of insect cell cultures for recombinant protein synthesis：Engineering aspects. Applied Biochemistry and Biotechnology，31（3）：283～292

Platteborze P L，Broomfield C A. 2000. Expression of biologically active human butyrylcholinesterase in the cabbage looper（*Trichoplusia ni*）. Biotechnology and Applied Biochemistry，31（3）：225～229

Stephane C，Liliane D，Mireille R et al. 1998. Purification and interfacial behavior of recombinant human bastric lipase produced from insect cells in a bioreactor. Protein Expression and Purification，14（1）：23～30

Stephane D，Christophe M，Severson T F et al. 1998. Expression and characterization of the recombinant juvenile hormone epoxide hydrolase（JHEH）from *Manduca sexta*. Insect Biochemistry and Molecular Biology，28（5，6）：409～419

Suzuki K，Shimoi H，Iwasaki Y et al. 1990. Elucidation of amidating reaction mechanism by frog amidating enzyme，peptidylglycine alpha-hydroxylating monooxygenase，expressed in insect cell culture. EMBO（European Molecular Biology Organization）Journal，9（13）：4259～4266

Wang Min Ying，Yang Ya Huey，Lee Hsuan Shu et al. 2000. Prodution of functional hepatocyte growth factor（HGF）in insect cells infected with an HGF-recombinant baculovirus in serum-free medium. Biotechnology Progress，16（2）：146～151

Yanagimoto Y，Mitsuhashi J. 1996. Production of rotenone-inactivating substance（s）by rotenone-resistant insect cell line. In Vitro Cell Dev Biol，32：399～402

Yasunaga C，Funakoshi M，Kawarabata T. 1994. Effects of host cell density on cell infection level in *Antheraea eucalypti*（Lepidoptera：Saturniidae）cell cultures persistently infected with *Nosema bombycis*（Microsporida：Nosematidae）. J Euk Microbiol，41（2）：133～137

Yasunaga C，Inoue S，Funakoshi M et al. 1995. A new method for inoculation of poor germinator，*Nosema* sp. NIS M11（Microsporida：Nosematidae），into an insect cell culture. J Euk Microbiol，42（2）：191～195

第 15 章　昆虫生物反应器

15.1　生物反应器的基本概念和特点

通常的生物反应器（bioreactor）是指利用生物催化剂为细胞培养、发酵以及酶反应提供反应环境的设备，如发酵罐和酶反应器。在利用发酵罐或酶反应器等设备进行生化反应生产生物技术产品时，采用了微生物、植物、动物细胞（发酵或细胞培养）为生物催化剂和酶为生物催化剂（酶反应）。经过多年的研究和改进，常规生物反应器已有了很大的发展。利用生物反应器进行生化反应已被广泛应用于医药、食品、化工及环保等多个领域。

现代生物技术和转基因技术的发展，通过生物体表达外源基因成为可能，从而出现了新型的活体生物反应器。转基因动物、植物和器官都成为了新型的活体生物反应器。新型生物反应器与常规生物反应器相比，其显著特点是反应器不再是进行生化反应的设备，而是具有生命活动的生物体。就其本质来看，新型活体生物反应器是一类利用现代生物技术构建的转基因生物。根据生物种类的不同，可分为动物生物反应器、植物生物反应器等，根据外源基因表达产物产生的器官等有可分为乳腺生物反应器、膀胱生物器、输卵管生物反应器、植物叶绿体生物反应器等。

转基因微生物表达外源基因是最早开展的转基因生物研究，但微生物表达真核生物的基因由于不能进行真核蛋白质的加工，使得重组蛋白的生物活性降低，而微生物、植物、动物细胞培养进行重组蛋白生产还有成本高、分离纯化技术复杂的缺点。转基因动物可高效、稳定地表达外源基因，将重组蛋白加工转化成活性的蛋白质，通过动物的某些器官和组织，如血液组织、乳腺、输卵管等，获得重组蛋白，具有生产成本较低、适宜规模生产的特点。同时转基因动物可通过繁殖将外源基因遗传给后代，从而具有可增殖的特性。

通常把可表达外源基因的转基因动物叫做动物生物反应器，转基因动物表达的产物可以通过符合该动物正常生理现象的形式获得，如乳汁、血液等。目前研究的动物生物反应器有小鼠、兔子、牛、羊、鸡等。主要表达具有较高价值的医用蛋白质、酶、抗体，如抗凝血酶、蛋白质抑制因子、胰岛素原等。

植物生物反应器是通过转基因技术培育的转基因植物，植物生物反应器生产人和动物口服疫苗的研究目前较为深入。植物生物反应器与动物反应器比较，由于植物细胞的全能性，具有培养条件较简单，能够再生植株等优点，同时转基因植物生产疫苗不容易污染杂菌，对环境安全，疫苗可直接口服，降低了成本。已研究的植物生物反应器的植物有烟草、紫花苜蓿、花生、土豆、西红柿、香蕉等，已表达的疫苗和蛋白质有乙肝表面抗原、口蹄疫病毒抗原、疟疾抗原、人防御素、干扰素等。

15.2　昆虫生物反应器

昆虫生物反应器是通过现代生物技术培育的可表达外源基因的昆虫虫体。外源基因可通过重组杆状病毒感染昆虫和转基因两种方法导入昆虫体内，并得到表达。

15.2.1　虫体病毒生物反应器

杆状病毒是专性寄生节肢动物的一类病原病毒，可感染昆虫造成昆虫病毒病。随着分子生物学技术的发展，国内外都对昆虫杆状病毒进行了较深入的研究，对病毒的基因结构和功能进行了研究，并发展了重组杆状病毒技术。重组昆虫杆状病毒载体的成功构建，使得利用昆虫杆状病毒载体生产有用蛋白质成为可能。除了利用昆虫细胞培养增殖昆虫杆状病毒外，也可将重组昆虫杆状病毒载体感染昆虫，在幼虫或蛹体内生产有用蛋白质，使虫体成为活的生物反应器。目前已经有利用烟芽夜蛾、银纹夜蛾、家蚕等鳞翅目昆虫作为生物反应器表达外源基因的研究报道，由于家蚕的人工培育技术非常成熟，目前家蚕生物反应器的研究最多。研究表明家蚕可表达医药、兽药、农药等多种重组蛋白，利用家蚕已经成功表达了多种外源基因，如猪生长激素（朱江等，2004）、纳豆激酶（陈寅等，2003）、人肝炎病毒基因（周耐明等，1995；曹广力等，1999）等。中国农业科学院蚕业研究所及农业部生物技术开放重点实验室研究的“利用家蚕生物反应器生产植酸酶的方法”获得了国家发明专利（99103564）。我国利用家蚕生物反应器生产了重组人粒细胞-巨噬细胞集落刺激因子，研制了口服基因工程升白细胞药物，并进行了药理学研究（贡成良等，2002；林蓉等，2005）。

昆虫生物反应器在具体利用上主要有生物反应器昆虫的饲养、重组杆状病毒载体的构建、病毒感染昆虫的方法和重组蛋白的收集等几个环节。目前研究利用的昆虫均为鳞翅目昆虫，一般选择容易饲养、幼虫体型较大的昆虫。目前多采用家蚕，家蚕有悠久的饲养历史，饲养技术成熟，成本低，家蚕的 5 龄幼虫虫体大，注射病毒容易、蛋白质表达产量高。通常重组杆状病毒采用空斑纯化进行筛选，之后又发展了线性化技术、酵母-昆虫细胞穿梭载体、大肠杆菌-昆虫细胞穿梭载体等技术。病毒感染昆虫的方法有经口感染和注射感染两种方法。重组蛋白的收集有收集虫体、收集染病虫体的血淋巴、收集染病虫体的脂肪体等，通过离心、沉淀、纯化等步骤得到需要的重组蛋白。

15.2.2　转基因昆虫生物反应器

除了上述利用重组杆状病毒表达外源基因的昆虫生物反应器外，还可利用转基因技术建立昆虫生物反应器。目前已有家蚕丝腺生物反应器的研究报道，家蚕丝心蛋白基因可在 5 龄家蚕的丝腺中高效表达，外源基因导入家蚕后，在丝心蛋白启动子调控下可高效表达，有研究表明其表达量高于重组杆状病毒。重组杆状病毒导入昆虫体内表达外源基因的方法需要对每批昆虫都进行病毒感染，外源蛋白提取分离过程较复杂；而转基因家蚕由于具有遗传性，省去了每次生产都要用病毒感染昆虫的步骤，丝腺基因的蛋白质表达量大、纯度高，提取较容易。国内外对丝腺细胞、基因以及转基因的研究都表明，丝腺基因表达系统是分泌型蛋白质很好的表达系统，利用转基因方法将外源基因导入家蚕体内，可以高效表达多种外源基因，显示了很好的开发利用前景。

目前的研究都是将外源基因导入家蚕的受精细胞，使外源基因在胚胎发育的早期整合进基因组中。外源基因的导入方法有显微注射、精子携带、基因枪、电穿孔、液体压力渗透等多种方法，各种方法各有利弊。显微注射技术以受精卵为靶细胞，利用气压通过玻璃毛细管注射外源 DNA，这样能够准确地控制扎入的深度及注入 DNA 的量，且不会吸进细胞质。但由于转基因的整合是随机的，因此，整合的位点、拷贝等均难以精确控制。同时随机整合可造成较严重的插入突变，影响基因组的其他结构和功能，无法满足精确修饰的要求。此外，遗传修饰的方式无法在细胞阶段得到确证，必须在得到转基因动物后才能验证。精子携带法是将精子细胞与转基因载体整合后与卵子结合，使外源 DNA 随机整合到家蚕染色体中。该方法涉及的基因转移方法简便、效率高、实验周期短。但一样具有目的基因整合的随机性和无法早期验证修饰事件等特点。基因枪法又称微弹轰击法。其原理是通过高压气流的作用，金属微粒将吸附在其表面的 DNA 带入受体细胞中，伴随而入的 DNA 分子便随机整合到寄主细胞的基因组上。具有周期短、无宿主限制、靶受体类型广泛、可控程度高等特点。但该法存在仪器设备昂贵，转化效率低，且不同实验室转化效率差异大，稳定遗传的比率低等问题。电穿孔法是使细胞在高电压场强的作用下，细胞膜发生暂时的重新排列，使细胞膜具有临时的大分子可通透性，可从周围环境中摄入包括核酸、蛋白质、碳水化合物一类的大分子以及一些小分子。与其他方法相比，电穿孔技术具有简单、方便、重复性好、效率高、电参数容易调整和控制、作用机制相对比较清楚等优点。不过，电穿孔法主要适用于细胞，也存在易造成植物原生质损伤的缺点。液体压力渗透法即将蚕卵浸泡于一定浓度的外源 DNA 溶液中，而后抽真空使卵孔在内压作用下开放，外源基因在大气压作用下可由卵孔进入蚕卵。液体压力渗透法能够更有效地将外源 DNA 整合到家蚕染色体中，且能得到高的蚕卵的孵化率及较好的幼虫的生发育状况。该法目前只有应用在家蚕卵上的报道，还未见用于别的动物。

15.2.3　昆虫生物反应器的开发前景

随着生物技术领域新技术、新发现的不断涌现，活体生物反应器的研究和开发利用也得到了空前的发展，在药用蛋白、抗体、疫苗等多方面显示了很好的市场潜力。作为生物界最大类群的昆虫具有种类多、种群数量大、繁殖力强、一年可繁殖多代等特点，为未来生物反应器的研究提供了丰富的物种基础。通过杆状病毒导入外源基因，利用虫体生产重组蛋白具有生产成本相对较低，分泌蛋白在翻译后修饰效率高，能分泌到体液中，昆虫杆状病毒只感染昆虫，对人畜和环境安全等特点为昆虫作为活体生物反应器的研究和利用奠定了很好的基础。而转基因家蚕丝腺生物反应器的研究同样表明转基因昆虫生物反应器具有很好开发利用前景。尽管目前可以有效感染重组杆状病毒并表达重组蛋白的昆虫还比较少，主要集中于家蚕和夜蛾科的几种昆虫，确立了较成熟的转基因技术的昆虫主要为果蝇，但昆虫生物反应器已显示了很好的开发利用前景。

昆虫生物反应器要得到大的发展，除了一般生物反应器需要解决的基础理论和技术问题外，其基础研究方面还有许多工作要做。首先，需要对昆虫基因组进行深入的研究，目前研究较深入的只有家蚕、果蝇等，果蝇作为遗传学研究的模式生物，其基因组计划已于 2000 年 3 月由美国宣布完成，中国科学家也于 2003 年 11 月宣布完成了家蚕的基因组“框架图”研究，但总体上昆虫的基因组研究还非常欠缺，只有在昆虫基因组研究的基础上，才可能深入开展转基因昆虫研究。其次，需要开展昆虫基础生物学和饲养研究，目前昆虫生物反应器主要采用了人类具有丰富饲养经验的家蚕进行，其他种类基本没有涉及，其他动物反应器也都是选择了较易人工饲养的家畜、家禽类，由此可见，人工饲养的难易也是动物生物反应器研究和开发需要考虑的问题。所以研究和筛选出一些饲养容易、虫体较大的昆虫供生物反应器研究利用是非常必要的。随着生物反应器基础理论研究的深入和相关技术的不断改善，将会有更多的昆虫基因得到研究，重组杆状病毒技术和昆虫转基因技术会有更好的发展和提高，可以预测未来将会出现更多和更好的昆虫生物反应器用于有用蛋白质的表达和生产，使昆虫这一古老而丰富的物种在高新技术领域占有一席之地，为人类的健康服务。

主要参考文献

蔡绍晖，任先达，李晓红等．2004. 植物生物反应器生产药用重组蛋白质的研究进展．中国医药工业杂志，35（9）：561～565

曹广力，张丽芳，张耀洲等．1999. 应用家蚕核多角体病毒在蚕体内表达人的丙型肝炎病毒 C 区及 EI 区基因．蚕业科学，25（4）：230～236

陈寅，林旭瑗，张志芳等．2003. 纳豆激酶基因在家蚕生物反应器中的表达．中国蚕业，（2）：67～68

程家安，唐振华．2001. 昆虫分子科学．北京：科学出版社

褚晓红．2003．动物转基因技术研究进展．浙江农业学报，15（1）：47～52

崔红娟，陈克平．1999. 家蚕生物反应器表达外源基因．生物技术，9（3）：31～34

贡成良，金勇丰，吴卫东等．2002. 家蚕生物反应器表达 HGM-CSF 产业化若干问题的研究．蚕业科学，28（3）：207～210

何家禄，王见杨．1994. 昆虫细胞与幼体生物反应器的应用——蛋白质产品规模化生产方法．国外农学蚕业，（4）：39～45

李宏，钱永华．2003. 家蚕丝腺生物反应器的研究进展．北方蚕业，24（98）：15～16

林莉，胡佐忠．2005. 转基因动物技术的研究进展．畜牧兽医师，5：20～23

林蓉，陈天佳，张文波等．2005. 重组人粒细胞-巨噬细胞集落刺激因子胶囊的一般药理学试验．蚕业科学，31（2）：232～234

卢觅佳，于涟，谢荣辉等．2004. 家蚕生物反应器表达传染性法式囊病病毒多聚蛋白的免疫原性研究．浙江大学学报（农业与生命科学版），30（5）：545～552

卢萍，王宝兰．2006. 基因枪法转基因技术的研究综述．内蒙古师范大学学报（自然科学汉文版），35（1）：106～109

乔玉，欢杨，爽袁伟．2007. 电穿孔法基因转染哺乳动物细胞的应用．实验室科学，1：69～71

王昌河，将平，曹林等．2004. 家蚕生物反应器的研究进展及开发前景．四川动物，23（4）：368～373

魏克强，许梓荣．2004. 利用家蚕生物反应器生产基因工程疫苗的研究．中国兽药杂志，38（3）：35～37

闫桂琴．2003. 生命科学技术概论．北京：科学出版社

严海燕．2006. 花生子叶生物反应器与花生产业发展．中国生物工程杂志，26（9）：96～98

杨瑞丽，金勇丰，吴玉澄等．2001. 利用家蚕生物反应器生产有用蛋白的研究．浙江大学学报（农业与生命科学版），27（2）：173～178

姚军．2005. 动物生物反应器研究进展．中国草食动物，25（4）：54～56
余荣，杨利国，龙翔．2004. 转基因技术研究进展．动物科技，21（6）：31～33
赵昀，张峰，陈秀等．1999. 用绿色荧光蛋白进行转基因蚕研究．高技术通讯，6：16～19
周耐明，张颖，金伟等．1995. 乙肝病毒S基因在家蚕细胞及蚕体内高效表达．生物工程学报，11（3）：211～216
朱江，姜秀英，曹广力等．2004. 6×His-猪生长激素融合基因在家蚕生物反应器中的表达．蚕业科学，30（4）：376～381

第16章　昆虫的特殊能力与仿生学

仿生学（bionics）是1960年由美国斯蒂尔博士提出，经过近半个世纪的发展，已经形成了一门生物科学与技术科学之间的交叉学科。仿生学主要研究生物系统的特殊的结构和功能，“学习自然界的现象作为技术创新的模式”，借鉴这些特殊的结构和功能为工程技术提供新的设计思想及工作原理，仿生技术通过对生物系统的一些功能原理和作用机制作为生物模型进行研究，最后实现新的技术设计并制造出有特殊用途的新型仪器、机械等。

昆虫是仿生学研究的一个重要的领域，在地球上所有的生物种类中，昆虫的生物多样性是最丰富的，从陆地到水域，从森林到草原，从热带雨林到冰川冻土，从土壤下到天空中，几乎所有的地方都有昆虫生存。为适应复杂多变的环境，昆虫在长期的进化中衍生出了许许多多特异的结构和功能。昆虫的许多能力让人类惊奇不已，人类已经认识到昆虫是一座科学和知识的宝库，学习昆虫的特殊的能力已经形成了一门方兴未艾的学科——昆虫仿生学。昆虫的种类多达1000万种以上，数量远远超过地球上其他生物，不同种类的昆虫有不同的特性来适应环境，昆虫个体较小，灵活多变，许多独特的功能是人类和地球上其他生物所不具备的。昆虫在进化中形成的这些特性让昆虫在地球上兴旺发达，长盛不衰。人类对昆虫的嗅觉、视觉等对自然的感知能力，对昆虫的跳跃能力，飞翔能力，水下生存的能力羡慕不已，人类希望能借助这些能力更好地生存和发展。昆虫机器人的研究和应用已经成为一门热门学科，在航空、军事、航海、遗传、医学等众多行业有非常广泛的应用前景。昆虫仿生学涉及生物学、数学、物理学、化学、计算机科学、控制论、工程学等众多的基础和应用学科，已经成为现代科学研究中的一个热点。

16.1　昆虫的嗅觉感知能力

昆虫在长期的进化过程中，在不同的生存压力选择中，形成了特异、灵敏的嗅觉系统可以感知周围环境微小的气味变化。研究表明，昆虫对某些特异性的气味物质极其敏感，如性外激素等，几个分子就可以激起电生理反应和特异性反应。引起昆虫嗅觉反应的气味物质多数为脂溶性的小分子化合物，一般包含10～20个非氢原子，一般为疏水和易挥发的，气味物质通过触角上皮细胞间的孔道进入嗅觉感受器，由昆虫气味结合蛋白（odorant binding protein，OBP）结合并运送脂溶性的气味分子，通过水性的淋巴液到达嗅觉神经树突末梢，引起神经反应。昆虫气味结合蛋白具有气味识别、运输和信号转导等功能。

昆虫具有高度发达和极其灵敏的嗅觉感受系统，研究昆虫的嗅觉感知的结构与功能，是研究生物传感器的重要基础。生物传感器对化学农药和神经毒剂在内的环境中的有害化学物质的检测十分敏感，在环保和军事上应用广泛。昆虫的嗅觉非常发达，昆虫的嗅觉器官通常是利用其发达的触角，不少昆虫需要借助其发达的嗅觉去感知赖以生存的食物和规避危险。科学家们对昆虫嗅觉机制及应用有浓厚的兴趣，研究昆虫触角的结构与功能，了解其感知机制，希望利用昆虫敏感的嗅觉特性设计出能供人类在特殊行业应用的设备或机器人，如对有毒气体的检测、毒品检测等。

日本筑波大学神崎亮平博士等在利用昆虫嗅觉研究机器人方面独树一帜，通过对家蚕触角的研究，利用触角作为嗅觉感知器，将昆虫的触角与微电子装置相连，在触角感知特殊气味时，通过电路将信号传递给昆虫机器人身上多个人造神经系统进行处理，然后指示昆虫机器人的行动。这昆虫机器人的大小只有 4cm 左右，与真的家蚕蛾大小相似。这项研究通过对昆虫感知和捕获化学信息机制的研究，试图利用昆虫的嗅觉传感机制控制机器人的行动，去感知人类不能感知的环境中的气味信息。该项成果在环保、军事等行业中有广泛的应用前景。

16.2 昆虫的视觉感知能力

昆虫的视觉系统区别于人类的眼睛，在昆虫的结构中，视觉系统主要有复眼和单眼组成，昆虫的复眼可以多达几千个单眼组成，可以看到四面八方的物体，如苍蝇的复眼包含 4000 个可独立成像的单眼，几乎能看清 360°范围内的物体。单眼和复眼的结构与功能的研究有助于人类对生物视觉系统的开发利用。动物脑的信息有 90% 以上来自眼睛，昆虫复眼及脑结构比较简单，神经元的数量为一万到几十万个，只有人脑的百万分之一，但昆虫的复眼却和人及哺乳动物的透镜眼有相同的基本功能，昆虫复眼能感知偏振光、紫外线，对运动目标特别敏感等，昆虫复眼视觉信息加工已成为昆虫仿生学的一个研究热点。

现代科学研究发现，昆虫复眼是一个精巧的定向导航控制系统，如雄性家蝇能快速、准确地计算出飞行着的雌蝇的方向和速度，控制并校正自己的飞行方向和速度，处理图像信息，及时做出反应，以便跟踪和拦截雌蝇和目标。昆虫复眼具有一个多孔径光学系统，如蜻蜓复眼由近 2000 个子系统组成。根据这种具有智能特征的视觉系统原理，可促使传统光学微型化、阵列化、集成化和网络化，使之与电子技术相匹配，可实现光学系统智能化。许多昆虫能在复杂的背景中检测、跟踪与背景有相对运动的目标，具有发现和跟踪目标的能力。昆虫复眼是一个高度平行的信息加工系统，昆虫复眼从外周网膜到各级神经节都具有平行加工的能力，它是一个高度平行密集分布状的、互相连接、具有自适应、自组织以及容错能力的超级计算网络。这种计算网络适合于模式识别、联想和推理方面的运算，据此，可以为视觉系统信息加工体系、算法及神经网络研究、新一代智能计算机提供原理。

在昆虫独特的视觉系统的启发下，昆虫视觉仿生学的研究和应用取得了很大的进展，根据家蝇精确定向导航机制共同设计、模拟和研制了运动机器人的视觉导航装置，该装置能正确判断它与周围环境目标物的方向、位置和距离，能在随机分布的森林地带和有障碍物的环境中顺利穿行。根据蜜蜂复眼对偏振光敏感的视细胞结构研究，已经开发出偏振光导航仪，偏振光导航仪随着太阳位置的改变明暗图案发生变化，由此即可知光的偏振方向，偏振光导航仪早已在航海事业中使用。根据昆虫复眼多孔径光学系统的结构特点，设计了一种半球形多孔径光学系统装置，该装置是由多孔径光学系统、前置放大系统和探测系统组成，容易搜索到目标，已在大型红外望远镜预警卫星上使用，在雷达系统、舰艇的搜索和跟踪系统及宇宙空间的监测等方面具有广阔的应用前景。空对地速度计是在甲虫视动反应的基础上，科学家提出的运动知觉模型。这个模型通过对目标运动，空间位置不同的感受器的信号有位相的差别相关运算，可以测量出目标的运动速度和方向。该模型已用在飞机上来测量飞机和地面的相对速度。根据某些水生昆虫的组成复眼的单眼之间相互抑制的原理，制成的侧抑制电子模型，用于各类摄影系统，拍出的照片可增强图像边缘反差和突出轮廓，还可用来提高雷达的显示灵敏度，也可用于文字和图片识别系统的预处理工作。

科学家已经研制成功由1329块小透镜组成的一次可拍1329张高分辨率照片的昆虫眼照相机，分辨率达4万条线/cm，这种照相机可用来大量复制电子计算机精细的显微电路。科学家模仿蝇眼中小眼的排列及其光学特性，仿制成一种蝇眼探测系统用来研究最高能宇宙射线的成分及其起源，同样，根据苍蝇复眼视觉所具有的追踪本领，研制导弹的跟踪、制导方面的仪器。根据它复眼的功能，人们研制出一种测量飞机速度的仪器——地速计，这种仪器还能测量火箭攻击各种目标的相对速度。现在交警用来检测汽车超速用的测速仪，也是根据这种原理简化制造出来的。根据昆虫单复眼的构造特点，现代电视技术造出了大屏幕彩电。将多台小型彩电荧光屏组成一个大画面，在同一屏幕上任意组合几个特定的小画面达到既可播映相同的画面，又可播映不同的画面就是受了昆虫单复眼的构造的启示。

16.3　昆虫的飞翔能力

大多数的昆虫与鸟一样，能在天空中飞翔。昆虫的飞翔翅膀与鸟却大不一样，结构与功能有较大的区别，不同种类的昆虫的飞翔行为原理和翅膀结构有较大的差异，昆虫具有两对或一对翅膀（有的翅退化为平衡棍），翅膀十分轻巧，由膜质组成，昆虫飞翔能力很强，不少昆虫的飞翔时间十分长，可以进行几千千米的飞行。昆虫是如何保持其自身的能量来支撑其飞行的呢？昆虫的飞行结构与原理对航空学的研究具有非常重要的价值，而且取得了不俗的成就。例如，蜻蜓在飞翔时通过翅膀振动产生局部不稳定气流，利用气流产生的涡流来使自己轻盈地上升、下降、向前、向后和左右两侧飞行，其向前飞行速度可达72km/h。科学家根据蜻蜓翅膀的结构和飞行原理，设计和研制成功了直升机。科学家发现，蜻蜓在高速飞行时安然无恙，秘密在于蜻蜓的翅膀上有加重的翅痣，这些翅痣使蜻蜓飞翔时保持平衡，科学家仿效蜻蜓在飞机的两翼加上了平衡重锤，解决了因高速飞行而引起震动的问题。苍蝇的后翅是退化的一对平衡棒。苍蝇飞行时，平衡棒产生一定频率的机械振动，来调节翅膀的运动方向，有效地保持了苍蝇身体在空中平衡。科学家根据苍蝇飞行时平衡棒的原理研制成振动陀螺仪，大大改进了飞机的飞行性能，可使飞机在倾斜、滚翻飞行、急转弯时自动恢复平衡。

美国科学家正在积极推进一项名为“昆虫翼”的机器昆虫研究计划。试图设计昆虫飞行器用于太空的科学研究，由于火星的大气极为稀薄，大约只有地球的百分之一，飞行器很难产生所需的升力。因此，普通飞机如果在火星飞行，必须保持每小时400多千米的速度。按照现有技术，显然难以进行采集土壤样本之类的科学调查。研究发现，昆虫在空中振翅飞行时，产生在翅膀前端的细小低压气旋，足以产生维持昆虫飞行的升力。在昆虫飞行器上安装模拟昆虫复眼的视角采集周围各个角落的图像。昆虫飞行器在飞行时，摄像机会把采集到的图像信息随时传回一个精致的小型传感器，传感器根据来自每个角度的图像信息判断自己的位置，指挥飞行状态。在火星地面采集土壤标本，然后返回火星车进行燃料补给，并下载收集到的数据。

在航空界制造超小型飞行器的难度很大，采用现有技术设计飞行器，飞行器越小，其速度越慢，越容易受到风速的影响，超小型飞行器只能飞行很短时间，实用价值不大。科学家借助于昆虫飞行的原理来研制小型飞行器，拟通过模仿昆虫翅膀拍打空气的原理来解决小型飞行器效率低下的问题，已经研制出世界上第一架微型扑翼飞机。该飞机模仿昆虫的振动与推进机制，利用汽油和电池作动力，扑翼飞机在空中模仿蜻蜓飞行姿态的飞行已试飞成功，该飞行器在空中侦察、太空探索等方面具有广阔的应用前景。

16.4　昆虫的其他特殊能力

16.4.1　跳跃能力

昆虫界有不少的昆虫具有超人的弹跳能力，可以跳起比昆虫自身体高数十倍，甚至上百倍的高度，如跳蚤、蝗虫，这是人类所无法比拟的，昆虫的弹跳能力与昆虫的结构相关，研究昆虫足的结构和肌肉运动生理可以解开许多力学上的谜，这些原理可以服务于人类。科学家在研究跳蚤的跳跃能力的基础上，研制出一种几乎能垂直起落的鹞式飞机。

16.4.2　举重能力

昆虫的力量也十分惊人，一只昆虫可以轻松地举起比其体重重几倍甚至数十倍的物体，如蚂蚁搬运食物。是什么结构和运动机制导致生物体有如此巨大的力量？这些基础研究，将在机械工业、军事、动物生理、体育等行业有广阔的应用前景。

16.4.3　听觉能力

昆虫感知自然界的方式多种多样，除了视觉能力、嗅觉能力外，昆虫还有独特的听觉能力。昆虫靠一些特殊的器官来感知外界的微小震动，有不少昆虫的感觉十分灵敏，如一种夜蛾在胸部和腹部之间的凹处，每侧有一个小孔，孔内有一层透明的薄膜，鼓膜里面是充气的鼓膜腔，听觉细胞与鼓膜相连，感知物体的声音和变化。依靠这种能测知超声波的感觉细胞，夜蛾能成功地逃避开蝙蝠捕杀，在蝙蝠距夜蛾30m左右，夜蛾就能捕捉到蝙蝠发射来的超声波，从而规避风险。昆虫的听觉能力较人类更敏感，根据昆虫的听觉的结构和功能可以设计出测试震动的精密仪器。

16.4.4　行走能力

昆虫有 6 条腿和 1 或 2 对翅膀，昆虫在陆地上运动主要靠 6 只腿，由于昆虫的特殊运动构造，使昆虫不仅能在平地上行走，而且还能在垂直的墙壁和天花板上行走，有的昆虫甚至还在水面上自由行走。根据昆虫的行走特征已经设计出 6 条腿的机器人，可以在平地行走，而且能上下楼梯。科学家已经研制出了能在水上行走的机器人，但能在垂直的墙壁或在天花板上倒向行走的机器人还未见报道，相信，不远的将来人类能够设计出这类能力超强的昆虫机器人。

16.4.5　导航能力

昆虫有许多精巧的结构，可以使昆虫自如地在地球上生存和繁衍。许多昆虫有很强的导航能力，如蜜蜂采蜜能够准确地回巢、君主斑蝶 *Danaus plexippus*（Linnaeus）可以飞行几千千米不会迷失方向等。根据蜜蜂方向导航的原理，人类已经制造出一种偏光天文罗盘，可以在特殊、复杂的条件下测定飞机和航船的航向。

16.4.6　昆虫的色彩

昆虫在长期的进化中演化出了拟态和保护色等多种适应生存的特技用于规避生存中的风险。昆虫的色彩多种多样，五彩缤纷，有的昆虫的色彩可以随温度变化而变化，有的色彩是由昆虫翅的结构而产生的结构色，这些特征可以供人类借鉴。

第二次世界大战期间，苏联昆虫学家施万维奇根据蝴蝶的色彩在花丛中不易被发现的道理，在军事设施上覆盖蝴蝶花纹般的伪装，使苏联红军避免了重大损失。由此设计了现代士兵的迷彩服，以利于士兵的伪装。

人造卫星在太空中由于位置的不断变化可引起温度骤变，温差有时可高达几百度，影响人造卫星的正常工作。科学家们受蝴蝶身上的鳞片会随阳光的照射方向自动变换角度而调节体温的启发，将人造卫星的控温系统制成了叶片正反两面辐射、散热能力相差很大的百叶窗样式，在每扇窗的转动位置安装有对温度敏感的金属丝，随温度变化可调节窗的开合，解决了温度骤变的难题，使人造卫星内部温度的保持恒定。根据昆虫翅膀体色的变化和鳞片折光及吸收雷达波的原理，科学家设计和制造出了最新式的隐形飞机。

16.4.7　昆虫与建筑

昆虫筑巢的本领十分高强，在树上、地下、悬空等都能筑巢，昆虫巢穴千姿百态，其中一些筑巢的精巧设计对人类建筑有较大的启发。例如，蜂巢由一个个排列整齐的六棱柱形小蜂房组成，每个小蜂房的底部由 3 个相同的菱形组成，科学家经过计算，惊奇地发现，蜂巢的结构为精确的菱形钝角 $109°28'$，锐角 $70°32'$，这种结构在建筑学上是最节省材料的结构，具有容量大、坚固等特点。人类利用蜂巢结构研制成各种材料，是建筑行业、飞机、航天器等制造的理想材料。白蚁的巢穴有着特殊的结构，能保持巢内温度、防止雨水、抵御外敌等功效。昆虫巢穴中有不少绝妙的设计，可为人类建筑设计提供借鉴。

16.4.8 昆虫的化学合成能力

昆虫体的独特结构和化学反应是其他动物所不具备的，昆虫在受到威胁时，常常会采用一些独特的方式去逃避。例如，屁步甲炮虫自卫时，可喷射出具有恶臭的高温液体，击退攻击者。科学家研究后发现甲虫体内有3个小室，分别储有二元酚溶液、双氧水和生物酶。二元酚和双氧水流到第三小室与生物酶混合发生化学反应，瞬间就成为100℃的毒液，并迅速射出。受甲虫喷射原理的启发研制出了先进的二元化武器。这种武器将两种或多种能产生毒剂的化学物质分装在两个隔开的容器中，炮弹发射后隔膜破裂，两种毒剂中间体在弹体飞行的8～10s内混合并发生反应，在到达目标的瞬间生成致命的毒剂以杀伤敌人。它们易于生产、储存、运输，安全且不易失效。这种原理目前已应用于军事技术中。甲虫在自卫时，能高速地喷射出液体，这种喷射原理导致了新一代飞机发动机的设计与制造。科学家发现，萤火虫发光的原理是一种化学反应，在萤火虫体内，ATP（三磷酸腺苷）水解产生能量提供给萤光素而发生氧化反应，每分解一个ATP氧化一个萤光素就会有一个光子产生，从而发出光来。萤火虫将化学能直接转变成光能，且转化效率达100%，而普通电灯的发光效率只有6%。科学家模仿萤火虫的发光原理制成的冷光源可将发光效率提高十几倍，大大节约了能量。科学家用化学方法人工合成了萤光素。由萤光素、萤光素酶、ATP和水混合而成的生物光源，可在矿井、军事等危险行业中用于安全照明。

16.4.9 昆虫的超级感知能力

昆虫还有一些独特的还不为人类所知的超级感知能力，如对磁场变化的感知能力、对地壳微弱运动和变化的感知能力、对气象变化的感知能力等，通过对这些神奇的超级感知能力的研究，了解其科学机制，可以用于自然灾害的预防，也许在不远的将来，人类可以利用昆虫特殊的超级感知能力能够提前预知地震、地陷、洪水等自然灾害，保护人类安全。

昆虫是一座巨大的宝库，昆虫界中存在着许多鲜为人知的结构与功能，这些结构和功能具有重大的科学价值，可以被人类学习、借鉴和利用。可以预见，在不远的将来，将会有更多的昆虫奇妙的结构和功能被发现和利用，昆虫对人类的贡献会比我们所期待的要高得多。

主要参考文献

彩万志．2002. 虫形飞机的研究动态．昆虫知识．39（6）：464～467

曹淑芬．2004. 英科学家以蜜蜂为师研制微型间谍飞机．现代科技译丛，2：55

陈勇．2006. 科学家发明人工“昆虫眼”．科学（中文版），8：22

杜家纬．2004. 生命科学与仿生学．生命科学，16（5）：317～323

红蕊，化民．2000. 甲虫引发的创造．发明创造，5：12

侯静．2000-12-9. 模拟昆虫武器．科技日报，16

李延燕．1999. 机器人昆虫．青年科学向导，（10）：1～2

马惠钦．2000. 昆虫与仿生学浅淡．昆虫知识，37（3）：170～172

马庆恒 . 2005. 源于动物的军事发明 . 国防科技，11：81
名流 . 2004. 以蜜蜂为师的微型间谍飞机 . 知识就是力量，5：70
彭梅兰 . 2002. 用于火星探测的机器人昆虫 . 现代科技译丛，2：9～11
王德兴，柳建仪 . 2003. 向动物学本领 . 百科知识，11：21～22
吴卫国，吴梅英 . 1995. 复眼光学及其在国民经济中的应用 . 量子电子学，12（4）：418～419
吴卫国，吴梅英 . 1997. 昆虫视觉的研究及其应用 . 昆虫知识，34（31）：179～183
晓洲 . 2001. 昆虫飞行的秘密 . 世界科学，11：38～39
肖占中，蔺督学 . 2000. 昆虫机器人——21世纪情报战线的小精灵 . 情报杂志，19（1）：91～93
谢丹 . 2005. 小“昆虫”大本领 . 科技潮，11：52～53
一兵 . 2003. 美国制造出能飞翔的“机器蝇” . 世界直升机信息，2：14
云舒 . 2005. 走进仿生学的神奇世界 . 今日科苑，4：16～19
曾今尧，张树义，江雷 . 2006. 蛾类防御蝙蝠的机制及其对仿生学的启示 . 中国基础科学，1：26～29
Pelosi P，Maida R. 1995. Odorant-binding proteins in insects. Comp Biochem Physiol B Biochem Mol Biol，111：503～514
Tegoni M，Campanacci V，Cambillau C. 2004. Structural aspects of sexual attraction and chemical communication in insects. Trends Biochem Sci，29：257～264